高职高专农林牧渔系列"十四五"规划教材

动物疫病

DONGWU YIBING

主　编	王荣琼	霍海龙	王世雄	
副主编	赵　筱	浦仕飞	董仲生	张旺宏
	刘兴能	隋敏敏		
参　编	王红戟	范　俐	王　瑾	杨章松
	蒋润迪	张　霞	罗林宝	周静媛
	刘锦江	杨方晓	程　月	吕念词
	谢琳娟	张伟芳	杨　龙	

U0395876

苏州大学出版社
Soochow University Press

图书在版编目(CIP)数据

动物疫病 / 王荣琼,霍海龙,王世雄主编. —苏州:
苏州大学出版社,2022.12 (2025.1重印)
ISBN 978-7-5672-4224-1

Ⅰ.①动… Ⅱ.①王… ②霍… ③王… Ⅲ.①兽疫-
防疫 Ⅳ.①S851.3

中国版本图书馆 CIP 数据核字(2022)第 249887 号

动物疫病

主编　王荣琼　霍海龙　王世雄

责任编辑　管兆宁

助理编辑　郭　佼

苏州大学出版社出版发行
(地址:苏州市十梓街 1 号　邮编:215006)
广东虎彩云印刷有限公司印装
(地址:东莞市虎门镇黄村社区厚虎路20号C幢一楼　邮编:523898)

开本 787 mm×1 092 mm　1/16　印张 19.5　字数 405 千
2022 年 12 月第 1 版　2025 年 1 月第 3 次印刷
ISBN 978-7-5672-4224-1　定价:58.00 元

图书若有印装错误,本社负责调换
苏州大学出版社营销部　电话:0512-67481020
苏州大学出版社网址　http://www.sudapress.com
苏州大学出版社邮箱　sdcbs@ suda.edu.cn

前 言
FOREWORD

  《动物疫病》是畜牧兽医、动物医学专业的核心专业课，主要讲授动物传染病和动物寄生虫病的防治。动物传染病是对养殖业危害最严重的一类疾病，它不仅会引起疾病大流行和大批动物死亡，造成巨大的经济损失，影响人民生活，而且一些人畜共患的传染病，还会对人们的健康甚至生命安全带来严重威胁。动物寄生虫病种类多、分布范围广，至今仍然是制约养殖业健康发展的主要原因之一。因此，掌握动物疫病的基本知识及防治技术，对阻止动物疫病的发生和流行、发展畜牧业生产、提高畜产品质量、保障人民身体健康都具有十分重要的意义。

  本课程主要讲授动物疫病发生和流行的一般规律，预防、控制和消灭疫病的一般性措施，各种动物疫病的病原学、流行病学、临床症状、病理变化、诊断和防治等内容，通过学习，学生可掌握动物疫病的临床诊断、病理诊断、实验室诊断及预防控制办法，可直接解决生产中面临的动物疫病诊断防治问题。

  本课程旨在引导学生主动参与、乐于探究、勤于动手，逐步培养学生收集和处理信息的能力、获取新知识的能力、分析和解决问题的能力等，突出创新精神和实践能力的培养。课程以项目导向和任务驱动的方式组织教学，打破传统的以传授知识为主的教学模式，使学生在完成项目任务的过程中加深对理论知识的理解。课程内容突出对学生职业能力的训练，并兼顾相关职业资格证书对知识和技能的要求，为学生获取动物疫病防治员、动物检疫检验员等相关职业资格证书提供支持，并为学生毕业后考取国家执业兽医师资格证奠定良好基础。

编者

2022 年 12 月 1 日

C 目 录
ontents

第一篇　动物传染病

项目一 病毒性传染病

任务一 人畜共患病毒性传染病

一、口蹄疫

口蹄疫（foot and mouth disease，FMD）是由口蹄疫病毒引起的偶蹄兽的一种急性、热性、高度接触性传染病。以成龄动物的口腔黏膜、蹄部和乳房皮肤发生水疱和溃烂，幼龄动物的心肌损害及高死亡率为特征。中兽医将其称为"口疮""蹄癀"。

世界多个国家饱受口蹄疫流行之灾。新西兰是唯一未发生口蹄疫的国家。澳大利亚（1872 年）、日本（1933 年）（但 2000 年发生口蹄疫）、美国（1929 年）、加拿大（1952 年）、墨西哥（1954 年）先后宣布消灭口蹄疫。韩国和朝鲜也曾是多年无口蹄疫的国家，但由于国际贸易频繁，近年来韩国和朝鲜均遭受口蹄疫的危害。

口蹄疫给猪、牛等养殖业带来了严重的危害，该病分布广泛、传播迅速、变异频繁、分型众多、扑杀量大、花费昂贵，严重影响贸易和生产性能。口蹄疫目前仍然广泛流行，发病率高，虽成畜死亡率低，但幼龄家畜死亡率高。我国将其列为一类动物疫病之首，为控制该病，投入了大量的精力开展疫苗等研究工作。目前，研究人员在全病毒灭活疫苗、基因工程弱毒疫苗、蛋白质载体苗、合成肽苗、空衣壳疫苗、表位疫苗、细胞因子增强型疫苗、基因工程活载体（腺病毒、痘病毒、伪狂犬病病毒）疫苗、大肠杆菌苗、基因缺失苗、感染性克隆疫苗、基因疫苗、可饲疫苗等方面开展了大量的研究工作，并取得了丰硕的成果。

【病原体】

口蹄疫病毒（foot and mouth disease virus，FMDV）属微核糖核酸病毒科（Picornaviridae）口蹄疫病毒属（*Aphthovirus*）的代表种。病毒呈圆形或六角形，无囊膜，基因组为 RNA。可在胎牛肾、胎猪肾、乳仓鼠肾原代细胞及其传代细胞中增殖。

口蹄疫病毒具有多型性和易变异性。已知的病毒有 7 个血清型，即 A、O、C 型，南非 1、2、3 型，以及亚洲 1 型，每一主型又分若干亚型，目前已发现 65 个亚型。各主型之间无交互免疫性，同一主型各亚型之间有一定的交叉免疫性。病毒在实验和

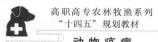
流行中都能出现变异，疫苗的毒型与流行毒型不同时，不能产生预期的防疫效果。我国口蹄疫的毒型为 O、A 型和亚洲 1 型。

病毒对外界环境的抵抗力很强。被病毒污染的饲料、土壤和毛皮的传染性可保持数周至数月。口蹄疫病毒对紫外线、热、酸和碱敏感，1%～2%氢氧化钠、3%～5%福尔马林、0.2%～0.5%过氧乙酸、0.1%灭菌净等均是良好的消毒剂。

【流行病学】

口蹄疫病毒的易感宿主多达 33 种，偶蹄动物易感性更高，最易感的是黄牛，其次依次为牦牛、水牛、骆驼、绵羊、山羊和猪。野生动物中，羊（黄羊、驼羊、岩羚羊）、牛（野牛、瘤牛）、鹿（长颈鹿、梅花鹿、扁角鹿）、麝、野猪和大象均可感染发病。实验动物中，鼠（豚鼠、小鼠、仓鼠）、兔均有易感性。马对本病具有较强的抵抗力。

患病动物是最主要的传染源，而处于潜伏期和病愈后时期的动物也是非常危险的传染源。患病动物可通过多种途径排出病毒，病毒在舌面水疱皮、蹄部水疱皮及水疱液内含量最高，其次为粪、乳、尿、呼出气体和精液中。病猪破溃的蹄部水疱皮含毒量最高，约为牛舌面水疱皮含毒量的 10 倍，病猪经呼吸道排出病毒的数量是牛的 20 倍，因此有"猪是口蹄疫病毒的放大器"之说。牛舌面水疱皮所含毒量至少可使 100 万头易感牛发病，因此，放过一个患病动物，将贻害无穷。约有 50%的患病动物在病愈后可带毒并排毒 4～6 个月，个别病例带毒可达 5 年以上，且可以导致口蹄疫的传播。病羊则由于病症轻（仅短期跛行）而易被忽略，但 2～3 个月的带毒期可使病羊成为羊群中的长期传染源。从牛体分离的毒株对猪具有更强的致病力，且可以在猪体内增强毒力，并可以引起牛口蹄疫的广泛流行。

口蹄疫属于接触性传染病，既可以通过群牧和密集饲养直接接触传播，也可以通过各种媒介（如患病动物的分泌物、排泄物、血液、精液）和各种动物产品（皮毛、肉品、骨髓、淋巴结），以及被污染的车辆、水源、牧地、饲养用具、饲料、饲草及人（饲养人员、病畜看护人员、兽医人员）和非易感宿主（马、候鸟、犬、猫、昆虫）等传播。潜伏期和发病盛期屠宰的动物的肉品、骨头、厨房里的泔水都可传播本病。该病也可以通过消化道、呼吸道以及损伤的皮肤、黏膜传播。空气传播，在本病的大范围、跨越式传播上具有重要作用。呼吸道形成感染需要的病毒量是口服感染量的一万到十万分之一，由此导致该病经风媒可以 50～100 km 的距离跳跃式传播。

本病在一次流行中既可在不同种动物中传播，也可仅在一种动物中流行。在新疫区可 100%发病，而老疫区发病率仅 50%左右。该病流行没有明显的季节性，但在牧区等有一定的季节性。牛口蹄疫多从秋末开始，冬季加剧，春季减轻，气温高、光照充足的夏季流行趋于平息。猪口蹄疫以冬春为流行盛期，夏季较少发生。口蹄疫在饲养周期长的动物中流行时具有一定的周期性，主要由畜群更新、高易感性后代的不断增多及病毒变异等引起，常隔三、五年流行一次。另外，各种应激因素、气候骤变等可诱发该病。

【发病机理】

口蹄疫病毒核衣壳组分 VP1 的第 140~160 位氨基酸残基构成一个突出于表面的 G-H 环，该环含有一个高度保守的 RGD（Arg-Gly-Asp）基序，参与细胞受体的识别和抗体结合，是所有口蹄疫病毒的共同识别序列。RGD 基序通过识别细胞表面的 4 种整联蛋白（主要分布于上皮细胞和内皮细胞）和硫酸乙酰肝素（存在于所有细胞的表面或基质中）来识别并感染受体细胞，进入其生命循环。

病毒侵入机体后，首先在侵入部位的上皮细胞内生长繁殖，引起浆液渗出而形成原发性水疱（常不易被发现）。在出现水疱后 10~12 h 内进入血液形成短暂的病毒血症，导致体温升高和全身症状。病毒随血液分布到嗜好组织（如口腔黏膜、蹄部、乳房皮肤）生长繁殖，引起局部组织内的淋巴管炎，造成局部淋巴淤滞、淋巴栓，淋巴液渗出淋巴管外而形成继发性水疱。邻近的水疱不断融合成大水疱并最终破裂，此时患畜的体温恢复至正常，血液中的病毒量减少乃至消失，但仍然通过乳汁、粪尿、泪液、涎水排出病毒。之后患病动物病情进入恢复期，多数逐渐好转，但可在痊愈后一定时间排出病毒造成新的传染。幼龄动物常因心肌损害（急性心肌炎、心肌变性和坏死）而死亡。

【临床症状】

（1）牛潜伏期 2~5 天，之后体温升高至 40~41 ℃，表现为食欲不振，精神沉郁，口流黏性带泡沫的涎水，开口时有咂嘴声。继之可见口腔黏膜出现水疱，多发生于唇内侧、舌、牙龈和颊部黏膜，水疱融合并破溃，露出红色烂斑。蹄部的蹄冠、趾间及蹄踵皮肤出现水疱与破溃，如果继发细菌感染甚至导致不能站立乃至蹄匣脱落而被淘汰。偶有鼻镜、乳房、阴唇、阴囊等部位出现水疱与破溃。有时继发纤维素性坏死性口腔黏膜炎、咽炎、胃肠炎，有时在鼻咽部形成水疱引起呼吸障碍和咳嗽。病牛体重减轻和泌乳量显著减少，特别是乳腺感染时，泌乳量降低可达 75%，甚至泌乳停止乃至不可恢复。成牛多在发病后 1 周左右痊愈，但也有病程在 2~3 周以上的，病死率在 3% 以下，但有些患牛也可因病毒导致心肌损害而全身虚弱、肌肉震颤，这些患牛多因心脏麻痹而突然死亡。犊牛感染时水疱不明显，主要表现为出血性肠炎和心肌麻痹，死亡率高。

（2）猪潜伏期 1~2 天，体温升高至 40~42 ℃，表现为精神沉郁，食欲不振或废绝，主要表现为在蹄冠、蹄叉、蹄踵等部位先出现红、热、痛，之后形成米粒至蚕豆大小的水疱，水疱破裂后创面发红或糜烂。如无细菌感染则 1 周左右痊愈，如继发细菌感染则蹄部出现蹄匣脱落而不能站立。口腔黏膜（舌、唇、齿龈、咽、腭）及鼻周围形成小的水疱和破溃。哺乳期仔猪感染后常出现急性出血性胃肠炎和心肌炎，多突然死亡，死亡率可达 60%~80%，有的甚至全窝覆灭。

（3）羊潜伏期 1 周左右，感染率低，症状不明显。往往在齿龈、硬腭和舌面形

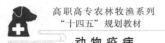

成小的水疱，之后水疱破溃形成烂斑。最明显的临床症状是跛行，但蹄部损伤轻微，极少有脱匣情况。羔羊感染后多因出血性胃肠炎和心肌炎而死亡。

（4）骆驼与鹿主要出现口腔内和蹄部的水疱，出现流涎与跛行，严重时也导致蹄匣脱落。多经 5~10 天痊愈。

【病理变化】

口蹄疫的病变主要出现在患病动物的口腔、蹄部、乳房、咽喉、气管、支气管和前胃。主要表现为皮肤、黏膜的水疱和水疱破溃后的烂斑，表面覆盖棕黑色的痂块。真胃和肠黏膜可有出血性胃肠炎表现。心包膜有弥漫性或点状出血，心肌松软似煮肉样，其切面有灰白色或淡黄色的斑纹，似老虎身上的条纹，故称"虎斑心"。病理组织学变化为皮肤的棘细胞呈球形肿大、渗出乃至溶解，以及心肌细胞变性、坏死和溶解。

【诊断】

本病根据流行病学、临床症状和病理变化的特点一般易于作出初步诊断，但易与相似的疫病相混淆，且该病为法定报告性疾病，因此，必须按照下列程序进行实验室诊断：

1. 采集病料与送检

采集患畜的水疱皮、水疱液、脱落的上皮组织、咽部黏液、肝素抗凝血（约 5 mL）及血清（约 10 mL），采集死亡动物的淋巴结、肾上腺、肾脏、心脏等组织（各 10 g）和水疱皮、咽部黏液及血清，将病料（血清除外）浸入 50%甘油磷酸盐缓冲液（0.04 mol/L，pH 7.2~7.6）中密封低温保存，在严格保证不外漏的情况下送检。

2. 病原学检测

病原学检测需要在严格隔离的 P3 实验室内进行，可将病料接种于易感宿主，或通过细胞培养分离病毒。如将病料接种于乳鼠及豚鼠的腹腔增殖病毒。对采集的病料可参照国家标准《口蹄疫诊断技术（GB/T 18935—2018）》推荐的微量补体结合试验、食道探杯查毒试验、反转录-聚合酶链式反应（RT-PCR）进行病毒的血清型鉴定。

3. 血清学检测

血清学检测指应用恢复期动物的血清可以参照国家标准《口蹄疫诊断技术（GB/T 18935—2018）》推荐的病毒中和试验（VN）、液相阻断酶联免疫吸附试验（LPB-ELISA）、病毒感染相关抗原（VIA）琼脂凝胶免疫电泳试验（AGID）等方法来鉴定感染病毒的血清型。ELISA 方法具有快速、敏感、准确的特点，既可以检测病料，又可以检测血清，可以用于直接鉴定病毒的亚型，也能够同时进行水疱性口炎病毒（VSV）和水疱病病毒（SVDV）的鉴别检测，该方法逐步替代了补体结合试验（CFT）。ELISA 方法为目前国际贸易推荐的口蹄疫的检测方法。

4. 分子生物学检测

分子生物学检测指运用反转录-聚合酶链式反应（RT-PCR）进行病毒的检测和血清型鉴定，相较其他方法更加简便、快捷、特异和敏感。也可应用生物素标记的探针进行检测，但此法相对较复杂。

5. 鉴别诊断

牛瘟、牛恶性卡他热、牛病毒性腹泻-黏膜病、水疱型口炎、茨城病等在口唇部损害上与牛口蹄疫相近；猪的水疱性口炎、猪水疱疹、猪水疱病与猪口蹄疫容易混淆；羊的蓝舌病、羊传染性脓疱及小反刍兽疫也与羊口蹄疫相似，应注意加以鉴别。

【治疗】

口蹄疫是不允许治疗的法定报告性疾病，发现可疑病例必须在 24 h 内向当地动物防疫部门报告，并应积极配合进行诊断和扑灭。

【防控措施】

1. 预防措施

根据《国际动物卫生法典》的要求，口蹄疫的控制分为非免疫无口蹄疫国家（地区）、免疫无口蹄疫国家（地区）和口蹄疫感染国家（地区）。各控制区之间要求有监测带、缓冲带、自然屏障及地理屏障。由于该病原血清型的复杂性和传播的快速与广泛性，为防止该病原的传入，建立定期和快速的动物疫病报告及记录系统，严禁从流行地区或国家引入易感宿主和动物产品，对来自非疫区的动物及其产品及各种装运工具，进行严格的检疫和消毒，是所有国家和地区应遵循的共同原则。

应用与流行毒株相同血清亚型的疫苗进行春秋两次免疫接种（我国采取强制性免疫措施），是我国现行的较为有效的预防措施。同时进行无规定疫病区建设，对该病的防控更具有战略意义。我国已经在海南成功建成了无口蹄疫区，此外多地正在循序有效地开展无口蹄疫区域的建设工作。

2. 扑灭措施

当口蹄疫爆发时，必须立即上报疫情，迅速作出确诊并划定疫区、疫点和受威胁区，以"早、快、严、小"为原则，进行严格的封锁和监督，禁止人、动物和动物产品流动。在严格封锁的基础上，扑杀患病动物及其同群动物，并对其进行无害化处理；对剩余的饲料、饮水、场地、患病动物污染的道路、圈舍、动物产品及其他物品进行全面而严格的消毒；对其他动物及受威胁区动物进行紧急免疫接种。当疫区内最后一头动物被扑杀后，3 个月内不出现新病例时，经检疫、进行终末大消毒后，报封锁令发布机关批准方可解除封锁。

【公共卫生】

人可以通过饮用来源于病畜的乳汁、处理口蹄疫病畜及皮肤黏膜创伤而感染口蹄疫病毒。病毒潜伏期 2~18 天，多突然发病，表现为体温升高，全身不适，头痛。1~2 天后口腔发干、灼热，进食和讲话时咽部疼痛，继之唇、齿龈和颊黏膜潮红并出现

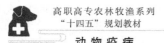
水疱，舌面、咽喉、指尖、指甲基部、手掌、足趾、鼻翼和面部的皮肤也出现水疱，水疱破裂后形成薄痂，有时形成溃疡，但可逐渐愈合而不留瘢痕。有时可致指甲脱落。有的病人出现头痛、眩晕、四肢和背部疼痛，胃肠痉挛、恶心、呕吐、咽喉疼痛、吞咽困难、腹泻、循环功能紊乱乃至循环衰竭等表现。幼儿感染多出现胃肠道症状，严重时可因心肌损伤而死亡。因此，在口蹄疫流行时，应注意个人防护，非工作人员不准接触病畜，以防感染或散毒。破裂的水疱涂以结晶紫，口腔黏膜可用 30 g/L 的硼酸水漱口，之后涂以碘甘油，联合应用病毒唑等抗病毒药物及防止继发感染的抗生素常有较好的疗效。患儿须剪短指甲以防抓破水疱，静卧，给予易消化半流质食物，必要时静脉补液。

预防措施：不食生奶，不接触病畜及病畜的分泌物、排泄物及污染的物品。接触病畜后立即洗手消毒，如病毒不慎入眼、鼻、口，则立即用消毒液进行冲洗消毒。

思考题

1. 口蹄疫难以被控制的原因是什么？
2. 口蹄疫在流行病学上有哪些重要特点？
3. 如何预防口蹄疫？发生口蹄疫应采取哪些扑灭措施？

二、流行性感冒

流行性感冒（influenza）简称流感，是由流行性感冒病毒引起的人和多种动物共患的一种急性、热性、高度接触性传染病。其临床特征是高热、呼吸困难及其他各系统程度不同的临床症状。该病的流行特点是发病急、传播快、病程短、流行广，并可引起鸡和火鸡的大批死亡。

流感在世界各地广泛流行，普遍存在于多种动物和人群中，是危害最重的人畜共患病之一。有关各种动物流感的最早报道是 1878 年的鸡群流感（意大利）、1918 年的猪群流感（美国）、1955 年的马流感（欧洲）及 1918 年的人流感（美国）。人类流感至今已经流行上百次，其中有详细记载的世界大流行就有 6 次（1918 年、1946 年、1957 年、1967 年、1976 年和 1999 年），而且每一次的流行均与动物的流感有关。一般说来，流感为非致死性疾病，但有些毒株可造成较高的死亡率，如 1918 年的流感导致全球约 2 000 万人丧生。

高致病性禽流感（HPAI）是毁灭性的疾病，具有高达 100% 的死亡率。HPAI 被世界动物卫生组织（OIE）和我国动物疫病预防控制中心均列为烈性疫病，2003 年在意大利仅 3 个月就死亡和扑杀家禽 1 300 万只，经济损失上亿欧元，我国 2004 年爆发禽流感，死亡和扑杀家禽 2.9 亿只，仅政府用于补偿的经费就高达 30 亿元人民币。

【病原体】

流行性感冒病毒（influenza virus）简称流感病毒，为正黏病毒科（Orthomyxoviridae）A 型流感病毒属（*Influenzavirus* A）的代表病毒。正黏病毒科分 4 个属，A、B、C 型流感病毒属和索戈托病毒属。A 型流感病毒可引起多种动物感染，B 型、C 型流感病毒仅感染人类，而很少感染动物。

A 型流感病毒粒子形态多样，呈球形、椭圆形及长丝管状，直径 20~120 nm。核酸为分 8 个片段的单股负链 RNA，外被螺旋对称的核衣壳，病毒的核蛋白（NP）和膜蛋白（M）是病毒分型（A、B、C 型）的依据，具有较强的保守性，核衣壳外被囊膜，囊膜上分布有形态和功能不同的两种纤突，即血凝素（HA）和神经氨酸酶（NA），二者是流感病毒的表面抗原，具有良好的免疫原性，同时又有很强的变异性，是流感病毒血清亚型及毒株分类的重要依据。HA 能与宿主细胞上的特异性受体结合，与病毒侵袭宿主有关，决定了病毒的宿主特异性，同时 HA 能吸附和凝集红细胞，这种凝集作用能被其诱导的特异性抗血清（单抗）所中和，因此可应用 HA-HI 试验来鉴定病毒及其血清型，测定免疫个体的血清抗体水平。HA 还与病毒在宿主细胞内成熟后从感染细胞中出芽释放有关，出芽的病毒与宿主细胞膜的 HA 受体结合，需要 NA 水解后才能游离再侵入其他细胞，当 NA 被抑制则释放的病毒就不能游离再侵入新的宿主细胞。对流感有特效的药物达菲，其作用机制正是使 NA 失活，避免进一步感染，具有治疗流感的作用。

HA 有 16 个亚型，NA 有 10 个亚型，不同 HA 与 NA 的组合使流感病毒具有了不同的血清亚型，如导致 HPAI 的 H5N1、H5N2、H7N1，导致人流感的 H1N1（2009 年流行的甲流）、H2N2、H3N2，导致猪发病的 H1N1、H3N2 等。由于流感病毒的基因组具有多个片段，在病毒复制时容易发生不同片段的重组和交换，从而出现新的亚型，尤其是同一细胞中感染了两个不同血清型或血清亚型的病毒更是如此。流感病毒的变异主要发生在 HA 抗原和 NA 抗原上，这种变异只是个别氨基酸或抗原位点出现变化，被称为"抗原漂移"，此时可产生新的毒株；但当抗原的变异幅度较大时，即发生了 HA 或 NA 型的变化时，则称"抗原转换"，这时则产生新的亚型。人流感病毒的变异趋势是 2~3 年一漂移，15 年一转换，且每次大变异都会导致大的流行。由于流感不同亚型之间不能相互交叉保护，这就给本病的疫苗研制和防制带来了极大困难，必须常年监控流行毒株的血清型来安排疫苗生产，因此，监测与预警预报就显得尤为重要。

不同血清亚型的流感病毒对宿主的特异性与致病性是不同的，特异性决定于 HA 对宿主细胞受体的特异性识别，感染人的流感病毒血清亚型主要有 H1N1、H2N2、H3N2，而感染猪的流感病毒主要血清亚型有 H1N1、H3N2，感染禽的主要血清亚型为 H9N2、H5N1、H5N2、H7N1 等，感染马的血清亚型为 H3N8、H7N7。研究表明，猪流感与人流感的病原有的血清亚型相同，加之猪的特殊生态学特点，因此认为禽流

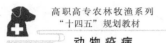

感如果要感染人，多需通过猪这一中间宿主的转换杂交，但截至目前尚无人通过此途径感染禽流感的直接证据，而人感染禽流感甚至致死的个案都是由于感染者具有与禽相同（近）的受体结构。同一血清亚型病毒的致病性并不完全相同，这种致病性的差异主要取决于 HA 上蛋白水解酶位点处的碱性氨基酸的多寡，连续的碱性氨基酸数量越多，致病性也越高。

流感病毒对机体组织有泛嗜性，但由于不同组织蛋白分解酶的活性差异，导致病毒对机体组织的致病性存在一定的差异，最易受病毒危害且含毒量最高的组织是呼吸道、消化道及禽的生殖道，在这些组织的上皮细胞内增殖的病毒释放后随分泌物排出体外，感染其他易感宿主及污染环境。流感病毒可感染鸡胚及多种动物的原代或继代肾细胞，以 9~11 日龄的鸡胚的病毒增殖速度最高。

流感病毒对温热、紫外线、酸、碱、有机溶剂等均敏感，但耐寒冷、低温和干燥。流感病毒在分泌物、排泄物等有机物保护下 4 ℃ 可存活 1 个月以上，在羽毛中可存活 18 天，在骨髓中可存活 10 个月。0.1% 新洁尔灭、0.5% 过氧乙酸、1% 氢氧化钠、2% 甲醛、阳光照射、加热 60 ℃ 10 min、堆积发酵等可将其杀灭。

【流行病学】

A 型流感病毒可以感染禽类、猪、人、马、貂、海豹和鲸等，通常只有自然宿主感染，但某些亚型具有同时感染人和猪或禽的能力。各种动物不分年龄、品种、性别均可感染，以禽（鸡、火鸡）、猪、马和人的病情严重。小鼠对某些毒株易感并发病，但仓鼠、豚鼠、犬、猫等多为隐性感染。

患病动物是本病的主要传染源，其次是康复或隐性感染的动物。携带流感病毒的鸟类和水禽是鸡和火鸡流感的重要传染源，由于这些禽类不受地域限制而活动范围广，同时带毒时间长（约为 1 个月），且并不表现临床症状，可通过粪便等途径排泄病毒污染环境，从而造成该病的流行。本病可经直接接触传播，主要通过呼吸道和消化道间接接触传播，带毒动物经咳嗽、喷嚏（禽类尚可通过粪便）等排出病毒，经污染的空气、饲料、饮水及其他物品传播，鼠类、犬、猫及昆虫也可机械性地传播本病，但垂直传播的证据不足。

该病一年四季均可发生，但以晚秋和冬、春多见，若饲养环境条件恶劣，更易发病和加重病情，如畜舍的阴暗、潮湿、寒冷，过于拥挤，营养不良，环境卫生差，消毒不佳（不严格、不及时、药物选择不合理）等。本病多突然发生，迅速传播，发病率高而死亡率低，但鸡和火鸡感染高致病力禽流感时，可导致 100% 死亡。该病的大规模流行通常具有一定的周期性。

在自然条件下 B 型和 C 型流感病毒仅感染人，一般呈散发或地方性流行，偶尔爆发。人类流感在健康成人多呈良性经过，但在老年人和儿童中则往往导致肺炎及肾脏等器官的损害，甚至导致死亡，因此，人用流感疫苗适于老人和儿童接种。

【发病机理】

流感病毒经呼吸道或/和消化道侵入机体，病毒囊膜上的血凝素与宿主细胞的特异性受体结合，在细胞蛋白酶的作用下血凝素分解为 HA1 和 HA2 亚单位，获得入侵宿主细胞的能力，在呼吸道和消化道上皮细胞内增殖，并引起初期轻微的临床症状，如精神沉郁、食欲减退、咳嗽、粪便变软等。当病毒在宿主细胞内复制组装完成后，通过出芽方式释放，病毒粒子与宿主细胞上的受体处于结合状态，在神经氨酸酶的作用下水解并游离而进一步入侵新的细胞。由于病毒的大量增殖和释放，使更多的黏膜细胞受到侵害而引起相应的组织病变和临床症状，同时病毒随淋巴进入血液而侵入全身各组织器官，造成更广泛的损害，特别是在血凝素水解位点附近碱性氨基酸越多，越容易被蛋白水解酶分解，越易获得对细胞的侵袭性，高致病性禽流感病毒便拥有这一结构特征，从而造成全身更广泛的损害，引起组织细胞的肿胀、变性和坏死，从而使被感染的人或动物出现高热、咳嗽、流鼻涕、呼吸困难、精神极度沉郁、腹泻、全身肌肉和关节酸痛甚至死亡等一系列临床症状。马流感病毒主要在呼吸道黏膜上皮细胞中增殖致病，很少入血和侵害其他组织器官。

【临床症状】

各种动物临床表现均以呼吸道症状为主，但不同动物表现不完全一样，特别是禽流感表现多样。

（1）猪自然感染潜伏期 3~4 天，人工感染期为 1~2 天。病猪常突然发病，体温升至 40.5~42.5 ℃，卧地不动，食欲减退或废绝，阵发痉挛性咳嗽，急速腹式呼吸，因肌肉和关节疼痛而跛行，流鼻涕、眼泪且有黏性眼屎，粪便干燥，妊娠母猪后期可发生流产。如无继发感染则病程 3~7 天，绝大部分可康复（病死率 1%~4%）；继发细菌感染则病情加重、病程延长、病死率升高。个别病猪转为慢性，出现消化不良、生长缓慢、消瘦及长期咳嗽，病程 1 个月以上，最终多以死亡为转归。

（2）禽自然感染潜伏期 3~5 天，人工感染为 1~2 天。根据临床表现与转归分成高致病性禽流感（highly-pathogenic avian influenza，HPAI）和低致病性禽流感（low-pathogenic avian influenza，LPAI）。

HPAI 突然发病，体温升高，食欲废绝，精神极度沉郁（呆立、闭目昏睡，对外界刺激无反应）；产蛋大幅下降或停止；头颈部水肿，无毛处皮肤和鸡冠肉髯发绀，流泪；呼吸高度困难，不断吞咽、甩头、口流黏液、叫声沙哑，头颈部上下点动或扭曲颤抖，甚至角弓反张；排黄白、黄绿或绿色稀便；后期两腿瘫痪，俯卧于地。急性病例发病后几小时死亡，多数病程为 2~3 天，病死率可达 100%。鸵鸟也可被感染，死亡率也较高，且与年龄有关，而野禽和家鸭多不出现明显的临床症状。

LPAI 的临床症状比较复杂，其严重程度与感染毒株的毒力、家禽的品种、年龄、性别、饲养管理状况、发病季节、是否并发或继发感染及鸡群健康状况有关，鸡和火鸡可表现为不同程度的呼吸道症状、消化道症状、产蛋量下降或隐性感染等。病程长

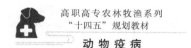
短不定，单纯感染时死亡率很低，但 H9N2 型在肉鸡中的致死率有时可高达20%～30%。

（3）马潜伏期 2～10 天，平均 3～4 天。根据感染毒株不同，临床表现不一，H3N8 亚型所致的病情较重，体温升高可达 41.5 ℃，而 H7N7 亚型所致的病情较温和，有些马常呈顿挫型或隐性感染；典型病例表现为体温升高，并稽留 1～5 天；病初干咳，后为湿咳，流涕（先为水样后为黏性甚至脓性）、流泪、结膜充血与肿胀；呼吸频数、脉搏加快、食欲减退、精神沉郁、肌肉震颤、不爱运动。若无继发感染，多为良性经过，病程 1～2 周，很少死亡。合理的治疗可减轻临床症状和缩短病程。

【病理变化】

（1）猪单纯流感无特征性病变并很少引起死亡，有些病例可见呼吸道黏膜出血，上覆大量泡沫样黏液；在肺的心叶、尖叶和中间叶出现气肿或肉样变；颈、纵隔和支气管淋巴结出现水肿和充血；胃肠有卡他性炎症；如继发细菌感染则病变相对复杂。

（2）禽依流感病毒的毒力不同，病理变化不同。LPAI 主要表现为呼吸道和生殖道内存在较多的黏液或干酪样物，输卵管和子宫质地柔软易碎。个别病例可见呼吸道和消化道黏膜出血。HPAI 表现为广泛的出血，主要发生在皮下、浆膜下、肌肉及内脏器官。腿部特别是角质鳞片出血，头（鸡冠、肉髯）颈部水肿且出血而呈青紫色。腺胃黏膜出现点状或片状出血，腺胃与食道及肌胃的交界处出现出血带或溃疡。喉头、气管黏膜存在出血点或出血斑，气管腔内存在黏液或干酪样分泌物。卵巢和卵泡充血、出血。输卵管内存在大量黏液或干酪样物。整个肠管特别是小肠黏膜存在出血斑或坏死灶，从浆膜层便可见到大小如大豆到蚕豆大小的枣核样变化。盲肠扁桃体肿胀、出血、坏死。胰腺出血或存在黄色坏死灶。此外，可见肾脏肿大有尿酸盐沉积，法氏囊肿大且时有出血，肝脏和脾脏出血时有肿大。

组织学变化是多个器官的坏死和/或炎症，主要发生在脑、心、脾、肺、胰、淋巴结、法氏囊、胸腺，常见的变化是淋巴细胞的坏死、凋亡和减少。骨骼肌纤维、肾小管上皮细胞、血管内皮细胞、肾上腺皮质细胞、胰腺腺泡发生坏死。

（3）马 H7N7 亚型主要病理改变在下呼吸道，H3N8 亚型肺部感染严重，常出现细支气管炎、肺炎和肺水肿。

【诊断】

根据流行病学特点、临床症状、病理变化一般不难对马流感和猪流感作出初步诊断。禽流感由于临床症状和病变比较复杂，容易与其他疾病混淆，因此，单靠临床表现进行诊断比较困难，必须依靠实验室检查确诊。常见实验室检查方法如下：

1. 病毒分离与鉴定

在发热期或发病初期用灭菌拭子采取动物的呼吸道分泌物或禽类泄殖腔样本，以及发病动物病变脏器，将病料除菌后接种于 9～11 日龄鸡胚尿囊腔、羊膜腔或 MDCK细胞，35 ℃培养 2～4 天，取其尿囊液、羊水或细胞培养上清液进行 HA 试验，对 HA

阳性病料培养物进行 HI 试验以鉴定病毒及其亚型。

2. 病原快速检测

可将死亡动物组织制成切片或抹片，用直接荧光抗体试验检测病毒；也可以用酶标抗体进行免疫组化染色直接检测病料中的病毒；也可以应用斑点 ELISA 试纸直接对病料进行检测定性，但不能确定病原的具体血清型及病原的感染性。

3. 血清学试验

取发病初期和恢复期动物的血清，用 HI 试验检测抗体滴度的变化，当恢复期血清抗体滴度升高 4 倍以上便可确诊。此外，ELISA、补体结合试验也是常用的血清学检验方法。

4. 分子生物学诊断

最常用的是 RT-PCR 法，可快速准确而灵敏地诊断，此外，荧光 PCR、实时定量荧光 PCR、环介等温 PCR 及核酸探针等也可用于该病的诊断和病毒血清型的鉴定。

5. 鉴别诊断

猪流感应与猪肺疫、猪气喘病、猪传染性胸膜肺炎相鉴别。禽流感应与鸡新城疫、禽霍乱、传染性喉气管炎、传染性鼻炎和慢性呼吸道疾病相鉴别。

【治疗】

目前，尚无治疗流感的动物专用特效药物，对于猪、马和低致病性禽流感可以在严格隔离的情况下进行针对性治疗，如应用达菲、病毒唑、干扰素、黄芪多糖等进行对因治疗，应用解热药物及抗生素防治继发细菌感染，投给利尿解毒药物防治肾脏损害和衰竭等。

【防控措施】

坚持自繁自养，禁止混养不同种动物，搞好杀虫灭鼠工作。需要新引进畜禽时，要对引进畜禽在严格隔离观察下进行检疫，防止引入患病畜禽。平时应用 1% 氢氧化钠等进行圈舍及出入口的消毒，定期进行预防性消毒。发生高致病性禽流感应立即封锁疫区，对所有感染和易感禽只一律采取扑杀、焚烧或深埋处理，封锁区内严格消毒，封锁区外 3~5 km 的易感禽只进行紧急疫苗接种，建立免疫隔离带。经本病最长潜伏期 21 天且无新病例出现，经检疫确认无感染性病原及经终末彻底大消毒后，可报请封锁令发布机关解除封锁。

目前，猪和马尚无理想的疫苗。而禽流感的血清型众多，各亚型之间无免疫交叉，同源疫苗有散毒的危险，但目前随着我国疫苗研制水平的不断提高，H9N2 亚型、H5N1 亚型等低致病性和高致病性禽流感疫苗已成为防治禽流感的主要武器，且禽痘活载体疫苗等也在生产上广泛使用。此外，RNA 干扰技术及多联转基因活载体疫苗、基因疫苗等也有望在今后预防禽流感中发挥一定的作用。

【公共卫生】

人流感多发生于每年的 11 月至来年 2 月，传播迅速，常呈流行或大流行，发病

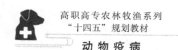
率高但死亡率低，老人及儿童继发感染且治疗不当可致死亡。主要表现为发热、咳嗽、流鼻涕、流泪、浑身酸痛无力、头眩晕等临床症状。个别人可感染高致病性禽流感而发病，并因全身感染与肾脏衰竭而死亡，但仅限于与禽类具有相同（似）受体的人，并不能在人与人之间大面积传播，尽管禽流感病毒还未能真正意义地感染人类，但由于该病毒的频繁变异，以及人-猪-禽的密切接触，对这种传播方式决不能掉以轻心。

本病通过打喷嚏、咳嗽和物理接触都有可能传播。人主要通过接触受感染的生猪或接触被猪流感病毒污染的环境，或通过与感染猪流感病毒的人发生接触而感染。人感染猪流感后的临床症状与普通流感相似，包括发热、咳嗽、咽痛、全身肌肉疼痛、头痛、怕冷和疲劳等，有些还会出现腹泻和呕吐，重症者会继发肺炎和呼吸衰竭，甚至出现死亡。易感人群以 25~45 岁青壮年为主，而非老人和儿童。可以通过充足睡眠、勤锻炼、勤洗手、保持室内通风、养成良好的个人卫生习惯等措施来预防。护理病人时须与病人至少保持 1 m 距离，照料病人时应戴口罩。口罩每次使用后要彻底清洁消毒，与病人接触后要用肥皂洗净双手，保持病人居所空气流通。在感染早期可应用达菲和乐感清治疗。利巴韦林对该病具有一定的预防和治疗作用，中药八角茴香也有较好的预防作用。

思考题

1. 如何区别 HPAI 和 LPAI？

2. 发生 HPAI 时应如何紧急处理？

3. 猪流感的临床症状和流行病学特点有哪些？猪在人流感与禽流感的发生上发挥什么作用？

三、狂犬病

狂犬病（rabies）又名疯狗病或恐水症，是由狂犬病病毒引起的所有温血动物（包括人）共患的一种侵害中枢神经系统的急性传染病。

狂犬病是人畜共患的自然疫源性传染病，目前尚无有效的治疗方法，预防狂犬病的发生尤其重要。人患病后，会出现一系列神经系统相关的临床症状，并逐渐出现咽喉肌肉痉挛、流口水、瘫痪、呼吸和循环麻痹等临床症状。该病潜伏期长，一旦感染，死亡率几乎达 100%。

狂犬病在世界很多国家均有发生，其中东南亚国家的发病率最高。新中国成立后，我国由于采取各种预防措施，发病率明显下降。近年因养犬逐渐增多，防疫制度和措施落实不到位，故发病率有上升的趋势。我国是仅次于印度的受狂犬病危害最严重的国家。

【病原体】

狂犬病病毒（rabies virus，RV）属于弹状病毒科（Rhabdoviridae）狂犬病病毒属（*Lyssavirus*）。病毒粒子呈弹状或杆状，一端圆形，另一端平坦或稍凹。病毒核酸为单股负链 RNA，有囊膜，直径约 75 nm，长 200~300 nm。整个病毒由最外层的脂质双层外膜、结构蛋白外壳和带有遗传信息的 RNA 分子构成。主要存在于中枢神经组织、唾液腺和唾液内。在唾液腺和中枢神经细胞（尤其在海马角、大脑皮层、小脑）的胞浆内形成包涵体，呈圆形或卵圆形，染色后呈嗜酸反应，称为内基氏小体。

狂犬病病毒对外界环境抵抗力不强，易被日光、紫外线、高温、强酸、强碱、有机溶剂（如乙醚、甲醛、苯酚）、含氯制剂及大部分消毒剂等灭活。56 ℃ 30~60 min 或 100 ℃ 2 min 即可灭活，但病料在 25~37 ℃ 保存 5~7 天可检测到抗原。

【流行病学】

狂犬病属于自然疫源性疾病，几乎所有的温血动物都易感。犬是最主要的发病者，其次为猫，偶尔可见牛、猪、马等家畜，蝙蝠是主要携带者。野生动物（如狐狸、狼、貉、鹿及某些啮齿动物）是该病的自然宿主。国内的犬、绵羊、山羊、马和非人灵长类动物亦是本病毒的自然宿主。所有鸟类和低等哺乳类动物的易感性都低。幼龄动物易被狂犬病病毒感染。

狂犬病传染源主要是病犬和带毒犬（80%~90%），其次是猫和狼。野生动物也可作为狂犬病病毒的宿主。野生啮齿类动物，如野鼠、松鼠和鼬鼠等，对本病易感，在一定条件下它们可成为本病的危险疫源长期存在，当其被肉食兽吞食后则可能传染本病。隐性感染的犬、猫等动物亦有传染性。患病动物唾液中含有大量的病毒，发病前 5 天即具有传染性。

本病的传播途径有：① 通过伤口或皮肤黏膜感染。如被疯狗咬伤、抓伤，宰杀患病动物、接触被污染物品等。② 通过口腔黏膜感染。曾有人因缝补被狂犬咬破的衣服，用牙齿咬线而感染病毒，并发病死亡；因吃狗肉而感染狂犬病毒引起发病死亡的例子亦不少见。③ 通过病人唾液感染。曾有人被病人唾液污染手部伤口而感染了狂犬病；还有因用被病人口水及呕吐物污染的手擦眼睛和嘴发病的报道。④ 狂犬病毒不会通过胎盘传给胎儿。因为狂犬病病毒是一种嗜神经病毒，它侵入人体后，主要存在于脑、脊髓、唾液腺和眼角膜等处，一般不会通过胎盘传给胎儿，但狂犬病却可以通过乳汁传播给婴儿。

发病率和严重程度受入侵的病毒量、咬伤部位、创伤程度、衣着厚薄、局部处理情况、疫苗注射情况等因素的影响。咬伤部位在头、面、颈、手指等处最易发病。创口深而大者发病率高，头面部深部创伤者的发病率可达 80% 以上。咬伤后迅速彻底清洗伤口可降低发病率。冬季衣着厚，发病机会少。及时、足量、全程注射狂犬病疫苗的患者发病率低于 0.2%。

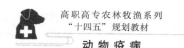

【发病机理】

多数动物试验证明，该病在潜伏期和发病期间并不出现病毒血症。其发病机制主要有3个过程：

1. 局部组织内增殖期

病毒自咬伤部位入侵后，在侵入处繁殖复制，由于该病毒对神经组织有很强的亲和力，4~6天内侵入附近的末梢神经，此时患者无任何可感觉的临床症状。

2. 侵入中枢神经期

病毒沿周围传入神经迅速上行，到达背根神经节后大量增殖，然后侵入脊髓和中枢神经系统，主要侵害脑干及小脑等处的神经元。但亦可在扩散过程中终止于某部位，形成特殊的临床表现。

3. 组织器官扩散期

病毒自中枢神经系统再沿传出神经侵入各组织与器官，临床上出现恐水、呼吸困难、吞咽困难等症状。交感神经受刺激，使唾液分泌和出汗增多。病毒还大量蔓延到唾液腺，使唾液具有很强的传染性。

【临床症状】

潜伏期差异很大，长短不一，最短为5天，长的可达1年或更长，一般为1~3个月。常与被咬伤部位及程度、唾液中所含病毒的数量及毒力（毒力强者潜伏期短）等因素有关。其他如扩创不彻底、外伤、受寒、过度劳累等，均可能使疾病提前发生。典型病例可分为狂暴型（脑炎型）和麻痹型。狂暴型分3期：前驱期、狂躁期和麻痹期。出现衰弱及全身性共济失调，最后由痉挛转为瘫痪，因呼吸、循环衰竭而死亡。有些患病动物的狂躁期极短甚至不存在，立刻进入麻痹期。

1. 犬狂犬病

（1）前驱期　此期通常持续1~2天，病犬精神沉郁，常躲在暗处，不愿和人接近或不听呼唤，强迫牵引则咬畜主；食欲反常，喜欢吃异物，吞咽伸颈困难；瞳孔散大或扩张，畏光及角膜反射降低，反射机能低下或亢进，轻度刺激容易兴奋。

（2）狂躁期　狂躁期也称兴奋期，一般持续2~4天，病犬狂躁发作时，往往和沉郁交替出现，到处奔跑，四周游荡，昼夜不归，高度兴奋，并常攻击人和动物。表情极度恐惧，恐水、怕风、阵发性咽喉肌痉挛、狂暴不安、流涎及躲于暗处、伴有高热。此时是本病最危险的阶段，因病犬会乱咬人或其他动物而将疾病传播。恐水为本病的特征，典型表现为虽渴极而不敢饮水，见水、闻流水声、饮水，均可引起咽喉肌严重痉挛。怕风也是本病常见的临床症状，外界多种刺激如风、光、声音也可引起咽肌痉挛。

（3）麻痹期　此期一般持续1~2天，病犬消瘦，精神高度沉郁，咽喉肌麻痹，下颌下垂，舌脱出口外，严重流涎，不久后躯体及四肢麻痹，行走摇摆，卧地不起，最后因呼吸中枢麻痹或衰竭而死。

2. 其他动物

牛、羊、鹿患病后呈不安、兴奋、攻击和顶撞墙壁等临床症状，大量流涎，最后麻痹死亡。马的临床症状与此相似，有时呈破伤风样的临床症状。

【病理变化】

主要表现为非化脓性脑炎和急性弥漫性脑脊髓炎，以与咬伤部位接近的大脑海马角、延髓、小脑等处最为严重，脑膜通常无病变。脑实质呈充血、水肿及轻度微小出血，镜下可见神经细胞空泡形成、透明变性和血管周围的单核细胞浸润等。多数病例在肿胀或变性的神经细胞质中常见嗜酸性包涵体，即内基小体。内基小体呈圆形或椭圆形，直径 3~10 μm，边缘光滑，内有 1~2 个状似细胞核的小点，最常见于海马角及小脑蒲肯野神经细胞中，是本病特异且具有诊断价值的病理改变。

此外，唾液腺腺泡细胞、胃黏膜壁细胞、胰腺腺泡上皮细胞、肾上腺髓质细胞等可呈急性变性。

【诊断】

根据典型的临床症状，结合咬伤史和流行病学可作出初步诊断。确诊有赖于实验室的病原学检验。实验室检查主要包括以下方法：

1. 内基小体（包涵体）检查

内基小体检查均在动物死亡后进行，取患病动物的大脑、小脑、延脑等，最好取海马角，置吸水纸上，切面向上，载玻片轻压制成压印片标本，室温自然干燥后染色镜检，若镜下见到特异性包涵体（内基小体）即可确诊。

2. 病毒分离

这是可靠的诊断方法，但所需时间较长。取患者的唾液、脑脊液、泪液等材料，用缓冲盐水或含 10% 的灭活豚鼠血清的生理盐水研磨成 10% 的乳剂，脑内接种 5~7 日龄鼠，每只注射 0.03 mL，每份样本接种 4~6 只乳鼠。乳鼠接种后 10~20 天即可依据乳鼠发病与否判断是否为狂犬病。若乳鼠表现出肌肉震颤、步态失调、麻痹，最后死亡，则可判断阳性。该法可靠，但所费时间太长，需观察 30 天才可确定为阴性结果。

3. 荧光抗体检查

以荧光抗体试验来检测脑组织中是否有病毒抗原的存在，是目前最准确、最快速的方法。发病第一周内取唾液、鼻咽洗液、角膜印片、皮肤切片，用荧光抗体染色，出现阳性荧光可确诊。用本方法检测时，需有阴性组织作为对照组，以避免误诊。

4. 血清学检查

可用于病毒分离、狂犬病疫苗效果检查。常用的方法有中和试验、补体结合试验、间接荧光抗体试验、血凝抑制试验及间接免疫酶试验（HRP-SPA）等。一般实验室常采用中和试验。近年来已将单克隆抗体用于狂犬病的诊断，该方法特别适用于区别狂犬病病毒与该病毒属的其他相关病毒。

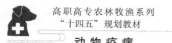

5. 反转录–聚合酶链反应（RT-PCR）

首先将病毒 RNA 反转录成 cDNA，然后用 cDNA 进行 PCR 扩增。该方法具有快速、特异、操作简便等特点，在狂犬病诊断中具有很好的应用前景。

6. 鉴别诊断

狂犬病须与破伤风、病毒性脑膜脑炎、脊髓灰质炎、疫苗接种后脑炎或急性多发性神经炎等疾病进行鉴别。破伤风的潜伏期短，临床症状有牙关紧闭及角弓反张而无恐水。脊髓灰质炎临床症状无恐水，肌痛较显著，瘫痪时其他临床症状大多消退。病毒性脑膜脑炎有严重神志改变及脑膜刺激征，脑脊液检查、免疫学试验、病毒分离等均有助于鉴别。类狂犬病性癔病患者在被动物咬伤后不定时间内出现喉紧缩感、不能饮水、兴奋，但无怕风、流涎、发热和瘫痪等临床症状，经对症治疗后，常可迅速恢复。疫苗接种后脑炎，可出现发热、关节酸痛、肢体麻木、运动失调、瘫痪等临床症状，与本病瘫痪型不易鉴别，但前者停止接种，采用肾上腺皮质激素治疗后大多可恢复。死亡病例需经免疫荧光试验或脑组织内基小体检查方能确诊。

【治疗】

本病尚无特效治疗药，患病动物建议予以扑杀或安乐死，并将脑组织送检以确诊。

【防控措施】

狂犬病是致死性高、危险性特大的人畜共患传染病。因此，加强犬的管理和检疫工作，重点在于做好人及动物早期预防接种，可使发病率明显降低。当务之急是对流浪犬、猫数量和免疫状态实行控制。

1. 预防

狂犬病病毒在周围神经组织里的平均移动速度是 3 mm/h，上行到中枢神经组织（脑-脊髓）后可在 1 天内繁殖扩散到整个中枢神经系统。伤口离脑-脊髓越远，潜伏期就越长，疫苗就越有可能及时生效，有效预防狂犬病发病。

（1）控制野生动物之间的传播　对野生狂犬病宿主进行口服狂犬病疫苗（oral rabies vaccination，ORV）是成功净化狂犬病的重要措施。北美启动了大范围的预防野生狂犬病的项目，对北极狐、灰狐、山狗、浣熊等动物通过投喂 ORV 进行了狂犬病净化措施，取得了显著的效果。

（2）控制犬猫的传播　对犬等动物免疫接种，可有效地降低发病率。接种疫苗对犬是安全的，但对猫和牛要慎用。目前，动物用常规狂犬病疫苗分为活疫苗和灭活疫苗两类。现有的灭活疫苗已证明对新生的小犬、小猫是安全有效的。

（3）对于易感人群预防性免疫接种　由于工作的特殊而易于接触到狂犬病病毒的人群（如动物饲养人员、兽医等），他们受到狂犬病传染的概率大大高于常人，因而应当接种狂犬病疫苗进行预防。

2. 被动物咬伤后的处理

被犬及有关动物咬伤后，必须尽快到医疗预防机构进行预防性处理，预防狂犬病的发生。预防性处理分3个步骤：伤口处理、注射狂犬病疫苗、根据情况注射抗狂犬病血清。

（1）被咬伤口处理　早期的伤口处理极为重要。凡被病犬、猫、动物或疑似病兽咬伤后，应立即挤出污血、排出病毒，处理越早越彻底效果越好。伤口尽快用20%肥皂水或0.1%新洁尔灭（新洁尔灭与肥皂水不可合用）反复冲洗，并不断擦拭。再以生理盐水冲洗30 min后，用70%乙醇擦洗及浓碘酒反复涂拭，力求去除带有狂犬病毒的犬涎。排血引流，除伤及大血管需要紧急止血外，伤口一般不宜缝合或包扎。伤口较深者尚需用导管伸入，以肥皂水做持续灌注清洗。如有免疫血清，可注入伤口底部及四周。

（2）疫苗接种　多年来，国内已发现一些人被咬伤后发病死亡而犬却安然无恙的病例，经证实该犬的唾液内带毒，故在流行区域被犬咬伤者均应接种疫苗。对咬伤较轻的患者，应及时处理伤口后，尽早注射疫苗，10天以内为佳。国内主要采用狂犬病病毒的地鼠肾细胞苗，依咬伤程度不同需注射5~7针（次）不等，以获得最佳保护力。

（3）注射抗狂犬病血清　凡咬伤部位离中枢神经近、伤口深而且多处有伤、伤势严重者，注射疫苗还不能达到较理想的预防效果时，必须联合注射抗狂犬病血清。抗狂犬病血清注射应在咬伤后72 h内进行，因超过72 h病毒易潜入细胞内不易被抗体所中和。另外，干扰素也适用于该病的治疗。

【公共卫生】

人感染狂犬病发病后临床症状明显。依病程可分为以下三期：

1. 前驱期

患者发热、头痛、乏力、周身不适，对痛、声、光等刺激较敏感，并有咽喉紧缩感。50%~80%患者伤口部位及其附近有麻木或蚁走感。

2. 兴奋期或痉挛期

患者处于兴奋状态，如极度恐惧、烦躁，对水声、风等刺激非常敏感，易于引起阵发性喉肌痉挛、呼吸困难等。部分患者出现特殊的恐水临床症状，在饮水、见到水、听见流水声或谈及水时，可引起严重喉肌痉挛，称为"恐水症"。随后，部分患者出现精神失常、定向力障碍、幻觉、谵妄等，病程进展很快。

3. 麻痹期

患者痉挛减少或停止，出现弛缓性瘫痪，神志不清，最终因呼吸麻痹和循环衰竭而死亡。人出现狂犬病临床症状后，一般难以治愈。狂犬病抗病毒血清通常在咬伤严重时用于紧急预防，但在发病后使用一般无法挽救患者生命。

加强犬类动物的管理，控制传染源，进行大规模的免疫接种和消灭野犬，是预防

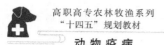

人狂犬病最有效的措施。人被犬、猫等动物咬伤后，应立即对受伤部位用20%肥皂水、清水冲洗或用对狂犬病毒有可靠杀灭效果的其他物质（碘制剂、乙醇）彻底冲洗伤口至少20 min，然后用2%碘酊或70%酒精涂擦伤口，以清除或杀灭局部的病毒，并及时到当地卫生防疫机构注射狂犬病疫苗，以减少狂犬病的危害。

思考题

1. 名词解释：内基小体、街毒、固定毒。
2. 狂犬病诊断的主要依据是什么？
3. 狂犬病的主要传播途径有哪些？应该如何有效预防狂犬病的发生？

四、日本乙型脑炎

日本乙型脑炎（Japanese encephalitis），又名流行性乙型脑炎（epidemic encephalitis），简称乙脑，是由日本乙型脑炎病毒引起的蚊媒传播的自然疫源性人畜共患传染病。日本乙型脑炎病毒可感染多种动物，但隐性感染居多。猪群几乎100%感染，但发病率仅为20%~30%，且死亡率低，怀孕母猪感染后多导致繁殖障碍，临床表现为高热、流产、死胎和木乃伊胎，公猪则表现为睾丸炎。值得注意的是，猪是该病毒的自然储存宿主和扩散病毒的宿主，特别是在占世界养猪数量超半的我国，从公共卫生角度，对该病的危害应充分认识。而人、猴、马和驴感染该病毒后则表现为典型的脑炎临床症状，病死率较高。本病主要发生于东南亚地区，我国大部分地区亦深受其害。

【病原体】

日本乙型脑炎病毒（Japanese encephalitis virus）为黄病毒科（Flaviviridae）黄病毒属（Flavivirus）成员，呈球形，直径30~40 nm，从内到外分别为单股正链RNA、二十面体对称核衣壳及囊膜，囊膜外存在含糖蛋白的纤突，能凝集鹅、鸽、雏鸡、鸭、绵羊的红细胞，同时具有溶血活性，凝血特性可被特异性抗病毒血清所中和，使该病毒减毒株血凝活性基本丧失。

本病毒对自然环境的抵抗力不强，56 ℃ 30 min即可灭活，该病毒对酸、碱、胰酶、乙醇、氯仿等敏感，常规消毒药物均可将其杀死，如2%的氢氧化钠、3%的煤酚皂等。本病毒在50%甘油生理盐水中4 ℃下可存活6个月，−20 ℃可存活1年，−70 ℃或冻干条件下可保存多年，保存病毒的最适pH为7.5~8.5。

【流行病学】

病猪和带毒猪是主要传染源。猪感染后病毒血症持续的时间很长，血中病毒含量高，且猪易被蚊虫等吸血昆虫叮咬而扩大传播，亦是危险的传染源。本病是自然疫源性疾病，许多动物和人感染后都可成为传染源。主要通过蚊虫的叮咬而传播。蚊虫感染病毒后不仅可以传播疾病，还可以带毒越冬或经卵传代，成为本病的增殖宿主和贮藏宿主，造成"动物—蚊—动物"的循环传播。

猪不分品种和性别均易感，发病年龄多在性成熟期。猪感染率高，发病率低，绝大多数病愈后可获得终生免疫而成为带毒猪。本病有明显的季节性，多发于夏秋蚊虫活跃时期，约有80%的病例发生在7~9月份。一般为散发，但在新疫区常出现猪、马集中发生。除猪以外，马属动物、牛、羊、鸡、鸭、鹅等都有易感性，其中马最易感，猪和人次之，其他动物多呈隐性感染，幼龄动物较成年动物易感，实验动物中各年龄小鼠均易感。

【发病机理】

携带日本乙型脑炎病毒的蚊虫在繁殖季节叮咬易感宿主，在用口器释放抗血凝物质时将该病毒注入易感宿主血管内，造成病毒直接入血形成病毒血症，使体温升高。病毒随血流到达嗜好组织，如中枢神经系统（脑和脊髓）、睾丸和子宫，在这些部位造成组织损害和病变，并由此导致临床症状：脑内水肿、颅腔和脑室内脑脊液增量导致精神沉郁、嗜睡或神经症状（冲撞、摆头、视力障碍、后驱麻痹等）；睾丸实质充血、出血、坏死；病毒通过胎盘感染胎猪，引起胎猪全身性感染，主要表现为胎猪脑水肿，皮下、肝、脾、脊髓、脊髓膜等发生病变，使胎猪致弱（生后软弱不能吮乳）、死亡或干尸化，并由此导致流产或生后出现神经症状。

【临床症状】

（1）猪潜伏期2~4天，多数呈隐性感染，少数突然发热，体温升至40~41℃，稽留数天到十几天；精神沉郁而嗜睡，食欲减退而渴欲增加，黏膜潮红，粪便干燥呈球状，表面附有灰白色黏液，尿色深黄。有的病猪后驱麻痹，运步跟跄，后肢关节肿胀、疼痛而跛行。个别病猪表现为视力障碍、摆头、乱冲乱撞等神经症状，逐渐出现后肢麻痹，并最终倒地死亡。

妊娠母猪常在妊娠后期突然发生流产，流产前有轻度的减食和发热，流产后临床症状减轻而恢复正常，且不影响下一次配种。流产胎儿死产或木乃伊化，有的全身水肿，有的生后几天倒地痉挛而死，也有的可健活。公猪感染后除具有一般临床症状外，突出表现是发热后发生单侧或两侧睾丸肿大，几天后恢复或变小、变硬而失去生精能力。

（2）马潜伏期1~2周，以1岁内的幼驹多发，成年多隐性感染。病初体温升高达39.5~41℃，稽留1~2周，然后降至常温，可见黏膜潮红、精神沉郁、食欲不振、肠蠕动减慢、便秘，经3~5天后部分逐渐康复。部分病马出现神经症状，全身反射降低，病马呆立，共济失调，站立行走均不稳，严重者后驱麻痹或卧地不起；也有的病马兴奋而狂躁不安，横冲直撞，难以控制；有的甚至角弓反张或兴奋抑制交替；后期因呼吸衰竭麻痹而死亡。

【病理变化】

（1）猪肉眼变化可见睾丸肿胀、实质充血、出血或有坏死病灶。流产胎儿出现明显的脑室积水，中枢神经系统发育不全（大脑皮层变薄、小脑发育和脊髓发育不全）；胎儿大小不等，皮下有血样浸润，胸、腹腔积液，肝、脾内有坏死病灶。组织学变化为成猪脑组织的非化脓性脑炎。

（2）马无肉眼可见的特征性病理变化，病马脑脊液增多，脑硬膜血管充血水肿。胃肠有急性卡他性炎症。组织学变化为非化脓性脑炎。

【诊断】

可根据本病地区及季节等流行特点（严格的季节性、散发）、典型的临床表现（多发于幼龄动物，明显的脑炎、公猪睾丸炎、母猪流产等临床症状）作出初步诊断，通过病毒分离与鉴定及血清学、分子生物学等方法确诊。

1. 病毒分离与鉴定

取流行初期的濒死或死后病例的脑组织（大脑皮质、海马角、丘脑）或发热期的血液，经卵黄囊接种鸡胚或硬脑膜下接种 1～5 日龄的乳鼠，或将病料接种鸡胚原代细胞、BHK-21 细胞、白纹伊蚊 C3/36 细胞系进行病毒的分离。通过中和试验等方法对病毒分离物进行鉴定。如检测样品不能及时进行分离，则需在 $-80\ ℃$ 下保存。

2. 病理学诊断

采集大脑皮质、海马角、丘脑进行病理组织学检查，发现非化脓性脑炎（在血管周围存在淋巴细胞和单核细胞浸润而呈袖套样变化）可作为诊断依据。

3. 血清学诊断

通常分别采集发病初期和后期的血清各一份，通过中和试验、血凝抑制试验、酶联免疫吸附试验、乳胶凝集试验、补体结合试验和间接免疫荧光试验等进行抗体效价测定，抗体前后效价升高 4 倍以上即可确诊。感染 2～4 天出现 IgM 抗体，可用于该病的早期诊断，在感染后 2～5 周或更久，IgG 抗体效价达到高峰。

4. 分子生物学诊断

应用 RT-PCR 可对病料或分离培养的病毒进行基因诊断。

5. 鉴别诊断

当猪发病时，应注意与猪布鲁菌病、猪繁殖与呼吸综合征、猪伪狂犬病和猪细小病毒病等相鉴别。

【治疗】

本病目前尚无特效治疗药物，但可在隔离条件下通过加强饲养管理、镇静、降低颅内压、强心、利尿、保肝解毒和控制继发感染来进行对症治疗。在治疗的同时，须注意做好工作人员的防护。

本病可应用抗生素防止继发感染。高烧时可用物理降温或安乃近等退烧药物。高烧且出现神经症状时可应用氯丙嗪，既可降温又可镇静。出现神经症状时可应用巴比妥类等药物镇静，同时静脉注射甘露醇、山梨醇等降低颅内压。流产且胎衣不下时可应用缩宫素促进胎盘排出。

中药治疗：可应用中药方剂以达到清热泻火、凉血解毒的目的。可以选择白虎汤、清瘟败毒饮和银翘散等。常用中药有大青叶、板蓝根、黄芩、金银花、连翘、石膏、知母、玄参、淡竹叶、芒硝、栀子、丹皮、紫草、生地、黄连等。

【防控措施】

灭蚊和免疫接种是预防本病的重要措施。应用灭蚊剂或驱避剂等药物灭蚊或驱蚊、应用蚊的天敌灭蚊、破坏蚊的繁殖环境、应用灭蚊灯灭蚊、冬季消灭冬眠越冬蚊及应用雄蚊绝育术等灭蚊技术，均可以有效地减少环境中蚊的数量。

在该病的流行地区，在蚊活动前的 1~2 个月对后备猪、生产用猪（公、母）进行 2 次（间隔 2 周）乙型脑炎弱毒苗或油乳剂灭活苗的免疫接种，可有效防止母猪与公猪的繁殖障碍，之后每年初夏接种一次。

目前所用疫苗中 2-8 减毒株主要用于马属动物的免疫；5-3 减毒株可用于马和猪的免疫；14-2 减毒株可用于人、马、猪的免疫，保护率均在 80% 以上。为避免母源抗体的干扰，种猪需要在 5 月龄以后接种。

【公共卫生】

带毒猪是人流行性乙型脑炎的主要传染源，往往在猪乙型脑炎流行高峰后 1 个月便出现人乙型脑炎发病高峰。病人表现为高烧、头痛、昏迷、呕吐、抽搐、口吐白沫、共济失调、颈项强直，儿童发病率、死亡率较高，幸存者常留有神经系统后遗症。

可以通过计划免疫接种来预防流行性乙型脑炎，我国 6 月龄至 10 周岁的儿童主要接种的疫苗有鼠脑提纯灭活疫苗及乳仓鼠肾传代细胞灭活疫苗，在流行开始前 1 个月皮下注射，并于首次注射后 7~10 天加强免疫，之后每年加强免疫 1 次。

思考题

1. 流行性乙型脑炎的流行病学特征有哪些？
2. 不同动物流行性乙型脑炎的临床特点有什么不同？
3. 猪在流行性乙型脑炎流行病学的作用是什么？

五、痘病

痘病（pox）是由痘病毒引起的人和多种动物（包括昆虫）的一种急性、热性、接触性传染病。各种哺乳动物（除猫、犬之外）所发痘病的共同特点是在皮肤和黏膜上形成痘疹或水疱，禽类所发痘病则在皮肤上发生增生性和肿瘤样病理变化。本病

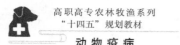

多为局部性反应，有的呈全身性反应，通常为良性经过。但天花（人痘）是人类史上传染性最强的传染病之一，曾造成人的大批死亡。在动物的痘病毒感染中，以绵羊痘和鸡痘最为严重，病死率较高。痘病毒和各种动物其他病毒之间没有交互免疫性。

痘病是一种古老的疾病，相传 3 000 年前的埃及法老的王妃就死于天花。绵羊痘也是发现最早的动物痘病毒，早在一世纪初 Collumea 所著的 Dererustica 中就有对绵羊痘的记载。人们从 19 世纪末开始对绵羊痘有了系统的研究。我国晋朝葛洪（281—361）所著《肘后方》中第一次对天花做了记载。宋真宗（998—1022）时发现了人痘接种法，较好地防治了天花，该方法一直传至清代，甚至传至欧洲。但直到 1796 年，英国人 Jenner 发明人工接种牛痘防治天花，痘病的防治才真正引起世人重视。我国从 1961 年起在全国范围内消灭了天花，世界卫生组织于 1980 年宣布"天花已在全世界消灭"，这是人类传染病防治方面取得的重大成就。

（一）绵羊痘

绵羊痘（variola ovina/sheep pox）是由绵羊痘病毒引起的绵羊的急性、热性、接触性传染病。它以皮肤和黏膜上发生痘疹为特征，是各种动物痘病中危害最为严重的传染病，有较高死亡率，经常引起严重的经济损失。绵羊痘广泛流行于养羊地区，传播快、发病率高。主要分布于非洲、亚洲西南部及中东的一些国家及地区，我国有多省流行。在我国，绵羊痘被列为一类动物传染病。

【病原体】

绵羊痘病毒（sheep pox virus）属于痘病毒科（Poxviridae）山羊痘病毒属（*Capripoxvirus*）。绵羊痘病毒较正痘病毒稍细长，带囊膜，大小约为 115 nm×194 nm，病毒粒子呈砖形。应用 Paschen 氏等特殊染色方法着染病料涂片或切片，易于看到原生小体；电镜观察可发现典型的痘病毒粒子。病毒基因组全序列已于 2002 年公布，大小约 150 kb，相对分子质量（$7.3×10^7$）~（$9.1×10^7$），共有 147 个开放阅读框（ORF）。本病毒可以在鸡胚绒毛尿囊膜上生长，形成灰白色痘斑。在羔羊和犊牛的皮肤细胞、睾丸细胞和肾细胞上生长良好，也可以在鸡胚成纤维细胞上生长，近年来国内有人用 BHK-21 细胞培养羊痘病毒疫苗株，也取得了良好效果。病毒在细胞内增殖时，可使细胞发生病变，形成蚀斑。

绵羊痘病毒对干燥具有较强的抵抗力，干燥状态下可存活几个月；冻融对其没有明显的灭活作用，但该病毒对热的抵抗力较低，55 ℃ 30 min 可使其灭活。绵羊痘病毒易被 20% 的乙醚或氯仿灭活，其对胰蛋白酶和去氧胆酸盐敏感。2% 苯酚和福尔马林也可使其灭活。

【流行病学】

所有品种、性别和年龄的绵羊均可感染，尤以细毛羊易感性最强，粗毛羊和土种羊对该病毒有一定的抵抗力。羔羊较成年羊易感，且病情严重，病死率可达 75% 以上。在自然条件下，绵羊痘只发生于绵羊，但近来研究结果表明，绵羊痘病毒也可感染山羊。妊娠母羊感染易引起流产，因此在产羔前流行羊痘，会使养羊业遭受很大损失。

病羊是绵羊痘的主要传染源，病毒主要通过呼吸道感染，也可通过损伤的皮肤或黏膜侵入机体。气候严寒、雨雪、霜冻、饲养管理不当等因素，均可增加发病率。饲养管理人员、饲料、垫草、护理用具、皮毛产品和外寄生虫等均可作为传播媒介。本病主要流行于冬末春初。新疫区往往呈爆发流行。

【临床症状】

本病潜伏期平均为 6~8 天。病羊体温升高达 41~42 ℃，食欲减退，精神不振，结膜潮红，有浆液、黏液或脓性分泌物从鼻孔流出，呼吸和脉搏增速。1~4 天后开始发痘。首先在皮肤无毛区出现绿豆大红斑，以眼、唇、鼻、外生殖器、乳房、腿内侧及尾内侧最常见，羔羊或病情较重者全身发痘。1~2 天后形成丘疹，突出于皮肤表面，坚实而苍白，随后丘疹逐渐扩大，变成灰白色或淡红色、半球状隆起的结节，同时发生病毒血症。之后 2~3 天，丘疹内出现淡黄色透明液体，中央呈脐状下陷，成为水疱。再经 2~3 天，由于白细胞的渗入，疱液呈脓性，即为脓疱。脓疱随后干涸而成痂块，如果无继发感染，痂块于几天内脱落，遗留淡色瘢痕。整个病程 3~4 周，耐过的病羊可痊愈。病毒侵入内脏黏膜可引起呼吸道炎症、肺炎和胃肠炎等并发症。化脓菌感染常可引起脓毒血症或败血症，甚至引起死亡。

非典型病例不呈现上述典型临床症状，仅出现体温升高、呼吸道和眼结膜的卡他性炎症，不出现或仅出现少量痘疹，或痘疹出现硬结状，在几天内干燥后脱落，不形成水疱和脓疱，此为良性经过，即所谓的顿挫型。有的形成"石痘"，有的形成所谓的"臭痘"和"坏疽痘"，还有的形成"出血痘"或"黑痘"。

【病理变化】

痘病毒对皮肤和黏膜上皮细胞具有特殊的亲和力。无论通过哪种途径感染，病毒在侵入机体后，都经过血液到达皮肤和黏膜，在上皮细胞内增殖，产生特异性的丘疹、水疱、脓疱和结痂等病理过程。

绵羊除了在体表有皮肤痘疹、脓疱和结痂外，其内脏也可出现病变。在呼吸系统可见咽喉、气管、肺等黏膜上形成灰白色或红褐色痘斑，肺部可见干酪样结节和卡他性肺炎区。在消化道黏膜，特征性的病变是出现痘疹，嘴唇、食道、胃肠等黏膜或浆膜上可出现大小不同的、扁平的灰白色痘疹，其中有些表面破溃形成糜烂和溃疡，特别是唇黏膜与胃黏膜的表现更明显。其他实质器官，如心、肾等黏膜下可形成灰白色扁平或半球形的结节。

病理组织学的变化，在真皮可见明显充血、浆液性水肿和细胞浸润等，有的可见少量出血。细胞浸润主要是中性多形核白细胞浸润，在其周围可见有淋巴细胞。在真皮乳头层中常出现明显的细胞浸润，表皮明显增厚。胞浆中可见染色均一嗜酸性包涵体。

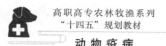

在表皮层常出现角化亢进或者角化不全，角化亢进时全部表皮上层增厚变硬。在表皮深层的棘细胞常发生变性，棘细胞肿大而胞浆空泡化。水疱期的病变可见浆液性渗出液中混有白细胞和崩解的核颗粒。水疱内渗出物由浆液性变为脓性，表明疾病进入脓疱期。

【诊断】

典型病例可根据临床症状、病理变化和流行情况作出诊断。对非典型病例，需结合实验室检查确诊。

1. 染色镜检法

采取丘疹组织涂片，晾干后按莫洛佐夫镀银法染色镜检，如在胞浆中有深褐色单在或成双、短链、成堆的球菌样圆形小颗粒，即可确诊。也可用姬姆萨或苏木紫-伊红染色，镜检胞浆内的包涵体，前者包涵体染色后呈红紫色或淡青色，后者染色后包涵体呈紫色或深亮红色，围绕有清晰的晕。此外，病毒培养和电镜观察也可帮助确诊。

2. 免疫学方法

免疫学方法琼脂扩散试验、病毒中和试验、间接荧光抗体试验和 ELISA 试验等均有助于本病的诊断。此外，应用 PCR 技术检测绵羊痘也已广泛使用。

3. 动物试验

采取痘疹组织，浸于含有青霉素（1 000 IU/mL）和链霉素（1 000 mg/mL）的生理盐水中，24 h 后，制成 10 倍混悬液，经离心沉淀除去沉渣，划痕接种家兔、豚鼠或犊牛的无毛皮肤，经 36~72 h 后，皮肤发生痘疹。

4. 鉴别诊断

本病应与丘疹性湿疹和蟥病相区别。丘疹性湿疹不是传染性疾病，不发热，无痘疹的特征性病程。蟥病的痂皮多为黄色麦麸样，可查出蛾虫。另外，应注意与绵羊传染性脓疱等病相区别。

【治疗】

本病尚无特效药，常采取对症治疗等综合性措施。发生痘疹后，局部可用 0.1% 高锰酸钾溶液洗涤，擦干后涂抹紫药水或碘甘油等。同时，可煎中草药给羊饮用或灌服，选用中草药中的黄连、黄芩、苍术、葛根、金银花（或全草）、十大功劳、蒲公英、铁马鞭、鱼腥草、车前草等，根据羊只数量及方药组成确定剂量。如用免疫血清治疗，效果更好。全身治疗可用病毒灵、病毒唑注射液抗病毒。为防继发感染，以青霉素、链霉素、磺胺类、四环素、庆大霉素、环丙沙星、氧氟沙星、先锋霉素、丁胺卡那、泰乐菌素（商品名为乌金的兽药制剂）注射液皮下注射。康复血清有一定防制作用，预防量成年羊每只 5~10 mL，小羊 2.5~5 mL，治疗量加倍，皮下注射。

【防控措施】

不从疫区购羊。新引入的羊需要隔离 21 天，经观察和检疫后证明完全健康的方可与原有的羊群混养。绵羊在运输途中发生此病时，应立即停运并就地隔离封锁，待完全康复后才可运走。常发病地区要定期接种羊痘鸡胚化弱毒疫苗或细胞苗，剂量一律是 0.5 mL，在尾内面或腋下无毛部皮内接种，接种后第 4 天部分羊就可以产生免疫力，至第 6 天可全部获得较强免疫力。免疫期可持续 1~1.5 年。接种疫苗的羊应与其他羊隔离。

对于发病的羊群，应立即封锁，挑出病羊严格隔离；羊舍、用具须进行充分消毒；病死尸体应深埋。疫情扑灭后，须做好预防接种及消毒工作才可解除封锁。在发病羊群中，对健康羊也可进行预防接种，一般接种后 6~7 天即可终止发病。

（二）山羊痘

山羊痘（goat pox）是由山羊痘病毒（goat pox virus）引起的山羊的急性、热性、接触性传染病，在皮肤上发生丘疹-脓疱性痘疹。山羊的发病率和死亡率均较高，本病在欧洲地中海地区、非洲和亚洲的一些国家均有发生，在我国多省也有山羊痘流行。山羊痘在我国被列为一类动物传染病。中国兽药监察所研制成功山羊痘细胞弱毒疫苗，经过广泛应用并结合各地情况采取得力的防制措施，疫情得到控制。

【病原体】

山羊痘病毒是痘病毒科（Poxviridae）山羊痘病毒属（Capripoxvirus）的成员。山羊痘病毒在许多方面很像绵羊痘病毒，如对乙醇的敏感性，以及在细胞培养后产生的病变和包涵体，耐干燥，冻融对其没有明显的灭活作用，两者在琼脂免疫扩散和补体结合交叉试验时有共同抗原。山羊痘病毒与接触性传染性脓疱病毒呈现一定的交叉反应。山羊痘病毒可在鸡胚绒毛尿囊膜上生长，易在羔羊（绵羊和山羊）的肾或睾丸细胞内增殖，并产生细胞病变和胞浆内包涵体。

【流行病学】

一般情况下山羊痘病毒只感染山羊，山羊痘在同群山羊中传播迅速，但不常向其他羊群散播。健康羊可因接触病羊或污染的厩舍和用具而感染。病羊唾液内经常含有大量病毒。本病四季都可发病，但冬春较多。

【临床症状】

山羊痘的临床症状与绵羊痘相似。潜伏期为 4~7 天，病初病羊体温高达 40~42 ℃，精神不振，食欲减退或完全停食，背常拱起，发抖，呆立一边或卧地不起，结膜潮红流泪，鼻有大量黏性分泌物，后转为黄色脓性分泌物结痂于鼻端，有时影响呼吸，羊只消瘦。不久，在体表少毛或无毛处（乳房、乳头、口、鼻、眼、阴囊和股内侧等）出现圆形红斑疹，用手按压，红色消退（红斑期）；从次日起在红斑中央出现芝麻大小微红色坚硬的圆形结节。结节迅速变大，其基部直径可达 1 cm 左右（丘疹期）；结节在几天之内变成水疱，有些水疱中央凹陷，称为痘脐（水疱期）；以后，水疱变为脓疱（脓疱期）；脓疱内容物逐渐干涸，形成痂皮（结痂期）。痂皮脱落后，遗留放射状瘢痕而痊愈。有的发病山羊在背、头、颈、胸部等肢体外侧体表较

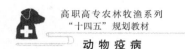

厚的皮肤真皮层形成坚硬结节，并不发展成水疱，触按体表皮肤有硬如小石子的感觉，直径0.5~1 cm，称为"石痘"。此时，常见咳嗽，呼吸加快，流脓鼻涕和停食等临床症状。成年羊一般预后良好，但羔羊和痘疹发生广泛者，特别是肺和其他内脏发痘时，死亡率甚高。病愈山羊有较强的终生免疫力。

【病理变化】

在皮肤的少毛部位可见到不同时期的痘疱。病情严重者痘疱密集地相邻，但各痘之间界限明显。呼吸道黏膜可有出血性炎症，有时见有圆形或椭圆形增生性病灶，直径约1 cm，有时有假膜覆盖，轻抹可去掉，露出红色至暗红色的痘斑。肺部病理表现呈大叶性肺炎状，肺表面有痘结，大小如绿豆至大豆大，灰白色或褐色，手捏坚硬，深陷于肺实质深层，切开见白色胶样物（无液体），称为肺痘。在消化道的胃、肠黏膜或浆膜表面，肝脏等处亦有这种灰白色突起的痘斑或痘结。淋巴结水肿，切面多汁，肝脏有脂肪变性病灶。

【诊断】

典型的山羊痘根据上述临床症状、病理变化和流行病学特点不难作出诊断。在可疑情况下，可采取病料进行实验室检查，具体方法参考绵羊痘的诊断。

【治疗】

临床治疗参考绵羊痘的治疗方法。

【防控措施】

引入的种羊必须严格检疫，隔离观察21天以上。发病后应立即隔离病羊，严禁接触羊只。对污染的场地、饮水、饲料、用具要严格消毒。

对流行地区的健康羊群，每年用羊痘弱毒疫苗进行预防接种。具有免疫力的母羊所生小羊从2月龄开始亦应接种疫苗。对未发病羊采用紧急预防接种羊痘弱毒疫苗的方法能较大程度地减少疫病造成的损失，接种剂量可采用2~3倍常规用量。

（三）禽痘

禽痘（avian pox）是由禽痘病毒引起的一种禽类的急性、接触性传染性疾病，以表皮和羽囊显著的暂时炎症过程和增生肥大，在细胞浆内形成包涵体，最后变性上皮形成痂皮和脱落为特征，有的患病禽类口腔和咽喉黏膜发生纤维素性坏死性炎症，常形成假膜，故又名禽白喉。

【病原体】

禽痘病毒（avian pox virus）是痘病毒科（Poxviridae）禽痘病毒属（*Avipox virus*）中的多种痘病毒。有鸡痘病毒（fowl pox virus）、鸽痘病毒（pigeon pox virus）、火鸡痘病毒（turkey pox virus）、金丝雀痘病毒（canary pox virus）、鹌鹑痘病毒（quail pox virus）、麻雀痘病毒（sparrow pox virus）等，鸡痘病毒是其代表种。在自然条件下，每一型病毒只对同种宿主有强致病性，各种禽痘病毒彼此之间在抗原性上有一定的差别，但通过人工感染也可使异种宿主致病。

禽痘病毒是一种比较大的 DNA 病毒，呈砖形或长方形，大小平均为 258 nm×354 nm。基因组约为 300 kb，相对分子质量为（2×10⁵）~（4×10⁵），约为痘苗病毒基因组长度的 1.5 倍，属大型的痘病毒。在患部皮肤或黏膜上皮细胞和感染鸡胚的绒毛尿囊膜上皮细胞的胞浆内可形成包涵体，包涵体中可以看到大量的病毒粒子，即原生小体（又称 Borrel 小体）。

病毒对干燥有抵抗力，痂皮内的病毒可以存活几个月，冷冻干燥和 50%甘油盐水可使鸡痘病毒保持活力达几年之久。60 ℃ 8 min 和 50 ℃ 30 min 可使其灭活。病毒对消毒药的抵抗力不强，常用浓度下 10 min 内可使之灭活，1%氢氧化钾可使之灭活。但鸡痘病毒对 1%苯酚和 1：1 000 福尔马林可耐受 9 天。病毒粒子内含有大量脂质，但对乙醇有抵抗力，氯仿-丁醇可使病毒灭活。

禽痘病毒可在鸡胚、鸭胚、火鸡胚或其他种类的禽胚中进行增殖，并可在鸡胚的绒毛尿囊膜上产生增生性痘斑。鸡痘病毒在接种后 3~5 天病毒感染效价达最高峰，第 6 天绒毛尿囊膜上可产生致密而呈灰白色、坚实、约 5 mm 厚的病灶，并有一个中央坏死区。鸽痘病毒、火鸡痘病毒、金丝雀痘病毒的毒力都相对较弱，形成的病灶较小。各种禽痘病毒均能在鸡胚或鸭胚成纤维细胞培养物上生长繁殖，并产生细胞变圆和坏死的细胞病变。能形成具有明显特征的蚀斑，蚀斑为中央透明而周围不大透明的环状带。鸡痘病毒产生的蚀斑最大，直径 2~9 mm，其次为金丝雀痘病毒、鸽痘病毒、火鸡痘病毒。

鸡痘病毒具有血凝性，常以马的红细胞做血凝或血凝抑制试验。

【流行病学】

禽痘主要发生于鸡，各年龄、性别、品种的鸡均可感染，但以雏鸡、中鸡最易感，雏鸡患鸡痘死亡率高，其次是火鸡，还有鸭、鹅。许多鸟类，如金丝雀、麻雀、鸽、鹌鹑、野鸡、松鸡和一些野鸟都有易感性。已在分属于 20 个科的 60 种野生鸟类中有发病的报道，但病毒的类型不同。除少数外，一般不发生交叉感染。

病鸡和带毒鸡是主要传染源。病毒通常存在于病禽落下的皮屑、粪便、喷嚏或咳嗽等排泄物中。一般通过损伤皮肤和黏膜感染，不能经健康皮肤感染，也不能经口感染。其次是鸡互相打斗、啄毛、交配、金属用具（笼网）引起创伤而感染。此外，吸血昆虫（如蚊虫等）在传播本病上起着重要作用，据报道，蚊带毒的时间可达 10~20 天。

本病一年四季均可发生，但以秋、冬季最易流行，一般规律是秋季和初冬季节多发生皮肤型鸡痘，深冬黏膜型鸡痘多发。由于饲养管理不当、营养缺乏、拥挤、通风不良、环境阴湿、体表寄生虫等因素的影响，会使病情加重。如发生并发症，可以造成病禽大批死亡。

【临床症状】

本病潜伏期在鸡、火鸡和鸽中为 4~10 天，金丝雀中为 4 天。由于鸡的个体和侵

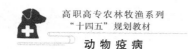

害部位不同，分为皮肤型、黏膜型和混合型，偶尔还有败血型。

1. 皮肤型

皮肤型的典型表现是在病禽的冠、肉垂、眼睑、喙、泄殖腔周围和全身无毛的部位，出现一种灰白色小结节，结节很快增大成如绿豆大的痘疹，呈黄色或灰黄色，凹凸不平，呈硬节，有时互相融合，形成较大的棕褐色结节，突出于皮肤表面，即呈菜花样的痘痂。如果痘痂发生在眼部，可使眼缝完全闭合；若发生在口角，则影响家禽的采食。痘痂经3~4周逐渐脱落，留下平滑的灰白色瘢痕。常见雏鸡精神沉郁、食欲消失、体重减轻等现象。产蛋鸡则产蛋量减少或完全停止。

2. 黏膜型

黏膜型又称白喉型，多发生于幼鸡。典型表现是在口腔、咽喉处出现溃疡或黄白色的伪膜，强行撕掉伪膜，则露出红色溃疡面。随着病情发展，伪膜逐渐扩大增厚，阻塞咽喉部，使鸡出现呼吸和吞咽障碍，病禽频频张口呼吸，发出"嘎嘎"的声音。严重时嘴无法闭合，采食困难，消瘦。有的鸡在气管内前部出现隆起的灰白色痘疹，有单个的，也有几个融合在一起的，局部有渗出液或干酪样物，数量多时常阻塞喉头和气管引起鸡窒息死亡，此型鸡痘死亡率高。还有些严重的鸡痘，病禽眼、鼻和眶下窦也常受侵，即所谓的眼鼻型鸡痘。首先是眼结膜发炎，眼和鼻流出水样分泌物，之后分泌物呈脓性。病程稍长，在眶下窦可有炎性蓄积物，使眼睑肿胀，结膜充满脓性或纤维蛋白性渗出物，甚至引起角膜炎而失明。

火鸡痘与鸡痘基本相同，因病禽生长发育受阻，影响增重所造成的经济损失比死亡还大。产蛋火鸡的产蛋量减少和受精率降低，持续时间通常为2~3周，严重病例为6~8周。金丝雀痘与鸡痘不同，全身临床症状严重，常引起死亡。将病毒肌肉注射到禽体内，可引起类似亚急性细菌性蜂窝组织炎的炎性、坏死性、局灶性损害，剖检时可见浆膜下出血、肺水肿和心包炎。痘痂的形成不如鸡痘明显，但有时在头部、上眼睑的边缘、趾和腿部也可出现痘疹，在病的后期可形成痂块，口角和咽喉部有干酪样渗出物。

3. 混合型

混合型是指皮肤和口腔黏膜同时发生病变，该型病情严重，死亡率高，严重的死亡率可达50%以上。

4. 败血型

该型比较少见，以严重的全身临床症状开始，继而发生肠炎，病鸡多为迅速死亡，或者转为慢性腹泻而死。

【病理变化】

鸡痘的病理变化比较典型，容易识别。皮肤型鸡痘的病变如临床症状所见，在病禽皮肤上可见白色小病灶、痘疹、坏死性痘痂及痂皮脱落的瘢痕等不同阶段的病理变化。黏膜型鸡痘则可见口腔、咽喉部甚至气管黏膜上出现溃疡，表面覆有纤维素性坏死性伪膜，肠黏膜有小出血点，肝、脾和肾肿大，心肌有的呈实质变性。组织学变化的特征主要是黏膜和皮肤的感染，上皮细胞肥大增生，并有炎症变化和特征性的嗜伊红 A 型细胞浆包涵体，包涵体可占据几乎整个细胞浆，并有细胞坏死。重者还可见到支气管、肺部及鼻部的病理变化。

【诊断】

症状比较典型的病例，根据流行特点及皮肤、喉头气管变化可作出诊断。如遇可疑病例，可通过病理组织学检查细胞浆内包涵体或分离病毒来证实。

1. 病毒分离

取病鸡病变组织或痂皮做成 1∶5 的悬液，划痕接种雏鸡或 9～12 日龄的鸡胚绒毛尿囊膜。接种鸡于 5～7 天后出现典型皮肤痘疹；鸡胚绒毛尿囊膜则于接种后 5～7 天出现痘斑。

血清学试验一般应用琼脂免疫扩散、间接血凝试验、中和试验、免疫荧光抗体技术及酶联免疫吸附试验等。

2. 动物试验

取痘痂或者伪膜，按病毒常规处理后接种没有做过鸡痘免疫的 2～3 个月龄易感鸡，方法是涂擦划破鸡冠或者鸡腿外侧拔毛的毛囊，如果有鸡痘病毒存在，接种部位可结痂。

3. 鉴别诊断

黏膜型易与传染性鼻炎、传染性喉气管炎等病混淆，与传染性喉气管炎（传喉）区别点是，传喉咳血，喉头气管有黏液或者血凝块，发病 2～3 天后有黄白色纤维素性干酪样伪膜，而鸡痘不咳血，气管内无血液和血凝块。可用病理组织学和病毒分离确诊。

【治疗】

用氯霉素软膏、维生素，以及口服 100～200 mg 的氯霉素治疗本病均有良好功效。但是，建议一旦发生本病，应隔离病鸡，重症者要淘汰，死鸡须深埋或焚烧。

【防控措施】

做好饲养卫生管理工作，新引进的鸡要进行隔离观察，必要时做血清学试验，证明无病时方可合群。鸡舍、运动场和各种用具应严格消毒。对未发病的鸡可紧急接种疫苗。目前国内应用的疫苗有两种，即鸡痘鹌鹑化弱毒疫苗和鸡痘鹌鹑化弱毒细胞苗，接种方法是用鸡痘刺种针或无菌钢笔尖蘸取疫苗，于鸡的翅内侧无血管处皮下刺种。一般 6 日龄以上的雏鸡用 200 倍稀释液刺种 1 针；超过 20 日龄的雏鸡，用 100 倍稀释液刺种 1 针；1 月龄以上可用 100 倍稀释液刺种两针。刺种后 7～10 天局部出现红肿，随后产生痂皮，2～3 周痂皮脱落。每年两次免疫接种。对前一年发生过鸡痘的鸡群，应对所有的雏鸡接种疫苗，如每年养几批的，则每批都要接种。

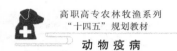

思考题

1. 什么叫痘病？痘疹是怎样形成的？

2. 痘病毒的形态特征和基因组共同的特征是什么？

3. 羊痘病毒分为哪几类？其临床症状、病理变化怎样？初诊的依据是什么？怎样防制？

4. 禽痘有哪几种类型？各有哪些主要症状？如何防制？鸡痘的临床和病理诊断要点有哪些？

六、轮状病毒病

轮状病毒病是由轮状病毒感染（rota virus infection）引发的多种幼龄动物的一种消化道传染病。临床上以厌食、呕吐、腹泻、脱水和体重减轻为特征。本病原最早从腹泻儿童体内发现，新生儿非细菌性腹泻多由轮状病毒引起。本病在犊牛中发病率（可达80%）和死亡率（可达50%）均高；1~4周龄仔猪发病率可达80%，死亡率为20%；2~4月龄幼犬感染率可达75%。我国已经开展了猪、牛轮状病毒VP4、VP6、VP7等基因的重组乳杆菌和植物的研究，并取得了一定的成果。

【病原体】

轮状病毒（rota virus）属呼肠病毒科（Reo viridae）轮状病毒属（*Rotavirus*）成员。直径65~75 nm，具有双层核衣壳，因电镜下状如车轮而得名。轮状病毒为RNA型病毒，很难在细胞培养中生长繁殖，有的即使能够增殖，也不产生或仅引起轻微的细胞病变。只有犊牛、猪、鸡、火鸡及人轮状病毒的某些毒株能在一些细胞培养中繁殖。根据衣壳的群特异性抗原，可将其分为A、B、C、D、E、F 6群。多数哺乳动物及人的轮状病毒为A群。

轮状病毒对外界环境、常用消毒药物（碘制剂、次氯酸盐、酸）和胰酶等抵抗力较强，56 ℃ 30 min不能完全灭活。粪便中的病毒在18~20 ℃环境下可维持7个月的感染力，应用1%的甲醛进行环境消毒时，需要作用1 h以上才具有消毒效果。3.7%的甲醛、10%碘酊、75%乙醇、10%聚维酮碘和67%氯胺-T等对该病毒具有较强的杀灭作用。

【流行病学】

该病的易感宿主较多，马、牛、羊、猪、兔、鹿、猴、犬、猫、大鼠、小鼠、豚鼠等哺乳动物和家禽等均易感。各种年龄的动物均可感染，且感染率高达90%~100%，但多呈隐性经过，只有新生或幼龄动物感染时可出现严重临床症状和死亡。人轮状病毒可以使猴、仔猪和羔羊感染并发病，犊牛和鹿的轮状病毒也可感染仔猪。

患有该病的动物和隐性感染者是本病的主要传染源，主要通过粪便排出病毒而污染环境，痊愈动物可在愈后持续排毒 3 周以上。易感动物主要通过污染的饲料、饮水、垫草、土壤等经口摄入感染。

本病多于秋末至初春发生，环境寒冷、潮湿、卫生条件差、饲料品质不良、感染其他疾病等应激因素对本病的发生、发展、病程及转归可产生严重影响。

【发病机理】

经口感染的轮状病毒由于其对胃酸和胰酶的抵抗力强而易于通过胃和小肠前段，并在胰酶的作用下获得感染小肠绒毛顶部上皮细胞的能力而侵入上皮细胞，在细胞内增殖而导致细胞的变性、坏死脱落或扁平化乃至绒毛固有层网状细胞的数量增多，从而导致吸收不良性腹泻，特别是出现乳糖消化障碍。

【临床症状】

不同动物发病后的症状均以严重腹泻为主，但临床症状略有差异。

1. 牛

潜伏期 18~96 h，主要发生于犊牛，多见于生后 1~7 日龄的新生犊牛，而成牛多呈隐性经过。发病突然，表现为沉郁、减食或绝食、肛周常污染黄白或乳白黏便。继之腹泻明显，排出黄白乃至灰白甚至带血和黏液的粪便，污染后驱。严重腹泻可导致脱水而眼球凹陷，最后病牛常因心衰和代谢性酸中毒而死亡。发病率 90%~100%，病死率可达 10%~50%。发病时因环境条件恶劣和继发沙门菌、大肠杆菌等感染而致死率增高。

2. 猪

发病日龄为 10~60 日，多发生于 1~2 周和断奶后 1 周内的仔猪。病猪精神委顿，食欲不振、呕吐、腹泻（腹泻物呈灰色或黑灰色水样或粥样），如果无继发感染，腹泻常持续 2~5 天，发病率（10%~20%）和死亡率（低于 15%）均低。如果继发感染或持续性腹泻，多由于脱水和酸中毒而导致死亡率（10%~50%）升高。

3. 禽

火鸡、鸡和肉仔鸡感染后临床表现与感染毒株有关，通常表现为水样腹泻、生长受阻、增重缓慢和死亡率增加等。有些毒株感染后临床症状轻微或不表现出临床症状；病禽盲肠异常扩张，充满液体和气体。

4. 犬

潜伏期 12~24 h，主要导致幼龄犬发生腹泻，排出黄绿色夹杂有黏液甚至血液的稀便，被毛粗乱，粪便污染肛周，呈轻度脱水，但始终食欲正常、精神状态良好。病程 6~7 天，经合理治疗多数可恢复，少数病幼犬死亡。

5. 兔、驹、羔

潜伏期 1 天左右，精神委顿、腹泻、厌食、体重减轻和脱水，一般病程 4~8 天，往往不危及生命。

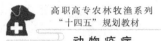
【病理变化】

主要局限于消化道，各种动物的病理变化基本相同。幼龄动物胃壁迟缓，小肠绒毛短缩而肠壁变薄（尤其是空肠和回肠）。肠腔内充满凝乳块和乳汁，有的呈黄绿色、灰黄色等内容物。有时小肠黏膜出现广泛性出血，肠系膜淋巴结肿大，胆囊肿大。组织学检查可见小肠绒毛变短，隐窝细胞增生，柱状绒毛上皮细胞被鳞状或立方形的细胞所取代，而绒毛固有层可见淋巴细胞和单核细胞等浸润。

【诊断】

根据发病的季节性（寒冷）、多侵害幼龄动物、突然发生水样腹泻、主要病变集中在消化道等特点，可以对本病进行初步诊断，确诊需要采集病料进行负染电镜或免疫电镜检查。有人建立了检测猪轮状病毒的胶体金快速免疫诊断方法，有望成为临床上快速诊断的方法。近年来，RT-PCR 方法也有较多的应用。

不同动物的腹泻需要与其他病原体导致的疾病相鉴别，如与犊牛白痢、仔猪黄痢、猪传染性胃肠炎、猪流行性腹泻、犬冠状病毒感染、犬细小病毒病等。

【治疗】

本病目前尚无特效治疗药物，可以应用干扰素、黄芪多糖等配合治疗。同时，应用葡萄糖甘氨酸溶液（葡萄糖 22.5 g，氯化钠 4.74 g，甘氨酸 3.44 g，柠檬酸 0.27 g，枸橼酸钾 0.04 g，无水磷酸钾 2.27 g 等溶于 1 000 mL 水中即成）或口服补液盐溶液（氯化钠 3.5 g，碳酸氢钠 2.5 g，氯化钾 1.5 g，葡萄糖 20 g 溶于 1 000 mL 水）中即成，令病猪自由饮用；同时，进行对症治疗，投服收敛止泻剂，使用抗生素治疗，以防止继发感染；静脉注射 5% 的葡萄糖盐水和 5% 的碳酸氢钠溶液，可防止患病动物脱水和酸中毒。

【防控措施】

加强饲养管理，保持圈舍卫生，做好仔猪等幼龄动物的防寒保暖工作，减少应激因素，增强母猪和仔猪的抵抗力；新引入猪只注意隔离检疫，同时进行圈舍的彻底消毒。在疫区要及早让新生仔猪吃到初乳，使其获得母源抗体保护，以减少多种幼龄动物病；发现病猪，应立即将其隔离到清洁、干燥和温暖的猪舍内进行护理，减少应激因素；清除粪便及被污染的垫草，消毒被污染的环境和器物。

思考题

1. 轮状病毒的流行病学特点有哪些？
2. 猪轮状病毒与传染性胃肠炎、流行性腹泻的主要区别有哪些？

任务二 动物病毒性传染病

一、猪瘟

猪瘟（classical swine fever，CSF；hog cholera，HC）是由猪瘟病毒引起的猪的一种高度接触性传染病。其特征为急性型发病时高热稽留和小血管壁变性引起各器官、组织的广泛出血、梗死和坏死等病变。猪瘟流行广泛，发病率、死亡率高，危害极大。目前本病属于 OIE 法定报告疫病之一，我国将其列为一类传染病。

1810 年，本病最早在美国田纳西州就有相关报道，曾呈世界性分布，给世界养猪业造成了巨大损失。因此，世界各国高度重视本病，先后采取了综合防控措施，取得了显著成效。到目前为止，已宣布无猪瘟的国家有澳大利亚、新西兰、加拿大、美国、海地、巴拿马、阿尔巴尼亚、保加利亚、匈牙利、奥地利、葡萄牙、西班牙、法国、瑞士、比利时、荷兰、丹麦、芬兰、瑞典、英国及日本等。有些国家已经基本控制了猪瘟，有些国家正在实施对该病的净化措施。值得注意的是，宣布已经消灭了猪瘟的部分国家，后来又突然爆发了猪瘟的流行。如日本在 1975 年宣布消灭了猪瘟，但在 1983 年又发生了猪瘟的流行；20 世纪 90 年代，欧洲的意大利、德国、英国、比利时、法国、荷兰等国家也相继再次爆发了猪瘟。目前，猪瘟在东南亚、南美、中美、西欧等一些国家与地区呈地方性流行。

20 世纪 50 年代以前，猪瘟在我国的流行非常普遍，给养猪业造成了极为惨重的经济损失。1955 年，我国成功地研制出了猪瘟兔化弱毒疫苗，该疫苗具有高度安全性、良好的免疫原性和很好的免疫保护效力。1956 年起该疫苗在我国广泛使用，为我国有效控制猪瘟作出了巨大的贡献，有些国家还借此成功消灭了猪瘟。但从 20 世纪 80 年代以来，猪瘟在全球出现了反弹趋势，其病原特性、流行特点、临床症状及病理变化等方面均有所变化，再次受到高度重视。

【病原体】

猪瘟病毒（classical swine fever virus，CSFV；hog cholera virus，HCV）属于黄病毒科（Flaviviridae）瘟病毒属（Pestivirus），该属成员还有牛病毒性腹泻病毒（bovine viral diarrhea virus，BVDV）与羊边界病病毒（border disease virus，BDV），它们在结构与抗原性方面具有相似性，能够产生交叉免疫学反应与交叉保护作用。病毒粒子呈球形，具有二十面体的非螺旋形核衣壳，平均直径 40~50 nm，在氯化铯中的浮密度为 1.12~1.175 g/mL。该病毒具有囊膜，其表面有 6~8 nm 穗样的糖蛋白纤突。

目前认为猪瘟病毒只有一个血清型，但却存在毒力强弱之分，在强、中、弱、无毒株之间存在毒力逐渐过渡的各种毒株，目前尚未发现区分毒力强弱的抗原标志。CSFV 野毒株毒力差异较大。强毒株多引起急性感染，死亡率高；中等毒力的毒株通

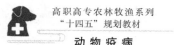

常引起亚急性感染或慢性感染；低毒株感染可引起新生仔猪发生亚急性、慢性或隐性感染，也可造成妊娠母猪带毒综合征，胎儿发生胎盘感染、死亡，以及新生仔猪先天感染、免疫耐受和终身带毒、排毒等状况。此外，CSFV 的毒力不太稳定，低毒株经猪体传几代后，毒力可明显增强。

CSFV 对环境的抵抗力不强，存活时间主要取决于所含病毒的基质。血液中的病毒在 56 ℃处理 60 min 或 60 ℃处理 10 min 可失去感染性，在 37 ℃可存活 10 天，在室温能够存活 2 个月以上。脱纤血中的病毒经 68 ℃处理 30 min 仍不能灭活。圈舍和粪便中的病毒在 20 ℃可存活 2 周、在 4 ℃可存活 6 周以上，而冷冻猪肉和猪肉制品中的病毒可存活 4 个月以上。病毒在 pH 5.0~10.0 的条件下稳定，pH 过高或过低均会使病毒的感染力迅速丧失。脂溶剂，如乙醚、氯仿、脱氧胆酸盐和皂角素等去污剂能使病毒快速灭活。常用消毒剂均能够使 CSFV 迅速灭活，2%氢氧化钠是最适宜的消毒剂。

【流行病学】

猪，包括野猪，是猪瘟病毒的唯一自然宿主。各种不含母源抗体的非免疫猪不分年龄大小均易感。

病猪和带毒猪是最重要的传染源。病后带毒猪、潜伏期带毒猪、隐性感染猪等均可成为传染源。除家猪外，带毒野猪也不可忽视。感染猪在潜伏期便可排出病毒，发病猪在整个病程中都向外大量排毒，康复猪在产生较高滴度的特异性抗体后停止排毒。易感猪只感染猪瘟病毒后，便可产生病毒血症，在组织和器官中也存在病毒。急性型病猪的全身各个器官与组织中均含有病毒，只是病毒含量多少有所不同，以脾脏与淋巴结中病毒含量最高，其次是血液与肝脏。带毒与排毒时间的长短，因毒株毒力强弱和病程长短而异。猪感染 CSFV 强毒株后，大量病毒在其血液和组织中出现，在 10~20 天内可向外界大量排放，直至猪死亡；康复猪在产生较高滴度的特异性抗体前仍然排毒。慢性感染猪能够持续排毒或间歇排毒，直至死亡。新生仔猪感染低毒力毒株后，多以短期排毒为特征。妊娠母猪感染低毒力或中等毒力毒株时，母猪本身常常没有相应症状而不引起人们的注意，但病毒可以通过胎盘侵袭胎儿，造成猪瘟的先天性感染。

本病主要通过唾液、鼻涕、眼泪、尿、粪便等途径向外排毒，污染饲料、饮水、圈舍、用具、车辆等，种公猪还可通过精液排毒。本病主要经呼吸道、消化道与眼结膜传播，也可经生殖道、皮肤伤口传播，还可经胎盘垂直传播，在自然条件下多数病例是经上述 1 种或几种途径感染的。其他动物，包括节肢动物和人员等媒介也可传播本病。病猪与带毒猪、甚至带毒的猪肉及猪肉制品的长途运输均可造成本病的远距离传播。污染的屠宰下脚料、厨房或食堂泔水也是传播本病的不可忽视的途径。

本病一年四季均可发生，但在春、秋季易出现季节性升高。近年来，由于普遍进行疫苗接种等预防措施，大多数猪群已具有一定的免疫力，大面积、急性爆发流行的情况已不多见。猪瘟的流行形式已从频繁发生的大流行转为周期性、波浪式、地区性的流行，出现了所谓的非典型猪瘟、温和型猪瘟和隐性猪瘟，多见于免疫猪群。发病率低，多呈散发；临床症状明显减轻或不明显；病程较长，病理变化不典型；育成猪及哺乳仔猪死亡率较高，成年猪较轻或耐过（隐性带毒或持续带毒）。

【发病机理】

病毒侵入机体后，首先在扁桃体中增殖。在感染后 7~16 h 即可在扁桃体内发现病毒，16 h 后血液中病毒含量达到致病程度，随后病毒出现于淋巴系统和血管壁，病毒在脾脏、骨髓、脏器淋巴结等淋巴组织中大量增殖，然后侵入实质器官，48 h 后出现于肝、肾等器官中。病毒完成在猪体内的传播一般不超过 6 天，并经口、鼻、眼、粪、尿等分泌或排泄途径向外界排毒，7~8 天后病毒血症达到高峰。由于 CSFV 能够损害造血系统和单核-吞噬细胞系统，引起血液中白细胞减少、单核-吞噬细胞肿胀、变性、减少，以及淋巴细胞坏死、减少。猪瘟病毒对造血系统和血管等组织具有很高的亲和力，病毒主要在小血管内皮细胞增殖，引起上皮细胞肿胀、变性，血管闭锁，小血管周围发生细胞浸润，导致组织和器官充血、出血、坏死、梗死，并引起败血症。急性病例往往发生循环障碍，甚至休克而死亡。

强毒株导致急性感染，往往出现多发性出血，其原因主要有小血管内皮细胞受损和血凝系统功能紊乱两个方面。小血管内皮细胞变性、坏死时，透明质酸酶被破坏，嗜银纤维溶解，形成胶原；同时，血管壁内维生素 C 及黏多糖减少，使得血管壁通透性升高，引起出血。猪瘟病毒能够侵害血小板，强毒株可引起血小板数量严重减少，凝血激酶释放时间增加，纤维原合成障碍，引起出血。

中毒株可引起亚急性或慢性感染，也可以康复。这类毒株感染在临床上可分为 3 个时期，即急性初期、临床缓解期和急性恶化期。在急性初期，病毒在体内的散播过程与急性感染相似，但速度较慢，体内病毒载量较低；在临床缓解期，病毒血症很低或无，病毒主要局限于扁桃体、回肠、肾脏和胰腺中；在急性恶化期，病毒再次传遍全身组织，引起病情恶化、死亡。

低毒株往往引起持续性感染，包括慢性型和迟发型两种。慢性型猪瘟传播较慢，血液和组织中病毒载量低，病毒多存在于扁桃体、唾液腺、回肠和肾脏中。循环病毒抗原和抗体可导致其应答物在肾脏沉积，引起肾小球肾炎。低毒株感染妊娠母猪后可通过胎盘屏障，胎儿感染后可出现病毒血症，病毒主要分布于单核-吞噬系统、淋巴组织和上皮细胞中，形成先天性感染。胎龄越小，感染后受损失的危险性越大。先天性感染后，部分胎儿可能死亡，也常常导致母猪流产、产木乃伊胎、死胎、弱仔及震颤的仔猪，也可产下貌似健康的仔猪。弱仔常在出生后不久死亡。先天性感染的幸存仔猪多数终身带有高载量的病毒，具有特异性免疫耐受现象，不能对猪瘟病毒和猪瘟疫苗产生抗体应答。病毒广泛存在于单核-吞噬系统、淋巴组织和上皮细胞中，并可通过多种途径向外界排毒，感染新的妊娠母猪和其他易感猪，形成持续性感染循环。

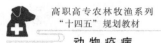

这种做种猪先天性感染带毒猪，几乎全部表现为隐性感染，不出现临床症状和眼观病理变化，但能够终身带毒、排毒，在配种或产仔时更是大量排毒、传播。因此，无临床症状的带毒猪和持续感染猪是本病最危险的传染源。CSFV强毒株通常比中等毒力或低毒力株在猪群中传播快，慢性感染猪能不断地排毒或间歇排毒，直到死亡。

【临床症状】

自然感染的潜伏期一般为5~10天，最短2天，最长达21天；人工感染强毒，36~48h后即可出现发热等症状。根据病程的长短和症状性质，可将其分为5种，即最急性型、急性型、亚急性型、慢性型、迟发型。

1. 最急性型

最急性型临床上较少见，病猪体温可达41℃及以上，稽留一至数天死亡，可视黏膜和腹部皮肤有针尖大密集出血点，病程1~4天，多突然发病死亡。

2. 急性型

最初仅几头猪发病，表现为精神沉郁、行动迟缓、弓背畏寒、喜卧、食欲减退或废绝，发热、体温可达41℃及以上，稽留不退。同时，白细胞数下降，每毫升白细胞数为3 000~9 000个。眼结膜发炎，流泪并有脓性分泌物，严重时眼睑完全粘连在一起。初便秘，后腹泻，粪便带有黏液或血液，严重者便血，偶有呕吐。少数病猪出现神经症状，磨牙、抽搐、惊厥、局部麻痹、昏睡，多在数小时或数天内死亡。病初皮肤先充血发红，继而变成紫绀色，后期可在耳、颈部、腹下、臀部、外阴、四肢内侧等处皮肤出现出血点或出血斑，逐渐扩大连成片，甚至有皮肤坏死区。有的病猪耳尖及尾巴由于出血、坏死，由红色变成紫色甚至蓝黑色，逐渐干枯。病程7~20天，死亡前数小时，体温下降至正常以下，病死率70%以上，耐过者转为亚急性或慢性。

3. 亚急性型

亚急性型症状与急性型相似，但较急性型缓和，体温先升高后下降，然后又可上升，直到死亡。病程长达21~30天，皮肤有明显的出血点，耳、腹下、四肢、会阴等可见陈旧性出血点，或新旧交替出血点，仔细观察可见扁桃体肿胀溃疡。病猪日渐消瘦衰竭，行走摇晃，后驱无力，站立困难。病死率60%以上，多见于流行中后期或老疫区。

4. 慢性型

慢性型病程1个月以上，临床症状不典型，有人根据症状与血象变化将病程分为3期。第一期为急性期，病猪出现精神沉郁、厌食、发热、白细胞减少等症状。数周后转入第二期，临床症状好转，食欲和一般状况明显改善，体温正常或稍高，白细胞仍然减少。第三期病情再度恶化，病猪重新出现沉郁、厌食、发热、持续到死亡；或者精神、食欲、体温再次恢复正常但却生长不良，皮肤出现损害，常常弓背站立。有的慢性病猪可存活100天以上，病死率低，但很难完全康复。食欲、精神时好时坏，体温时高时低，便秘腹泻交替，病情时轻时重，是慢性猪瘟的临床特点。

5. 迟发型

迟发型是先天性感染猪瘟病毒的结果。妊娠母猪感染低毒力毒株后，可不表现任何临床症状，但可长期带毒，并可通过胎盘感染胎儿，引起流产、死胎、木乃伊胎、产出弱小或有颤抖症状的仔猪或外表健康的仔猪。有的仔猪在生后短时间内发病，症状类似急性型，死亡率高；有的能够存活较长时间。外表健康的仔猪，多数带毒，可能在相对长的时间不表现症状，几个月后才出现轻度精神沉郁、厌食、结膜炎、皮炎、腹泻、运动失调、局部麻痹，但体温正常，虽然可存活 6 个月以上，最终仍难免死亡。

近年来，我国一些地区常见一些"温和型猪瘟"，因临床症状不典型，又叫非典型猪瘟。临床症状较轻，体温 40~41 ℃，很少有典型猪瘟的皮肤与黏膜广泛性出血、眼脓性分泌物等症状，有的病猪耳、尾、四肢末端皮肤坏死，生长缓慢，后期站立行走不稳，后肢瘫痪，部分病猪跗关节肿大。从这种病猪体内可分离出毒力较弱的猪瘟病毒，经易感猪连续传代后，该病毒能够恢复强毒力。经荧光抗体、酶标抗体、中和试验、交互免疫和病原特性鉴定，确认该病毒与石门系猪瘟强毒为同一血清型。

【病理变化】

猪瘟的病理变化，因病毒毒力强弱、机体抵抗力大小、病程长短而异。

1. 最急性型

该型没有特征性病变，多见出血、白细胞减少、血小板减少，皮肤、淋巴结、喉头、膀胱、肾脏及回盲瓣瘀点和瘀斑。脾脏边缘梗死也是特征之一，但不常见。淋巴结或扁桃体肿胀和出血较常见。

2. 急性型

该型以多发性出血为特征的败血症变化为主，皮肤、黏膜、浆膜、实质器官等广泛性出血，以淋巴结与肾脏出血最为常见。全身淋巴结，特别是颌下、支气管、腹股沟、肠系膜淋巴结肿大、出血，呈大理石或红黑色外观。肾脏表面有针尖状出血点或大的出血斑，数量不等；沿纵轴切开，皮质与髓质表面有出血点，肾乳头出血。消化道出血，口腔黏膜、齿龈、舌尖黏膜出血，胃肠道黏膜充血、出血、滤泡肿胀、出血，肝脏、胆囊出血。脾脏一般不肿大，半数以上病例边缘出现紫黑色出血性梗死灶，从粟粒大到黄豆大不等；数量一两个到十几个不等，具有诊断意义。呼吸道出血，喉部、会厌软骨出血，扁桃体出血、坏死，胸膜、肺出血，泌尿生殖道出血，心脏冠状沟、心包膜出血，心肌松软，有时脑膜下也有出血点。

3. 亚急性型

亚急性型出血性病变较急性型轻，败血症病例较少，主要是淋巴结、肾脏、心外膜、膀胱、胆囊等组织器官出血，扁桃体肿大、溃疡，纤维素性肺炎，化脓性肺炎，坏死性肠炎。

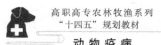

4. 慢性型

慢性型出血性变化轻微。在肾脏表面有陈旧性针尖状出血点，皮质、肾盂、肾乳头均可见到不易察觉的小出血点，可出现肾小球性肾炎。特征性病理变化是在回肠末端、盲肠或结肠发生纽扣状溃疡、坏死。另外，由于钙磷代谢障碍，从肋骨、肋软骨联合到肋骨近端常见一条紧密、突起的骨化线，具有诊断价值。

5. 迟发型

先天性猪瘟病毒感染可引起胎儿死亡、木乃伊化、畸形。死胎与弱仔常出现脱毛、积水与皮下水肿。胎儿畸形包括头、四肢变形，肌肉发育不良、内脏器官畸形。生后不久死亡仔猪的皮肤与内脏器官常见有出血点。胸腺萎缩，外周淋巴器官中淋巴细胞与生发滤泡严重缺乏。

6. 温和型

温和型猪瘟的病理变化不太明显，大多数病猪无猪瘟的典型病变。主要变化是：扁桃体充血、出血、溃疡；胆囊肿大，胆汁浓稠；胃底呈片状充血或出血，有的有溃疡；淋巴结肿大，出血轻或无；肾脏有散在不一的出血点，脾脏有少量的小梗死灶，回盲瓣很少出现纽扣状溃疡，但有溃疡与坏死变化。

【诊断】

对于典型猪瘟，可根据流行病学、临床症状与病理变化，如病程、持续发热、白细胞减少、皮肤出血、脾脏梗死、回盲肠纽扣状坏死、肋骨钙化线等多个指标作出初步诊断。但确诊必须通过实验室检查，主要有病毒抗原检测、病毒核酸检测、病毒分离与鉴定、血清学检测、动物接种试验等。

1. 病毒抗原检测

冰冻组织的直接荧光抗体染色（FA）是检测病毒抗原的有效方法。采集病猪多种组织，常采集扁桃体、脾脏、肾脏、回肠远端、胰腺、淋巴结等，制作冰冻切片，也可制作抹片，进行 FA 试验或间接免疫荧光染色（IFA）检测 CSFV 抗原。扁桃体是病毒增殖的起始部位，是进行 FA 检测的最合适的组织样品，在发病初期检出率很高；在病程长的病例，如亚急性和慢性病猪，回肠与胰腺组织中的病毒抗原检出率高于其他组织。强毒株病毒抗原的荧光明显，在许多上皮细胞与淋巴细胞的胞浆内也可见到；弱毒株病毒抗原通常只能见于扁桃体隐窝上皮的细胞浆内，荧光微弱呈斑点状。由于扁桃体可以进行活体采集，对猪无明显不良反应，可从扁桃体隐窝抹片中检测上皮细胞内的 CSFV 抗原，这种方法快速、可靠，但对技术人员的要求较高，可用于猪瘟的流行病学调查与净化。但 FA 方法的敏感性不是特别高，且 FA 阴性并不能排除猪瘟疑似病例。

也可以进行免疫酶染色检测。方法与 FA 法相似，将荧光抗体换成酶标抗体，如细胞浆染成棕黄色或深褐色者为阳性，黄色或无色者为阴性。兔化毒染成微褐色，与强毒株染色区别明显。

抗原捕获 ELISA 也可以作为猪瘟活体早期诊断方法。常采用双抗夹心抗原捕获 ELISA 方法，全血、血清、血沉棕黄层、组织匀浆都可以作为检测材料，对仔猪血清样品的敏感性明显高于成年猪或隐性感染猪。由于其敏感性与特异性不高，抗原捕获 ELISA 方法仅适用于具有临床症状或有猪瘟病理变化的样品。

2. 病毒核酸检测

病毒核酸检测多采用 RT-PCR。对血液、组织、培养细胞等各种样品，提取总RNA，以总 RNA 为模板进行反转录（RT）合成 cDNA，以 cDNA 为模板用一对猪瘟病毒特异性引物，在 TaqDNA 聚合酶作用下进行 PCR 扩增，PCR 产物用琼脂糖凝胶电泳进行检测。RT-PCR 方法在敏感性、特异性和快速诊断及技术要求方面比较有优势；也可用核酸探针杂交技术来检测病毒 RNA。由于可采集活猪扁桃体与血液，该方法也可用于流行病学调查。

3. 病毒分离与鉴定

取病猪扁桃体、淋巴结、脾或肾组织，加入青霉素和链霉素，制作含有双抗的组织悬液，过滤、离心后取上清，接种 PK15 细胞等，接种后48~72 h取出细胞片，用免疫荧光染色、免疫酶染色或 RT-PCR 法等检查细胞培养物。

4. 血清学检测

长期以来，我国普遍实行猪瘟兔化毒弱毒疫苗的预防免疫，猪的血清中几乎都有猪瘟抗体，以常规血清学方法难以区分疫苗免疫猪与野毒感染猪。由于瘟病毒属成员之间具有相同的抗原表位，导致 CSFV 抗体检测时可能存在与反刍动物瘟病毒 BVDV 抗体的交叉反应，给猪瘟的诊断带来困难。目前，用于猪瘟抗体检测的血清学方法主要有 ELISA 和中和试验。

（1）ELISA：主要有间接 ELISA 与竞争 ELISA，对于开展流行病学调查、免疫抗体监测、无猪瘟国家与地区的监测具有重要作用。

间接 ELISA：该方法检测猪瘟抗体简便、高效、快速，但不能区分疫苗免疫抗体与野毒感染所产生的抗体，且当猪血清中存在反刍动物瘟病毒抗体时常出现假阳性反应。随着猪瘟病毒单克隆抗体（单抗）的研制成功，这些问题已经得到基本解决。以 CSFV 强毒单抗、兔化毒单抗、BVDV 单抗纯化抗原对同一份血清进行猪瘟单抗 ELISA 检测，便可区分疫苗免疫血清、自然感染血清、混合感染血清及猪瘟阴性血清。

竞争 ELISA：该方法以猪瘟病毒的血清抗体和特异性单抗对病毒蛋白（E2）的竞争为原理，因此能够减少与其他瘟病毒及其抗体的交叉反应。

（2）中和试验：用已知定量的猪瘟病毒来检测未知血清的抗体滴度，采集发病早期与恢复期的双份血清样品，测定中和抗体滴度上升情况，若升高 4 倍以上即可确诊。

（3）其他血清学试验：包括间接血凝试验、琼脂扩散试验、对流免疫电泳试验等。

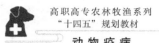

5. 动物接种试验

动物接种试验主要有本动物接种试验和家兔交叉免疫试验。

（1）本动物接种试验用易感猪进行接种是检测 CSFV 的敏感方法。采取发病猪的血液或病死猪的淋巴结、脾脏、扁桃体等组织制成乳剂，无菌处理后接种易感仔猪（10~20 kg），观察发病情况，然后再分离病毒。

（2）家兔交叉免疫试验：猪瘟病毒强毒株与兔化毒均可使家兔产生免疫反应，强毒株不引起家兔热反应，兔化毒能够使家兔产生热反应，但对有免疫力的家兔则不产生热反应。本法的优点是能检出病料中可能存在的猪瘟强毒株和兔化弱毒株，但试验周期长，需 8 天以上时间才能完成。

6. 鉴别诊断

急性猪瘟要注意与非洲猪瘟、高致病性猪繁殖与呼吸综合征、猪圆环病毒病、仔猪副伤寒、链球菌病、猪丹毒、猪肺疫、接触传染性胸膜肺炎、副猪嗜血杆菌病等区分，从病原、流行特点、特征性病理变化、药物防治效果等方面不难鉴别。繁殖障碍型猪瘟须注意与流行性乙型脑炎、细小病毒病、伪狂犬病、猪繁殖与呼吸综合征等其他的猪繁殖障碍型病毒病区分。

【防控措施】

平时预防原则上要做到杜绝传染源和传染媒介的传入，提高猪群的整体抗病力。严格执行自繁自养，从非疫区引进新猪，并及时免疫接种，隔离观察 2~3 周；保持猪场、圈舍清洁卫生，坚持定期消毒；严禁非工作人员、车辆和其他动物进入猪场；加强饲养管理，利用残羹喂饲前应充分煮沸；严格执行对猪市场交易、运输、屠宰和进出口的检疫。

预防接种是预防猪瘟发生的主要措施。用猪瘟兔化弱毒疫苗免疫后 4 天可产生强免疫力，免疫期为 1 年以上。20 日龄左右首免，65 日龄左右进行第 2 次免疫接种，是目前国内认为较合适的猪瘟免疫程序。另外，也可采用新生仔猪出生后立即接种猪瘟弱毒疫苗，2 h 后再哺以初乳的免疫程序。对发生猪瘟时的假定健康群，每头猪的免疫剂量可加至 2~5 头份。

另外，还有猪瘟、猪肺疫和猪丹毒三联苗，猪瘟兔化弱毒苗和猪丹毒弱毒苗混合的二联苗。

思考题

1. 如何进行种猪场的猪瘟净化？

2. 试述在现行条件下，如何有效进行猪瘟免疫防制？

3. 简述当前我国猪瘟的流行特点。

二、猪繁殖与呼吸综合征

猪繁殖与呼吸综合征（porcine reproductive and respiratory syndrome，PRRS）俗称猪蓝耳病，是由猪繁殖与呼吸综合征病毒引起的，以成年猪繁殖障碍、早产、流产、死产和产木乃伊胎，及仔猪发生呼吸系统疾病和大量死亡为特征的一种急性、高度传染性疾病。感染种公猪的精液质量下降，育肥猪发病率高、发病后生长缓慢、饲料报酬降低，康复猪可长期带毒和排毒。此病为当前困扰全世界养猪业的最重要疫病之一。

【病原体】

猪繁殖与呼吸综合征病毒（porcine reproductive and respiratory syndrome virus，PRRSV）为动脉炎病毒科（Arteriviridae）动脉炎病毒属（Arterivirus）单股正链 RNA 病毒。该病毒有囊膜，呈卵圆形，直径 50~65 nm，表面相对平滑，核衣壳呈二十面体对称，直径 25~35 nm。根据基因变异程度，PRRSV 可分为两个地理群或基因型，即以欧洲原型病毒 LV 株为代表的欧洲型（简称 A 亚群）和以美国原型病毒 VR-2332 为代表的美洲型（简称 B 亚群）。

PRRSV 对环境敏感，在热和干燥的条件下会迅速灭活，在低温条件下可保持较长时间的感染力。在 pH 6.5~7.5 时稳定，pH 低于 6.5 或高于 7.5 时会迅速丧失感染力。氯仿、乙醚等有机溶剂、低浓度的去污剂和常规消毒药等都能很快使感染性 PRRSV 灭活。

【流行病学】

猪是唯一的易感动物，病猪和带毒猪是主要传染源，感染猪带毒至少 5 个月。病毒可经粪、尿、分泌物及流产的胎儿、胎衣、羊水排出体外，污染饲料、饮水、外界环境。PRRSV 主要经呼吸道传播，可也垂直传播，亦可经自然交配或人工授精传播。为高度接触性传染病，传播迅速，感染无年龄差异。主要侵害繁殖母猪和仔猪，肥育猪发病温和。猪场卫生条件差、气候恶劣、饲养密度大、调运频繁等因素可促使本病的流行。

【发病机理】

PRRSV 通过呼吸道或生殖道侵入猪体后，主要侵害肺泡及血液等组织的巨噬细胞。首先通过呼吸道与 PAM 的受体结合，再经胞吞作用进入细胞，并在细胞内迅速增殖（特别是尚未成熟的 PAM 最适合其繁殖），使细胞受损死亡，导致细胞数量减少。存活的细胞常表现出功能低下，肺泡功能发生障碍，进而仔猪表现出典型的呼吸道症状。由于巨噬细胞被大量破坏，可造成严重的免疫抑制，机体非特异性免疫功能下降，病毒进入血液循环和淋巴循环，导致病毒血症的形成及全身淋巴结的感染，这时易继发其他细菌或病毒感染，从而使感染加重。因此，PRRS 常和其他疾病混合感染。

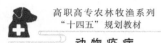

PRRSV 也可感染公猪生殖系统，导致精子数量减少，使公猪繁殖性能降低，并可通过精液将病毒传染给母猪，引起母猪的繁殖障碍。感染的孕猪可引起子宫内胎儿感染。

【临床症状】

本病的潜伏期差异较大，最短为 3 天，最长为 37 天。发病猪只的表现因饲养管理、机体免疫状况、病毒毒株毒力强弱等的不同而存在一定的差异。肥育猪、成年猪感染后症状较轻，多呈亚临床感染，妊娠母猪、哺乳仔猪感染症状较重。低毒株可引起猪群无临床症状的流行，而强毒株能够引起严重的临床症状。

感染母猪表现为体温升高，但不出现高热稽留；发热、厌食、精神沉郁、嗜睡、消瘦、皮肤苍白或有暂时性小疱疹；呼吸道症状轻微；少部分感染猪四肢末端、尾、乳头、阴户和耳尖发绀，并以耳尖发绀（蓝耳）最为常见；在妊娠后期普遍出现流产、早产、产死胎、木乃伊胎及产出弱仔。仔猪表现为被毛粗乱、生长缓慢、眼睑水肿、结膜炎及打喷嚏、体温升高；两耳变色，出现暂时性紫蓝色；皮肤苍白或有小疱疹；四肢呈八字形向外张开，划水式躺卧，运动失调及轻度瘫痪；脐带出血，断尾后可能严重出血，口吐白色泡沫，腹泻增多；呼吸困难或呼吸急促、咳嗽，有的呈腹式呼吸。急性病型有较高的死亡率。耐过猪常表现为消瘦和生长缓慢。育肥猪、种公猪常呈亚临床感染状态，表现为厌食、呼吸加快、咳嗽、消瘦、昏睡及精液质量下降。人们往往注意到的是 PRRS 的急性感染，而实际上慢性和亚临床感染更多见。慢性 PRRS 对仔猪、育肥猪或育成猪的影响主要是其他病原性细菌和病毒侵害呼吸系统引起的继发性感染。

【病理变化】

主要病理变化为弥漫性间质性肺炎，并伴有细胞浸润和卡他性肺炎区，肺脏充血、瘀血，肺小叶间增宽、质地坚实，肺小叶明显，炎性变化可见于所有的肺脏。母猪可见脑内灶性血管炎，脑髓质可见单核淋巴细胞性血管套，胸、腹腔积液，心肌变软，肠系膜淋巴结肿大、出血，胸膜充血、出血。流产胎儿出现动脉炎、心肌炎和脑炎。

【诊断】

一般根据流行病学、临床症状和病理变化等可作出初步诊断。目前，实验室检测方法可分为免疫学检测法及核酸检测法。免疫学检测包括免疫荧光染色法、免疫过氧化物酶染色法及免疫胶体金法等。核酸检测法主要是指 RT-PCR。

这些方法中，ELISA（包括间接 ELISA 和阻断 ELISA）较适于大规模检测，该法简便易行，操作过程及结果判定能够标准化且具有高度特异性和敏感性。RT-PCR 方法扩增的目的片段主要针对 PRRSV 的核衣壳蛋白的编码基因，该方法省时、省力，且敏感性、特异性等明显高于病毒分离和 ELISA，广泛应用于 PRRSV 的鉴定和临床诊断。血清、精液、肺脏等都可以作为该法的检验样品。近年来，荧光定量 RT-

PCR、反转录恒温扩增技术（RT-LAMP）的发展为 PRRSV 的早期快速诊断提供了有力工具。

【治疗】

本病目前尚无有效药物治疗，主要采取综合性防治措施及对症治疗。我国规定对高致病性蓝耳病必须扑杀。

【防控措施】

杜绝境外传入，引进的种猪要进行严格检疫，并进行隔离和观察。详细了解引入猪场中 PRRS 情况，不从表现 PRRS 症状的猪场中购进种猪。发生高致病性蓝耳病时，应立即上报疫情，严密封锁猪场，对患畜进行扑杀、销毁，以控制疾病蔓延。严格执行自繁自养的管理制度，对所有猪群尤其是保育猪和生产肥育猪采取全进全出制。降低饲养密度，保证猪舍的通风和采光，搞好猪舍和饲养工具的清洁卫生。明确免疫目的和制定免疫制度。

目前，国内外都已经研制出了灭活疫苗和弱毒疫苗。免疫程序各猪场可能有差异，一般是后备母猪在配种前进行 2 次免疫，首次免疫在配种前 2 个月，1 个月后进行第二次免疫。小猪在 2~4 周龄首免，必要时可在 45~70 天进行第二次免疫。

由于 PRRS 传播迅速，流行广泛，而且该病毒抗原具有多样性，因而不能完全依赖疫苗注射。使用疫苗应注意如下问题：疫苗毒在猪体内能持续数周至数月；接种疫苗猪能散毒感染健康猪；有些疫苗毒能跨越胎盘导致先天感染；有的毒株保护性抗体产生较慢；部分免疫猪不产生抗体；有些疫苗毒在公猪体内可通过精液散毒；成年母猪接种效果较佳。临床上对 PRRS 发病猪群进行疫苗紧急接种一般是有效的，尤其是在发病早期和准确诊断时，但是不能长期依赖紧急免疫，要做好预防免疫和综合防控工作。

思考题

1. 如何诊断 PRRS 与其他繁殖障碍性疾病？
2. 如何防控 PRRS？免疫接种时应该注意什么？

三、猪圆环病毒病

猪圆环病毒病（porcine circovirus associated disease，PCVAD）是由猪圆环病毒 2 型（porcine circovirus type 2，PCV2）引起或与其相关的多种症候的总称，故又称为猪圆环病毒相关疾病。其临床症状复杂多样，主要以断奶后和育成期仔猪尤其是 5~12 周龄仔猪的进行性消瘦、皮肤苍白、黄疸、呼吸道症状、腹泻、中枢神经障碍，以及全身淋巴结炎、肝炎、肠炎、肾炎和肺炎等为特征，发病率 4%~30%，病死率

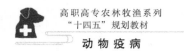

50%~90%。PCVAD 是一个重要的免疫抑制性疾病，在临床上容易导致与其他病原的并发或继发感染。

【病原体】

猪圆环病毒（porcine circovirus，PCV）属于圆环病毒科（*Circoviridae*）圆环病毒属（*Circovirus*），是目前已知的最小的动物病毒。PCV 无囊膜，病毒粒子呈二十面体对称，直径 17~22 nm，平均为 17 nm。

PCV 对外界的抵抗力较强，在 pH 值为 3 的酸性环境中可以存活很长时间。对氯仿、碘酒、乙醇等有机溶剂不敏感，但对苯酚、季铵盐类化合物、氢氧化钠和氧化剂等较敏感。PCV2 在 75 ℃下加热 15 min 仍然有感染性，80 ℃或以上加热 15 min 可被灭活。PCV2 不具有血凝活性，不能凝集人和牛、羊、猪、鸡等多种动物的红细胞。

【流行病学】

猪是 PCV2 的天然宿主，野猪的易感性也很高。据对临床病例的观察发现，一定遗传品系的猪群如长白猪比杜洛克或大白猪更容易发病。各种年龄的猪都可以被感染，但以哺乳期和育成期的猪最易感，尤其是 5~12 周龄的仔猪，一般于断奶后 2~3 周开始发病。皮炎肾病综合征多见于 12~16 周龄育肥猪，也可见于仔猪和成年猪。

小鼠可以感染 PCV2，但不同品种对 PCV2 的易感性有差异。小鼠经人工感染后，可以产生抗体，并出现显微病理变化，常用作 PCV2 感染的实验动物模型。牛、绵羊、马等动物对 PCV2 不易感。

病猪和带毒猪是本病的传染源，尤其是带毒猪在本病的传播上具有重要意义。PCV2 随带毒或发病猪的呼吸道分泌物、唾液、乳汁、尿液、粪便及感染公猪的精液等排出，经过直接接触方式（猪与猪间的鼻头摩擦、交配等）传播，也可以通过PCV2 污染的饲料、饮水、空气及精液等经消化道、呼吸道与阴道等途径间接传播。PCV2 还能够通过胎盘或产道垂直感染胎儿。

流行病学上有以下特征：① 猪群中 PCV2 感染率高，但多为隐性感染，少数出现临床症状。② 一般散在发生或呈地方流行，少数呈爆发流行。③ PCV2 感染猪是否出现临床症状受体内外多种因素的显著影响，如猪体的免疫水平、营养状态、病毒毒力、饲养管理水平、各种环境因素及其他病原微生物混合感染等，所以有的 PCV2 感染猪呈现隐性感染状态，而有的则表现明显的临床症状和病理变化。④ 本病一年四季均可发生，无明显的季节性。

【发病机理】

猪圆环病毒病的发病机制至今仍然不十分清楚。单核/巨噬细胞系（如肺泡巨噬细胞、库普弗细胞、树突状细胞等）均是 PCV2 的靶细胞。PCV2 的组织嗜性广泛，分布于感染猪的淋巴结、脾、肾、肺、心、肝、脑、胸腺、肠管、膀胱、胰等多种脏器和组织中，其中以淋巴结和脾脏中的病毒含量最高，主要引起淋巴细胞缺失，巨噬细胞和多核巨细胞浸润等免疫损伤现象，导致机体免疫功能下降或紊乱，缺乏有效的免疫应答能力，表现为淋巴细胞增殖活性降低，细胞因子分泌紊乱，特异性 IgM 抗体和中和抗体水平低下，为继发感染其他病原创造了条件。

PCV2 还可引起全身坏死性脉管炎，在受损的血管和肾小球内免疫球蛋白和补体成分增高，引起超敏反应，导致全身皮肤出血性梗死和肾炎的发生。

PCVAD 临床症状的出现，除了作为原发和必要病原的 PCV2 外，还需要其他因子（包括致病因子和非致病因子）的协同作用，因此 PCV2 自然感染猪多呈现亚临床或温和的症状。现已发现，参与 PCV2 致病的协同因子包括病原微生物（如猪繁殖与呼吸道综合征病毒、猪细小病毒、伪狂犬病毒、猪肺炎支原体、猪链球菌、沙门菌、多杀性巴氏杆菌等），免疫佐剂（如钥孔戚血蓝蛋白、弗氏不完全佐剂等），免疫调节药物（如地塞米松等）及各种不良管理和环境因素，这些协同致病因素通过促进 PCV2 在体内增殖、影响机体的免疫功能，促使 PMWS 的发生或使其病情加重。

【临床症状】

自然感染 PCV2，潜伏期较长，胚胎期或出生后早期感染时，多在断奶后陆续出现临床症状。人工感染 PCV2 的断奶仔猪其潜伏期一般为 7~12 天。

1. 猪断奶后多系统衰竭综合征

猪断奶后多系统衰竭综合征主要表现为进行性消瘦、厌食、精神沉郁、咳嗽、喷嚏、呼吸急促或困难、皮肤苍白、被毛粗乱，生长发育迟缓，有的出现腹泻、贫血、黄疸、中枢神经系统等症状。疾病早期常见体表淋巴结特别是腹股沟浅淋巴结异常肿大。上述这些征候可以单独或联合出现。急性发病猪群中，发病率和病死率高，发病率一般为 4%~30%，有时高达 50%~60%；死亡率 4%~20%，有时达 50%~90%。在疾病流行过的猪群中，多呈隐性感染、散发和慢性经过，发病率和死亡率都较低。在 PMWS 临床病例中，常常由于并发或继发细菌或病毒感染而使死亡率增加。

2. 皮炎肾病综合征

皮炎肾病综合征主要表现为全身或部分皮肤出血性梗死，以后肢和会阴部皮肤最常见。首先在后躯、腿部和腹部皮肤表面出现圆形或不规则形的隆起、红色或紫色、中央发黑的斑点、斑块及丘疹，随后发展到胸部、背部和耳部。斑点常融合成大的斑块，有时可见皮肤坏死。皮肤病变区域通常可逐渐消退，偶尔留下瘢痕。病猪精神不振、食欲减退，易受惊，常可自动恢复。轻微感染的猪不发热，严重者发热、厌食、体重减轻，跛行、步态僵硬。PDNS 病程短，严重感染的猪在临床症状出现后几天内就死亡，耐过猪一般在临床症状出现后 7~10 天开始恢复。本病常零星发生，发病率小于 1%，但当受到不良应激时发病率会升高。死亡率一般为 10%~25%，但大于 3 月龄病猪的死亡率可接近 100%，小于 3 月龄的病猪死亡率有时也可高达 50%。

3. 繁殖障碍性疾病

PCV2 与母猪繁殖障碍密切相关，PCV2 所致繁殖障碍尤其多见于初产母猪和新建种猪群。表现为母猪发情率增加，妊娠后期流产胎数、死胎数、木乃伊胎数及断奶

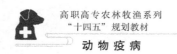

前仔猪死亡率增加。

【病理变化】

1. 猪断奶后多系统衰竭综合征

PMWS 最突出的病理变化是全身淋巴结炎、肺炎、肝炎、肾炎和肠炎，其中淋巴组织的病变最为常见。全身淋巴结特别是腹股沟、纵隔、肺门和肠系膜淋巴结通常显著肿大，切面呈均质白色或灰黄色，有时可见出血。但有时淋巴结不肿大甚至萎缩。脾脏轻度肿胀，有的可见丘疹。肺脏呈轻度多灶性或高度弥漫性间质性肺炎，常见肺脏肿胀，间质增宽，质地变硬似橡皮，散在有大小不等的褐色实变区，呈斑驳样外观。有的病例肝脏肿大或不同程度萎缩，颜色发暗、发白或呈斑驳状，坚硬。肾脏出现不同程度的多灶性间质性肾炎变化，可见肾脏灰白，有的肿大，被膜下有坏死灶。50%病猪的肾脏可见皮质和髓质散在大小不一的白色斑点。胃黏膜苍白、水肿和溃疡。肠道尤其是回肠和结肠段肠壁变薄，肠管内液体充盈。如果发生混合或继发感染则出现相应疾病的病理变化，如胸膜炎、心包炎等。

组织学检查可见淋巴细胞减少，常见 B 细胞滤泡消失和 T 细胞区扩张，淋巴结内可见大量组织细胞、巨噬细胞和多核巨细胞浸润。在组织细胞和树突状细胞内可见病毒包涵体。胸腺皮质常萎缩。脾髓发育不良，淋巴滤泡少见，脾窦内有大量炎性细胞浸润，脾实质内有含铁血红素沉着。肺泡间隔增厚，肺泡内有单核细胞、嗜中性粒细胞及嗜酸性粒细胞渗出。肝细胞退化、消失和坏死，肝小叶融合、小叶间结缔组织增生，单核和巨噬细胞浸润，有时可见大量的多核巨细胞；慢性死亡病例和疾病后期可见中等程度的黄疸，肝小叶周围纤维化。肾皮质和髓质萎缩，皮质部出现淋巴细胞、组织细胞浸润，少数病例有肾盂肾炎和急性渗出性肾小球炎。肠绒毛萎缩，黏膜上皮完全脱落，固有层内有大量炎性细胞浸润。心肌内有多种炎性细胞浸润，呈现多灶性心肌炎。胰腺上皮萎缩，腺泡明显变小。

2. 皮炎肾病综合征

皮炎肾病综合征常见病理变化是坏死性皮炎和间质性肾炎。病猪的后肢、会阴部、臀部、前肢、腹部、胸和耳部边缘皮肤病变周围皮下呈现程度不同的水肿。双侧肾脏苍白肿大（可达正常的 3~4 倍），表面呈细颗粒状，皮质部有出血、瘀血斑点或坏死点。病程长的可出现慢性肾小球肾炎病变。全身坏死性脉管炎。淋巴结肿大，偶见出血，淋巴细胞缺失，病理变化伴有组织细胞和多核巨细胞浸润引起的肉芽肿性炎症。有时可见间质性肺炎病变。

3. 繁殖障碍性疾病

繁殖障碍性疾病主要病理变化为死胎全身皮肤充血、出血，肝充血，心脏肥大、弥漫性（非化脓性到坏死性或纤维素性）心肌炎。

【诊断】

PCVAD 临床表现复杂，而且常与其他疾病混合发生，因此，确诊该病需要结合流行病学特征、临床表现、剖检变化及实验室诊断结果，进行综合诊断。

1. 临床诊断

（1）猪断奶后多系统衰竭综合征：多见于5~12周龄的仔猪，一般于断奶后2~3周开始发病，多散在发生。仔猪生长缓慢、消瘦、衰竭，持续呼吸困难或腹泻，腹股沟淋巴结肿大，出现贫血或黄疸，淋巴组织出现明显的淋巴细胞缺失、单核吞噬细胞类细胞和多核巨细胞浸润，并伴有不同程度的肺炎、肾炎、肝炎等病理变化时，可以初步诊断为PMWS。

（2）猪皮炎肾病综合征：多见于12~16周龄育肥猪，多零星发生，发病率常低于1%。当皮肤（以后肢和会阴部皮肤多见）出现典型的不规则红斑或丘疹，剖检以肾脏苍白肿大，皮质部有瘀血斑点或坏死点为主要病变时，可以疑似诊断为PDNS。

（3）繁殖障碍性疾病：当妊娠后期流产、木乃伊胎或死胎，部分胎儿心脏肥大，呈现弥漫性非化脓性、坏死性或纤维素性心肌炎时，可疑似为与PCV2感染有关的繁殖障碍性疾病，但要注意与其他繁殖障碍性疾病相鉴别。

2. 实验室诊断

（1）病原学检测：通常采取病死猪的淋巴结、脾、肺、肝、肾等组织脏器或发病猪的血液进行检查。

病毒分离培养与鉴定：将采集的组织脏器制成（1∶3）~（1∶5）的组织悬液，冻融3次后，离心，取上清过滤除菌后，接种于PK-15细胞，于37℃、5%二氧化碳条件下培养48~72 h，应用PCR、免疫过氧化物酶单层试验（IPMA）或间接免疫荧光等方法直接或传代后检查病毒。

免疫组化：取淋巴结、脾、肺、肝、肾等组织脏器，用10%甲醛或4%的多聚甲醛固定后，制成石蜡切片，应用免疫组化方法检测组织中的PCV2及其分布。

原位杂交：取淋巴结、脾、肺、肝、肾等组织脏器，制成石蜡或冰冻切片，与地高辛标记的PCV2特异的核酸探针杂交，检测组织中的病毒核酸。

PCR方法：最为常用。取血清或组织，提取DNA，应用PCR检测样品中的病毒核酸，也可以通过实时荧光定量PCR检测，并对病毒核酸进行定量。

（2）抗体检测：将血清样品做1∶40倍稀释后，通过间接ELISA检测血清中的PCV2特异性抗体，结合临床症状和剖检变化作出诊断。

【治疗】

目前，针对本病没有有效的治疗方法。对疑似细菌（如肺炎支原体或多杀性巴氏杆菌等）混合感染的PMWS猪群，添加泰乐菌素、土霉素及头孢类抗生素等药物，可以明显降低死亡率。

【防控措施】

由于临床中PCVAD的发生除了PCV2是必要病原外，其他病毒和细菌的参与是本病发生的重要协同因素，环境和饲养管理水平也是不可忽视的诱因。因此，实施严

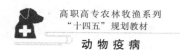
格的生物安全措施，控制 PCV2 的侵入、消除其他病原微生物的参与，提高管理水平、改善饲养环境，并结合免疫接种等综合措施，是有效防控 PCVAD 的关键。

1. 严格检疫与消毒

引进种猪时要严格检疫，避免引进 PCV2 阳性猪；选择过氧乙酸、漂白粉、氢氧化钠及复合季铵盐类等 PCV2 敏感的消毒剂进行圈舍、场内及饲养场周围的定期消毒，以最大限度地降低猪场内构成污染的病原微生物，减少或杜绝猪群继发感染的概率。

2. 实行严格的全进全出制度

避免将不同年龄、不同来源的猪混养，降低饲养密度，减少不同批次猪、猪与猪之间的感染机会，尽可能降低猪群 PCV2 的感染率。

3. 加强饲养管理

减少不良应激因素，提高饲养管理水平，做好猪繁殖与呼吸道综合征、猪细小病毒感染、猪伪狂犬等疫病的防疫工作，合理驱虫。饲料营养须全面，避免饲喂发霉变质的饲料，尤其应保证仔猪的营养充足，适量添加维生素 E 和微量元素硒。注意舍内通风、换气，改善空气质量，保证舍内干燥、卫生，以降低其他病原感染的机会。

4. 免疫接种疫苗

免疫接种虽然不能够完全阻断病毒感染，但是可抑制 PCV2 在猪体内增殖，是降低 PCVAD 发生率的有效措施。目前用于预防 PCVAD 的商品化疫苗分为 3 种：亚单位疫苗、PCV2 全病毒佐剂灭活苗和 PCV1-PCV2 嵌合病毒灭活苗。

（1）亚单位疫苗：该疫苗是应用杆状病毒表达系统表达的 PCV2 核衣壳蛋白制成的疫苗，安全、不散毒，主要用于仔猪 PCVAD 的预防。一般在仔猪 2~3 周龄时，注射 1 mL 疫苗，可以为仔猪提供良好的免疫保护，提高成活率和饲料转化率。

（2）PCV2 全病毒灭活苗：由灭活的 PCV2 细胞毒配以佐剂而制成的全病毒灭活疫苗。可用于 3 周龄以上仔猪和成年猪的免疫接种。新生仔猪于 3~4 周龄首次免疫，间隔 3 周加强免疫 1 次，1 mL/头；后备母猪于配种前免疫 2 次，两次免疫间隔 3 周，产前 1 个月再加强免疫 1 次，每次 2 mL/头；经产母猪跟胎免疫，产前 1 个月接种 1 次，2 mL/头。田间试验证明，PCV2 全病毒灭活疫苗可使仔猪获得保护，提高存活率；可降低母猪繁殖障碍率，而且通过母猪免疫，可以使仔猪获得被动免疫，对新生仔猪产生一定保护。

（3）嵌合病毒灭活苗：PCVAD 嵌合病毒疫苗是指将具有致病性的 PCV2 的 ORF2 克隆到没有致病性的 PCV-1 基因组骨架中，即以 PCV2 ORF2 基因取代 PCV1 ORF2 基因所构建的 PCV-1-PCV2 嵌合活病毒粒子，将该嵌合活病毒灭活后制成嵌合病毒灭活苗。该疫苗主要用于 4 周龄以上仔猪。多批试验表明，嵌合病毒灭活苗可为猪群提供较好的免疫保护，特别在抑制病毒、减少病毒血症方面具有显著的优势。

思考题

1. 与 PCV2 型相关的疾病主要有哪些？
2. 简述猪断奶后多系统衰竭综合征的流行特点。
3. 为什么猪圆环病毒病会影响猪的免疫功能？

四、蓝舌病

蓝舌病（bluetongue，BT）是由蓝舌病病毒引起的一种以库蠓为传播媒介的反刍动物传染病，主要侵害绵羊，并可感染其他反刍动物。本病以发热，消瘦，口腔、鼻腔及消化道黏膜等发生严重的卡他性炎症为特征，病羊蹄部也常发生病理损害，因其蹄真皮层遭受侵害而发生跛行。由于该病常造成病羊特别是羔羊发育不良、死亡、胎儿畸形、皮毛的损坏等，常造成巨大的经济损失。目前，本病在非洲、美洲、欧洲、亚洲及大洋洲的一些国家均有发生。

【病原体】

蓝舌病病毒（bluetongue virus，BTV）为呼肠孤病毒科（Reoviridae）环状病毒属（*Orbivirus*）代表成员，同属的其他病毒包括非洲马瘟病毒（AHSV）、马脑炎病毒（EEV）、鹿流行性出血热病毒（EIDV）、Palyam 病毒（palyam virus）等。蓝舌病病毒现分为 24 个血清型，不同地域分布有不同血清型，如非洲有 9 个血清型，中东地区有 6 个血清型，澳大利亚有 8 个血清型，中国有 7 个血清型。不同血清型之间一般缺乏交互免疫性。

病毒粒子呈球形，无囊膜，二十面体对称，直径 65~80 nm，有双层衣壳。外衣壳结构模糊，内衣壳由 32 个壳粒组成，呈环状结构。核衣壳直径 50~60 nm。

病毒可在 6 日龄鸡胚和乳鼠脑内增殖，适应绵羊肾、牛肾、牛淋巴结、羔羊睾丸等原代细胞，也可在 BHK-21、Vero、AA（C6/36）等传代细胞系中增殖，并产生细胞病变，在感染细胞胞浆内形成嗜酸性包涵体。

病毒存在于病畜血液和组织中，康复动物体内携带病毒达 4~5 个月。病毒对乙醚、氯仿和 0.1% 脱氧胆酸钠有一定抵抗力，但 3% 甲醛、75% 乙醇可灭活病毒。病毒对酸敏感，pH 6.5~8.6 时较稳定，pH 3.0 以下则迅速灭活。60 ℃ 加热 30 min 以上灭活，75~95 ℃ 迅速灭活。在 50% 甘油中可长期存活，4 ℃ 保存病毒可存活半年，−80 ℃ 环境中可长期保存。

【流行病学】

蓝舌病病毒主要感染绵羊，所有品种的绵羊均可感染，而以纯种的美利奴羊更为敏感。牛、山羊、骆驼和其他反刍动物（如鹿、麋、羚羊、沙漠大角羊等）也可感

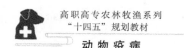

染本病，但临床症状轻缓或无明显症状，或以隐性感染为主。仓鼠、小鼠等实验动物也可感染蓝舌病病毒。

病羊和病后带毒羊为传染源，隐性感染的其他反刍动物（如牛等）无明显的临床症状，是危险的传染来源。库蠓是重要的传染源。病毒可在媒介昆虫库蠓体内增殖，主要通过库蠓等吸血昆虫吸吮带毒血液后，病毒在昆虫体内增殖并叮咬易感动物而传播。绵羊虱也可机械传播病毒。公牛感染后，精液可携带病毒并可通过交配传播。蓝舌病病毒亦可经胎盘垂直传播。

本病的流行与库蠓等吸血昆虫的分布、习性及生活史密切相关。因此，在热带地区全年均可发生，在亚热带和温带地区的发生多呈现季节性（6~10月），多发生于湿热的晚春、夏季、秋季和池塘、河流分布广的潮湿低洼地区，也即媒介昆虫库蠓大量滋生、活动的地区。

【发病机理】

蓝舌病病毒经媒介昆虫叮咬侵入动物体内后，在局部淋巴结内增殖，后进入其他淋巴结、淋巴网状组织和血液，随血液循环，进入机体各种脏器组织中。病毒在血管内皮细胞内增殖，使血管扩张，内皮细胞肿胀、变性或坏死，血管完整性受到破坏，血管壁通透性增加，造成出血。血管受到破坏后，病毒进入黏膜乳头层结缔组织，表皮细胞裂解后释放病毒，致使上皮细胞变性坏死，出现肉眼可见的糜烂和溃疡。

【临床症状】

本病潜伏期3~10天。在绵羊中，蓝舌病多为急性经过。病羊体温升高达40~42℃，稽留5~6天。发病羊只精神委顿，厌食流涎，掉群，双唇发生水肿，水肿常蔓延至面颊、耳部，甚至颈部、胸部、腹部。舌体及口腔黏膜充血、发绀，出现瘀斑呈青紫色，故称蓝舌病。严重病例唇面、齿龈、颊部黏膜、舌黏膜发生溃疡、糜烂，致使吞咽困难。随病的发展，在溃疡损伤部位渗出血液，唾液呈红色，如有继发感染，则出现口臭。鼻分泌物初为浆液性，后变为黏脓性，常带血，结痂于鼻孔周围，引起呼吸困难。鼻黏膜和鼻镜糜烂出血。有些病例，蹄冠、蹄叶发生炎症，触之敏感，病羊疼痛而跛行。病羊消瘦、衰弱，个别发生便秘或腹泻，常便中带血，最终死亡。怀孕母羊发生感染，可发生流产，分娩出的胎儿可能畸形，如出现脑积水、小脑发育不足、回沟过多等畸形。某些病羊痊愈后出现被毛脱落现象，多为下肢或体躯两侧被毛大片脱落。病的早期有白细胞减少症。病程6~14天。发病率达30%~40%，病死率达2%~3%或者更高，死亡多由于并发肺炎或胃肠炎。

牛、山羊感染后一般无明显临床症状。野生反刍动物的症状差异较大，如白尾鹿常出现急性出血，死亡率高，而北美鹿，则通常无明显症状。

【病理变化】

尸体剖检发现，病死羊只口腔黏膜糜烂并有深红色区，口唇、舌、齿龈、硬腭和颊部黏膜水肿、出血。鼻镜附着有干涸的黏膜，鼻周围有黏性红褐色分泌物附着。各脏器和淋巴结充血、水肿和出血；颌下、颈部皮下胶样浸润。呼吸道、消化道、泌尿系统黏膜及心肌、心内外膜可见有出血点。严重病例消化道黏膜常发生坏死和溃疡，蹄冠等部位上皮脱落但不发生水疱，蹄叶发炎并溃烂。

【诊断】

根据流行病学、症状及病变，可作出诊断，确诊需要进行实验室检验。

1. 临床-流行病学诊断

根据临床症状、病理变化和流行病学资料，依据易感动物群体出现的典型症状，疫病发生和媒介昆虫活动时间及区域吻合，尸检病羊呈现特征性病理变化，新近动物群体存在体重下降和蹄叶炎发病史等，可初步诊断本病。人工复制发病羊的各组织器官的病理变化和白细胞减少、体温升高、病毒血症高峰呈同步关系，在临床诊断上是一项重要指标。

2. 病毒分离鉴定

（1）样品采集与预处理：采集病畜发热期的血液（加肝素抗凝），死亡动物一般采集脾脏、淋巴结、骨髓等；流产胎儿或先天性感染新生幼畜采集血液、脾脏、肺、脑组织等，于低温保存条件下送达实验室（不宜冷冻保存）。

（2）病毒分离鉴定：取 0.1 mL 样品经静脉接种 9~12 日龄鸡胚，收集 24~48 h 死亡或存活鸡胚的肝脏，置于 PBS 缓冲液中，反复冻融，离心取上清接 AA 细胞盲传 1 代，BHK-21 细胞连续传 3 代，接种后逐日观察细胞病变，进行病毒鉴定。病料静脉接种易感绵羊，进行病毒分离。病毒分离物采用单克隆抗体，经免疫荧光技术、抗原捕捉 ELISA、免疫斑点或辣根过氧化物酶试验，进行病毒群特异性鉴定；采用型特异性高免血清，经减数空斑、空斑抑制或微量中和试验，进行蓝舌病血清型特异性鉴定。通过 RT-PCR 可检测病毒分离物中特异性核酸片段，进行蓝舌病群、型特异性鉴定。

3. 血清学试验

采用微量中和试验、补体结合试验、琼脂凝胶免疫扩散试验、竞争性 ELISA 检测血清样品中蓝舌病群特异性抗体，可用于本病的诊断。竞争性 ELISA 由于采用的是单克隆抗体，可排除相关病毒抗体交叉反应。琼脂凝胶免疫扩散试验和竞争性 ELISA 为 OIE 推荐的国际贸易中蓝舌病诊断方法。

4. 鉴别诊断

蓝舌病与许多皮肤、黏膜损伤性疾病容易混淆，临床上常需要与口蹄疫、羊传染性脓疱、牛病毒性腹泻-黏膜病、恶性卡他热、茨城病等进行鉴别诊断。

【治疗】

本病尚无特异性药物治疗，控制细菌感染和减少寄生虫侵袭等可降低死亡率。病羊应加强营养，精心护理，避免烈日风雨伤害，须喂以优质易消化的饲料，每日用刺激性小的消毒液冲洗患畜口腔和蹄部，促进其康复。

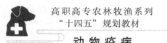
【防控措施】

加强口岸检疫和运输检疫，严禁从有本病的国家和地区引进绵羊、山羊和牛及其冻精、胚胎。为防止本病传入，进口动物应选在媒介昆虫不活动的季节。加强国内疫情监测，对新发病的动物群建议扑杀所有易感动物以根除本病。非疫区一旦发生本病，要采取果断措施，扑杀、销毁处理发病动物和同群动物，严格消毒被污染的区域。

流行地区，可采用鸡胚弱毒疫苗或灭活疫苗进行免疫接种，免疫保护期至少1年。由于蓝舌病毒的多型性，型与型之间一般不能交互免疫，必须采用与疫区流行毒株血清型一致的同型疫苗免疫动物，才能获得良好的预防控制效果。有时也采用双价或多价弱毒疫苗免疫动物，控制多型病毒感染。亚单位疫苗和基因工程疫苗尚处于研制阶段。强化污水处理，净化动物生存环境，采用杀虫剂/驱虫剂，降低库蠓密度或消灭库蠓等媒介昆虫。可尝试通过基因调控，降低库蠓繁殖力和传播蓝舌病病毒的能力，以阻断本病的传播途径。

思考题

1. 简述蓝舌病的流行病学特点。
2. 试述蓝舌病与羊传染性脓疱的鉴别诊断要点。
3. 试述蓝舌病的防疫措施。

五、小反刍兽疫

小反刍兽疫（peste des petits ruminants，PPR）又称伪牛瘟（pseudorinderpest），是由小反刍兽疫病毒引起的山羊和绵羊等小反刍动物的一种急性接触性传染性疾病。以突然发病、高热稽留、口腔黏膜糜烂、结膜炎、胃肠炎和肺炎等病症为特征。

1942年，本病首次报道于西非科特迪瓦，Gargadennec等描述本病并命名为小反刍兽疫。由于临床症状与牛瘟相似，被称为"伪牛瘟"。1962年，Gilbert等通过羊胚胎肾细胞分离获得该病毒。1976—1979年，Hamdy和Gibbs等通过血清学差异及交叉保护试验区分了牛瘟病毒与小反刍兽疫病毒。目前，小反刍兽疫流行于撒哈拉沙漠以南和赤道以北的多数非洲国家，中东到土耳其的几乎所有国家，在印度、南亚和西亚也广泛传播。2007年7月，我国西藏自治区日土县发生了全国首例小反刍兽疫疫情，目前疫情仅发生在西藏部分地区，并得到了有效控制。

【病原体】

小反刍兽疫病毒（peste des petits ruminants virus，PPRV）在分类上属于副粘病毒科（Paramyxoviridae）副粘病毒亚科（Paramyxoviridae）麻疹病毒属（*Morbillivirus*），与

同属的牛瘟病毒、麻疹病毒、犬瘟热病毒等有相似的理化及免疫学特性。小反刍兽疫病毒呈多形性，多为圆形或椭圆形，直径为 130~390 nm。病毒颗粒的外层有 8.5~14.5 nm 厚的囊膜，囊膜上有纤突，纤突中只有血凝素蛋白，而没有神经氨酸酶。

小反刍兽疫病毒可在绵羊或山羊的胎肾、犊牛肾、人羊膜等原代或传代细胞中增殖，也可以在 MDBK、MS、BHK-21、Vero、BSE 等细胞中增殖，并产生细胞病变。将病料接种于原代羊肾细胞或 Vero 细胞时，一般在 5 天内产生细胞病变，最终形成合胞体。细胞病变的特点为：细胞之间融合形成多核细胞，细胞中央区为一团细胞质，周围有一个折光环，呈散射状；核的数目多少不均，有的细胞（如绵羊胎肾细胞）多达 100 个核；有的细胞内有数个核。合胞体的细胞核以环状排列呈"钟表面"样外观，在核内和胞浆内形成嗜酸性包涵体。

小反刍兽疫病毒只有一个血清型，根据病毒 F 基因序列的遗传演化特性可将其分为 4 群：Ⅰ系分布于西非；Ⅱ系主要分布在尼日利亚、喀麦隆等非洲北部地区；Ⅲ系分布于东非；Ⅳ系主要在中东和西亚流行。

病毒对外界环境的抵抗力弱。对温度高度敏感，56 ℃半衰期为 2.2 min，37 ℃半衰期为 2~3.3 h。对乙醚和氯仿敏感，在 pH 6.7~9.5 之间稳定。大多数消毒剂（如酚类、2%氢氧化钠等）作用 24 h 可以灭活病毒；使用非离子去垢剂可以使病毒的纤突脱落，降低其感染力。

【流行病学】

本病主要感染山羊和绵羊等小反刍兽，但不同品种的羊敏感性有显著差别。山羊比绵羊更易感，其中欧洲品系的山羊更为易感。幼龄动物易感性较高，哺乳期的动物抵抗力较强，4~8 月龄的山羊特别易感。牛、猪、骆驼和水牛也可感染，但一般无临床症状。野生动物也可感染，如野骆驼、南非大羚羊、美国白尾鹿、瞪羚、东方盘羊、努比亚野山羊等。

患病动物和隐性感染的山羊、绵羊及野生动物是本病的主要传染源。感染动物的眼、鼻和口腔分泌物通过咳嗽或喷嚏向空气中释放病毒，当其他健康动物吸入被污染的空气就会引起感染。本病在感染动物和易感动物之间主要通过直接接触传播或飞沫传播。病毒也存在于感染动物的精液或胚胎中，因此亦可以通过受精或胚胎等途径传播该病。

本病全年均可发生，一般多发生在雨季及寒冷干燥的季节。流行呈现一定的周期性，一般为 3 年。新易感群中，发病率可达 100%，病死率达 50%~100%；老疫区，常为零星发生，只有在易感动物增加时，才爆发流行。小反刍兽疫病毒感染可使宿主获得终身免疫。

【发病机理】

小反刍兽疫病毒的致病机理尚未完全阐明。推测与其他麻疹病毒属成员的致病性相似，病毒具有淋巴细胞及上皮细胞嗜性，主要引起淋巴结富集器官和上皮组织的病

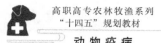

变。易感动物吸入被污染的空气或直接接触污染物，病毒经口、咽上呼吸道上皮或扁桃体进入体内，在咽喉、颌下淋巴结及扁桃体中复制，导致淋巴细胞的免疫功能降低，进而在淋巴组织中扩散。随后病毒随血液循环到达全身各处淋巴结、消化道黏膜、呼吸道黏膜，导致淋巴组织坏死、免疫力下降，引起继发感染和支气管肺炎。病毒在上述黏膜的上皮细胞内增殖可引起一系列细胞病变，使病畜出现口腔炎和消化道糜烂性损伤，进而发生血样腹泻。死亡常由脱水而致，损伤不太严重时可康复，并产生中和抗体。

【临床症状】

潜伏期一般 3~21 天，短者多为 4~6 天。自然发病多见于绵羊和山羊。根据临床症状，该病可分为最急性型、急性型和温和型。

1. 最急性型

最急性型多见于幼龄羊，潜伏期仅有 2 天。病畜体温显著升高，达 41~42 ℃，精神沉郁，被毛竖立，食饮欲消减或废绝。口腔与眼睛出现黏液性分泌物，随后口腔、唇部和鼻腔等部位出现炎症和坏死斑。发病第 1 天可见便秘，随后出现腹泻。从出现体温升高到病畜死亡，病程不超过 6 天，死亡率可达 100%。

2. 急性型

急性型潜伏期为 3~4 天。病羊表现出与牛瘟相似的症状，精神沉郁，反应迟缓，食欲减退，被毛凌乱、逆立。唾液分泌增多，眼结膜潮红，鼻镜干燥。随后眼睛、鼻部和口腔分泌大量纤维素性黏液。病羊发生眼炎，有的甚至失明。眼下被毛潮湿，结痂后使眼睑粘连。严重者或继发感染者，鼻腔分泌出黄色脓液，堵塞鼻孔，导致呼吸困难。齿龈、上腭、唇和舌的背、腹侧因黏膜坏死而出现针尖大小的灰色或黑色病灶，常呈弥散性分布。病羊嘴唇肿胀、破裂、坏死，口腔黏膜出血，导致流血色涎水，继而发生大面积的坏死。后期出现口腔黏膜溃疡，白色的坏死组织被死亡的细胞覆盖，以至口腔黏膜完全被厚的干酪样物质附着。用手指在牙床和上腭轻轻摩擦，可感触到含有病理组织碎片的附着物，气味恶臭。类似的病变也出现在鼻腔、阴门和阴道黏膜。如果病畜不死，这种症状可以持续多天。病畜发病晚期常出现腹泻，最初粪便稀软，后发展为水样腹泻，伴有恶臭气味，有时便中混有肠黏膜碎片和血液。病畜咳嗽，胸部出现啰音，呼吸困难，鼻孔开张，舌伸出，个别变为腹式呼吸。濒死期体温下降，常在发病后 5~10 天脱水死亡。疾病后期会出现共同的症状：鼻口周围、嘴唇外侧的皮肤形成小的结痂损伤。妊娠羊常发生流产。耐过羊可产生免疫力。

3. 温和型

温和型病羊不表现明显的临床症状，仅有轻微短暂的发热，有时可见眼睛和鼻腔流出大量的分泌物，并在鼻孔周围结痂，也可发生腹泻，一般呈温和性经过。

【病理变化】

与牛瘟相似，病理改变主要出现在消化道和呼吸道。口腔黏膜和胃肠道黏膜大面积坏死，但网胃、瘤胃、瓣胃较少有损伤，偶尔可见瘤胃乳头坏死。皱胃呈现有规则、有轮廓的出血、坏死和糜烂。小肠一般有中度损伤，呈现有限的出血条纹。大肠皱褶处有小的出血点。随着时间的推移，盲肠与结肠交界处表现为特征性的线状条带出血，呈"斑马纹"样特征，这种变化不常见。支气管和肺出现干酪样病灶，肺表面、支气管黏膜等有出血点，肺脏暗红色或紫色区域触摸坚硬（多见于肺的尖叶和心叶），呈支气管肺炎病变。鼻腔黏膜、鼻甲骨、喉和气管等处可见小的瘀血点；支气管肺炎常并发前腹侧肺膨胀不全。下唇邻近的齿龈、颊和舌经常发生灶性坏死，严重时这种病变发生于上腭、咽和食道的上 1/3 区域。胸腔积水导致渗出性胸膜炎。淋巴结变软、肿大，淋巴小结出血、坏死。脾脏肿大、坏死。肝切面出现显著的多灶性苍白区域。眼部可见结膜炎，弥散性卡他性炎症。小反刍兽疫病毒对淋巴细胞和上皮细胞有亲和性，一般能在上皮细胞和形成的多核巨细胞中形成具有特征性的嗜伊红性胞浆包涵体，淋巴细胞和上皮细胞坏死。这种病变具有一定诊断价值。

【诊断】

根据流行特点、症状及病变，可作出诊断，确诊需要进行实验室检验。

1. 临床综合诊断

自然条件下仅羊发病，且山羊比绵羊严重，体温升高，口、鼻、眼流大量分泌物，出现眼炎、口腔炎、肺炎和胃肠炎症状，剖检见胃肠道出血性坏死性炎症，淋巴细胞和上皮细胞坏死，发现核内和胞浆内嗜酸性包涵体可初步诊断。

2. 病毒分离鉴定

（1）样品采集：发热期，采集全血（必要时加抗凝剂）及眼、鼻和口腔拭子。死亡动物，采集淋巴结、肺、肠黏膜和脾脏样品。

（2）病毒分离鉴定：拭子样品、自抗凝血分离纯化白细胞制备 10%组织悬液接种原代羔羊肾或非洲绿猴肾等细胞进行培养。病毒分离物通常可用病毒中和试验、琼脂凝胶免疫扩散试验、对流免疫电泳试验、免疫捕获 ELISA 和间接荧光抗体等试验进行鉴定。我国已建立 RT-PCR 检测病毒核酸以鉴别诊断牛瘟病毒和小反刍兽疫病毒的方法，可用于鉴别诊断。

（3）动物接种试验：将病料组织悬液或细胞培养物，接种易感动物山羊、绵羊和牛，可用于诊断本病和鉴别牛瘟。如果仅有羊只发病则怀疑为小反刍兽疫，进一步进行临床症状和病理变化观察或病毒分离鉴定。如牛出现临床症状可被判定为牛瘟，必要时进行病毒核酸检测以确诊。

3. 血清学试验

常用病毒中和试验、竞争 ELISA、琼脂免疫扩散试验、荧光抗体试验等检测血清抗体。

4. 鉴别诊断

小反刍兽疫在临床上常须与牛瘟、蓝舌病和口蹄疫、巴氏杆菌病和羊支原体性肺

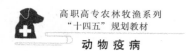

炎等类似疾病进行鉴别。

【治疗】

目前，针对本病尚无特异性治疗方法。应用药物控制细菌性继发感染或混合感染可降低动物死亡率。

【防控措施】

由于小反刍兽疫危害严重，是 OIE 法定报告的疫病之一，我国将其列为一类动物疫病。针对本病须加强口岸检疫和运输检疫，严禁从有本病的国家和地区引进绵羊、山羊及其冻精、胚胎。我国周边国家存在疫情，故须加强疫情监测，一旦传入或发生本病，要采取果断措施，扑杀、销毁处理发病动物和同群动物，严格消毒被污染的环境，彻底扑灭疫情。

受威胁地区，可采用牛瘟弱毒疫苗进行免疫接种，以建立免疫带。牛瘟弱毒疫苗免疫后产生的抗牛瘟病毒抗体能够抵抗小反刍兽疫病毒的攻击，具有良好的免疫保护效果。但免疫动物仅能产生抗牛瘟病毒的中和抗体，而无法产生抗小反刍兽疫病毒的中和抗体，且影响牛瘟的检测。在流行区使用的弱毒疫苗有 Nigeria75/1 弱毒疫苗和 Sungri/96 弱毒疫苗，能交叉保护小反刍兽疫各个群毒株的攻击感染。Nigeria75/1 弱毒疫苗是将尼日利亚 75/1 分离毒株在 Vero 细胞上连续继代致弱研制的疫苗。Sungri/96 弱毒疫苗是印度根据当地流行毒株研制的疫苗。小反刍兽疫灭活疫苗采用感染山羊的病理组织制备，一般采用甲醛或氯仿灭活。目前，预防本病主要以弱毒疫苗为主。新型疫苗的研究方面也取得了一定进展。由于小反刍兽疫与山羊痘地理分布近似，可将小反刍兽疫病毒 F 基因插入山羊痘病毒基因组，研制成二联疫苗，用于预防小反刍兽疫和山羊痘。

思考题

1. 简述小反刍兽疫病毒分离鉴定的步骤和方法。
2. 试述小反刍兽疫与牛瘟、蓝舌病的鉴别诊断。
3. 如何防止小反刍兽疫传入我国？

六、鸡新城疫

鸡新城疫（newcastle disease，ND）又称亚洲鸡瘟或伪鸡瘟，是由新城疫病毒引起的一种高度接触性和高度致死性的急性败血性传染病。其主要特征为呼吸困难、下痢、神经紊乱、黏膜和浆膜出血、产蛋率严重下降。

本病于 1926 年首次发现于印度尼西亚的爪哇和英国的新城地区，经 Doyle 证明其病原是一种病毒，为了与早期的鸡瘟（真性鸡瘟或欧洲鸡瘟，即禽流感）相区别而命名为鸡新城疫或伪鸡瘟、亚洲鸡瘟。

【病原体】

新城疫病毒（newcastle disease virus，NDV）为副粘病毒科（Paramyxoviridae）禽腮腺炎病毒属（*Avulavirus*）的成员，是禽 1 型副粘病毒的代表株。病毒粒子呈多形性，大多数呈球形，直径 120~300 nm，其核酸型是单股负链不分节段的 RNA，核衣壳呈螺旋对称，具有双层囊膜，表面有 12~15 nm 长的纤突。基因组由 15 186 或 15 192 个核苷酸组成，其上依次排列着 NP、P、M、F、HN 和 L 基因，分别编码核衣壳蛋白（NP）、磷蛋白（P）、基质蛋白（M）、融合蛋白（F）、血凝素-神经氨酸酶（HN）和大分子蛋白（L）。其中，HN 蛋白和 F 蛋白位于病毒囊膜表面构成纤突，与 NDV 致病性和免疫保护性密切相关。尤其是血凝素（HA）的存在，使得 NDV 可结合于多种动物和禽类红细胞表面的受体上，并使之凝集，且这种凝集活性能被特异性的血凝抑制抗体所抑制，故常应用鸡的红细胞进行血凝（HA）和血凝抑制（HI）试验，用于该病毒的分离鉴定和检测。

NDV 能适应于鸡胚，在 9~11 日龄鸡胚绒毛尿囊膜或尿囊腔中增殖。强毒株 30~72 h 使鸡胚死亡；弱毒株致死鸡胚的时间可延长至 5~7 天，或不致死。死胚的肢端及头、颈部严重出血，尿囊液和羊水中含毒量最高且具有血凝活性。病毒也能适应多种细胞，常用鸡胚成纤维细胞进行病毒的分离与培养，不同毒株形成的蚀斑大小、透明度和红色程度不同，致病力越强，产生的蚀斑越大。小蚀斑虽然毒力最弱，但仍保持了良好的免疫原性，因此可利用蚀斑技术选育弱毒疫苗株。

NDV 对热敏感，100 ℃ 1 min，56 ℃ 5~6 min 即可破坏其感染性、血凝性和免疫原性。但在 4 ℃ 经几周、-20 ℃ 经十几个月、-70 ℃ 经几年仍能保持其感染力。对 pH 有较大范围的稳性，pH 2 以下或 pH 10 以上时感染性仍能保持几个小时；紫外线对 NDV 有破坏作用；所有去污剂均能有效地将 NDV 杀灭；稀释的甲醛液可破坏其感染性，而对血凝性和免疫原性影响不大，故常用 0.1%~0.2% 的甲醛液作为其灭活剂。

【流行病学】

本病主要发生于鸡、鸽和火鸡中，但自然发病的禽种增多已成为本病新特点之一。孔雀、珍珠鸡、鹌鹑、野鸡中等野鸟和观赏鸟类对 NDV 均易感，鸭、鹅也可带毒而发病。哺乳动物对本病有较强的抵抗力，人偶尔可感染，特别是从事该研究的实验室工作人员和饲养人员，感染后可出现结膜炎，有的患者可表现为发热、寒战、咽炎等流感样症状。

病鸡和带毒鸡是本病的主要传染源，但对鸟类也不可忽视。病禽大约在感染后 48 h 或出现症状前 24 h，即可通过口鼻分泌物和粪便排出病毒，通常持续 2~3 周。但因感染病毒株的特性和感染状态不同，也可持续更长时间。此外，野禽（鸟）、外寄生虫、人、畜均可机械地传播病原。病毒主要是通过飞沫经呼吸道或通过病鸡的排

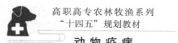

泄物、分泌物所污染的饲料、饮水等经消化道传染。自然感染还可经眼结膜，也可经伤口及交配传染。但 NDV 不能经卵发生垂直传播，因为由病鸡所产的卵，在孵化的早期（4~5 天），胚胎即可因感染而死亡，几乎不存在存活的可能性。

本病一年四季均可发生，但以春、秋季节较多。各种日龄均可发病，但高发期为 30~50 日龄间。感染强毒株时，常造成地方性流行，病死率达 90% 以上。但近年来，ND 的流行特点有所变化，非典型新城疫日渐增多，病理变化很不明显，发病率和死亡率为 10%~15%，高的也可达 80%。

【发病机理】

新城疫病毒经呼吸道或消化道，有时经眼结膜、受伤的皮肤和泄殖腔黏膜侵入机体后，先在侵入部位繁殖，然后迅速侵入血流扩散到全身而引起败血症。病毒在血液中损伤血管壁，造成毛细血管通透性增加，引起全身性出血、水肿。在消化道首先引起急性卡他性炎，随即发展成为出血性坏死性炎症，导致临床上严重的消化功能紊乱和下痢。同时，在呼吸道也主要发生急性卡他性炎和出血，使气管被渗出液堵塞或引起肺充血、出血而造成高度呼吸困难。

病毒在血液中维持高浓度约 4 天，若宿主未死亡，则血液中病毒量显著减少，并有可能从内脏中消失。在慢性病例后期，病毒主要存在于中枢神经系统和骨髓中，引起非化脓性脑脊髓炎变化。对易感性低的禽类，病毒也主要侵害神经系统而引起临床上特征性的神经症状。

【临床症状】

潜伏期一般为 3~5 天。根据临床症状和病程，可分为以下三种类型。

（1）最急性型：突然发病，无明显症状而迅速死亡，多见于流行初期和雏鸡。

（2）急性型：最为常见，体温升高达 43~44 ℃，精神不振，闭目昏睡，食欲减退或废绝，垂头缩颈或翅膀下垂，鸡冠及肉髯变暗红至暗紫色。母鸡产蛋停止或产软壳蛋等。随着病程的发展呈现典型症状，鼻流黏液性分泌物，咳嗽，呼吸困难，张口呼吸，嗉囊内充满液体内容物，倒提时常有大量酸臭液体从口流出，排出黄白色或黄绿色稀便，有时混有少量血液，后期排出蛋清样排泄物。有的病鸡有神经系统症状，如翅膀、腿麻痹，最后昏迷而死。病程 2~5 天，1 月龄以内的鸡病程短，症状不明显，病死率高。

（3）亚急性或慢性型：症状与急性型相似，只是表现轻微，但神经症状明显，翅和腿麻痹，跛行或站立不稳，头颈向后或向一侧扭转，常伏地旋转，动作失调，一般经 10~20 天死亡。此型多见于流行后期的成年鸡，病死率较低。

非典型性病例多见于免疫程序不当的鸡群，当鸡群内新城疫强毒循环传播，或有新的强毒侵入时，则可发生。仅表现呼吸道和神经症状，其发病率和病死率较低。

【病理变化】

本病以消化道出血性乃至坏死性病变为主要特征，以急性型表现最为典型。剖检可见腺胃乳头明显出血，肌胃角质层下也常有出血；小肠有暗红色出血性病灶，肠壁有不同程度的坏死；盲肠扁桃体肿大、出血及坏死；泄殖腔也常有充血和出血。病程较长时，部分病例在肠壁上可见紫红色枣核样的肠道淋巴集结，剖开可见突出于黏膜的坏死灶、溃疡灶；同时，在鼻腔、喉头和气管内有浆液性卡他性渗出物；幼龄鸡多见有气囊肥厚，并覆有大量的渗出物，渗出物多由支原体及细菌性混合感染所致；产蛋鸡多见卵泡出血、坏死及破裂。

非典型新城疫：病理变化极不典型。腺胃出血不明显，常见有充血或出血斑、片，肠道淋巴集结的出血、坏死也不明显，相对突出的是直肠与泄殖腔黏膜的出血，而盲肠扁桃体的肿大、出血不甚明显，但一经发现则具有较高的诊断意义。另外，常可见到继发感染的病变，如气囊炎、肺充血等。

【诊断】

典型的新城疫根据其流行病学、症状和病理剖检变化可作出初步诊断。进一步确诊和非典型新城疫的诊断则须依赖于病毒的分离鉴定及血清学诊断。

1. 病毒的分离鉴定

尽管 NDV 可在许多细胞系上生长，但通常多用鸡胚来分离病毒，最好是 SPF 鸡胚或无 ND 母源抗体的鸡胚。发病初期的病鸡可取其气管黏膜、脾脏和肺脏，后期的病鸡可取其脑和骨髓，经适当处理后，通过尿囊腔途径接种于9～10日龄鸡胚。接种后一般 48～72 h 鸡胚死亡，若为弱毒 NDV 时，则胚胎死亡可延长到 72～120 h。收集死胚之尿囊液和羊水，检查血凝活性，阴性者再盲传 2 代。对已检测有血凝活性的尿囊液，还必须应用已知的新城疫阳性血清进行血凝抑制试验，以作鉴定。

2. 血清学试验

可应用血凝（HA）和血凝抑制试验（HI）、中和试验、荧光抗体试验及 ELISA 来进行 ND 的抗原或抗体检测。但在新城疫的诊断中，最常应用的还是 HA 和 HI 试验，尤其是免疫鸡群发生非典型新城疫时，更应进行抗体的检测。常可见鸡群的血凝抑制抗体效价参差不齐，抗体水平低者可为 0，高者可达 1∶1 000 倍以上。

3. 鉴别诊断

新城疫在临床上易与禽流感、禽霍乱、传染性支气管炎和传染性喉气管炎等相混淆，一些中毒病也有类似变化，应注意区别。

禽流感的症状和病变颇似新城疫，但毒株不同变化较大，不发生或偶发生神经症状，且常有头颈水肿症状；腺胃出血比新城疫更为明显，输卵管黏膜常有水肿、充血病变，管腔内有灰白色黏液样或脓性渗出物或有灰白色干酪样坏死物。腿部、鸡冠、肉髯等出血、发绀。但二者确切的鉴别仍依靠病原学和血清学试验，虽然两种病原体都能凝集鸡红细胞，但其血凝抑制抗体无交叉抑制作用，此有助于简单鉴别。

禽霍乱的病程短于新城疫，也没有神经症状，其全身出血比新城疫更广泛，肝脏上有典型的坏死点，取病料涂片镜检，可见到典型的两极浓染的巴氏杆菌。

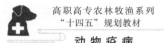
鸡传染性支气管炎和传染性喉气管炎的呼吸道症状比新城疫明显，喉头和气管黏膜有出血性或黏液性分泌物，胃肠道无新城疫的特征性病变，肾脏常发生肿大，多尿酸盐沉积。

【防控措施】

本病须建立严格的卫生防疫制度，防止一切带毒动物特别是鸟类和污染物品进入鸡群，进入人员和车辆应严格消毒；不从疫区购进饲料、种蛋和鸡苗。新购进的鸡必须接种疫苗，并隔离观察2周以上，证明健康者方可混群。

注意选择适宜的疫苗及合理使用，制定合理的免疫程序。目前使用的疫苗分为活疫苗和灭活苗两类。活疫苗中的Ⅰ系苗为中等毒力疫苗，绝大多数国家已禁止使用。Ⅱ、Ⅲ、Ⅳ系苗均是弱毒苗，大小鸡均可使用，饮水、点眼、滴鼻均可，应慎重使用气雾免疫方法，该方法易于诱发其他呼吸道疾病。

母鸡经过鸡新城疫苗接种后，可将其抗体通过卵黄传递给雏鸡，雏鸡在3日龄抗体滴度最高，以后逐渐下降，每日大约下降13%。具有母源抗体的雏鸡既有一定的免疫力，抵抗强毒的侵袭，但对疫苗的接种有干扰作用。定期对免疫鸡群抽样采血做HI试验，既可以作为制定程序的理论依据，又可以了解疫苗免疫接种的效果。

感染传染性法氏囊病、传染性贫血、网状内皮增生症等，传染性支气管炎疫苗与新城疫疫苗同时使用、营养缺乏、应激因素等，均会导致免疫抑制。抗体产生受到抑制，其保护能力会受到影响。因此在进行疫苗免疫接种时，应注意其他传染病的防疫及饲养管理。

发生本病时，须封锁发病鸡场，紧急消毒，分群隔离，尽快用疫苗进行紧急接种，经2~3周可控制疫情；对病鸡和死亡鸡应焚烧或深埋处理，常可阻止蔓延和缩短流行过程；发病鸡群，在最后一个病例处理后2周内如无新病例出现，则经严格的终末消毒，方可解除封锁。

思考题

1. ND的发病特征可分为几种类型？每种类型有哪些主要的临床特征？
2. ND的诊断要点有哪些？如何与禽流感相鉴别？
3. 预防ND常用的疫苗有哪些？如何应用？

七、鸡传染性支气管炎

鸡传染性支气管炎（infectious broncheitis，IB）是由传染性支气管炎病毒引起的一种鸡的急性、高度接触性的呼吸道和生殖道传染病，其特征为气管啰音、咳嗽和打喷嚏。在产蛋鸡群中常造成鸡产蛋量下降和蛋的品质下降，造成较大的经济损失。

本病最早在 1930 年发生于美国，目前已遍及世界各国。我国最早于 1972 年由邝荣禄等报道在广东发现本病，随后在全国各地相继报道发生，目前本病已是危害我国养禽业发展的主要疫病之一。

【病原体】

传染性支气管炎病毒（infectious bronchitis virus，IBV）属冠状病毒科（Coronaviridae）丙型冠状病毒属（*Gammacoronavirus*）。病毒大致呈球形，直径 90 ~ 200 nm，有囊膜，其囊膜由约 20 nm 的棒状纤突蛋白组成。因此，病毒粒子呈现特征性冠状。IBV 核酸类型为单链 RNA，在胞浆中复制。

IBV 基因组核酸在复制过程中容易突变和高频重组，导致新血清型及变异株的出现。根据 S1 糖多肽的不同，现已发现的 IBV 血清型超过了 30 种。不同血清型毒株的 S1 糖多肽氨基酸序列的差异为 20% ~ 25%，个别达到 48%。各血清型间没有或仅有部分交互免疫作用。

病毒主要存在于病鸡呼吸道渗出物中，肝、脾、血液、肾和法氏囊中也能发现病毒，病毒在肾和法氏囊内停留的时间可能比在肺和气管中还要长。某些 IBV 毒株用 1% 胰蛋白酶或磷脂酶处理后有凝集鸡红细胞的作用，但不能凝集哺乳动物的红细胞。

IBV 能在鸡胚中繁殖。将病料经尿囊腔接种于 9 ~ 11 日龄鸡胚，接种后 2 ~ 7 天内死亡胚被认为是病毒特异性致死，这些胚体可见发育矮小、蜷缩、僵硬，呈特征性的"侏儒胚"，鸡胚肾脏有尿酸盐沉积，羊膜、尿囊膜增厚，卵黄囊缩小，尿囊液增多。尿囊液对鸡红细胞无凝集作用，但经 1% 胰酶或磷脂酶 C 处理后则具有血凝性，并可被特异性血清所抑制。IBV 也可在鸡胚多种组织培养物中增殖，其中气管环组织培养（TOC）是病毒分离、鉴定及血清分型的最有效方法。

大多数 IBV 毒株经 50 ℃ 15 min 和 45 ℃ 90 min 可被灭活，但 -30 ℃ 可保存多年。不同毒株在 pH 3 的环境中稳定性不同，而对 20% 乙醚、5% 氯仿和 0.1% 去氧胆酸钠敏感。病毒对外界不良条件的抵抗力较弱，对普通消毒剂敏感。

【流行病学】

本病自然感染仅发生于鸡，其他家禽不被感染。各种年龄的鸡都易感染，但以 6 周龄以下的雏鸡发病最为严重。肾型多发生于 20 ~ 50 日龄幼鸡，腺胃型多发生于 20 ~ 80 日龄的鸡群。

本病传染源为病死鸡和带毒鸡，病毒可由分泌物、排泄物排出，康复鸡排毒可达 5 周之久。主要传播途径是病鸡从呼吸道排出病毒经飞沫传播给易感鸡。另外，也可通过被病毒污染的饲料、饮水、用具、垫料等经消化道感染。一般认为本病不能经垂直传染。

本病潜伏期短，呈高度传染性，一旦在一个易感鸡群中发生，传播迅速，在 2 天内可能全部发病。发病率和死亡率与毒株毒力和环境因素相关。各种应激因素均可促使本病发生或使病情加重。鸡舍卫生条件不良、过热、寒冷、过分拥挤及营养缺乏等

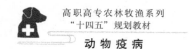
均可促进本病发生。本病一年四季均可发生，但以冬、春季较严重。

【发病机理】

IBV 经呼吸上皮感染禽类，由病毒表面的 S 蛋白介导病毒结合到细胞表面。IBV 在 Vero 细胞和鸡胚肾细胞中以 α2,3 结合的唾液酸作为受体决定簇。分析不同 IBV 毒株感染 TOC（鸡气管组织培养物）与唾液酸结合活性表明，鸡 TOC 中 α2,3 结合的唾液酸充当受体决定簇，IBV 感染 TOC 可导致纤毛停滞。当用神经氨酸酶预处理 TOC 时，可观测到抑制纤毛停滞。分析气管上皮与外源凝集素的反应性显示，上皮易感细胞大量的表达 α2,3 结合的唾液酸，α2,3 结合的唾液酸在 IBV 感染呼吸上皮中有重要作用。

【临床症状】

本病自然感染的潜伏期为 36 h 或更长一些，有母源抗体的雏鸡潜伏期可达 6 天以上。临床病型较复杂，主要表现为呼吸型、肾型和腺胃型。

1. 呼吸型

呼吸型病鸡看不到前驱症状，鸡群突然出现有呼吸道症状的病鸡，并迅速蔓延，病鸡有气管啰音、咳嗽、喷嚏、张口呼吸，叫声特别，夜里听得更清楚，眼鼻肿胀，精神沉郁，羽毛松乱，减食，昏睡，挤堆。病鸡气管及支气管的渗出液或渗出物可致窒息死亡。

2 周龄以内雏鸡多表现为流鼻汁，流眼泪，鼻窦肿胀，日龄较大鸡的突出症状是气管啰音，喘息，如观察不仔细可能不易发现。

雏鸡感染本病后有部分鸡输卵管发生永久变性，到性成熟时不产蛋或产畸形蛋，因而感染本病的鸡不能留作种用。

产蛋鸡呼吸道症状较轻微，主要表现为产蛋量下降，产软壳、粗壳和畸形蛋，蛋质低劣，蛋清稀薄如水，蛋清与蛋黄分离，种蛋的孵化率也降低。

2. 肾型

肾型病鸡只先出现轻微的呼吸道症状，接着则出现严重的肾损害。病鸡表现为精神沉郁，羽毛松乱，减食，渴欲增加，排出大量白石灰质样粪便，严重脱水，面部及全身皮肤变暗，特别是胸部肌肉发绀，腿胫部干瘪，鸡冠变暗。

本病病程 1~2 周，发病率高，死亡率常随感染日龄、病毒毒力大小和饲养管理条件而不同，通常为 10%~45% 不等。

3. 腺胃型

腺胃型传染性支气管炎传播慢，病程长，死亡率高，多发生于 20~80 日龄的鸡群。发病初期，病鸡精神不振，采食减少，排白色或浅绿色稀粪，眼肿、羞明流泪，有咳嗽、打喷嚏等呼吸道症状，重者精神高度沉郁，羽毛逆立，闭眼敛翅，呼吸困难；中期，病鸡羽毛蓬乱，极度消瘦，衰竭死亡；发病后期，病鸡逐渐康复，但体型明显变小，整个鸡群类似不同日龄的鸡混养在一起，大小差异很大。整个病程 10~25

天，康复鸡后期生产性能明显降低，蛋鸡产蛋率降低，料蛋比高，肉鸡增重缓慢，料重比高，对其他疾病的抵抗力明显降低。

【病理变化】

本病的病变主要表现在上呼吸道、气囊、生殖系统和泌尿系统。

1. 呼吸型

呼吸型在发病早期，气管、支气管、鼻腔和鼻窦内有浆液性及黏液性渗出物，后期则形成干酪样渗出物。气囊可能混浊或含有干酪样渗出物。产蛋母鸡卵泡充血、出血或变形，输卵管漏斗部和容纳部会产生病变。

2. 肾型

侵害肾脏的毒株致病时，呼吸道病变较轻，但可致肾脏肿大、苍白，肾小管常充满白色尿酸盐结晶，整个肾脏表面有石灰样物质弥散沉着，呈花斑肾。严重者输尿管增粗，管内有白色凝固物。

3. 腺胃型

腺胃型病鸡身体极度消瘦，个体比健康鸡明显矮小，发病前期病鸡气管内有黏液，甚至充血、出血。腺胃肿胀，腺胃乳头水肿。发病后期，气管病变不甚明显，腺胃明显肿大如乒乓球状，腺胃乳头有的肿胀，有的开始破溃，有的已经破溃，破溃的乳头部位形成凹陷的溃疡，周边出血，肠道黏膜有不同程度的炎症、出血及充血。自然发病时有 10% 的病鸡肾脏轻度肿大、充血，人工感染鸡有 20% 的病鸡出现肾脏轻度肿胀现象。部分可见胰腺、胸腺和法氏囊萎缩。其他器官的肉眼病变不明显。

【诊断】

根据流行病学、临床症状及病理变化可作出初步诊断。确诊则需进行病毒分离和易感动物接种或血清学方法检查。

1. 病毒的分离与鉴定

无菌采取病料（气管、肾脏等）制成悬浮液，经青霉素与链霉素处理后，通过尿囊腔接种于 9~10 日龄鸡胚，量为 0.2 mL/枚，一部分胚于接种后 36~48 h 收获尿囊液，并盲传于 9~10 日龄鸡胚；另一部分鸡胚则至少孵化至 17 日龄或至死亡，以观察胚体变化。如有病毒存在，经 3~5 次继代后，于接种后 3~7 天即可见到胚体明显矮小、卷缩、绒毛黏成棒状、羊膜紧贴胚体、卵黄囊缩小、尿囊液增多等特征性变化。

也可用鸡胚气管环组织进行分离培养，即取 20 日龄鸡胚，无菌采取气管，沿气管环状软骨剪成环状，加入营养液进行培养后，可观察到气管纤毛的运动，再接种可疑病料，若有病毒存在，则接种后 3~4 天即可见纤毛运动停止。取上述尿囊液或气管环培养物，用血凝试验检测无血凝性，但经 1% 胰蛋白酶处理后，则可呈现血凝性。

取上述鸡胚尿囊液或气管环培养液，经气管或滴眼接种给易感雏鸡（每只雏鸡

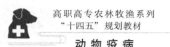
0.2 mL），如为本病，接种后 18~36 h 则会出现气管啰音、咳嗽、摇头等呼吸道症状，继而出现肾损害。

2. 干扰试验

IBV 于鸡胚内可干扰新城疫病毒 B1 株（即Ⅱ系）产生血凝素，这可作为 IBV 鉴定的一种手段。利用 IBV 对新城疫 B1 毒株的干扰现象作为传染性支气管炎的一种诊断方法，具有特异性强、敏感性高、操作简便等优点。

3. 血清学试验

琼脂扩散试验（AGP）、中和试验（NT）、血凝抑制试验（HI）、荧光抗体法（IFT）和 ELISA 等，均可用于本病的诊断。AGP、IFT、ELLSA 等方法为群特异性，不能定血清型，但 HI 抗原的稳定性差，常出现假阳性和假阴性，因此目前用于诊断此病的最佳方法是中和试验，但中和试验程序比较复杂，而且必须具备各种血清型的 IBV 标准阳性血清，一般实验室难以进行。

4. 鉴别诊断

本病在诊断上应注意与新城疫、传染性喉气管炎及传染性鼻炎等疾病相区别。新城疫一般比传染性支气管炎严重，新城疫强毒可引起神经症状，具有新城疫特征性内脏病变且死亡率很高，并且新城疫所致产蛋下降幅度比传染性支气管炎更大。传染性喉气管炎则可出现出血性气管炎，咳血痰，呼吸道症状更严重，死亡率高，雏鸡发生少并且传播比传染性支气管炎慢。传染性鼻炎病鸡常见面部肿胀，而 IB 很少见到这种症状。产蛋下降综合征亦可致产蛋量下降及蛋壳质量问题，但不影响鸡蛋内部质量。在临床区分确有困难时需用病原分离鉴定和抗体检测来区别。

某些毒素中毒也可引起病鸡肾苍白肿大；磺胺类药物中毒可见到同样的肾苍白、肿大及尿酸盐沉积；维生素 A 缺乏症后期发生的泌尿系统的症状与本病有些相似。但是，上述这些疾病中无论哪一种都不会引起很有特征性的输尿管肿大（呈油灰样）。禽霍乱、败血性鸡白痢和伤寒在成年鸡可引起类似的肾病变，但可以从细菌学检查进行鉴别。由于缺水而引起的组织脱水、肌肉变暗和肾的病变与本病相似，但原因容易查明。

肾型传染性支气管炎的发生除病毒感染外，尚与下列诱因密切相关：① 饲料中粗蛋白含量过高；② 饲料中钙含量过高或钙磷比例失调；③ 维生素 A 缺乏，肾小管、输尿管等黏膜角化脱落，使鸡对本病易感或病情加重；④ 应激因素；⑤ 致肾损害的药物（如磺胺类药物）用量过多。另外，食盐在日粮中过量也是促使本病发生的一个因素。

【治疗】

IB 尚无有效的治疗药物，但发病鸡群可用止咳化痰、平喘类药物对症治疗，同时配合抗生素或其他抗菌药物控制继发感染。另外，改善饲养管理条件，可降低 IB 所造成的经济损失。

肾型传染性支气管炎在治疗时可使用含强心、利尿、解毒及消除尿酸盐沉积的药物或制剂的饮水，有利于减轻临床症状及降低死亡率。同时，要注意改善饲料，降低饲料粗蛋白含量，尤其是肉粉及鱼粉的含量，或用豆粉代替鱼粉。

【防控措施】

1. 饲养管理和卫生措施

理想的管理方法包括严格隔离、清洗和消毒鸡舍后再进鸡。做好雏鸡饲养管理，鸡舍须注意通风换气，防止过于拥挤，注意保温。在雏鸡日粮中可适当补充维生素和矿物质，或添加提高雏鸡抗病力和免疫力的中草药，并严格执行隔离、检疫、消毒等卫生防疫措施。

2. 免疫接种

目前，国内外已有多种 IBV 弱毒疫苗，是由各个血清型的 IBV 强毒致弱而成，但应用较为广泛的是属于 Massachusetts 血清型的 H52 和 H120 毒株。其中，H120 毒株可用于雏鸡，多适用首免，H52 毒株则多用于基础免疫过的鸡群。疫苗接种用滴鼻或点眼法较为合适。可于 7 日龄左右进行一免，于 3～4 周龄进行二免，以后每 2～3 月免疫 1 次，在 IB 流行严重地区，一免可在 1 日龄进行。鸡新城疫与 IB 的二联苗由于使用上较为方便，故应用者也较多。

肾型传染性支气管炎目前所用疫苗主要有灭活疫苗和弱毒疫苗两类。灭活苗是用当地相应血清型的病毒株灭活而制成的油乳剂灭活苗，一般在 10 日龄左右免疫接种，剂量为 0.5 mL／只，可有效地控制该病的流行。弱毒苗是用肾型传染性支气管炎的强毒株致弱而成的肾型传染性支气管炎弱毒苗，随 H120、H52 疫苗一同应用，对该病有较好的预防效果。

腺胃型传染性支气管炎目前尚无有效的疫苗，各种常规呼吸型和肾型传染性支气管炎疫苗均不能有效地预防此病。

思考题

1. 根据 IB 的临床症状特点，可将 IB 分为几个类型？各自有哪些特异的临床症状？

2. 如何做好 IB 的防控工作？

八、马立克病

马立克病（Marek's disease，MD）是由马立克病病毒引起的鸡的一种常见免疫抑制性传染病，其在感染的早期主要引起鸡胸腺、法氏囊和脾脏等免疫器官的溶细胞损伤；同时也是鸡常见的以淋巴细胞和组织增生为特征的致瘤性传染病，通常以外周神

经和包括虹膜、皮肤在内的各种器官和组织单核细胞浸润为特征。

本病最初由匈牙利兽医病理学家 Jozsef Marek 于 1907 年首先发现。MD 传染性强，在病原学上与鸡的其他淋巴肿瘤病不同，为区别病原学上明显不同的淋巴细胞增生病，1961 年 Biggs 建议用发现者的姓氏命名该病，并被普遍接受而沿用至今。MD 存在于世界所有养禽国家和地区，随着养鸡业的集约化，其危害也随之增大，受害鸡群的损失从 1%~30% 不等，个别鸡群可达 70% 以上。自 MD 疫苗问世以来，本病的损失已大大下降，但由于 MD 疫苗不是 100% 有效，本病的意外爆发及疫苗免疫失败的现象时有发生，因此本病仍是养禽业关注的焦点。

【病原体】

马立克病病毒（Marek's disease virus，MDV）是一种疱疹病毒，属于 α-疱疹病毒，但具有 γ-疱疹病毒的嗜淋巴特性，呈高度细胞结合性。根据国际病毒学分类委员会（ICTV）的分类，MDV 分 3 个血清型，即禽疱疹病毒 2 型（血清 1 型）、禽疱疹病毒 3 型（血清 2 型）和火鸡疱疹病毒 1 型（血清 3 型）。血清 1 型 MDV 为原型毒株，除非有另外说明，MDV 一般是指血清 1 型病毒。致病性的 MDV 都属血清 1 型，但它们之间可存在显著的毒力差异，从近乎无毒到毒力最强者可构成一个连续的毒力谱。血清 2 型为不致瘤的 MDV，血清 3 型即无致瘤性的火鸡疱疹病毒（HVT）。

MDV 核衣壳呈六角形，直径为 85~100 nm；带囊膜的病毒粒子直径为 150~160 nm，羽囊上皮细胞中的带囊膜病毒粒子直径为 273~400 nm，随角化细胞脱落成为极强传染性的无细胞病毒。MDV 基因组是线状双股 DNA，160~180 kb，MDV 血清 1、2、3 型代表株的基因组全长测序已经完成，这将使分析基因组、鉴定有潜在意义的基因成为可能。

MDV 基因组的结构排列与单纯疱疹病毒相同，所有 3 个血清型均具有典型的 α-疱疹病毒结构，含有一个长独特区（UL）和一个短独特区（US），这些独特序列的侧翼是倒置重复序列，分别为末端长重复序列（TRL）、内部长重复序列（IRL）、内部短重复序列（IRS）和末端短重复序列（TRS）。

已知 MDV 基因可以分为两大类，一类基因有 α-疱疹病毒同类物，另一类是 MDV 独特的基因，很多糖蛋白基因，如 gB、gC、gD、gH、gI、gK、gL 和 gM，都属于单纯疱疹病毒的同类物基因。早期发现的 A 抗原和 B 抗原分别由 gC 和 gB 编码。A 抗原相对分子质量为 $(5.7×10^4)~(6.5×10^4)$ 的糖蛋白，是琼脂扩散试验最易测到的抗原，它与致瘤性无关。B 抗原是相对分子质量为 $(1×10^5)$、$(6×10^4)$ 和 $(4.9×10^4)$ 3 种糖蛋白的复合体，它能诱导中和抗体并被认为在疫苗免疫中起重要作用。在 MDV 独特的基因中，有些仅存在于 1 型 MDV，有些在 2 型 MDV 和/或 HVT 中有类似物。Meq（Marek's Eco Q）基因和磷蛋白基因 pp38、pp24 都是 MDV 独特的基因，前者对细胞的肿瘤转化起重要作用，后者与潜伏感染病毒的激活和随后的复制有关，而与致瘤性无关。

MDV 的复制为典型的细胞结合病毒复制方式，感染方式是从细胞到细胞并通过形成细胞间桥来完成这种感染的传递。MDV 感染宿主后，其在体内与细胞之间的相互作用有 3 种形式。第一种是生产性感染，主要发生在非淋巴细胞中，病毒 DNA 复制，抗原合成，产生病毒颗粒。在鸡羽囊上皮细胞中发生的是完全生产性感染，产生大量带囊膜的、离开细胞仍有很强传染性的病毒粒子。在有些淋巴细胞和上皮细胞中，以及大多数培养细胞中，是生产-限制性感染，有抗原合成，但产生的大多数病毒粒子无囊膜，因而无传染性。生产性感染都导致细胞溶解，所以又称溶细胞感染。第二种是潜伏感染，主要发生于激活的 $CD4^+T$ 细胞，但也可见于 $CD8^+T$ 细胞和 B 细胞。潜伏感染是非生产性的，只能通过 DNA 探针杂交或体外培养激活病毒基因组的方法检查出来。第三种是转化性感染，是 MD 淋巴瘤中大多数转化细胞的特征。转化性感染仅见于 T 细胞，且只有强毒的 1 型 MDV 能引起。转化性感染常伴随着病毒 DNA 整合进宿主细胞基因组，其与存在病毒基因组但不表达的潜伏感染不同，转化性感染以基因组的有限表达为特征。Meq 基因对转化至关重要，在转化细胞的核内恒有表达，也能在 S 期的胞浆中表达。该转化细胞表达多种非病毒抗原，MD 肿瘤相关表面抗原（MATSA）即是其中之一。MATSA 是伴随细胞转化的宿主抗原，并非肿瘤特异，但它在 MD 鉴别诊断中仍有重要意义。

强毒 MDV 可在鸭胚成纤维细胞（DEF）和鸡肾细胞（CK）上培养生长，但经过继代的 3 种血清型的病毒均能在鸡胚成纤维细胞（CEF）中繁殖。感染的细胞可出现由折光性强并已变圆的变性细胞组成的局灶性病理变化，称为蚀斑。受害细胞常可见到 A 型核内包涵体，并有合胞体形成。除圆形细胞在蚀斑成熟时可脱落到培养液中外，看不到大片的细胞溶解。1 型毒初次分离时 5~14 天出现蚀斑，继代适应后可缩短为 3~7 天。1、2、3 型病毒的蚀斑形态有明显区别。

MDV 和 HVT 以细胞结合和游离于细胞外两种状态存在。细胞结合病毒的传染性随细胞的死亡而丧失，因此需按保存细胞的方法保存毒种。从感染鸡羽囊随皮屑排出的游离病毒，对外界环境有很强的抵抗力，污染的垫料和羽囊皮屑在室温下其感染性可保持 4~18 个月，在 4 ℃ 至少为 10 年。但常用化学消毒剂即可使病毒失活。

【流行病学】

鸡是 MDV 最重要的自然宿主，火鸡、山鸡和鹌鹑等较少感染，但近年来报道，有些致病性很强的毒株可在火鸡中造成较大损失。非禽属动物不易感。不同品种或品系的鸡均能感染 MDV，但对发生 MD 肿瘤的抵抗力差异很大，有些实验室已育成对 MD 有高度抵抗力或高度易感的纯系鸡。伊莎、罗曼、海赛等蛋鸡品种和国内的北京油鸡及狼山鸡均对 MD 高度易感，母鸡对 MD 更易感。感染时鸡的年龄对发病的影响很大，特别是出雏和育雏室的早期感染可导致很高的发病率和死亡率。年龄大的鸡发生感染，病毒可在体内复制，并随脱落的羽囊皮屑排出体外，但大多不发病。

病鸡和带毒鸡是主要的传染源，尤其是这类鸡的羽毛囊上皮内存在大量完整的病

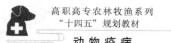
毒粒子，随皮肤代谢脱落机体后污染环境，成为在自然条件下最主要的传染来源，并使污染鸡舍长时间内保持传染性。很多外表健康的鸡可长期持续带毒、排毒。故在一般条件下 MDV 在鸡群中广泛传播，于性成熟时几乎全部感染。

本病不发生垂直传播，主要通过直接或间接接触经气源传播，即主要通过空气传播，经呼吸道进入体内，污染的饲料、饮水和人员也可带毒传播。孵房污染能明显增加刚出壳雏鸡的感染性。

感染鸡群的发病率和死亡率受所感染的 MDV 毒力影响很大，同时，由于 MD 的免疫抑制作用，感染鸡群的易感性显著升高，对应激等环境因素及其他继发或并发感染十分敏感。

【临床症状】

本病是一种肿瘤性疫病，潜伏期难于确定，常发生于 3~4 周龄以上的禽只，多发于 12~30 周龄。人工接种 1 日龄雏鸡时，3~6 天出现溶细胞感染，6~8 天淋巴器官发生变性损害，约 2 周后可发现神经和其他器官的单核性浸润，一般直到 3~4 周才显现出临床症状和病理变化，2 周后开始排毒，3~5 周为排毒高峰。自然感染的发病率受病毒的毒力、鸡的遗传品系、年龄、性别和饲养管理等的影响而存在较大差异。种鸡和产蛋鸡常在性成熟后出现临床症状。一般肉鸡为 20%~30%，个别达 60%，产蛋鸡为 10%~15%，严重者可高达 50%，死亡率与之相当。

MDV 根据症状可分为四型：

1. 内脏型

内脏型又称急性型，该型最常见。初表现为精神委顿，几天后有些鸡出现共济失调，随后发生单侧或双侧性肢体麻痹，有些鸡也可不表现出明显症状而突然死亡，多数鸡则表现为脱水、进行性消瘦，最终衰竭而死亡。

2. 神经型

神经型是最早被发现的病型，临床上较常见，病毒主要侵害外周神经，特征性临床症状是肢体的非对称进行性不全麻痹，继而发展为完全麻痹。因侵害的神经不同而表现不同的临床症状。最常见坐骨神经受侵害，表现为一肢腿或两肢腿麻痹，步态失调，一肢腿麻痹较常见，形成一腿伸向前方而另一腿伸向后方的"劈叉"姿势；臂神经受损，表现为一侧或两侧翅膀麻痹下垂；颈神经受损，病鸡头下垂或头颈歪斜；迷走神经受损可引起嗉囊麻痹、扩张、松弛呈大嗉子，病鸡最后因行动、采食困难而衰竭或被踩踏而死。

3. 眼型

眼型是指有些病鸡虹膜受害而导致失明。一侧或两侧虹膜不正常，虹膜色素消失，瞳孔呈同心环状、斑点状或弥漫的灰白色，开始时边缘不整齐，呈锯齿状，瞳孔缩小，不能随光线强弱而调节大小，后期则仅为一针尖状小孔，视力丧失。双眼失明的很快死亡，单眼失明的病程较长。此型临床中已较少见到。

4. 皮肤型

皮肤型是指在翅膀、颈部、背部、尾部上方及大腿有肿瘤结节，表现为羽囊肿大，形成结节，结节玉米至蚕豆大。

【病理变化】

最常见的病理变化是外周神经受损，尤其是腹腔神经丛、腹部迷走神经丛、坐骨神经丛、肱骨神经丛、臂神经丛、肋间神经丛和内脏大神经受损最常见。受害神经横纹消失，变为灰白色或黄白色，呈水煮样肿大变粗，局部或弥漫性增粗，可达正常的2~3倍以上。病理变化常为单侧性，将两侧神经对比有助于诊断。

内脏病变以卵巢最常见，其次为肾、脾、肝、心、肺、胰、肠系膜、腺胃和肠道。其上有大小不一的肿瘤结节或肿块，灰白色，质地坚硬而致密，有时肿瘤呈弥漫性，使整个器官变得很大。个别病鸡因肝、脾高度肿大破裂造成内出血而突然死亡。剖检时可见肝脏有裂口，肝表面有大的血凝块，腹腔内有大量血水。法氏囊通常萎缩，极少数情况下发生弥漫性增厚的肿瘤变化，由肿瘤细胞的滤泡间浸润所致。

皮肤病理变化常与羽囊有关，但不限于羽囊，病理变化可融合成片，呈清晰的白色结节，在拔毛后的胴体上尤为明显。

MD 的非肿瘤性变化包括法氏囊和胸腺的萎缩及骨髓和各内脏器官的变性损害，这是强烈溶细胞感染的结果，可导致感染鸡的早期死亡。

【诊断】

根据流行病学、临床症状、典型病理变化等临床检查可进行初步诊断。病毒分离鉴定、血清学方法及 MDV DNA 检测等方法可确诊 MDV 的感染。鉴于 MDV 感染并不等于一定发生 MD，在感染鸡中可能仅有部分发生 MD，同时，MD 疫苗的有效免疫虽能阻止鸡不发生 MD，但却不能阻止 MDV 强毒的后继感染。因此，MD 的诊断应通过特征性临床检查（包括病史和疫苗接种情况）、病理组织学检查（包括肿瘤标志物）和 MDV 感染的实验室检测进行综合判定。

病毒分离常用 DEF 和 CK 细胞（1 型毒）或 CEF（2、3 型毒），分离物用型特异单抗进行鉴定。病毒的检测可用荧光抗体试验、琼脂扩散试验和 ELISA 等方法查病毒抗原，或用 DNA 探针或 PCR 检查病毒特异性基因组片段。荧光抗体试验、琼脂扩散试验和 ELISA 等方法也可用于血清中的 MDV 特异性抗体检查。但具有实用价值的 MDV 感染的实验室诊断方法，以琼脂扩散试验和 PCR 最为常用，其对流行病学监测和病毒特性研究具有重要意义。

由于 MDV、禽白血病病毒（ALV）、网状内皮组织增生症病毒（REV）在商品鸡群中广泛存在且经常同时感染，ALV 和 REV 也可产生与 MD 相似的临床疾病，使得 MD 诊断复杂化。尽管目前尚没有一个通行可接受的 MD 诊断标准，但可以在临床检查和 MDV 感染诊断的基础上，对肿瘤作 MD 组织学检查或免疫组织化学检查。MD 病理组织学检查主要是根据病变组织中浸润细胞的种类及形态学：外周神经病理组织

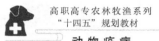

学变化可分为 A、B、C 3 个型。在同一只鸡的不同神经可能会出现不同的病变型。A 型病变以淋巴母细胞，大、中、小淋巴细胞及巨噬细胞的增生浸润为主。B 型病变表现为神经水肿，神经纤维被水肿液分离，水肿液中以小淋巴细胞、浆细胞和施万细胞增生为主。C 型病变为轻微的水肿和轻度小淋巴细胞增生，常见于无剖检病变或症状的鸡。内脏器官和其他组织的淋巴瘤与 A 型神经病变的淋巴细胞增生相似，通常为大小各异的淋巴细胞增生为主。免疫组织化学检查，可用单抗或多抗测定肿瘤细胞标记 MATSA 和 IgM。

【防控措施】

疫苗接种是防制本病的关键，但遗传抗性和生物安全是保障疫苗接种效果的重要措施。MD 疫苗仅能阻止发病而不能阻止 MDV 的感染，因此，以防止早期感染和提供良好免疫应答为中心的综合性防控措施并结合严格的养殖场生物安全控制体系，是防制本病的最有效的途径。

用于制造疫苗的病毒有 3 种：人工致弱的 1 型 MDV（如 CVI988、CVI814）、自然不致瘤的 2 型 MDV（如 SB_1，Z_4）和 3 型 MDV（HVT）（如 FC126）。多价疫苗主要由 2 型和 3 型或 1 型和 3 型病毒组成。1 型毒和 2 型毒只能制成细胞结合疫苗，需在液氮条件下保存。

鉴于 MDV 污染的广泛存在，包括生长期短的肉鸡也都须接种 MD 疫苗。MD 疫苗虽不能阻止 MDV 的感染，但可以显著降低后续感染 MDV 的复制效率和排毒时间。传统的 MD 免疫方法是在 1 日龄时即严格按疫苗使用说明书要求进行免疫接种（腹腔、皮下或肌肉注射），并须确证其是有效接种（接种后的 5~14 天能够产生疫苗株的病毒血症）。

有很多因素可以影响疫苗的免疫效果，在正常情况下单用 HVT 疫苗就足以保护，但由于冻干 HVT 疫苗极易受到母源抗体的影响而不能在鸡体内的增殖；存在超强毒株污染的地区，即使是有效接种也不能提供完全有效的保护；早期感染可能是引起免疫鸡群超量死亡的最重要原因，因为疫苗接种后需 5~12 天后才能产生坚强免疫力，而在这段时间内的出雏鸡和育雏鸡极易发生感染；IBDV、ALV、REV、鸡传染性贫血病毒（CAV）、呼肠孤病毒、强毒 NDV、A 型流感病毒及支原体、沙门菌等的感染甚至环境的应激，这些均可导致免疫抑制作用，继而干扰疫苗诱导的免疫力，这些都可能是造成 MD 疫苗免疫失败的原因。

合理地选择和使用疫苗对控制 MD 十分重要。细胞结合疫苗，其免疫效果受母源抗体的影响很小。由超强毒株引起的 MD 爆发，常在用 HVT 疫苗免疫的鸡群中造成严重损失，可用 1 型 CVI988 疫苗或 2、3 型毒组成的双价疫苗或 1、2、3 型毒组成的三价疫苗控制。2 型和 3 型毒之间存在显著的免疫协同作用，由它们组成的双价疫苗免疫效率显著高于单价疫苗。

对不同品种或品系的鸡，疫苗产生的免疫力也不一样，如用 HVT 疫苗免疫有遗传抗病力鸡的效果优于易感鸡的双价苗（HVT+SBI）免疫。因此，选育生产性能好的抗病品系鸡，将是未来防制 MD 的一个重要方向。

思考题

1. 简述 MDV 的特性、MDV 感染的危害及 MDV 广泛污染的原因。
2. 简述 MDV 感染在体内与细胞作用的几种形式与阶段，MD 的临床（流行病学、症状、病理变化）特点，并分析二者之间对应的关系。
3. 试述 MD 的防控要点、免疫失败的原因及 MDV 感染检测的意义。

九、鸭瘟

鸭瘟（duck plague）又称鸭病毒性肠炎（duck virus enteritis），是由鸭瘟病毒引起的鸭、鹅、天鹅等雁形目水禽类的一种急性、败血性及高度致死性的病毒性传染病。临床上以发病快、传播迅速、发病率和致死率高，病鸭以流泪头肿、下痢、食道黏膜出血及坏死，肝脏出血或坏死等为主要特征。

本病早在 1923 年于荷兰被发现，随后在印度、比利时、意大利、法国、英国、德国、美国等国家均有报道。我国于 1957 年首次报道本病，目前，在广大养鸭区均有本病存在。由于传播迅速、发病率和致死率均很高，严重威胁着养鸭业的发展。

【病原体】

鸭瘟病毒（duck plague virus），为疱疹病毒科（Herpesviridae）鸭疱疹病毒Ⅰ型（Anatid herpesvirus Ⅰ）成员的双股 DNA 病毒，呈球形。取细胞培养物观察，在感染细胞的胞核和胞浆内均可见病毒粒子。在细胞核内的病毒粒子直径 90～93 nm；在细胞浆和核周间隙中，由于核膜的包裹，病毒粒子直径 126～129 nm；在细胞浆内质网的微管系中可见直径更大的成熟病毒粒子，直径 156～384 nm，具囊膜。病毒粒子有必需脂类，经胰脂酶处理可使病毒灭活。

鸭瘟病毒只有一个血清型，不同毒株间免疫原性相似，但毒力有所不同。病毒无血凝特性和血细胞吸附作用。在易感动物体内，病毒主要在消化道黏膜，尤其是食道黏膜内复制，随后扩散到法氏囊、胸腺、脾脏、肝脏等器官，并在各器官的上皮细胞和巨噬细胞内进行增殖。在这些组织中，以食道、肝脏、泄殖腔含毒量最高。

病毒能在 9～14 日龄鸭胚中增殖和继代，随着代次增加，鸭胚在 4～6 天时死亡，致死的胚体广泛性出血、水肿，肝脏有特征性坏死灶，绒毛尿囊膜水肿、出血、增厚，上有灰白色坏死灶。病毒也能在鹅胚上增殖，但不能直接适应于鸡胚，必须在鸭胚或鹅胚上传代几次后才能适应于鸡胚。病毒也可于鸭胚、鹅胚、鸡胚的成纤维细胞上增殖，接种后 6～8 h，开始能检测出细胞外病毒，60 h 后病毒滴度达到最高，并可

引起细胞病变（CPE）。在感染病毒的细胞中能产生核内包涵体。

病毒对外界的抵抗力不强，对乙醚和氯仿敏感，在 pH 3 和 pH 11 时病毒很快被灭活。56 ℃ 10 min、50 ℃ 90~120 min 或 80 ℃ 5 min 即可以破坏病毒的感染性；在夏季直接阳光照射下 9 h 病毒毒力即可消失，但在秋季 25~28 ℃ 直接阳光下 9 h 病毒仍可存活；在 4~20 ℃ 污染禽舍内病毒可存活 5 天。但鸭瘟病毒对低温抵抗力较强，在 −20~−10 ℃ 下经 1 年病毒对鸭仍有致病力。

【流行病学】

自然条件下，本病主要感染鸭，各种日龄、性别和品种的鸭均有易感性。其他禽（如鸡、鸽）及哺乳动物则很少发病，一般认为番鸭、绍鸭、麻鸭、绵鸭最易感，北京鸭次之。在自然流行中，成年鸭、产蛋母鸭发病率和死亡率较高，1 月龄以下的雏鸭发病较少。但在人工感染中，雏鸭的易感性也很强，死亡率也较高。在自然情况下，鹅和病鸭密切接触也可感染发病而引起流行。

病鸭和带毒鸭是本病的主要传染源。可通过感染鸭和易感鸭的直接接触传播，也可通过带毒排泄物、分泌物所造成的环境污染（如水源、鸭舍、鸭料、用具的污染）及购销、贩运病鸭而间接传播。其主要传播途径为消化道，也可通过呼吸道、眼结膜和交配传播。吸血昆虫也可能成为本病的传播媒介。人工滴鼻、点眼、泄殖腔接种、皮肤刺种、肌肉和皮下注射均可使健康鸭致病。

本病一年四季均可发生，但以春、夏之交或/和秋季流行最为严重，因为这些季节是鸭群放牧和大量上市的时节，不仅饲养数量多，而且交易、活动频繁，容易造成鸭瘟的发生和流行。当鸭瘟传入一个易感鸭群后，一般在 3~7 天开始出现零星病例，再经 3~5 天陆续出现大批病例，进入流行发展期和流行盛期，整个流行过程一般 2~6 周。如果为免疫鸭群或耐过鸭群，则流行过程较为缓慢，流行期可达 2~3 个月或更长。

【临床症状】

潜伏期一般 2~5 天。病初鸭体温升高至 43 ℃ 以上，稽留到疾病后期。最初表现为突然出现持续的全群高死亡率，成年鸭死亡时肉质丰满，成年公鸭死亡时伴有阴茎脱垂，在死亡高峰期，蛋鸭产蛋率下降 25%~40%。2~7 周龄的商品鸭患病时出现脱水、体重下降、蓝喙现象，泄殖腔常有血染。

病鸭表现为精神沉郁，头颈缩起，两脚麻痹无力，不愿走动，双翅扑地，食欲减退或废绝，极度口渴，羽毛松乱，鼻腔流出稀薄或黏稠分泌物，呼吸困难，病鸭下痢，排出绿色或灰白色稀粪，甚至便中带血，泄殖腔周围的羽毛被污染并结块。泄殖腔黏膜充血，水肿，严重者黏膜外翻，黏膜面有绿色假膜且不易剥离。病鸭不愿下水，如强迫下水，则漂浮在水面上，并挣扎回岸。

流泪和眼睑水肿是鸭瘟特征性的临床症状。病初流出浆液性分泌物，以后转为黏液性或脓性分泌物，眼睑粘连，严重者眼睑水肿或翻出于眼眶外，打开眼睑可见眼结膜充血或小点出血，甚至形成小溃疡。部分病鸭头颈部肿胀，俗称"大头瘟"。病后期病禽体温下降，精神高度委顿，不久即死亡。急性病程一般为 2~5 天，有些可达 1 周以上，死亡率为 5%~100%。少数不死转为慢性，表现为消瘦，生长停滞，特点为角膜浑浊，严重者形成溃疡，多为一侧性。

鹅发生本病时，表现与鸭相似。病鹅体温升高到 42 ℃ 以上，精神委顿，缩颈，食欲减少或停食，两眼流泪，鼻孔有浆液性或黏液性分泌物，两腿麻痹无力，卧地不愿走动，病鹅排出灰白色或草绿色稀粪。个别病鹅还表现出神经症状，头颈扭曲和不随意旋转。

【病理变化】

鸭瘟病变特点为血管受损（组织出血和溢血），胃肠道黏膜表面特定部位溃疡性病变，淋巴器官病变和实质器官的退行性变化，出现这些变化时，可诊断为鸭瘟。

食道和泄殖腔的病变具有特征性，食道黏膜有纵行排列的黄色假膜覆盖或点状出血，假膜易剥离并留有出血斑点或溃疡灶，腺胃黏膜有出血斑点，有时在与食道膨大部分交界处有一条灰黄色坏死带或出血带，肌胃角质膜下层出血或充血，肠黏膜充血、出血和炎症，并出现环状出血带，泄殖腔病变与食道相似，黏膜表面覆盖一层灰褐色或绿色的坏死结痂，不易剥离，黏膜上有出血斑点和水肿，具有诊断意义。

肝脏、肺、肾和胰腺表面都有瘀血点。感染早期，肝脏表面见不规则的针头大小的出血点，后期为大小不等的灰黄色或灰白色坏死灶，少数坏死点中间有小出血点，这种病变具有诊断意义。心包膜的脏面上尤其冠状沟内布满瘀血点。所有淋巴器官都有病变，脾脏变小，色深，呈斑驳状；胸腺表面和切面均可见到大量瘀血点和黄色病灶区，其周围被清晰的黄色液体所包围。产蛋母鸭还可见卵巢充血、出血和卵泡膜出血，有时卵泡破裂而引起腹膜炎，输卵管黏膜充血和出血。

雏鸭病变与成年鸭基本相同，但法氏囊表现为明显出血，黏膜表面有针尖大小的坏死灶并附有白色干酪样渗出物，肝脏出血点和腺胃出血带较为明显。

鹅感染鸭瘟病毒后的病理变化与鸭相似，食道和泄殖腔黏膜有一层灰黄色假膜覆盖，黏膜充血或有斑点状出血和坏死。

【诊断】

鸭瘟传染迅速，发病率和死亡率高，自然流行中除鸭、鹅能感染鸭瘟外，其他家禽不发病。患病鸭头肿，流泪，两脚发软，排绿色稀粪，体温升高。因病死亡鸭剖检可见伪膜性坏死性食道炎，食道黏膜有纵行排列的黄色假膜覆盖或点状出血，假膜易剥离并留有出血斑点或溃疡灶；泄殖腔充血、出血和坏死。幼鸭胸腺有大量出血点和黄色灶区。产蛋期母鸭患病时，卵泡常变形变色和破裂，引起卵黄性腹膜炎。据此可作为初步诊断依据。进一步诊断须做实验室检查才能确诊。

1. 病毒分离和鉴定

取病死鸭肝脏、脾脏、脑组织等病料，按常规制成悬液接种 9~14 日龄鸭胚绒毛尿囊膜。鸭胚接种后4~10天死亡，具有特征性的鸭瘟病变，若初代分离为阴性，可收获绒毛尿囊膜进一步盲传。也可用鸭胚成纤维细胞进行病毒的分离。病料接种细胞后24~48 h，细胞固缩形成葡萄串状，病灶扩大形成坏死，覆盖琼脂可形成空斑。

2. 血清学检查

利用已知抗血清或已知病毒，在鸭胚、鸡胚上做中和试验可鉴定待检病毒或待检血清。

3. 鉴别诊断

主要须与鸭霍乱进行区分，二者均有心脏、肠道出血和肝脏坏死，但鸭瘟除一般的出血性素质外，常在食道和泄殖腔黏膜上有坏死，据此可作出初步鉴别。另外，将病料涂片经瑞氏染色和进行细菌分离可进一步鉴别，鸭霍乱病原经染色后，可见两极浓染的小杆菌，并且在血清琼脂平板上长出灰白色小菌落，而鸭瘟培养为阴性。此外，应注意与鸭肝炎、鸭球虫病及亚硝酸盐中毒相区别。

【防控措施】

预防本病首先应避免从疫区引进鸭苗、种鸭及种蛋，有条件的地方最好自繁自养。其次，要禁止健康鸭在疫区野禽出没的水域放牧。平时要执行严格的消毒制度，消毒药可选用10%~20%石灰水或2%氢氧化钠溶液。

免疫接种是预防本病的主要措施。给鸭肌注鸡胚化鸭瘟弱毒疫苗0.5~1 mL/只，1周即可产生坚强的免疫力，并可持续半年以上。肉鸭接种1次即可，种鸭每年接种2次，蛋鸭在停产期接种为宜。

发生本病时，应对整个鸭群进行全面检查，分群隔离，禁止外调或出售，停止放牧。凡体温在42.5 ℃以上或已出现症状者，应就地淘汰，以高温或深埋方式处理，可疑鸭群或受威胁鸭群，则用鸭瘟弱毒苗进行紧急接种，要做到一鸭一针，用过的针头须经煮沸消毒后方可继续使用，与此同时，对污染的场地及用具须用石灰水、氢氧化钠或其他消毒液彻底消毒，防止病原播散。

思考题

1. 鸭瘟的流行病学特点是什么？
2. 鸭瘟的特征性病理变化有哪些？
3. 如何鉴别诊断鸭霍乱和鸭瘟？

十、马传染性贫血

马传染性贫血（equine infectious anemia，EIA）简称马传贫，又称沼泽热（swamp fever），是由马传染性贫血病毒引起的马属动物的一种急性、烈性传染病，主要通过虫媒传播。其临床特征是出现发热、贫血、出血、黄疸、心脏衰弱、水肿和消瘦等，并反复发作，发热期症状明显，无热期症状减轻或暂时消失；病毒可引起持续性感染和免疫病理反应。

本病是马属动物最重要的传染病之一，1843年首次发现于法国，两次世界大战使其传遍世界各地，目前主要流行于亚洲、非洲、美洲及欧洲局部（包括俄罗斯）。日本于1931年侵华时将此病带入我国，1954年和1958年我国从前苏联进口马匹时又将其引入。原解放军兽医大学于1965年首次分离到该病毒，并建立了补体结合及琼脂扩散两种诊断方法。1975年，哈尔滨兽医研究所沈荣显院士等在国际上首次研制成功马传贫驴白细胞活疫苗，迄今为止，它仍是全球唯一一种最成功的慢病毒活疫苗。随着我国对该病"养、检、免、隔、封、消、处"等综合性防疫措施的落实及马属动物总数的下降，该病疫情也得到有效控制，目前大多数省、自治区、直辖市已达到消灭本病的相关标准。

【病原体】

马传贫病毒（equine infectious anemia virus，EIAV）归反转录病毒科（Retroviridae）慢病毒属（*Lentivirus*）。病毒粒子呈球形，直径90~120 nm。表面有囊膜，囊膜厚约9 nm，囊膜上有纤突。病毒粒子中心有一直径40~60 nm的锥状类核体（拟核）。在氯化铯中浮密度1.15 g/mL，沉降系数110~120 S，相对分子质量约$4.8×10^3$。本病毒对理化因子抵抗力较强，在粪便中能生存2.5个月，堆积发酵需经30天才能灭活。耐低温，病毒在-20 ℃可存活2年。不耐热，60 ℃处理60 min可完全失活。对乙醚敏感；2%~4%氢氧化钠和3%煤酚皂等均能杀死病毒。在pH 5.0~9.0条件下稳定，在pH 3以下和pH 11以上时1 h即被灭活。

本病毒具有反转录病毒的一般特征，但在慢病毒中其基因组结构最简单，主要包含3个结构蛋白基因，即gag、gag-pol和env，各自分别编码相应的前体蛋白，经蛋白酶裂解后分别形成各种成熟的结构蛋白。衣壳蛋白（CA/p26）比较保守，是群特异性抗原，为各毒株所共有，可用补体结合反应及琼脂扩散反应检出。该蛋白与慢病毒属中其他成员如人免疫缺陷病毒Ⅰ型（HIV-1，即艾滋病病毒）、牛免疫缺陷病毒（BIV）、猫免疫缺陷病毒（FIV）及猴免疫缺陷病毒（SIV）的衣壳蛋白有交叉免疫原性，但不具有中和抗原性质。其中和抗原主要是env.基因编码的囊膜蛋白Gp90和Gp45，包括型特异性抗原即各型毒株之间不同的抗原，可用中和试验检出。本病毒易于变异，其高变区主要集中在env基因和长末端重复序列（LTR），这些变异可导致病毒毒力和细胞嗜性的改变。

由于变异性强，所以本病毒血清型较多，目前至少已有8个血清型。随着病畜的反复发热，病毒抗原不断发生变异，即抗原漂移。慢性感染动物能引起带毒免疫。耐过动物长期带毒，感染1年左右的病畜用同型或异型强毒攻击时，均有较好的抵抗力。

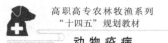
该病毒能在马属动物的白细胞、骨髓细胞及马或驴胎组织（脾、肺、肾、皮肤、胸腺等）继代细胞上增殖，并具有致细胞病变作用（CPE）。本病毒能凝集鸡、蛙、豚鼠和人 O 型红细胞。

【流行病学】

该病毒只感染马属动物，不分品种、年龄、性别。马最易感，驴、骡次之。病畜和带毒者是主要传染源，尤其是发热期的血液和组织中含大量病毒，随分泌物和排泄物而散毒传染。本病主要通过吸血昆虫（虻、蚊、蠓等）叮咬而机械性传染，也可经消化道、交配、污染的兽医器械等传染，还可通过胎盘垂直传播。

本病有明显季节性，7~9 月吸血昆虫活动猖獗时较多见，常为地方流行或散发。新疫区常为爆发、急性型，老疫区则多为散发、慢性型。

【发病机理】

该病毒进入机体后，首先在肝、脾、骨髓等组织中繁殖，并可终身带毒。当各种诱因导致动物抵抗力降低时，病毒便进入血液大量繁殖，引起细胞结合性病毒血症、体温升高、稽留热。机体抵抗力增强时，血液中病毒可暂时减少或消失，体温逐渐下降或恢复正常，进入无热期。带毒者抵抗力再度降低时，该病毒可大量繁殖并重新进入血液，使体温再次升高，患畜又处在发热期。如此反复，病畜便出现间歇热型。病毒可损害骨髓造血细胞及红细胞，导致贫血，使血液稀薄、心肌变性、心室扩张、心功能紊乱。毛细血管管壁通透性增大，血浆蛋白减少，血液胶体渗透压降低，引起出血和水肿。病畜的肝、脾等在病毒的作用下，使单核-巨噬细胞大量增殖，吞噬能力增强，异常红细胞被大量吞噬。被吞噬的红细胞在酶的作用下，其血红蛋白转变成含铁血黄素，吞噬细胞即成为吞铁细胞。病毒感染还可产生免疫复合物，导致肾小球肾炎。病毒囊膜蛋白 Gp90 中和表位的变化可影响病程发展及预后，因而出现多种临床发病类型。

【临床症状】

潜伏期平均 10~30 天，短者 5 天，长的可达 90 天以上。根据临床表现可分为急性、慢性和隐性 3 种类型。表现类型与动物的抵抗力、病毒毒力及其他影响因素有关。

1. 急性型

急性型多见于新疫区流行初期及老疫区内突然发病者，个别病例突然死亡。体温升至 39~41 ℃稽留 1~2 周，经短时间的降温后，再次高热并稽留至死亡。临床症状及血液学变化明显，但在初次感染病毒后 2~6 周内体内检测不到抗体。病程 3~5 天，最长的不超过 1 个月。

2. 慢性型

慢性型常见于流行后期和老疫区，是主要病型。临床症状典型，包括消瘦、虚弱或衰竭，贫血，下肢、胸部和腹部水肿等。主要特点是反复发作，有间歇热或不规则热和更为明显的温差倒转现象（午前体温高于午后），发热期体温 39.5~40.5 ℃，持续 2~10 天，然后转入无热期。病情恶化、濒临死亡时，热发作次数频繁，无热期缩短，发热期延长；反之，发热次数减少，无热期延长。症状和血液学随体温变化而变化，发热期症状和血液学变化明显，无热期则变化不明显或症状消失，但心功能仍不能恢复正常。抗体检测呈阳性。病程 1 个月以上甚至数年，病死率可达 30%~70%。

3. 隐性型

隐性型无外观症状，但血清学检测阳性。若遇到应激则隐性感染动物可出现症状，而且这些动物对其他疾病的抵抗力降低。同时，这些动物是该病最危险的传染源，因为人们从外观上很难看出它们有健康问题。

4. 共同症状

随着机体抵抗力及其他条件的变化，上述 3 型病例可以相互转化，由急性转为慢性甚至隐性，成为带毒者；或由隐性、慢性转为急性甚至死亡。急性和慢性病例的共同症状如下：

（1）眼观症状：精神沉郁，垂头套耳，喜站厌动，厌食渐瘦，乏力多汗。后期因肌肉变性、坐骨神经受损而致后躯无力，运步不稳、左右摇晃，尾力减退、转弯困难。

患畜有不同程度的贫血、黄疸、出血及水肿。初期可视黏膜潮红、充血及轻度黄染。随病程发展贫血逐渐加重，可视黏膜苍白。舌下、眼结膜、鼻黏膜、齿龈、阴道黏膜出现大小不一的出血点。四肢下部、胸前、腹下、包皮、阴囊等处出现水肿。

（2）心脏听诊：心搏亢进，第一心音增强，心音分裂，心律不齐，收缩期杂音。脉搏细弱，频率加快，每分钟搏动 60~100 次或更多。

（3）血液学变化：病初因骨髓造血机能代偿性强，红细胞数或稍减少。随病情加重，红细胞数显著减少，常在 500 万个/mm³ 以下，严重者 300 万个/mm³ 以下，血红蛋白量也相对降低，常在 40%（5.8 g）以下。血液稀薄，红细胞沉降率显著加快，发热期的红细胞沉降率 15 min 可达 60 刻度以上。

白细胞数和白细胞象改变。发热初期，因骨髓造血机能代偿性增强，白细胞数常稍微增多，中性粒细胞暂时性增加，淋巴细胞相对减少。中、后期因骨髓造血机能降低，白细胞数常可减至 4 000~5 000 个/mm³，淋巴细胞比例增多，单核细胞也增加，中性粒细胞相对减少。

静脉血中出现吞铁细胞。因吞铁细胞中含铁血黄素的分布状态不同，吞铁细胞可分为弥漫型、颗粒型及混合型 3 种。在发热期和退热后的头几天内，吞铁细胞的检出率最高，急性病例多为颗粒型和混合型，检出率较高。而慢性病例多为弥漫型，检出率较低。

【病理变化】

以全身败血症变化、贫血、单核-巨噬细胞增生和铁代谢障碍为主。急性型主要

呈败血性变化，慢性型则贫血和单核-巨噬细胞增生明显。

1. 急性型

急性型全身浆膜、黏膜有出血斑、点，以舌下、鼻翼、第三眼睑及阴道黏膜、胸腔或腹腔的浆膜、膀胱或输尿管黏膜、大肠黏膜与浆膜最为多见。淋巴结肿大，切面充血、出血、多汁。脾肿大，切面暗红，有的因白髓增生，呈颗粒状。肝肿大，切面呈槟榔样花纹。肾肿大，皮质有出血点。心肌脆弱，灰黄色似煮熟状，心内、外膜有出血点。

2. 慢性型

慢性型尸体贫血、消瘦，可视黏膜苍白。脾肿大、坚实，表面粗糙不平。肝肿大，暗红或铁锈色，切面呈明显的槟榔样花纹。淋巴结肿大、坚硬，切面灰白。肾轻度肿大，呈灰黄色，皮质增厚。心脏弛缓、扩张，心肌脆弱呈煮熟状。长骨的骨髓红区扩大，黄髓内有红色骨髓增生灶，严重病例骨髓呈乳白色胶冻状。

3. 组织学变化

组织学变化主要有脾、肝、肾、心脏和淋巴结等组织器官的单核-巨噬细胞增生及铁代谢障碍，尤以肝脏病变最具特征。肝细胞变性，星状细胞肿大、增生及脱落，肝细胞索紊乱，中央静脉周围的窦状隙内和汇管区有多量吞铁细胞，肝细胞索间、汇管区的血管和胆管周围有淋巴样细胞弥漫性浸润和灶状积聚。

【诊断】

常用的诊断方法有临床综合诊断、血清学诊断和病原学诊断。血清学诊断方法包括琼脂扩散试验（琼扩，AGID）、补体结合反应（补反，CFT）和 ELISA 等。琼扩检出率最高，也是国际上最常用的方法；其次为补反；临床综合诊断法检出率最低；ELISA 简便、快速，适合于大批量检测。病原学诊断包括病毒分离鉴定、动物接种和分子生物学方法，其中，最敏感、简便、快速的是新发展起来的荧光定量 PCR（Q-PCR），但目前该方法尚未列入法定的马传贫诊断方法。不同诊断方法所得结果不一致且有交错，不能互相代替，最好同时并用，才能提高检出率。其中，任何一种方法的结果呈现阳性，都可将被检畜类判为马传贫患畜。

1. 临床综合诊断

根据流行病学特点、临床症状、血液学和病理学检查结果，凡符合下列条件之一者，可判为马传贫患畜：① 体温在 39 ℃以上（1 岁幼驹 39.5 ℃以上）呈稽留热或间歇热，并有明显的临床和血液学变化；② 体温在 38.6 ℃以上，呈稽留热、间歇热或不规则热型，临床及血液学变化不明显，但吞铁细胞万分之二以上，或病理学检验呈阳性；③ 体温记载不全，但具有明显的临床及血液学变化，吞铁细胞万分之二以上，或病理学检验呈阳性；④ 可疑患畜死亡后，根据生前诊断资料，结合尸体剖检及病理组织学检查，其病变符合马传贫变化者。

2. 实验室诊断

实验性诊断包括补体结合反应、琼脂扩散试验、ELISA、中和试验、免疫荧光和病原学诊断等，其中最常用的是补体结合反应、琼脂扩散试验和 ELISA。

（1）补体结合反应：该法特异性强，检出率高，特别是对慢性及隐性病马检出率高，同时补反抗体出现较早，持续时间长。但抗体效价有波动，因此以 1 个月的间隔连续做 3 次补体结合反应，可明显提高检出率。本法已列入我国检疫规程。

（2）琼扩试验：本病琼扩反应特异性强，抗体持续时间长，检出率比补反高，方法简便，易于推广应用。本方法也已列入现行检疫规程。

（3）其他诊断方法：有病原学、中和试验、免疫荧光和 ELISA 等。ELISA 也已列为国家标准。

3. 鉴别诊断

马梨形虫病、伊氏锥虫病、钩端螺旋体病及营养性贫血都具有高热（营养性贫血除外）、贫血、黄疸、出血等症状，容易混淆。因此，在诊断时必须加以鉴别。

【防控措施】

为预防及消灭本病，须贯彻执行《马传染性贫血病防制试行办法》，其要点包括以下几点。

1. 加强饲养管理，定期检疫

搞好环境卫生，消灭蚊、虻。购入动物须隔离观察 1 个月，检疫证明健康者方可合群。对健康畜群除临床检查外，每月 1 次性连做 3 次补反和琼扩。将可疑动物立即隔离分化；符合患畜标准者按病畜处理。分化排除患本病的动物，体表消毒后转回正常畜群。

2. 封锁与隔离

一旦发生本病，立即划定疫区进行封锁。假定健畜不得出售、转让或调群。种公畜不得出疫区配种，母畜一律人工授精配种。对传贫患畜和可疑动物，必须远距离分别隔离，以防扩大传染。自疫点清除最后 1 匹患畜之日起，经 1 年未再检出新病例时，方可解除封锁。

3. 免疫接种

我国是最早拥有马传贫弱毒活疫苗并使其得到大面积应用的国家，目前该疫苗已被引入美、英等国。非疫区动物注苗后，马需 3 个月、驴和骡需 2 个月产生免疫力，免疫持续期为 2 年。在疫区一般先进行检疫，将患畜与假定健康动物分群，再对后者接种马传贫驴白细胞弱毒活疫苗。注苗后一般不再做定期检疫，临床检出有症状的患畜仍按规定处理。

4. 加强消毒与无害处理

被传贫病畜和可疑病畜污染的厩舍、场地、诊疗场所等，都应彻底消毒，粪便堆积发酵。为防吸血昆虫侵袭，可喷洒 0.5% 二溴磷或 0.1% 敌敌畏溶液。兽医诊疗和

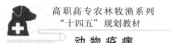

检疫单位必须做好诊疗器材尤其是注射器、注射针头和采血针头的消毒工作。病畜要集中扑杀处理，对扑杀或自然死亡病畜尸体应焚烧或深埋，或在化制厂进行无害化处理。

思考题

1. 马传染性贫血病毒有哪些生物学特征和致病特点？其病原学研究对医学有何意义？
2. 诊断马传染性贫血的关键依据有哪些？
3. 如何预防马传染性贫血？

十一、犬瘟热

犬瘟热（canine distemper, CD）是由副粘病毒科的犬瘟热病毒引起的犬科、鼬科和部分浣熊科动物的急性、热性、高度接触性传染病。其主要特征为双相型发热，眼、鼻、消化道等黏膜炎症，以及卡他性肺炎、皮肤湿疹和神经症状。

1905 年，Carre 首次发现犬瘟热病毒（CDV），故本病也曾称为 Carre 病。先后在银黑狐（Green，1925）、貉（Rudolf，1928）、紫貂（苏列纳，1953）、北极狐（潘柯夫，1957）等动物中发现和确诊病例。我国从 1972 年起陆续有在水貂、狐、貉等毛皮动物中发生犬瘟热的报道。国内的熊猫、东北虎、狮子、豺狗、熊、狼、藏獒等动物均有感染 CDV 的报道（程世鹏，2009）。

【病原体】

犬瘟热病毒（canine distemper virus, CDV）属于副粘病毒科（Paramyxoviridae）麻疹病毒属（*Morbillivirus*），病毒基因组为不分节段的负链 RNA，病毒粒子呈圆形或不规则形，有时也呈长丝状，直径 120~300 nm。粒子中心含有宽径 15~17 nm 的螺旋形核衣壳。犬瘟热病毒颗粒主要是由核衣壳蛋白（N 或 NP）、磷蛋白（P）、基质膜蛋白（M）、融合蛋白（F）、血凝蛋白（H 或 HA）和大蛋白组成。CDV 与麻疹病毒、牛瘟病毒在抗原性上密切相关，但各自具有完全不同的宿主特异性。

CDV 能适应多种细胞培养物，包括原代或继代犬肾细胞、雪貂肾细胞、犊牛肾细胞、鸡成纤维细胞、Vero 细胞等，其中 Vero 细胞最常用，需要在传代同时进行接毒或加入适量胰酶。在犬肾细胞上，CDV 产生的细胞病变包括细胞颗粒变性和空泡形成，形成巨细胞和合胞体，并在胞浆中（偶尔在核内）出现包涵体。

CDV 抵抗力不强，对热、干燥、紫外线和有机溶剂敏感，易被日光、乙醇、乙醚、甲醛和煤酚皂等杀灭，50~60 ℃ 30 min 可灭活。3%甲醛、5%苯酚溶液及 3%氢氧化钠等对病毒具有良好的杀灭作用。经 0.1%甲醛灭活后，CDV 仍能保留其抗原性。病毒最适 pH 为 7.0，在 pH 4.5~9.0 条件下可存活。病毒在-70 ℃条件下肾可存活数年，冻干可长期保存。

【流行病学】

在自然条件下，犬瘟热可感染犬科（狗、澳洲野狗、狐狸、郊狼、豺、狼等）、浣熊科（浣熊、长吻浣熊、熊猫等）和鼬科（鼬鼠、雪貂、水貂、獐臭鼬、水獭等）的多种动物，在猫科动物（如狮、虎、豹）中也出现了犬瘟热感染。此外，海狮和猴也能自然感染。李金中等从犬、貂、貉、狐、熊、小熊猫、大熊猫、狼、狮、虎、金猫、猞猁 12 种动物的病料中检出了犬瘟热病毒，现已有报道证实在患 Paget's 病的病人组织中检出了犬瘟热病毒核酸。可见犬瘟热的宿主范围在不断地扩大，感染谱在日益增多。

病犬是最主要的传染源，患病的毛皮动物也具有传染性。病毒集中存在于感染或患病动物的唾液及其他分泌物中，病畜的血液、淋巴结、肝、脾、腹水、脑脊液等中也含有病毒。养水貂场和犬场也可能存储病毒。

此病主要通过消化道和呼吸道传播，也可通过眼结膜和胎盘感染。凡是接触污染的饲料、饮水、垫草、食具、用具，饲养人员的工作服、手套，兽医人员的体温计、注射器及注射针头等，均可携带此病毒。饲养场内的禽类、野鼠、家鼠及吸血昆虫也可起传播作用。据报道，本病可借助风力使半径 100 m 内的邻近饲养场内的动物发病。

本病多发生于寒冷季节（10 月至翌年的 2 月），但其他季节也可发生。犬最易感，凡是养犬的地方，就有本病的发生。毛皮动物中，貉易感性最高，一般貉先发病，然后是狐和鼬科动物水貂发病。毛皮动物流行季节主要集中在 8~11 月，呈散发、地方流行或暴发。除了在同类物种之间传播，还在不同群体、不同物种之间交叉传播，还可能跨国界传播。

【发病机理】

CDV 自然感染主要从鼻、咽进入，在淋巴结和扁桃体中增殖，继而在组织巨噬细胞中增殖并扩散至整个细胞，然后进入血液形成病毒血症，并通过病毒血症扩散到全身淋巴器官、骨髓和上皮结构及肝、脾的固有膜，从而表现出一定的临床症状。

在自然条件下，CDV 通过上呼吸道上皮和飞沫传播。在 24 h 内，CDV 在组织巨噬细胞内倍增，之后向扁桃体和支气管淋巴结传播。接种后 2~4 天，病毒主要出现于扁桃体、咽喉和支气管淋巴结内。接种后 4~6 天，病毒在脾脏、胃黏膜固有层、小肠、肠系膜淋巴结、肝枯否细胞的淋巴小结增殖，此时机体体温开始升高和出现白细胞减少。由于病毒对淋巴细胞（包括 T 细胞和 B 细胞）的大量破坏，常引起淋巴细胞减少。在接种后 8~9 天，CDV 进一步传播到上皮细胞和中枢神经系统的组织中，引起血液传播。在接种后 14 天，动物依赖 CDV 特异性抗体和细胞介导的细胞毒性反应能清除绝大部分组织中的病毒，此时犬瘟热的临床症状消失，但仍可能向外排毒。

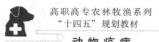

【临床症状】

CDV 主要侵害易感犬的呼吸系统、消化系统及神经系统。潜伏期为 3~6 天。

病犬初期表现为体温呈双相热型，如果是侵害呼吸系统为主，病犬表现为体温升高，鼻端干燥，鼻眼流浆液性至脓性液体，咳嗽，呼吸加快，肺部听诊有啰音等肺炎呼吸道症状（所以此时期，病犬易被误诊为感冒或肺炎）。病犬眼睑肿胀，呈化脓性结膜炎，后期常可发生角膜溃疡；有的病犬下腹部和股内侧皮肤上有米粒大红点、水肿和化脓性丘疹；如果病毒侵害消化系统，则表现不同程度的呕吐，初便秘，不久下痢，粪便恶臭，有时混有血液和气泡，幼犬在腹泻严重的情况下，往往会继发肠套叠，少数病例因此死亡。如果病毒进入神经系统，10%~30%的病犬开始出现神经症状，由于 CDV 侵害中枢神经系统的部位不同，临床症状有所差异，侵害大脑时病犬表现为好动和精神异常、癫痫、转圈；侵害延髓、中小脑时病犬表现为步态及站立姿势异常；侵害脊髓时病犬表现为共济失调和反射异常；侵害脑膜时病犬表现为感觉过敏和颈部强直。咀嚼肌群反复出现阵发性颤动是犬瘟热的常见症状。病犬往往最终因麻痹衰竭而死亡。这种神经症状是不可逆的，即使病愈，也会留下后遗症。本病往往是这 3 类系统症状都有，多数随着病情的发展，先后出现呼吸系统症状、消化系统症状和神经系统症状，据此也可以简单地视作为前、中、后期，其致死率可高达 30%~80%，有些遗留麻痹、瘫痪等症状。

病犬皮肤症状较少见。在皮肤少毛处出现米粒至豆粒大小的痘样疹，水泡样至化脓性，少数脚垫的表皮过度增生、角化。

妊娠犬感染 CDV 后可出现流产、产死胎和弱仔等症状。幼犬经胎盘感染可在第28~42 天产生神经症状。新生幼犬在永久齿长出之前感染 CDV，可造成牙釉质的严重损伤，牙齿生长不规则。小于 7 日龄的幼犬感染 CDV 还可表现为心肌病，双目失明。

水貂患病，可根据貂场的临床观察，将病程分为急性型和慢性型两类。急性型发病突然，看不出任何前驱症状。病貂呈癫痫样发作，口咬笼网，发出刺耳的尖叫声，抽搐，口吐白沫，反复发作几次后死亡。慢性型表现为食欲减退或拒食，鼻镜干燥。眼部出现浆液性、黏液性乃至化脓性分泌物，病重动物眼被分泌物糊死，时而睁开，时而又粘在一起，如此反复交替发生。体温高达 40~41 ℃，呈现双相热，病初粪便正常，或排出黏液性稀便，后期粪便呈黄褐色或煤焦油样。病貂爪趾（指）间皮肤潮红，随病程发展趾（指）爪、足垫出现水肿，有的病貂嘴、眼睑、肛门或外阴肿胀。

狮、虎、豹等野生大型猫科动物发生犬瘟热时，最初症状为食欲丧失，并发生胃肠和呼吸道症状。病理剖检变化与犬相同。

【病理变化】

犬瘟热是一种泛嗜性感染，病变分布广泛。病理变化随病程长短、临床病型和继发感染的种类与程度不同而异。早期尚未继发细菌感染的病犬，仅见胸腺萎缩与胶样浸润，脾脏、扁桃体等脏器中的淋巴细胞减少。发生细菌继发感染的病犬，则可见化脓性鼻炎、结膜炎、支气管肺炎或化脓性肺炎。消化道则可见卡他性乃至出血性肠炎。死于神经症状的病犬，眼观仅见脑膜充血、脑室扩张及脑脊液增多等非特异性脑炎变化。

组织学检查：对病犬进行组织学检查可以发现，在很多组织细胞中有嗜酸性的核内和胞浆内包涵体，呈圆形或椭圆形，直径 1～2 μm。胞浆内包涵体主要见于泌尿道、膀胱、呼吸系统、胆管、大小肠黏膜上皮细胞内及肾上腺髓质、淋巴结、扁桃体和脾脏的某些细胞中。核内包涵体主要见于膀胱细胞，但一般难查到。表现神经症状的病犬，可见有脑血管袖套、非化脓性软脑膜炎、白质出现空泡、很多浦肯野细胞变性及小脑神经胶质瘤病。

【诊断】

根据流行病学资料和临床症状，可以作出初步诊断。确诊需要实验室检查。

1. 包涵体检查

包涵体检查是诊断犬瘟热的重要辅助方法。首选部位是靠近肺门部的支气管组织，对于自然死亡病例和冷冻尸体尤其如此。膀胱黏膜也是必采的病料。包涵体主要存在于膀胱黏膜、支气管上皮细胞和肾盂上皮细胞内。包涵体多数在细胞质内，1 个细胞可能有 1～10 个多形包涵体，呈圆形或椭圆形。

2. 电镜及免疫电镜检查

电镜及免疫电镜检查是确定是否被 CDV 感染的简便快速的方法。制备电镜样品的方法有：磷钙酸（PTA）负染色法、液相免疫电镜和超薄切片法。电镜观察的最佳病料是粪便，该诊断法从制样到镜下观察，整个过程只需要 2～3 h，可用于快速检查 CDV 粒子。

3. 病毒的分离培养

CDV 是具有囊膜的病毒，结构较脆、易被光和热灭活，对环境的抵抗力非常弱，因此病毒分离成功率很低。

4. 动物回归试验

雪貂对 CDV 最易感，死亡率接近 100%，任何途径接种后均可在 8～14 天内死亡，故该试验常选用断奶 15 天后的幼犬，皮下、肌肉或腹腔注射 10 倍稀释的病料悬液 3～5 mL，也可在鸡胚、小鼠、仓鼠中适应生长，但敏感性较低。

5. 血清学诊断

琼脂扩散试验、协同凝集试验、ELISA、免疫过氧化物酶染色法和抗体中和试验等血清学方法均可用于病原鉴定或抗体检测。

6. 分子生物学诊断

国内外均建立了核酸探针法，RT-PCR 法用于检测临床疑似病例的血清、全血、

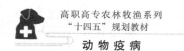

脑脊液样品中的犬瘟热病毒基因，显现出高度的特异性和敏感性。

【治疗】

1. 特异疗法

单克隆抗体和免疫增强剂的配合应用是治疗犬类病毒性传染病的特异疗法。大剂量的单克隆抗体可消除患犬血液中的犬瘟热病毒，抑制病毒在体内复制，其疗效优于抗血清。同时，配合使用免疫增强剂能增强机体的细胞免疫功能，以改善病毒和细菌严重混合感染所致的机体细胞免疫功能低下状态，达到加快患犬康复的目的。故在确诊本病后，在发病初期、中期首选大剂量犬瘟热单克隆抗体或高免血清，后期病例采用单克隆抗体疗效往往不佳。在采用抗体的同时，可配合使用免疫增强剂（如转移因子、胸腺肽等），效果更好。

2. 输血、输液

在供血犬与受血犬的血型需相符合的前提下，在发病初期、中期，可采取犬瘟热康复犬的全血经静脉输血给患犬的疗法，配合输液和抗感染治疗，治愈率较高。一般每千克体重输血 2 mL（以抗凝血计算），输血量宜多不宜少，1 次即可，严重病例可重复输血 1 次。对于病程长、机体损害严重的犬，应大量补给葡萄糖和电解质混合液，并加入维生素 B_1、维生素 C、ATP 等能量合剂，长期身体虚弱的犬，需补充适量的氨基酸，补液量以 30~60 mL/kg 体重为宜。

3. 对症治疗抗病毒

采用利巴韦林或吗啉胍治疗时，可按常规剂量肌注或口服，呼吸困难时可应用氨茶碱或麻黄碱平喘，咳嗽严重时可用止咳化痰类药物（如喷托维林、盐酸溴己新等）治疗。腹泻严重时可酌情使用 372 止泻灵，粪便带血时可考虑使用止血剂。出现神经症状时可采用苯巴比妥或苯妥英钠等缓解神经症状。

4. 中兽医疗法

可以用中成药或中药，如双黄连、清开灵、鱼腥草、柴胡、穿琥宁、安宫牛黄丸等进行治疗。

【防控措施】

平时应严格做好兽医卫生防疫措施，加强免疫注射，发现疫情应立即隔离病犬，深埋或焚毁病死犬尸，彻底消毒被污染的环境、场地、用具等，消毒可用 3%甲醛、3%氢氧化钠或 5%苯酚溶液。

疫苗免疫是预防犬瘟热最有效的方法。现用的 CDV 疫苗，对犬瘟热的预防取得了令人满意的效果。目前，用于犬和野生动物的以弱毒疫苗为主。幼犬：免疫 3 次，间隔 3 周，第 1 次（4~6 周龄）注射犬二联苗，第 2 次（8~9 周）注射五联苗，第 3 次注射六联苗或七联苗。成年犬：免疫 2 次，间隔 3 周，第 1 次注射六联苗，第 2 次注射七联苗，以后每年注射 1 次。弱毒苗提供的免疫保护可持续 1 年以上。在毛皮动物中，犬瘟热弱毒活疫苗一般于接种后 7~15 天产生抗体，30 天后免疫率达到 90%~

100%。疫苗采用皮下注射方式，免疫量为貂 1 mL，狐、貉 3 mL，仔狐、仔貉 2 mL。妊娠兽亦可接种，无不良后果。在疫区对刚断乳的易感犬，也可先注射 2~3 人份的人用麻疹弱毒冻干苗，半个月后再以 2~3 周的间隔注射 2~3 次犬瘟热弱毒疫苗，可获较好的免疫效果。对未出现症状的同群犬和其他受威胁的易感犬可进行紧急接种。病犬应及早用抗血清。当出现明显症状时，则多预后不良。

思考题

1. 犬瘟热病毒如何检测？怎样预防？
2. 请述犬瘟热病毒的致病机理及主要的致病特点。

十二、犬细小病毒病

犬细小病毒病（canine parvovirus disease）是犬细小病毒（canine parvovirus，CPV）引起的犬的一种高度接触性传染病。对幼犬危害较大，发病率和死亡率较高。病犬以剧烈呕吐、出血性肠炎和白细胞显著减少为主要特征。

CPV 最早于 1977 年发现于美国，1978 年首次从患有肠炎的病犬体内分离获得。犬细小病毒病分布于全世界，目前广泛流行于我国华南、西南、华北、东北等地，是危害我国养犬业最主要的传染病之一。

【病原体】

犬细小病毒是单股负链的线状 DNA 病毒，属于细小病毒科（Parvoviriade）细小病毒属（*Parvovirus*）。在所有的 DNA 病毒中，本科病毒是最小的。CPV 粒子在电镜下观察呈圆形或六边形，无囊膜，直径 21~24 nm，为等轴对称的二十面体，其精细的二十面体对称的衣壳包含一条单股 DNA 分子。

CPV 基因组全长 5 323 nt，其长度因基因组末端非编码区约 60 bp 的重复片段的插入或缺失而略有不同。基因组含有两个开放阅读框架（ORF），分别编码非结构蛋白 NS1、NS2 和结构蛋白 VP1、VP2。空衣壳蛋白中只含有 VP1、VP2 两种蛋白，在完整的病毒粒子中还含有 VP3 多肽，它出现于衣壳装配和病毒基因组包装之后。

犬细小病毒具有 2 个型：CPV-1 和 CPV-2。CPV-1 在宿主细胞范围、特异性凝集红细胞、基因特征和抗原性等方面与 CPV-2 有显著的区别，用几种限制性内切酶分析 CPV-1 与 CPV-2 两者的 DNA 后可发现它们没有同源性。CPV-2 可引起高接触性并常常是致死性的疾病，并且自 1978 年发现以来，该病毒已经不断分化、变异产生出新的毒株。1979 年，原始 CPV-2 型毒株进化为 2a 亚型（CPV-2a），1984 年又发现了变异株 CPV-2b。2001 年，在意大利发现新的变异株 CPV-2c。目前，多数地区以 CPV-2a 和 CPV-2b 为主要流行株，有些地区以 CPV-2a 为主要流行株，个别地区还有

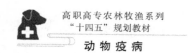

CPV-2c 流行。

犬细小病毒具有血凝特性，能凝集猪及恒河猴的红细胞，因此，血凝和血凝抑制试验常用于犬细小病毒鉴定和血清学分析。

CPV 可以在 F81 细胞、CRFK 细胞、MDCK 细胞内增殖，近年常用 F81 和 MDCK 等传代细胞分离培养 CPV。CPV 在 F81 细胞中于 37 ℃ 条件下培养 3~4 天后可引起明显的细胞病变，表现为细胞脱落、崩解和破碎。CPV 虽能在 MDCK 细胞内增殖，但在 MDCK 细胞上无明显的细胞病变，有时出现细胞圆缩，并常形成核内包涵体。细小病毒的 DNA 复制发生在细胞核内，其复制过程出现于细胞周期的 S 期。所以，在病毒培养传代时，必须在细胞培养的同时或最迟在 24 h 内接种病毒（称为同步接种），才能达到使病毒增殖的目的。

CPV 对外界有着较强的抵抗力，能耐受 65 ℃ 30 min 而不丧失感染性，低温长期存放对其感染性无明显影响，在 pH 3~11 范围内能稳定存在，室温下可存活 90 天，在粪便中可存活数月至数年。对乙醚、醇类、氯仿、去氧胆酸盐有抵抗力。常用的消毒剂有甲醛、β-丙内酯、次氯酸钠、氨水、氧化剂等，紫外线也能使其灭活。

【流行病学】

CPV 主要感染犬，尤其是幼犬，传染性极强，死亡率也高。也能感染貂、狐、狼等其他犬科和鼬鼬科动物，但不常见。一年四季均可发病，以冬、春季多发。饲养管理条件骤变、长途运输、寒冷、拥挤均可促使本病发生。

病犬和带毒犬是主要的传染源，康复后的病犬成为被人们忽视的传染源。CPV 随粪便、尿、唾液和呕吐物大量排出于外界。犬在感染后 3~4 天，即可通过粪便向外界排毒 7~10 天，因此在疾病过程中发生病毒血症的康复犬仍可长期通过粪便向外排毒。犬场蚊子也可以携带 CPV，有证据表明，人、虱、苍蝇和蟑螂均可成为 CPV 的机械携带者。在自然条件下，健康易感犬直接接触病犬、摄入污染的食物、饮水、食具、垫草、器具等可造成感染。

【发病机理】

目前，关于犬细小病毒病的发病机制尚不清楚，有学者认为 CPV 对迅速分裂的细胞有趋向性，哺乳幼犬心肌迅速生长，而肠上皮很少更新，因此 CPV 感染可导致心肌炎；但有学者认为心肌细胞在出生后是不分裂的，这是一般人所公认的现象，出生后的幼犬心肌中的卫星细胞对 CPV 的复制可提供 DNA 功能的需要。

CPV 主要通过消化道感染。病毒首先在口咽部复制，再通过病毒血症方式扩散到全身各处，1~3 天出现在扁桃体、咽淋巴结、胸腺、胸淋巴结及肠相关淋巴组织。在肠道内，病毒可杀死肠腺的上皮细胞，使上皮脱落、绒毛变短，导致出血性坏死性肠炎，临床上表现为呕吐和腹泻。

【临床症状】

CPV 具有高度的接触传染性，其临床症状各异，单纯细小病毒感染，临床症状较轻，多数病例是由于细菌、寄生虫混合感染或继发感染而出现明显症状。CPV 感染有两种疾病类型，即肠炎型和心肌炎型，有时某些肠炎病例也伴有心肌炎变化。

1. 肠炎型

肠炎型自然感染的潜伏期为 7～14 天，病初多表现为低热（40 ℃以下），少数可有高热（40 ℃以上）、精神沉郁、不食、呕吐。初期呕吐物为食物，随后伴有黏液或血液。发病 1 天左右开始腹泻，病初排灰黄色或土黄色的稀便，并混有黏液和伪膜，排便次数增多，后排番茄汁样血便，并发腐尸样臭味，最后频频排出少量的黏液状、鲜红色或暗红色脓样粪便。排尿量减少，呈茶色。病犬反复呕吐，全身症状急剧加重，心音减弱，肠音增强，呼吸困难，最终死于衰竭，致死率达 40%～50%，整个病程为 5～7 天。病程越短，则预后越不良。血液学检查：病犬白细胞数极度下降，至 4 000 个/mL，有的甚至下降至 1 600 个/mL。并出现大量的异型淋巴细胞，呈典型的病毒感染血象（正常犬血液中白细胞数为 6 000～17 000 个/mL），有一定的参考意义。

2. 心肌炎型

心肌炎型多见于刚断乳的幼犬，病犬病初食欲、精神尚可，不见明显的肠炎症状。常突然发病，心脏高度松弛、扩张，心肌柔软，颜色变淡，心内膜及心外膜上有出血点。心电图 R 波降低，S-T 波升高。血液生化检查，天冬氨酸转氨酶（AST）、乳酸脱氢酶（LDH）、肌酸激酶（CK）活性增高。常因急性心力衰竭而死亡，只有极少数轻度病例可以治愈，致死率为 60%～100%。

【病理变化】

1. 肠炎型

肠炎型病理变化主要见于空肠、回肠，肠绒毛明显萎缩，肠腔大多无食糜，部分犬十二指肠内含少量黄绿色半透明黏液或黏液与食糜的混合物。肠壁增厚，黏膜水肿。肠黏膜呈黄白色或红黄色，弥漫性或局灶性充血，有的呈斑点状或弥漫性出血。黏膜上被覆稀薄或黏稠的黏液。集合淋巴小结肿胀、凸出。小肠肠系膜淋巴结肿胀，部分充血、出血。结肠和直肠内容物稀软，酱油色，腥臭或恶臭。大多数病犬的盲肠、结肠、直肠黏膜肿胀，呈黄白色。有的结肠和直肠黏膜表面散在针尖大出血点。结肠肠系膜淋巴结肿胀、充血。

2. 心肌炎型

心肌炎型心脏扩张，两侧心房、心室有界限不明显的苍白区，心肌和心内膜有非化脓性坏死灶，心肌纤维严重损伤，出现出血性斑纹。心肌损伤部位的细胞内常见核内包涵体。肺水肿，由于局灶性充血和出血，肺表面呈斑驳色彩。

【诊断】

根据流行特点，结合临床症状和病理变化可作出初步诊断。确诊需要做病原分离和鉴定。

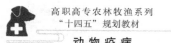
1. 病毒分离

病毒分离将病毒处理后接种 MDCK 细胞或 F81 细胞，分离病毒，观察细胞病变及核内包涵体。如果没有明显细胞病变，应继续盲传两代才能作出结论。

2. 血凝试验

根据犬细小病毒能凝集猪的红细胞的特点，用血凝试验可以迅速检测粪便中的 CPV。

3. ELISA

ELISA 有间接法、竞争法等，澳大利亚 CSL 公司开发有 ELISA 快速诊断试剂盒，简便、敏感性高和特异性好。我国军事医学科学院采用单抗和多抗双夹心酶标免疫法，也研制出 ELISA 诊断试剂盒，可 30 min 内检出犬粪便中的 CPV，达到快速诊断的目的。

4. PCR

目前已研制出犬细小病毒 PCR 诊断试剂盒，操作简单、敏感性高、有效期长。通过设计特异性引物，可以区分 CPV 弱毒疫苗株和野毒株，此外，PCR 方法还可区别出 CPV-2a 和 CPV-2b 亚型。

5. 鉴别诊断

犬细小病毒病尤其是发病初期最易与犬瘟热混淆，造成误诊，因此临床上必须结合腹泻特征、呕吐特点进行鉴别诊断。经犬细小病毒感染的犬，其呕吐物为黄色泡沫状液体，排泄物为番茄酱样稀粪，病犬食欲废绝，腹部有压痛，鼻镜干燥、流清涕，结膜淡红或苍白，体温一般正常，肺部无明显变化，无神经症状；患犬瘟热的犬，其呕吐物为胆汁状液体，排黏液样便，腋下有脓疱状丘疹，流脓性鼻液，结膜暗红有脓性分泌物，体温升高、稽留，肺部剖检有明显病变，伴有震颤、抽搐、癫痫、痉挛等明显的神经症状。

【治疗】

心肌炎型病犬病程急、恶化迅速，常来不及救治就已死亡。肠炎型病犬如果能及时合理治疗，可明显降低死亡率。在患病早期，可应用高免血清的同时进行强心、补液、抗菌、消炎、止吐、止泻、抗休克等对症治疗，同时注意保暖。实践证明，犬腹泻、呕吐期间禁食、水，停喂牛奶、肉类等高脂肪、高蛋白性食物，可减轻肠胃负担，提高治愈率。

一旦确诊为本病，应立即应用犬细小病毒高免血清或康复犬血清。高免血清的用量为 0.5~1 mL/kg 体重，康复犬血清用量为 0.5~2 mL/kg 体重，每天 1 次，连用 3~5 天。如同时使用其他抗菌消炎药，可防止继发感染，提高疗效。

病犬表现出严重呕吐、腹泻时，应及时纠正脱水、电解质紊乱、酸碱平衡失调，可静注乳酸钠林格注射液 50~500 mL、20% 高糖注射液 20~40 mL、盐酸山莨菪碱注射液（654-2）0.3~1 mL。维生素 C 2~6 mL、ATP 1~2 mL、1%~2% 氯化钾加抗菌

（毒）消炎药缓慢静注。同时，肌注溴米那普鲁卡因 1~2 mL、地塞米松 5~10 mg、酚磺乙胺 2~4 mL，每日 2 次，3~5 天为一个疗程（俞华英，2002）。如果静脉注射有困难，可以腹腔输液。

此外，还可以结合中药治疗。中药以清热解毒、止泻止血为治疗原则。可用黄连 5~10 g、乌梅 15~25 g、诃子 8~15 g、郁金 8~15 g、白头翁 15~25 g、黄柏 5~10 g，根据犬只体重和临床症状适量增减药量。

【防控措施】

预防本病主要依靠疫苗注射和严格的检疫制度。目前，国内使用的有同源和异源灭活疫苗及弱毒疫苗两类。异源苗是指猫泛白细胞减少症灭活疫苗或弱毒疫苗，安全可靠，曾在法国和澳大利亚等国广泛使用。现在国外多倾向使用同源苗即犬细小病毒灭活疫苗或弱毒疫苗。国内也有多家单位生产单价疫苗、二联苗（犬细小病毒病和传染性肝炎）、三联苗（犬瘟热、犬细小病毒病和犬传染性肝炎）和五联苗（犬瘟热、犬细小病毒病、犬传染性肝炎、狂犬病和犬副流感）。

1. 犬细小病毒病免疫程序

CPV 感染的最低抗体保护值为 1∶80。对无母源抗体、母源抗体水平很低或不知其母源抗体水平的仔犬建议用以下免疫程序：5 周龄首免，8~9 周龄二免，12~13 周龄三免，15~16 周龄四免。对母源抗体较高的仔犬免疫程序：断奶时首免，12~13 周龄二免，15~16 周龄三免，以后每年免疫 1 次。对成年犬：首年免疫注射共 2 次，每次间隔 3~4 周，以后每年加强免疫 1 次。对母犬：可在产前 3~4 周免疫接种，在产仔前 1 个月对母犬用灭活苗免疫，所生仔犬 60 日龄首免，75 日龄加强免疫，以后间隔 6 个月免疫 1 次。该程序对犬的保护率为 100%（张加正等，2000）。对有可能处于潜伏期的动物，须先注射高免血清，观察 1~2 周无异常时，再按免疫程序免疫。

2. 加强饲养管理

在平时进行科学饲养，不喂发霉变质的食物，特别是要给足够的蔬菜和多种维生素及微量元素添加剂。禁止从疫区引进犬，新引进的犬要隔离 30 天以上。一旦犬群中发现本病，应立即进行隔离，防止病犬与健康犬接触，并对犬舍及场地严格消毒。环境场地消毒可用 3% 甲醛，犬舍可用 2%~3% 氢氧化钠溶液、1% 漂白粉溶液进行喷洒消毒。病犬尸体深埋，进行无害化处理，防止疫病传播和流行。

思考题

1. 犬细小病毒的病理变化分型有哪些？具体有什么病理变化？

2. 犬细小病毒病的具体防控方法有哪些？

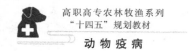

十三、兔病毒性出血症

兔病毒性出血症（rabbit hemorrhagic disease，RHD）又名兔出血性肺炎、兔出血症或兔瘟，是由兔出血症病毒引起的一种急性、败血性的高度接触性传染病。本病潜伏期短，发病急、病程短、传播快、发病率及病死率极高，对易感兔致病率可达90%，病死率可达100%。本病以呼吸系统出血，实质器官水肿、瘀血、出血和肝脏坏死为特征。该病常呈爆发性流行，是兔的一种毁灭性传染病。

本病于1984年初首先在我国江苏省无锡市等地爆发，随即蔓延到全国多数地区。此后，世界上许多国家和地区也报道了本病。

【病原体】

兔出血症病毒（rabbit hemorrhagic disease virus，RHDV）属嵌杯状病毒科（Caliciviridae）兔嵌杯病毒属（*Lagovirus*），病毒粒子呈球型，直径32~36 nm，为二十面体对称结构，无囊膜。RHDV基因组为单股正链RNA，全长7 437个核苷酸，相对分子质量 $2.4×10^9$~$2.6×10^9$，基因组含有两个开放阅读框架（ORF），"3,"端的ORF编码一个相对分子质量为 $1.29×10^4$ 的VP10蛋白，含量较低，功能尚不明确。"5,"末端的ORF编码一个2 344氨基酸的多聚蛋白前体，该前体被病毒蛋白酶进一步分解为衣壳蛋白（相对分子质量约 $6×10^4$）和非结构蛋白，其中衣壳蛋白VP60为病毒的主要结构蛋白。VP60为RHDV唯一的结构蛋白，与诱导抗病毒感染的免疫反应直接相关。从不同地区分离出的RHDV的基因组序列大致相同，VP60的氨基酸组成也很相近。从法国、西班牙和埃及分离出的RHDV的基因组序列约有2%的差别。现有结果表明，世界范围内的所有病毒分离株似乎均为同一血清型。Berninger等比较了来自意大利、韩国、墨西哥和西班牙分离株的血清型，发现仅存在微小的差异。欧洲对兔病毒性出血症的病毒学和血清学回顾性调查发现，1982年保存的病料中含有RHDV相关的病毒，且早于中国首次发生之前的12~13年兔血清样品RH天抗体也呈阳性，表明该病在欧洲的兔群中已经存在了多年，因此该病实际上起源于欧洲。

RHDV不能在鸡胚上增殖，也难于在各种原代或传代细胞中稳定增殖，至今尚未真正找到一种能够使其长期传代的细胞，但其可以在乳鼠体内生长繁殖，引起规律性发病和死亡，因此除家兔外，可以利用乳鼠进行种毒保存。

RHDV能凝集人类的各型红细胞，其中对O型红细胞的凝集反应快而强烈，血凝（HA）效价高达 $5×2^{13}$~$5×2^{15}$。而对A型红细胞的凝集反应慢而弱，HA效价很低。除此外，RHDV还对绵羊、鸡、鹅的红细胞有较弱的凝集能力，不凝集其他动物的红细胞。

病毒对乙醚、氯仿等有抵抗力，耐酸和50 ℃ 1 h的处理，在pH 3的环境中仍不能被破坏。

感染家兔的血液在4 ℃经9个月、含毒的肝脏−20 ℃经560天或室外污染环境经

135 天仍能保持病毒致病性。但病毒对紫外线、日光、热敏感。常用消毒剂需作用足够的时间才能杀灭病毒，如 1%氢氧化钠需 4 h，1%~2%的甲醛、1%漂白粉需 3 h。

【流行病学】

病兔和带毒兔是主要传染源，通过粪便、皮肤、呼吸和生殖道排毒，其中消化道是主要传染途径。可直接接触传染，也可通过污染的饲料、灰尘、饮水、用具、兔毛、饲养员、皮毛商和兽医等间接接触传播。皮下、肌肉、静脉注射、滴鼻和口服等途径人工感染均可引起发病，但尚没有由昆虫、啮齿动物或经胎盘垂直传播的证据。

本病只发生于家兔和野兔。各种品种的兔都可感染发病，毛用兔的易感染性略高于皮用兔，其中长毛兔最易感，青紫蓝兔和土种兔次之。60 日龄以上的青年兔和成年兔的易感性高于 2 月龄以内的仔兔。用活毒接种兔以外的多种动物后，在鸡和猪中未检出抗体；在牛、羊、豚鼠、犬、猫、鸭、鸽、相思鸟等中能测出特异性抗体；在仓鼠、大鼠和小鼠虽无明显症状，但都不同程度地有与兔相仿的组织病理变化。这些动物有可能成为隐性带毒者。

流行特征：本病发病急，病死率高，常呈爆发性流行，传播迅速，病势凶猛，几天内危及全群。在成年兔、肥育兔和良种兔中的发病率和病死率都高达 90%~95%甚至 100%。本病一年四季均可发生，但北方以冬、春季节多发，这可能与气候寒冷、饲料单一导致兔体抵抗力下降有关。

【发病机理】

RHDV 是侵害多种组织细胞的泛嗜性病毒，主要侵噬肝脏，靶细胞主要是肝细胞及血管内皮细胞。感染初期 RHDV 首先在宿主细胞核内出现，随即在核内增殖、聚集，严重期核内感染强度达到高峰。疾病后期，核内的 RHDV 颗粒通过破损的核膜或核崩解向细胞浆扩散。但只要核的轮廓尚存，核内 RHDV 的密度始终高于胞浆。注射 RHDV 8 h 后便可在兔的肝脏中检测到病毒，而在脾脏中无 RHDV 的复制，病毒在肝脏中复制后运送至脾脏，在脾脏中有成熟病毒粒子池。

【临床症状】

潜伏期自然病例为 2~3 天，人工感染病例为 1~3 天。根据病程长短可分为 3 种病型。

1. 最急性型

最急性型多见于非疫区或流行初期。患兔通常无任何异常临床表现，突然倒地，四肢呈划水状抽搐，惨叫几声后死亡，可视黏膜发绀，死后呈角弓反张姿势，有的鼻孔流出泡沫状血液，病程 10 h 以内。

2. 急性型

急性型病兔精神沉郁，被毛粗乱，结膜潮红，体温升高达 41 ℃以上，稍稽留后急骤下降，食欲减退甚至废绝；饮水增多，呼吸困难，临死前出现神经症状，突然兴奋，运动失调，挣扎狂奔或剧烈地翻转，抽搐痉挛、呻吟、尖叫而死亡，少数兔死前

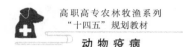

肛门松弛，被毛有黄色黏液沾污。死后呈角弓反张貌，鼻孔流出泡沫性液体，病程12~48 h。

3. 慢性型

慢性型多见于老疫区或流行后期，或幼龄兔。病兔体温升高，食欲不振，精神萎靡，口渴思饮，被毛蓬乱无光，迅速消瘦，衰弱而死。病程较长，个别患兔可耐过，但生长缓慢，发育较差。

【病理变化】

主要病理变化为急性坏死性肝炎，诸多器官出血、弥漫性血管内凝血，后期发展为急性败血症。出血是该病重要的病理变化之一，它是血管内皮损伤、弥漫性血管内凝血和其他多种因素致使毛细血管壁通透性增强的反应。

主要病变表现为血液凝固不良，皮下、实质器官有较明显的广泛性出血；鼻腔、喉头、气管黏膜高度出血、充血，有"红气管"之称，管腔内积有粉红色泡沫或液体。心包出血、积水、心肌松软，心外膜有散在出血点；肺出血，切面有大量泡沫状暗红色血液；肝瘀血、肿大，表面有淡黄色或灰白色条纹、质脆，切面粗糙；脾肿大，边缘钝圆、瘀血；胆囊胀大、充满胆汁；肾肿大，有暗红色出血点，个别有灰黄色坏死区；膀胱积尿呈血红色；胃、小肠、大肠黏膜脱落，并有散在出血点和瘀血块，肠系膜淋巴结肿大，部分肠腔内充满淡黄色胶样液体。

【诊断】

根据本病的流行病学特点、临床表现及典型病理变化，可以作出初步诊断。确诊应进行实验室诊断。主要采用以下方法：

1. 微生物学检验

用无菌方法采集心血涂片镜检，采取肝、脾做触片镜检，或将病料接种于血液琼脂和肉汤培养基，37 ℃培养24 h，如未发现有细菌存在和生长，可排除细菌性疾病。

2. 血凝与血凝抑制试验（HA 和 HI）

无菌采取病兔的肝，剪碎后加生理盐水制成1∶10悬浮液，冻融3次，3 000 r/min离心30 min，取上清液做血凝试验，把待检的上清液连续作2倍稀释，然后加入1%人 O 型红细胞，在22~25 ℃环境中作用1 h后观察结果。以出现完全凝集的抗原最大稀释度为该抗原的血凝滴度，血凝滴度大于1∶160判定为阳性。如果血凝试验阳性并能被已知本病的阳性血清抑制，即可确诊本病。血凝抑制试验多用于本病的流行病学调查和疫苗免疫效果的检测。

3. 其他血清学试验

其他血清学试验包括琼脂扩散试验（AGP）、酶标抗体试验、间接免疫荧光抗体试验、玻片免疫酶染色试验、免疫印迹法、斑点 ELISA（Dot-ELISA）、兔体血清中和保护试验等。可根据实际条件有选择地采用。

4. 分子生物学技术

近年来，RT-PCR 及实时荧光定量 PCR 用于检测可疑病料中的病原，具有快速、特异的特点，后者还能准确地检测病料中的病毒含量。

【治疗】

无特效治疗方法，重在预防。

【防控措施】

1. 加强饲养管理和卫生防疫

坚持自繁自养，不从疫区引进种兔及产品，引进种兔时应进行检疫，引进后隔离观察至少半个月再混群。重视饲养质量，平衡饲草料营养水平，在日粮中适量增加维生素 A、维生素 B、维生素 C 和维生素 E，注意避免过大的温、湿度差，增强机体抵抗力。平时加强环境定期消毒，每周至少对兔舍、兔笼及周围环境消毒 1 次。

2. 做好平时的预防接种工作

目前广泛使用兔瘟组织灭活苗或兔瘟-巴氏杆菌二联苗或兔瘟-巴氏杆菌-魏氏梭菌三联苗来对兔瘟进行预防。实际生产中首免最好是用兔瘟单苗预防，联苗作为加强免疫用时。一般情况下，仔兔 20~25 日龄后，母源抗体已接近临界值，故 25 日龄接种兔瘟灭活苗比较合适。

3. 发生兔瘟时的扑灭措施

一旦发生兔瘟，立即封锁疫点，暂时停止种兔调剂，关闭兔及兔产品交易市场，重病兔淘汰，病死兔深埋或焚烧，不得取皮或食用。水槽和料槽等用 0.1% 新洁尔灭浸泡、刷洗，金属笼具可用火焰喷灯彻底消毒，兔舍环境、地面、笼具、用具等用 1∶150 的复方酚溶液或 1∶500 的强力消毒灵进行彻底消毒。对未发病兔紧急接种疫苗，每只注射 2~3 mL。对可疑兔注射高免血清，每只 3 mL；对所有存栏兔用板蓝根注射液 2 mL、盐酸吗啉胍注射液 1~2 mL 混合肌注，每天 1 次，连用 3 天。

思考题

1. 简述兔瘟发生的原因。
2. 简述兔瘟疫苗使用过程中的常见注意事项。

十四、兔黏液瘤病

兔黏液瘤病（rabbit myxomatosis）是由兔黏液瘤病毒引起的兔的一种高度接触传染性、高度致死性传染病，其典型特征为全身皮肤，尤其是面部和天然孔周围皮肤发生黏液瘤性肿胀。因切开黏液瘤会流出黏液蛋白样渗出物而得名。本病有极高死亡率，常给养兔业造成毁灭性损失。我国将其列为二类动物疫病。

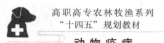
兔黏液瘤病是一种自然疫源性疾病，最早在 1896 年发现于乌拉圭，随后不久即传到巴西、阿根廷、哥伦比亚和巴拿马等国家，至今这些国家仍然有散发病例。此后该病传入欧美多国。到目前为止，已发生过该病的国家和地区至少有 56 个。我国目前尚无发生。

【病原体】

黏液瘤病毒（myxoma virus，MV），属痘病毒科（Poxviridae）兔痘病毒属（*Leporipoxvirus*）。病毒颗粒呈卵圆形或砖形，大小 280 nm×250 nm×110 nm，基因组为线性双链 DNA，其中大约有 100 个基因编码结构蛋白和必需蛋白。基因组两端含有许多免疫调节基因，参与宿主免疫系统的抗 MV 感染反应。

目前，该病毒只有 1 个血清型，但不同毒株在抗原性和毒力方面有明显差异，强毒株可造成 90% 以上的病死率，弱毒株引起的病死率则可能不足 30%。在已经鉴定的毒株中，以南美毒株和美国加州毒株最具有代表性。

本病毒能在 10~12 日龄鸡胚绒毛尿囊膜上生长并产生痘斑。南美毒株产生的痘斑大，加州毒株产生的痘斑小，纤维瘤病毒不产生或产生的痘斑很小。也可在鸡胚成纤维细胞、兔肾细胞和兔睾丸细胞等兔源细胞及多种鼠胚肾细胞培养物上生长并出现典型的痘病毒细胞病变，在细胞胞浆内形成包涵体和核内空泡。

黏液瘤病毒对乙酰敏感，但能抵抗去氧胆酸盐和胰蛋白酶，这是本病毒的特有性质。对热敏感，55 ℃ 10 min，60 ℃ 数分钟内均可被灭活，在 2~4 ℃，以磷酸甘油为保护剂可长期保存。对干燥有较强的抵抗力，可存活 2 周，在潮湿环境中 8~10 ℃ 可存活 3 个月以上，26~30 ℃ 时能存活 1~2 周。对高锰酸钾、升汞和苯酚有较强的抵抗力，0.5%~2% 的甲醛溶液需要 1 h 才能灭活该病毒。

【流行病学】

病兔和带毒兔是主要传染源。病毒存在于病兔全身体液和脏器中，尤以眼垢和病变部皮肤渗出液中含量最高。病毒可通过呼吸道传播，易感兔可通过直接接触病兔或病兔污染的饲料、饮水和器具等方式感染和发病。自然流行时则主要通过节肢动物传播，主要包括库蚊、伊蚊、刺蝇和兔蚤等。这些吸血昆虫在本病的传播中起重要作用。

该病只侵害兔，不感染人和其他动物。不同品种的家兔和野兔的易感性差异较大，抵抗力较强的患兔可作为黏液瘤病毒的自然宿主和带毒者，感染后只在局部出现单在的良性病灶。本病发生有明显的季节性，夏秋季为蚊虫大量滋生的季节，尤其是湿洼地带发病最多。

【临床症状】

由于病毒毒株间毒力差异较大和兔的不同品种及品系间对病毒的易感性高低不同，所以本病的临床症状比较复杂。潜伏期通常为 3~11 天，平均 5 天，最长可达 14 天。

强毒力南美毒株和强毒力欧洲毒株感染时，病兔全身都可能出现明显的肿瘤样结节，结节破溃后可流出浆液性液体。颜面部水肿明显，病兔头部似狮子头状。眼鼻分泌物呈黏液性或脓性，严重时上下眼睑互相粘连。病死率达100%。感染毒力较弱的南美毒株或澳大利亚毒株时，病兔症状轻微，病死率较低。自然致弱的欧洲毒株，所致症状比较轻微，肿块扁平，病死率较低。

近年来，该病毒出现了呼吸型变异株，在临床上可引起浆液性或脓性鼻炎和结膜炎，病兔具有呼吸困难、摇头、喷鼻等表现，皮肤病变轻微或仅见局限性的肿瘤样结节，病死率很高。

【病理变化】

剖检可见皮肤上的特征性肿瘤结节和皮下黄色胶冻样固体聚集浸润，额面部和全身天然孔皮下充血、水肿及脓性结膜炎。淋巴结和肺肿大、出血、充血，胃肠道黏膜下和心外膜有瘀血。组织学变化为皮肤肿瘤。切片检查，可见许多大型的星状细胞（未分化的间质细胞）、上皮细胞肿胀和空泡化。胞浆内含有嗜酸性包涵体。包涵体内有蓝染的球菌样小颗粒-原生小体。胞核明显肿胀，同时有炎性细胞浸润。淋巴结外膜增厚，淋巴小结被增生的网状细胞代替，淋巴窦消失。肾脏被膜下有炎性细胞浸润，肾小管上皮细胞变性，核固缩。睾丸浆膜增厚，曲细精管扩张，间质细胞可变化成黏液瘤样细胞。肺泡上皮增生并转化为黏液瘤样细胞。

【诊断】

根据本病的临床症状和病理变化特征，结合流行病学，可作出初步诊断。确诊需进行实验室检查。

1. 病理组织学诊断

采取病变组织，用10%中性甲醛溶液固定，石蜡包埋做切片，HE染色，显微镜检查。在黏液瘤细胞及病变部皮肤上皮细胞可见有胞浆内包涵体。

2. 病毒分离

无菌采取病变组织，用磷酸盐缓冲液制成匀浆，常规处理后的上清液接种兔肾原代细胞或RK13传代细胞单层，24~48 h后出现典型的瘤病毒细胞病变，有的细胞融合形成合胞体，有的细胞核发生变化，有时出现嗜伊红的细胞浆包涵体，呈散在性分布。感染细胞变圆、萎缩和核浓缩，溶解脱壁，甚至单层完全脱落。

3. 琼脂免疫扩散试验

1%琼脂糖磷酸盐缓冲液高压溶解后制成琼脂板，打直径5 mm的小孔，分别在小孔内加入标准阳性血清和被检的上述接种细胞用的病料抗原。如在24 h内出现2~3条沉淀线，表明有黏液瘤病毒抗原存在。

4. 血清学诊断

在感染后8~13天的兔体内可产生病毒抗体，抗体效价在20~60天时最高，若不再感染，则在6~8个月后消失。可采用琼脂免疫扩散试验、补体结合试验、血清中

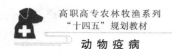

和试验和 ELISA 等进行检测。

5. 鉴别诊断

主要应与兔纤维瘤病相区别，兔纤维瘤病琼脂扩散试验时仅出现 1 条沉淀线。可将前述病料人工接种易感兔，产生高度致死性疾病的是黏液瘤，兔纤维瘤病仅在局部发生纤维瘤。

【防控措施】

目前，我国尚无此病的发生，随着国外种兔的进口，本病传入我国的危险性甚大，应予高度警惕。一旦传入我国，其危害和造成的经济损失将无法估量。因此，应加强海关及边境口岸检验检疫，严防此病传入我国。严禁从有本病的国家进口兔和兔产品。做好兔场清洁卫生工作，防吸血昆虫叮咬家兔。严防野兔进入饲养场。一旦发生本病，立即扑杀处理，并彻底消毒。

思考题

如何切断兔黏液瘤病虫媒传播途径？

项目二　细菌及其他微生物性传染病

任务一　人畜共患细菌性传染病

一、大肠杆菌病

大肠杆菌病（colibacillosis）是由大肠杆菌的某些致病性血清型菌株引起的一种人畜共患病的总称。各种动物都可发生，主要危害幼年动物，病型复杂多样，临床表现以腹泻、败血症及肠毒血症为特征。自1894年Ligniers首先报道鸡大肠杆菌病以来，世界许多国家和地区都报道有本病发生。大肠杆菌具有宿主泛嗜性，它可以感染几乎所有家禽、野禽、水生哺乳动物、猪、马、牛及人类等，在公共卫生和兽医学上具有重要意义。

【病原体】

大肠杆菌（escherichia coli，EC）是革兰阴性无芽孢的直杆菌，其大小为（2～3）μm×(0.4～0.7)μm，有鞭毛，大多数菌株以周生鞭毛运动，但也有无鞭毛或丢失鞭毛的无动力变异株。通常无明显荚膜，但有的菌株可形成微荚膜。本菌为需氧或兼性厌氧菌，最适生长温度为37℃，最适生长pH为7.2～7.4，对营养要求不高，在普通培养基或人工合成培养基上均能良好生长，在普通培养基上长出隆起、光滑、湿润的乳白色圆形菌落；在麦康凯培养基上形成中等大小、圆形、表面光滑、湿润、边缘整齐的粉红色小菌落；在伊红美蓝琼脂上形成带金属光泽的黑色菌落；在SS琼脂培养基上生长不良或不生长，生长者呈红色，也可形成粗糙的菌落，菌落较大，干燥，表面粗糙，边缘不整齐；部分菌株（致仔猪黄痢或水肿病）在绵羊血液琼脂培养基上呈β溶血；在液体培养基内呈均匀混浊，管底常有絮状沉淀物，液面管壁有菌环，有特殊臭味。在含氰化钾溶液的培养基中不生长。

按目前国际上的分类，大肠杆菌大致有6种致病型，包括肠产毒素性大肠杆菌（Enteroioxigenic E. coli，ETEC）、肠致病性大肠杆菌（Enteropathogenic E. coli，EPEC）、肠侵袭性大肠杆菌（Enteroinvasive E. coli，EIEC）、肠出血性大肠杆菌（Enterohemorrhage E. coli，EHEC）、肠聚集性大肠杆菌（Enteroaggregadve E. coli，

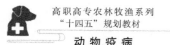
EAEC）和弥散性黏附大肠杆菌（Difusely adherence E. coli，DAEC）。在引起人畜肠道疾病的血清型中，主要有前 3 种大肠杆菌等。

大肠杆菌的结构抗原比较复杂，主要包括菌体（O）抗原、表面（K）抗原、鞭毛（H）抗原、菌毛（F）抗原、外膜蛋白（OMP）抗原及分泌性抗原，如渗透因子（PF）等。依据其主要抗原（O、K、H）的不同，可分为不同的血清型。已确定的 O 抗原有 173 种，K 抗原有 103 种，H 抗原有 64 种。近年来发现的肠道致病性大肠杆菌具有的 F 抗原也可用于血清型鉴定。这些不同的抗原类型相互组合可形成不同的血清型，因此大肠杆菌的血清型可达数千种，但致病性大肠杆菌的血清型则分布在有限的范围内。在 170 多种 O 型抗原血清型中，有 1/2 左右的抗原有致病性，但常见的是 O1、O2、O78、O35 这 4 个血清型。肠出血性大肠杆菌包括众多血清型，尤其以 O157∶H7 引起的感染最多，可引起出血性结肠炎，致死率很高。

大肠杆菌能发酵多种碳水化合物进而产酸产气，可迅速分解葡萄糖、乳糖等多种碳水化合物，约半数菌株不分解蔗糖。还原硝酸盐，产生靛基质，几乎不产生硫化氢，不分解尿素。除乳糖发酵试验外，吲哚形成试验、甲基红试验、VP 试验和枸橼酸盐利用试验 4 项试验（IMVIC 试验）是细菌学中常用的检测指标。吲哚试验和甲基红试验均为阳性，VP 试验和枸橼酸盐利用试验均为阴性，即 IMVIC 为"++－－"。氧化酶试验阴性，不利用丙二酸钠，不液化明胶。

大肠杆菌的抵抗力中等，各菌株间可能有差异。在自然界的水中可存活数周至数月，常用的消毒药，如 2%～3% 的氢氧化钠溶液、0.5% 的新洁尔灭等，均易将其杀死。大肠杆菌对氯很敏感，对强酸、强碱较敏感，其耐受 pH 范围一般在 4.3～9.5。大肠杆菌对热的抵抗较强，55 ℃ 60 min 或 60 ℃ 15 min 一般不能杀死所有菌体，60 ℃ 30 min 则能将其全部杀死。在潮湿、阴暗而温暖的外界环境中，大肠杆菌的存活不超过 1 个月；在寒冷而干燥的环境中存活较久，菌体培养物加 10% 甘油在 -80 ℃ 下冻存可存活几年，冻干后 -20 ℃ 可保存 10 年。

我国各地分离的大肠杆菌菌株表现出不同程度的耐药性，耐药谱广，且动物源性大肠杆菌对抗生素的耐药性以多重耐药为主。对喹诺酮类、磺胺类、利福平耐药率达到 90% 以上，其中鸡源、猪源大肠杆菌耐药情况各不相同，部分地区的分离株对丁胺卡那霉素、头孢哌酮/舒巴坦较敏感，耐药率低于 15%，因此丁胺卡那霉素、头孢哌酮/舒巴坦可作为这些地区防治致病性大肠杆菌的首选药物。

【流行病学】

幼龄畜禽对本病最易感。各种品种及不同日龄的禽类都可感染发病。幼雏和中雏发生较多，发病较早的为 4 日龄、7 日龄和 9～10 日龄，通常以 1 月龄前后的雏鸡发病较多。猪自出生至断乳期均可发病，仔猪黄痢主要发生于出生后数小时至 1 周龄以内的仔猪，以 1～3 日龄最为多见，一周龄以上的仔猪很少发病；仔猪白痢以 10～30 日龄以内的仔猪常发；猪水肿病主要见于断奶后 1～2 周的仔猪。1 周龄内的犊牛易发该病，但 2~3 周龄也有发生。羔羊初生至 6 月龄比较易感，有些地方也有 3~8 月龄的羊发生该病。本病还主要侵害 20 日龄及断奶前后的仔兔和 1 月龄左右的仔貂及当年的幼貂。

病畜（禽）和带菌者是本病的主要传染源，通过粪便排出病菌，当仔畜吮乳、舐舔或饮食时，经消化道而感染。此外，牛也可以经子宫或脐带感染，禽也可经呼吸道感染，或病菌侵入孵种蛋裂隙使胚胎发生感染。人主要通过污染的水源、食品、乳制品及用具等经消化道感染。

大肠杆菌主要通过病畜（禽）和带菌者的分泌物或排泄物，以及被污染的饲料、饮水或土壤，经消化道传染给易感宿主。例如仔猪黄痢，带菌母猪通过粪便将病原体排出体外，污染地面、饲槽等处，仔猪出生后通过吮吸带菌母猪的被污染乳头和皮肤经消化道感染发病。本病还可以通过损伤的皮肤及蚊、蝇、虱、蜱等吸血昆虫传播。屠宰场、肉食品加工场的废品、废水、食堂泔水、动物性蛋白饲料等饲喂动物也是引起本病发生的一个常见原因。

禽大肠杆菌病以冬末春初较为多见，如果饲养密度大，场地旧、污染严重，则随时都可发生。猪大肠杆菌病、仔猪黄痢在自繁自养猪场，尤其头胎母猪所产的仔猪中较多发生。在产仔季节常常可使多窝仔猪发病，一窝中由 1 头迅速传至全窝，发病率常在 90%，但母猪不发病。仔猪白痢在产仔季节多是成窝发病，但一般以严冬、早春及炎热季节发病较多，饲养管理和卫生方面的各种不良因素都是引起本病发生的重要原因。仔猪水肿病发病率不高，但致死率很高，主要在断奶前后半个月发生，这与仔猪特异性抗体消失有关。发病者多为膘肥体壮的猪，与饲料单一或浓厚蛋白质饲料或饲养方法突然改变也有联系，国外报道发病前常常有 1~2 天轻度腹泻为先兆，有些呈季节性（4~5 月，9~10 月），散发，一般不传染同栏猪。犊牛和羔羊大肠杆菌病多见于冬春舍饲季节，呈地方性流行或散发性，在放牧季节很少发生。母畜在分娩前后营养不良、饲料中缺乏足够的维生素或蛋白质、厩舍卫生条件差、通风不良等都能促使本病的发生流行和加重病情。兔大肠杆菌病经消化道传染，一年四季均可发生，常呈爆发性，造成严重死亡。群养兔的发病率明显高于笼养兔，高产毛用兔的发病率高于皮肉兔。本病常与球虫病混合感染，此时下痢更为严重，病死率也高。第一胎仔兔的发病率和死亡率高于其他胎次的仔兔。

【发病机理】

尽管致病性大肠杆菌的血清型有很多，但其致病的机理十分相似，即感染机体后，该菌首先通过菌毛黏附在肠黏膜或呼吸道黏膜上皮细胞上，通常紧密黏附于肠上皮细胞的表面或嵌入上皮细胞表面的凹陷中，使黏膜呈特征性损伤，局部微绒毛萎缩，肠黏膜坏死，进而形成溃疡，而后大量繁殖并释放各种毒素（毒力因子），最终造成实质器官的各种炎症，严重时各种毒素被吸收后造成全身性病症。因此，大肠杆菌的致病性主要是通过产生各种毒力因子，后者再与宿主细胞发生相互作用，而造成

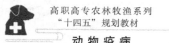
各种组织损伤和功能失调。

1. 定居与黏附素

肠产毒素性大肠杆菌进入小肠后，必须首先克服自然清除机制，黏附于小肠黏膜，才能发挥致病作用。正常情况下，小肠前1/3段有少量的肠产毒素性大肠杆菌存在。抗体缺乏、pH升高、肠道蠕动减弱、机体应激等条件下，可使进入小肠前段的大肠杆菌大量繁殖，如正常动物空肠中段为1万个，腹泻动物可达10亿个，黏附能力与黏附素有关。黏附素固着于肠黏膜表面细胞的特异性受体上，从而使大肠杆菌定居于黏膜。

2. 肠毒素和内毒素

肠毒素性大肠杆菌能产生两种不同的肠毒素：热稳定毒素（ST，能耐热100 ℃ 15 min）和热敏感毒素（SL，不耐热，60 ℃ 15 min即被破坏）。如取肠产毒素性大肠杆菌的培养滤液，灌入1~3日龄仔猪胃内，易引起仔猪腹泻；若进行肠结扎试验，则引起肠段充气、充血、膨胀。肠毒素的总效应是：引起水、Na^+、Cl^-、HCO_3^-等离子分泌亢进，导致分泌性腹泻。内毒素可引起内毒素血症，如体温升高、血压下降、呕吐、血管内凝血等。

3. 水肿素

致猪水肿病的大肠杆菌能够产生一种生物活性物质——水肿因子，它是一种神经毒素，存在于病猪小肠，可致血管损伤，引起眼睑水肿、共济失调等神经临床症状。

4. 过敏反应

通过各种方式已致敏的仔猪再次接触相应大肠杆菌时，短时间内可出现过敏反应，如咳嗽、呼吸困难、呕吐、里急后重、眼睑等部位水肿。

在大肠杆菌病的发病过程中，不管是哪种毒力因子起主要作用，引起肠道局部组织的微血管乃至全身微血管的功能障碍是大肠杆菌病的一个基本特征和病理过程。其中，组织水肿是由于毒素引起微血管内皮细胞受损、通透性升高，进而导致微血管功能障碍的经典特征。

【临床症状】

1. 猪

猪感染致病性大肠杆菌时，根据发病日龄和临床表现的差异又分为仔猪黄痢、仔猪白痢和仔猪水肿病。

（1）仔猪黄痢：以排出黄色水样粪便，迅速消瘦、死亡为特征，有较高的发病率和死亡率。潜伏期短，出生后8~12 h可发病，长的也仅为1~3天。病猪主要临床症状是黄痢，粪便大多呈黄色水样，内含凝乳小片，顺肛门流下，其周围大多不留粪迹，易被忽视。病仔猪精神沉郁，不吃奶，脱水，常昏迷而死。最急性者，不见下痢，倒地昏迷，突然死亡。

（2）仔猪白痢：以排乳白或灰白色带有腥臭味的糊糊状粪便为特征，发生率较黄痢普遍，死亡率较低，但能影响病猪的正常生长发育。病猪主要表现为下痢，突然腹泻，排出灰（乳）白色腥臭糊状粪便，体温食欲变化不大。若治疗不及时或治疗不当，常在发病5~6天后死亡。病程较长而恢复的仔猪生长发育缓慢，成为僵猪，较少死亡。

（3）仔猪水肿病：以全身或局部麻痹、共济失调和眼睑部水肿为主要特征，发病率不高，但致死率很高。水肿是本病的特征性临床症状，常于面部、眼睑、眼结膜、齿龈处见到，有时可波及颈部和腹部皮下，声门水肿时叫声嘶哑。本病潜伏期很短，发病突然，体温无明显变化，病猪早期临床症状为精神不振，食欲减少或不吃，步态不稳，起立困难。病情进一步发展，可出现神经临床症状，无目的地行走，盲目乱冲或转圈，继而瘫痪。有的胸部着地，呈俯卧状，四肢乏力，全身肌肉震颤。部分仔猪出现空嚼，最后昏迷死亡。一般体温正常或稍高，病程短，有的仅几个小时，通常为1~2天。急性病例死亡率几乎为100%，亚急性为60%~80%。如治疗得当，72 h内仔猪不死亡也有康复的可能。

2. 禽

禽大肠杆菌病包括急性败血症、气囊炎、卵黄性腹膜炎、输卵管炎、滑膜炎、眼炎、关节炎、脐炎、肉芽肿及肺炎等。最常见的是急性败血症、气囊炎和卵黄性腹膜炎。

（1）急性败血型：病鸡不显现临床症状而突然死亡，或临床症状不明显。部分病鸡离群呆立，或挤堆，羽毛松乱，食欲减退或废绝，排黄白色稀粪，肛门周围羽毛污染。这是目前对禽类危害最大的一个病型，发病率和死亡率都较高。

（2）卵黄性腹膜炎、输卵管炎型：卵黄性腹膜炎又称"蛋子瘟"，该型多见于产蛋中后期，病母鸡外观腹部膨胀、重坠；输卵管炎多见于产蛋期母鸡，产生畸形蛋和内含大肠杆菌的带菌蛋，严重者产蛋量减少或停止产蛋。

（3）滑膜炎或足垫肿：多见于肩、膝关节，关节明显肿大，滑膜囊内有不等量的灰白色或淡红色渗出物，关节周围组织充血水肿。

（4）卵黄囊炎和脐炎：指幼鸡的蛋黄囊、脐部及周围组织的炎症。主要发生于孵化后期的胚胎及1~2周龄的雏鸡，死亡率为3%~10%，甚至高达40%。表现为蛋黄吸收不良，脐部闭合不全，腹部肿大下垂等异常变化。引起本病的病因相当复杂，但据报道，大肠杆菌导致的发病率最高。

（5）全眼球炎：患大肠杆菌性全眼球炎的病鸡，眼睛灰白色，眼结膜充血、出血，角膜混浊，眼前房积脓，甚至眼眶内充满干酪样物质，常致失明。

（6）肉芽肿：常见于鸡或火鸡，多发生于产蛋期将要结束的母禽。该型比较少见，但发病后死亡率比较高。

（7）肿头综合征：大肠杆菌可引起病鸡头部皮下组织及眼眶的急性或亚急性蜂窝炎。主要发生于4~6周龄肉鸡，鸡肿头综合征病因比较复杂，大肠杆菌只是其中

之一。

3. 犊牛

犊牛大肠杆菌病又称犊牛白痢，在临床上以败血症、肠毒血症或肠道病变为特征。发病率和致死率都较高，主要危害初生犊牛。本病的潜伏期短，一般为几小时到十几小时，临床上常可分为败血型、肠毒血型和肠炎型3种类型。

（1）败血型：出生后至7日龄多见，表现为发热，体温升高至40℃，沉郁，常于临床症状出现数小时后死亡，间有腹泻，或仅在死前出现。有些病程稍长者可出现多发性关节炎、脐炎、肺炎、脑膜炎等。病死率可达80%以上。

（2）肠毒血症型：常突然死亡，病程较长者有典型神经症状，先兴奋不安，后沉郁昏迷而死，死前常伴有腹泻，排白色而充满气泡的稀粪。

（3）肠炎型：多见于7～10日龄的犊牛，常表现为体温升高，食欲下降，喜躺卧，数小时后开始发热，下痢，粪便带有气泡，呈灰白色，水样，酸臭，混有未消化的凝乳块、血液、泡沫等，后期排粪失禁，病程长的可见关节炎和肺炎临床症状。

4. 羔羊

羔羊大肠杆菌病临床上以败血症或剧烈腹泻为特征。本病潜伏期一般为几小时或1～2天，临床上常分为败血型和肠炎型。

（1）肠炎型：又称大肠杆菌性羔羊痢疾。多发生于7日龄以内的羔羊。病初体温升高，稍后开始腹泻，粪便呈黄色或灰色，水样，带有气泡，有时混有血液和黏液，肛周、尾部和臀部皮肤沾污粪便。常在病后24～36 h死亡，病死率15%～75%。有些病羔伴发化脓性-纤维素性关节炎。

（2）败血型：多发生于14～42日龄羔羊。病初体温升高可达41.5～42℃。病羊精神不振，结膜潮红，四肢僵硬，共济失调，角弓反张或侧弯，单肢或数肢划动，很少或不出现腹泻。发病急、死亡快，多于发病后4～12 h死亡。近年有3～8月龄羔羊发生败血型大肠杆菌病的报道。

5. 兔

兔感染大肠杆菌在临床上主要表现为腹泻和流涎，分最急性、急性和亚急性3种病型。

最急性型病程短，常在12天内死亡，很少康复。亚急性型一般经过7～8天死亡。病兔体温正常或稍低，精神不振，食欲减退，被毛粗乱，腹部膨胀。粪便呈细小的串状，并包有透明胶冻样黏液，稍后出现剧烈腹泻，排出稀薄的黄色乃至棕色水样粪便，沾污肛门周围和后肢被毛。病兔流涎、磨牙、四肢发凉，由于严重脱水，病兔体重迅速减轻、身体消瘦，最后发生中毒性休克，很快死亡。病程7～8天，病死率高。

6. 水貂

该病多见于1月龄左右的仔貂及当年的幼貂，成年貂较少发病，主要通过病貂传播，也可发生内源性感染，潜伏期一般为 2~5 天，体温升高可达 40~41 ℃。病貂病初厌食，精神不振，排黄色粥状稀便，随后腹泻，粪便呈灰白色，带有黏液和泡沫，并混有血液和未消化饲料。严重时，病貂肛门失禁，发生水泻，迅速消瘦，体温下降而后死亡。

【病理变化】

1. 猪

（1）仔猪黄痢：病变主要见于肠道，小肠呈急性卡他性炎症，表现为肠黏膜肿胀、充血或出血；肠壁变薄、松弛；胃黏膜有红肿；肠系膜淋巴结肿大，充血、多汁；心、肝、肾有变性，严重者有出血点。

（2）仔猪白痢：胃内积食，胃黏膜潮红肿胀，以幽门部最明显，上附黏液，少数严重病例有出血点；小肠呈卡他性炎症，肠黏膜潮红，肠内容物呈黄白色，稀粥状，有酸臭味，有的肠管空虚或充满气体，肠壁变薄而透明；严重病例黏膜有出血点及部分黏膜表层脱落；肠系膜淋巴结肿大；肝和胆囊稍肿大；肾脏呈苍白色；病程久者可见肺炎病变。

（3）仔猪水肿病：除卡他性肠炎变化外，可见全身各组织水肿，主要为面部、眼睑、胃（大弯部）水肿；尤以胃壁、肠系膜和体表某些部位的皮下水肿最为突出；胃壁切面可见黏膜与肌肉间有一层胶样无色或淡红色水肿渗出物；全身淋巴结充血、出血；心包、胸、腹腔积液，积液暴露于空气后，凝成胶冻样；皮下血管可形成纤维蛋白栓；出现过敏反应者，可见水肿部嗜酸性细胞浸润。

2. 禽

（1）急性败血型：病变主要有纤维素性心包炎、纤维素性肝周炎和纤维素性腹膜炎。表现为心包积液，心包膜混浊、增厚、不透明，甚者内有纤维素性渗出物，与心肌相粘连；肝脏不同程度肿大，表面有不同程度纤维素性渗出物，甚者整个肝脏为一层纤维素性薄膜所包裹；腹腔有体积不等的腹水，混有纤维素性渗出物，或纤维素性渗出物充斥于腹腔肠道和脏器间。

（2）气囊炎型：常见病型，幼禽多发。气囊增厚，表面有纤维素性渗出物被覆，呈灰白色，由此继发心包炎和肝周炎，心包膜和肝被膜上附有纤维素性伪膜；心包膜增厚，心包液增量、混浊；肝肿大，被膜增厚，被膜下有大小不等的出血点和坏死灶。

（3）卵泡炎、输卵管炎和腹膜炎型：产蛋期的鸡感染时，卵泡坏死、破裂，输卵管增厚，有畸形卵阻滞，卵破裂溢于腹腔内；有多量干酪样物，腹腔液增多、混浊，腹膜有灰白色渗出物。公鸡睾丸膜充血，交媾器充血、肿胀。此外，本菌会引起母鸡卵泡囊肿。

（4）肉芽肿型：无特征性临床症状，主要以肝、十二指肠、盲肠系膜上出现典型的针头至核桃大小的肉芽肿为特征，其组织学变化与结核病的肉芽肿相似。

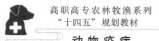

（5）滑膜炎型：多见于肩、膝关节，关节明显肿大，滑膜囊内有不等量的灰白色或淡红色渗出物，关节周围组织充血水肿。

3. 犊牛

败血型和肠毒血型急性死亡病例常无明显的病理变化，病程长的可见急性胃肠炎的变化，其胃内有大量凝乳块，黏膜充血水肿，覆盖有胶冻状黏液，整个肠管松弛，缺乏弹性，内容物混有血液，小肠黏膜充血、出血，部分黏膜上皮脱落，肠系膜淋巴结肿大，切面多汁，肝脏和胃脏苍白，被膜下可见出血点。心内膜可见有小点出血。肠炎型主要是卡他性肠炎变化，如胃内大量凝乳块，真胃和肠黏膜充血、水肿、出血、覆有黏液，肠内容物水样、恶臭，肠系膜淋巴结充血、肿胀。

4. 羔羊

败血型病理变化不明显，主要是在胸、腹腔和心包内可见有大量积液，内有纤维蛋白；某些病例可见关节炎，尤其是肘关节和腕关节肿大，内含混浊液和纤维素性脓性絮片；脑膜充血，有小出血点；肠炎型病理变化主要在消化道，表现病羔脱水，真胃及肠内容物呈黄灰色半液化，瘤胃和网胃黏膜脱落，其真胃及十二指肠和小肠中段呈现严重的充血和出血，肠系膜淋巴结肿大充血；有的有肺炎病变。

5. 兔

断乳前后的患兔病变表现在消化道。胃膨大，充满多量液体和气体；十二指肠通常充满气体和染有胆汁的黏液；直肠扩张，肠腔内充满半透明胶样液体；回肠内容物呈胶样，粪球细长，两头尖，外面包有黏液；结肠扩张，有透明样黏液；回肠和结肠的病变具有特征性；有些病例盲肠内容物呈水样并有少量气体，直肠内也常充满胶冻样黏液，结肠和盲肠的浆膜和黏膜充血，或有出血点（斑）。胆囊扩张，黏膜水肿。有些病例，肝脏、心脏局部有小点状坏死病灶；肝脏呈铜绿色或暗褐色；肾肿大，呈暗褐色或土黄色，表面和切面有大量出血点；肺充血或出血；初生患兔胃内充满白色凝乳物，伴有气体；膀胱内充满尿液，极度膨大；小肠肿大，充满半透明胶样物，并伴有气泡。

6. 水貂

水貂大肠杆菌病的病理变化主要是肠道有卡他性或出血性炎症，病程稍长的可见大肠肠壁变薄，肠黏膜脱落，肠内容物呈黏稠状，充有气体或混有血液，肠系膜淋巴结肿大、充血或出血，肝充血肿大或有出血斑点，脾肿大充血或出血，心肌变性，心内外膜有出血点。

【诊断】

大肠杆菌病根据流行病学、临床症状和病理变化等特点，可做出初诊，确诊需做实验室检查和进行类症鉴别。

1. 简易法鉴定

粪便酸碱性产肠毒素性大肠杆菌感染引起的腹泻属分泌性腹泻，内容物呈碱性，而吸收不良性腹泻，粪便内容物为酸性，据此可以初步与病毒性腹泻相区别。

2. 细菌分离鉴定

仔猪黄痢和仔猪白痢，可将濒死或死亡不久的仔猪小肠前段，用无菌盐水轻轻冲洗后刮取肠黏膜；仔猪水肿病时取肠系膜淋巴结，接种于麦康凯平板，挑取红色菌落做生化、溶血等试验，并用大肠杆菌因子血清鉴定血清型。犊牛大肠杆菌病的败血症、肠毒血型、肠炎型分别从血液和内脏、小肠前段黏膜、发炎的肠黏膜分离大肠杆菌鉴定血清型。

3. 肠毒素的测定

测定大肠杆菌毒素的方法很多，有兔肠段结扎试验、小鼠肠衣祥试验、皮肤毛细血管通透性亢进试验、乳鼠灌胃试验、琼脂扩散法、被动免疫溶血法、ELISA 等。兔肠段结扎试验和小鼠肠衣祥试验是测定肠毒素普遍使用的方法，但操作繁琐。黏附素抗原的鉴定可通过免疫荧光试验或 ELISA 方法进行，ELISA 很敏感，易于推广。对黏附素、肠毒素也可通过 PCR、核酸探针等分子生物学方法检测。核酸探针很敏感，是目前最先进的方法，但不易推广。

4. 注意相同病症和混合感染的鉴别诊断

禽大肠杆菌病常与其他疾病并发，同时支原体、葡萄球菌、链球菌、沙门菌等也可引起关节炎，巴氏杆菌、葡萄球菌及链球菌等也可引起急性败血症，应注意鉴别。此外，鸭大肠杆菌病还应注意与鸭疫巴氏杆菌病相区别；羔羊大肠杆菌病肠炎型应注意与 B 型魏氏梭菌引起的羔羊痢疾相区别；兔大肠杆菌病诊断中应注意与兔副伤寒、魏氏梭菌性肠炎、球虫病、泰泽病、绿脓假单胞菌病相区别。

【治疗】

1. 猪

对于仔猪黄白痢的治疗原则是抗菌、补液，母仔兼治、全窝治疗。发病后及时选取敏感药物进行治疗，常用的药物有庆大霉素、痢特灵、氯霉素、新霉素、磺胺甲基嘧啶等。治疗的同时进行补液，如口服补液盐或 5% 葡萄糖溶液。

发生仔猪黄痢时，使用抗菌药物治疗 3~5 天，如庆大霉素、环丙沙星等。严重病例，应立即静脉补液或喂服糖盐水，同时口服次碳酸铋或鞣酸蛋白等止泻药。

发生仔猪白痢时，除参照仔猪黄痢治疗方法外，还可用磺胺脒、次硝酸铋、含糖胃蛋白酶等量混合口服，或用土霉素与适量红糖混合供仔猪自由饮用。仔猪白痢还可用中兽医疗法，如小种倒钩藤、白痢灵注射液、辣蓼注射液、十滴水、羊红膻。

发生猪水肿病时，宜采取抗菌消肿、解毒镇静、强心利尿等方法综合治疗。强心利尿法具有良好的治疗效果，一旦发现临床症状时肌注 20% 安钠咖 1 mL，呋喃苯胺酸注射液 0.25 mL，同时腹腔注射 50% 葡萄糖液 5~10 mL，次日腹腔注射 50% 葡萄糖液 10 mL。在水肿病初期用新斯的明、维生素 B_1、地塞米松，晚期另加腺嘌呤核苷三磷酸、维生素 C 治疗，有一定的效果。另外，对发病仔猪可在饲料中加盐类泻剂，

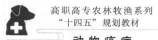
然后肌注卡那霉素、硫酸新霉素。

2. 禽

一旦发生本病，首先须对分离到的大肠杆菌进行药物敏感试验，在此基础上筛选出高效药物用以治疗。轻病禽将药拌水饲喂，重病禽肌肉注射用药，连续给药 3~5 天，高敏药常可取得良好治疗效果。如无条件进行药物敏感试验，在治疗时一般可选用敌菌净、四环素类、呋喃唑酮、庆大霉素或卡那霉素等。另外，还可使用中草药进行治疗，常用的有大蒜、穿心莲、黄连、鱼腥草等。

3. 犊牛

抗菌可口服痢特灵，肌肉注射庆大霉素，也可用氟哌酸与鞣酸蛋白（比例 1∶3）混合 1 次灌服，配合肌肉注射呋喃唑酮。对脱水严重的犊牛应及早补液，静脉滴注复方氯化钠、生理盐水或葡萄糖盐水，必要时可加入碳酸氢钠、维生素 C 和 10% 安钠咖。粪便带血严重的可以肌肉注射维生素 K_3、安络血等药物。

4. 羔羊

抗菌可口服土霉素或呋喃唑酮、肌肉注射磺胺嘧啶钠。补液可用 5% 葡萄糖盐水，20~100 mL/天静脉注射。用嗜酸菌乳和噬菌体、二联噬菌体（大肠杆菌及沙门菌噬菌体），具有良好的效果。如病情好转，可用微生物制剂，如促菌生、调痢生、乳康生等，加速胃肠功能的恢复，但不能与抗生素同用。

5. 兔、水貂

兔场和貂场一旦发生该病，应立即隔离病兔和病貂，选取敏感药物进行治疗，如氟哌酸、环丙沙星、恩诺沙星等，也可用痢特灵口服。对症治疗可应用具补液、收敛等作用的药物防止脱水，减轻临床症状。用促菌生治疗，每只每次口服 2 mL 菌液（约 10 亿活菌），1 次/天，一般 1~3 次可治愈。

【防控措施】

1. 加强饲养管理

大肠杆菌是环境性疾病，搞好环境卫生，加强饲养管理是预防本病的关键措施。平时做好畜舍的环境卫生和消毒隔离工作，保持圈舍清洁；注意产房的卫生消毒工作和临产母畜乳房、阴部等部位的消毒；种鸡场应及时集蛋，并进行种蛋消毒，注意育雏期保温及饲养密度；犊牛、羔羊出生后应尽早喂给初乳，注意母畜禽的营养不良及影响乳汁分泌的疾患等。

2. 免疫接种

对于猪，母猪产前 15~30 天免疫接种大肠杆菌 K88ac-LTB 双价工程基因菌苗或大肠杆菌 K88、K99 二价灭活菌苗或 K88、K99、987P 三价灭活菌苗；仔猪出生后接种猪大肠杆菌腹泻基因工程多价苗或灭活苗。对于鸡，国内已研制出大肠杆菌灭活疫苗，有鸡大肠杆菌多价氢氧化铝苗和多价油佐剂苗，均有一定的防治效果。一般免疫程序为 7~15 日龄、25~35 日龄、120~140 日龄鸡各 1 次。对于牛，妊娠母牛可用带有 K99 菌毛抗原的单价或多价苗免疫，也可用从同群母牛采取的血清、球蛋白制剂等进行免疫注射，用于预防。

3. 预防性投药

母猪临产前 7~10 天内在母猪饲料中添加磺胺类或喹诺酮类等药物进行预防；仔猪在吃奶前投服动物微生态制剂，如止痢宁、调痢生、抗痢宝及非致病性大肠杆菌（如 NY-10 菌株、SY-30 菌株等）制剂等，都有较好的预防效果。此外，在本病常发的地区，仔猪产后 12 h 内全窝口服或注射抗菌药，连用数天，可以防止发病，但不能与动物微生态制剂同时使用。仔猪注射抗贫血药或给母猪加喂抗贫血药，如每天补充一次硫酸亚铁 250 mg 和硫酸铜 10 mg，生产前后 1 个月使用，可显著减少仔猪白痢的发生。

对于兔、水貂大肠杆菌病尚无有效的疫苗进行预防，应加强饲养管理。对断奶前后仔畜的饲料必须逐渐更换，不能骤然改变。对于仔兔，可将干燥乳酸菌按 20% 的比例加入颗粒状的混合饲料中，每升颗粒状饲料加 1%，每 5 天为一个周期，间隔 10 天，可以减少仔兔和断奶兔的死亡率。

思考题

1. 简述猪大肠杆菌病的主要临床症状和病理变化。
2. 简述畜禽大肠杆菌病防控的主要措施。

二、沙门菌病

沙门菌病（salmonellosis）又名副伤寒（paratyphoid），是由沙门菌属细菌引起的人和各种动物疾病的总称。临床上多表现为败血症和肠炎，也可使怀孕母畜发生流产。

由沙门菌所致人和多种动物沙门菌病历史悠久，遍布世界各地。沙门菌血清型有 2 500 个以上，其中许多血清型的菌能在人和动物之间交叉感染。沙门菌感染因其对人类、畜禽饲养业造成的危害大而被广泛重视。

【病原体】

沙门菌属（*Salmonella*）是一大属血清学相关的革兰阴性杆菌。本属细菌包括肠道沙门菌（*S. enterica*）（又称猪霍乱沙门菌，*S. choleraesuis*）和邦戈尔沙门菌（*S. bongo*）两个种。

沙门菌属不产生芽孢，也无荚膜。大小为 (0.7~1.5) μm×(2.0~5.0) μm。除鸡白痢沙门菌（*S. pullorum*）（又称雏沙门菌）和鸡伤寒沙门菌（*S. gallinarium*）（又称鸡沙门菌）无鞭毛不运动外，其余各菌均以周生鞭毛运动，且绝大多数具有 I 型菌

毛。沙门菌的培养特性与埃希氏菌属相似。在普通培养基上生长良好，需氧及兼性厌氧，培养适宜温度为 37 ℃，适宜 pH 为 7.4~7.6。只有鸡白痢沙门菌、鸡伤寒沙门菌、羊流产沙门菌和甲型副伤寒沙门菌等在肉汤琼脂上生长贫瘠，形成较小的菌落。在肠道杆菌鉴别或选择性培养基上，大多数菌株因不发酵乳糖而形成无色菌落。本菌属在培养基上有 S-R 变异。

本菌属在培养基中加入硫代硫酸钠、胱氨酸、血清、葡萄糖、脑心浸液和甘油等有助于其生长。除甲型副伤寒沙门菌外，均具有赖氨酸脱羧酶；除伤寒沙门菌和鸡沙门菌外，均具有鸟氨酸脱羧酶。多数菌株具有精氨酸双水解酶的活性。绝大多数培养物不能在 KCN 肉汤中生长。多数菌株能产生硫化氢，并能在西蒙柠檬酸盐琼脂上生长。在葡萄糖、麦芽糖、甘露醇和山梨醇中，除鸡伤寒沙门菌和鸡白痢沙门菌外，均能产气。

沙门菌属依据不同的 O（菌体）抗原、Vi（荚膜）抗原和 H（鞭毛）抗原分为许多血清型。迄今，沙门菌有 A~Z 和 051-067 共 42 个 O 群，58 种 O 抗原，63 种 H 抗原，已有 2 500 种以上的血清型，除了不到 10 个罕见的血清型属于邦戈尔沙门菌外，其余血清型都属于肠道沙门菌。沙门菌属的细菌依据其对宿主的感染范围，可分为宿主适应血清型和非宿主适应血清型两大类。前者只对其适应的宿主有致病性，包括：马流产沙门菌、羊流产沙门菌、鸡沙门菌、副伤寒沙门菌、鸡白痢沙门菌、伤寒沙门氏菌；后者则对多种宿主有致病性，包括鼠伤寒沙门菌、鸭沙门菌、德尔卑沙门菌、肠炎沙门菌、纽波特沙门菌、田纳西沙门菌等。猪霍乱沙门菌和都柏林沙门菌，除分别对猪和牛有宿主适应性外，近来发现它对其他宿主也能致病。沙门菌的血清型虽然很多，但常见的危害人畜的非宿主适应血清型只有 20 多种，加上宿主适应血清型，也不过仅 30 余种。

本属细菌对干燥、腐败、日光等因素具有一定的抵抗力，在外界条件下可以生存数周或数月。对化学消毒剂的抵抗力不强，一般常用消毒剂和消毒方法均能达到消毒目的。

随着抗生素在临床上的广泛应用，沙门菌的耐药问题日趋严重，其耐药水平越来越高，多重耐药菌株的出现，给人类和动物的健康带来极大的危害。2003—2005 年间，对美国威斯康星州感染沙门菌的病人研究（Karon A E，2007），发现多重耐药株的比例显著增加。Aarestrup 等对 581 株沙门菌进行研究，这些分离株来自于丹麦、泰国、美国的人和动物食品，发现多重耐药株的广泛存在（Aarestrup F M，2007）。2004—2005 年对美国的一个家禽屠宰场沙门菌检测中，发现 79.8% 的菌株至少抗 1 种抗生素，53.4% 抗多种抗生素（Parveen S，2007）。如何合理使用抗生素，控制多重耐药沙门菌的产生和扩散，是目前研究的热点。

【流行病学】

沙门菌属中许多类型的细菌对人、畜及其他动物均有致病性。各种年龄的动物均可感染，但幼年者较成年者易感。本菌最常侵害幼龄和青年动物，使之发生败血症、胃肠炎及其他组织局部炎症，对成年动物则往往引起散发性或局限性沙门菌病，发生败血症的怀孕母畜可表现为流产，在一定条件下亦偶尔引起急性流行性爆发。对猪来说，本病主要侵害 6 月龄以下仔猪，尤以 1~4 月龄仔猪多发，6 月龄以上仔猪很少发病。各种品种的鸡对本病均有易感性，以 2~3 周龄以内雏鸡的发病率与病死率为最高，呈流行性。随着日龄的增加，鸡的抵抗力也增强。成年鸡感染常呈慢性或隐性经过。出生 30~40 天以后的犊牛、断乳或断乳不久的羊、6 月龄以内的幼驹最易感。犊牛发病后常呈流行性，而成年牛则为散发。火鸡对本病也有易感性，但次于鸡。其他禽类如鸭、雏鹅、珠鸡、野鸡、鹌鹑、麻雀、欧洲莺和鸽也有自然发病的报告。人的沙门菌可发生于任何年龄，但以 1 岁以下婴儿及老人最多。豚鼠和家兔对本菌易感性不及小鼠。

患病者和带菌者是本病的主要传染源。健康动物的带菌现象（特别是鼠伤寒沙门菌）相当普遍。病菌可潜藏于消化道、淋巴组织和胆囊内。当外界不良因素使动物抵抗力降低时，病菌可活化而发生内源感染，连续通过若干易感宿主，毒力增强而扩大传染。

病菌随病猪、带菌猪及其他带菌动物的粪便、尿、乳汁及流产的胎儿、胎衣和羊水排出，污染水源和饲料等，经消化道感染健康动物。患病动物与健康动物交配或用患病动物的精液人工授精可发生感染。此外，子宫内感染也有可能。鼠类可传播本病。人类感染一般是由于直接或间接接触而引起，特别是通过污染的食物。除鸡和雏鸡外，绝大部分沙门菌培养物经口或腹腔或静脉接种小鼠，能使其发病死亡，但致死剂量随接种途径和菌种毒力不同而异。

本病一般呈散发性或地方流行性，在有些动物还可表现为流行性。本病一年四季均可发生，但阴雨潮湿季节多发。发病不分季节，但夏秋放牧时较多。马一般呈散发性，有时呈地方流行性。马多发生于春（2~3 月）、秋（9~10 月）两季；育成期羔羊常于夏季和早秋发病；孕羊则主要在晚冬、早春季节发生流产；家禽发病多见于育雏季节。

下列因素可促进本病的发生：环境污秽、潮湿，棚舍拥挤，粪便堆积通风不良，温度过低或过高，饲料和饮水供应不良；长途运输中气候恶劣、疲劳和饥饿、内寄生虫和病毒感染；分娩、手术；母畜缺奶；新引进动物未实行隔离检疫，等等。

【发病机理】

近年来的研究表明，沙门菌对人和动物的致病力与一些毒力因子有关，已知的有毒力质粒（virulence plasmid，VP）、内毒素及肠毒素等。

1. 毒力质粒

正常情况下，大肠黏膜层固有的梭形细菌可产生挥发性有机酸而抑制沙门菌的生长。另外，肠道内的正常菌群可刺激肠道蠕动，也不利于沙门菌的附着。当存在不良

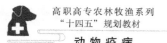
因素使动物处于应激状态，以致肠道正常菌群失调时，可促使沙门菌迁居于小肠下端和结肠。曾经观察到经过长途运输的猪，其肠道的沙门菌迁居率大大增高。病菌迁居于肠道后，从回肠和结肠的绒毛顶端，经刷状缘进入上皮细胞，在其中繁殖，感染邻近细胞或进入固有层，继续繁殖，被吞噬而进入局部淋巴结。机体受病菌侵害，刺激前列腺素分泌，从而激活腺苷酸环化酶，使血管内的水分、HCO_3^- 和 Cl^- 向肠道外渗而引起急性回肠炎和结肠炎，受害的绒毛充满嗜中性细胞，后者也可随粪便排出。

最近的研究表明，上述引起肠炎的细菌其经历有定居于肠道、侵入肠上皮组织和刺激肠液外渗 3 个阶段，与沙门菌所携带的毒力质粒有密切关系。毒力质粒是 C. W. Jones 于 1982 年首先在鼠伤寒沙门菌中发现的，随后在都柏林沙门菌、猪霍乱沙门菌中都发现了类似的质粒。用小鼠和鸡所作的试验证明，这种质粒可增强细菌对寄主肠黏膜上皮细胞的黏附与侵袭作用，提高细菌在网状内皮系统中存活和增殖的能力，并且与细菌的毒力呈正相关。

2. 内毒素

沙门菌菌落从 S-R 变异而导致的细菌毒力下降的平行关系可以说明，沙门菌细胞壁中的脂多糖是一种毒力因子。脂多糖是所有沙门菌共有的一种低聚糖芯（称为 O 特异键）和一种脂质 A 成分所组成。脂质 A 成分具有内毒素活性，可引发沙门菌性败血症，表现为动物发热，黏膜出血，白细胞减少继而增多，血小板减少，肝糖元消耗，低血糖症，最后因休克而死亡。

3. 肠毒素

原来认为沙门菌不产生外毒素，最近有试验表明，有些沙门菌，如鼠伤寒沙门菌、都柏林沙门菌等，能产生肠毒素，并分为耐热的和不耐热的两种。试验表明，肠毒素是使动物发生沙门菌性肠炎的一种毒力因子，也有报告认为，肠毒素还可能有助于增强细菌的侵袭力。

按沙门菌的侵入机制区分，可分为侵袭性沙门菌的侵入和非侵袭性沙门菌的摄入两种途径。

侵袭性沙门菌的侵入：在肠道黏膜表面派尔集合淋巴结（PP）的滤泡上皮细胞，被认为是沙门菌入侵的最佳起始部位。滤泡上皮中稀疏分布着捕获抗原的微皱褶细胞（microfold cell，M 细胞），M 细胞被肠上皮细胞所包围。M 细胞的基顶面有短而不规则的微绒毛及微褶，是其胞饮的部位（Jepson 等，2001；潘志明等，2005）。

沙门菌进入上皮组织有两个侵袭途径：一个是通过派尔集合淋巴结上的 M 细胞；另一个是直接侵袭 M 细胞，而且侵袭是通过细胞的基顶面来进行的。当沙门菌黏附到 M 细胞或上皮细胞顶部后，利用Ⅲ型分泌系统将效应蛋白分泌到胞外并移位于宿主细胞，从而诱导宿主细胞肌动蛋白细胞骨架的重排。这时细胞质形成一个向外突起，将细菌包裹在细胞膜内，以细胞摄粒的作用进入细胞（潘志明等，2005）。

非侵袭性沙门菌的摄入：过去一直认为，沙门菌是通过侵袭 M 细胞或肠上皮细胞进入宿主体内的，但已有研究结果表明，给小鼠口服侵袭力缺陷的鼠伤寒沙门菌后，在脾脏中发现有沙门菌的存在，这意味着除了侵袭途径外，还存在另一种途径，就是肠黏膜组织中的树突状细胞（DC）对沙门菌的摄入。在派尔集合淋巴结中，DC与M细胞接触较紧密，DC可打开上皮细胞间的紧密连接，从上皮细胞间伸出树突，直接将肠腔中的细菌摄入。在这一过程中，肠上皮屏障依然保持完整，其中的分子机制是DC对紧密连接蛋白的表达和调控，如闭合素、闭合带、连接黏附分子等（潘志明等，2005）。

【临床症状】

1. 猪

猪沙门菌病又称猪副伤寒（swine salmonellosis）。各国所分离的沙门菌的血清类型相当复杂，其中主要的有猪霍乱沙门菌、猪霍乱沙门菌（Kunzendorf）变型、猪伤寒沙门菌、猪伤寒沙门菌（Voldagsen）变型、鼠伤寒沙门菌、德尔卑沙门菌、肠炎沙门菌等。本病潜伏期为数天，或长达数月，与猪体抵抗力及细菌的数量、毒力有关。

临床上分急性、亚急性和慢性3型。

（1）急性型：又称败血型，多发生于断乳前后的仔猪，常突然死亡。病程稍长者，表现为体温升高（41~42℃），腹痛，下痢，呼吸困难，耳根、胸前和腹下皮肤有紫斑，多以死亡告终。病程1~4天。

（2）亚急性和慢性型：为常见病型。表现为体温升高，眼结膜发炎，有脓性分泌物。初便秘后腹泻，排灰白色或黄绿色恶臭粪便。病猪消瘦，皮肤有痂状湿疹。病程持续可达数周，终至死亡或成为僵猪。

2. 禽

禽沙门菌病根据病原体的抗原结构不同可分为3种。由鸡白痢沙门菌所引起的称为鸡白痢，由鸡伤寒沙门菌引起的称为禽伤寒，由其他有鞭毛能运动的沙门菌所引起的禽类疾病则统称为禽副伤寒。诱发禽副伤寒的沙门菌能感染各种动物和人类，因此有重要的公共卫生意义。人类的沙门菌感染和食物中毒也常常来源于副伤寒病禽的肉、蛋或其他产品。

（1）鸡白痢（pullorum disease）：病鸡表现出精神委顿，羽毛松乱，两翅下垂，缩头颈、闭眼、昏睡，不愿走动，拥挤在一起。病初食欲减少，而后停食，多数出现软嗉囊临床症状。同时腹泻，排稀薄如白色稀糊状粪便，致肛门周围被粪便污染，有的因粪便干结封住肛门周围，由于肛门周围炎症引起疼痛，故常发出尖锐的叫声，最后因呼吸困难及心力衰竭而死亡。

（2）禽伤寒（fowl typhoid）：潜伏期一般为4~5天。本病常发生于中鸡、成年鸡和火鸡。在年龄较大的鸡和成年鸡中，急性经过者突然停食、精神委顿、排黄绿色稀粪、羽毛松乱、冠和肉髯苍白而皱缩。体温上升1~3℃，病鸡可迅速死亡，但通常

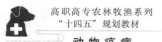
在 5~10 天后死亡。病死率在雏鸡与成年鸡中都有差异，一般为 10%~50% 或更高些。雏鸡和雏鸭发病时，其临床症状与鸡白痢相似。

（3）禽副伤寒（paratyphoid infectins）：表现为嗜眠呆立、垂头闭眼、两翅下垂、羽毛松乱、显著厌食、饮水增加、水样下痢、肛门黏有粪便，怕冷而靠近热源处或相互拥挤。病程 1~4 天。雏鸭感染本病常见颤抖、喘息及眼睑肿胀等临床症状，常猝然倒地而死，故有"猝倒病"之称。

3. 牛

牛主要感染鼠伤寒沙门菌、都柏林沙门菌或纽波特沙门菌发病。

犊牛常于 10~14 天后发病，体温升高达 41 ℃，脉搏、呼吸加快，排出恶臭稀粪，含有血丝或黏液，表现出拒食、卧地不动、迅速衰竭等临床症状。一般于病症出现后 5~7 天死亡，病死率可达 60%。部分病牛可恢复，病程长的会出现关节炎和肺炎的临床症状。

成年牛以高热、昏迷、食欲废绝、脉搏增数、呼吸困难开始，体力迅速下降，粪便稀薄带血丝，不久即下痢，粪便恶臭，带有黏液或黏膜絮片。病牛腹痛剧烈，常用后肢蹬踢腹部，病程长的，可见消瘦、脱水、眼球下陷、眼结膜充血发黄。

怀孕牛会发生流产，从流产胎儿中分离出沙门菌。个别成年牛有时表现为顿挫型经过，表现为发热、食欲减退、精神委顿，不久这些临床症状即可消失。

4. 羊

羊主要感染鼠伤寒沙门菌、羊流产沙门菌、都柏林沙门菌发病。

病羊表现也以腹泻为主，病初排黄绿色粥样粪便，继则呈水样，有的粪便中混有肠黏膜，有的体温升高至 40 ℃ 以上，病羊食欲减退或废绝，精神萎靡，呈急性经过，常常突然死亡，死亡率高达 40% 以上。慢性的常常污染后躯，并伴有腹痛尖叫、抽搐、痉挛；有的突然瘫痪或卧地不起，甚至突然死亡。腹泻严重的常常虚脱衰竭死亡，耐过的也很难恢复，往往发育迟缓，形成僵羊。

5. 马

由马流产沙门菌引起发病。临床特征是妊娠母马发生流产；幼驹表现为关节肿大，下痢，有时还见支气管肺炎；公马表现为睾丸炎、鬐甲肿。

6. 骆驼

由鼠伤寒沙门菌和肠炎沙门菌引起发病，以腹泻为特征。急性者首先发生绿色的恶臭水泻，1 周后出现全身临床症状，体温升高至 40 ℃ 以上，有时表现为疝痛，病情趋向恶化，于 12~15 天死亡。亚急性和慢性者，病情发展较慢，食欲不振，经常腹泻，病驼消瘦，经 30 天或更长时间之后死亡，偶尔也有自愈者。

7. 兔

由鼠伤寒沙门菌和肠炎沙门菌引起发病，以腹泻和流产为特征。

潜伏期 1~3 天，急性病例不显示任何临床症状而突然死亡。多数病兔腹泻，体温升高，精神沉郁，食欲废绝，渴欲增加，消瘦，母兔阴道内排出黏性、脓性分泌物。

8. 毛皮动物

毛皮动物（狐、貉、貂、麝、海狸鼠等）由肠炎沙门菌、猪霍乱沙门菌和鼠伤寒沙门菌等引起发病。本病一般发生在 6~8 月。常为急性，多侵害仔兽，哺乳期母兽少见。以发热、下痢、黄疸为特征，麝鼠多发生败血症。病兽多归于死亡。妊娠母兽往往在产前 3~14 天流产。哺乳期仔兽表现为虚弱，有的发生昏迷及抽搐，经 2~3 天死亡。

【病理变化】

1. 猪

（1）急性型：以败血症变化为特征。尸体膘度正常，耳、腹、肋等部皮肤有时可见瘀血或出血，并有黄疸；全身浆膜、（喉头、膀胱等）黏膜有出血斑。脾肿大，坚硬似橡皮，切面呈蓝色；肠系膜淋巴结索状肿大，全身其他淋巴结也呈现不同程度的肿大，切面呈大理石样；肝和肾肿大、充血和出血，胃肠黏膜出现卡他性炎症。

（2）亚急性型和慢性型：以坏死性肠炎为特征，多见于盲肠、结肠，有时波及回肠后段。肠黏膜上覆有一层灰黄色腐乳状物，强行剥离则露出红色、边缘不整的溃疡面；如滤泡周围黏膜坏死，常形成同心轮状溃疡面；肠系膜淋巴索状肿，有的呈干酪样坏死；脾稍肿大，肝可见灰黄色坏死灶；有时肺发生慢性卡他性炎症，并有黄色干酪样结节。

2. 鸡

（1）鸡白痢：1 周龄以内的病雏鸡主要可见到脐环愈合不良、卵黄变性和吸收不良。1 周龄以上的病雏主要表现为肝脏肿大，表面上有"雪花"样坏死灶；肺脏形成灰黄色结节；心肌有灰白色肉芽肿；盲肠可能有柱状"肠芯"。另外，病鸡还可能出现肾脏肿大，苍白，关节肿大等。中鸡的病理变化与雏鸡相似，其肝脏肿大更为明显，呈土黄色，质地脆弱易碎，肝脏被膜常发生破裂而大量出血，这时可见到腹腔内积聚血凝块。成鸡可见卵巢炎、输卵管炎、卵黄性腹膜炎等。

（2）鸡伤寒：最急性病例多无明显病变或很轻微。急性发病雏鸡最常见的是肝脏、脾脏和肾脏的红肿。亚急性和慢性病例则肝脏肿大呈铜绿色，有粟粒大灰白色或浅黄色坏死，胆囊肿大并充满胆汁，脾肿大并常有坏死灶，心包积液有时发生黏连；肺脏和肌胃也有灰白色坏死灶。

（3）鸡副伤寒：肝脏呈古铜色，表面散布有点状或条纹状出血及灰白色坏死灶，肺发生坏死，胆囊和脾脏肿大，表面有斑点状坏死；有心包炎、气囊炎、鼻窦炎、肠炎，盲肠内形成"栓子样"病理变化；成鸡有卵巢炎、腹膜炎的病理变化。

3. 牛

成年牛主要表现为出血性肠炎，肠黏膜潮红、出血，严重的肠黏膜发生脱落，大

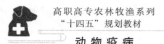

肠有局限性坏死区，肠系膜淋巴结不同程度水肿、出血，脾脏充血、肿大，肝脏发生脂肪变性或有灶性坏死区。

急性死亡的犊牛，心壁、腹膜及胃肠黏膜出血，肠系膜淋巴结水肿或出血，肝脏、脾脏和肾脏都有坏死性病灶；关节受到损害的，腱鞘和关节腔内含有胶样液体；肺脏可见肺炎病灶区。

4. 羊

大部分死亡羊只呈败血型，胸腔和腹腔积液，盲肠、结肠甚至回肠膨大，其内积满液体（未发酵奶汁）；有的皮下水肿（呈胶冻样），这类羊死亡率极高。脾肿大 1~2 倍，呈樱红色或黑色；肝脏表面有黄白色坏死灶，肠壁出血不一，有的呈点状出血，有的则呈弥漫性出血。慢性死亡的羊只心包积液。

5. 骆驼

肺、心外膜、结肠黏膜有明显瘀血和溢血，十二指肠和盲肠黏膜有出血斑，腹膜发炎。肠系膜淋巴结水肿、出血；肝脂肪变性，脾常出血、肿大，肾充血、出血。

6. 兔

兔肝脏出现弥漫性或散在性黄色针尖大小的坏死灶，胆囊胀大，充满胆汁，脾脏肿大 1~3 倍，大肠内充满黏性粪便，肠壁变薄。

7. 毛皮动物

黏膜黄染，尤以银黑狐、北极狐及貉表现最为突出；胃黏膜肿胀、变厚，有时有充血和小点出血；肝肿大，土黄色，胆囊肿大，充满胆汁，脾脏肿大 6~8 倍，呈暗红色或灰红黄色；肠系膜淋巴结肿大 2~3 倍，呈灰色或灰红色；肾脏稍肿大，呈暗红色或灰红黄色，心肌变性，呈煮肉状，心包下有点状出血，膀胱黏膜有散在点状出血，脑实质水肿，侧室内积液。

【诊断】

根据流行病学、临床症状和病理变化，只能做出初步诊断，确诊需从病畜（禽）的血液、内脏器官、粪便或流产胎儿胃内容物、肝、脾中取材，做沙门菌的分离和鉴定。

猪副伤寒除少数急性败血型经过外，多表现为亚急性和慢性，与亚急性和慢性猪瘟相似，应注意区别；本病也可继发于其他疾病，特别是猪瘟，必要时应做区别性试验诊断。急性病例诊断较困难，慢性型病例根据临床症状和病理变化，结合流行病学即可作出初步诊断。确诊需要病原学检查，但应注意，亚硒酸盐和四硫磺酸盐两种培养基对猪霍乱沙门菌有一定毒性，这可能是造成临床上猪霍乱沙门菌分离率较低的原因之一。另外，ELISA 和 PCR 技术可用于沙门菌的快速检测。

禽沙门菌病根据流行病学、临床症状和剖检变化可作初步诊断，确诊需采取肝、脾、心肌、肺和卵黄等样品接种选择性培养基（必要时，应先进行增菌培养）进行细菌分离，进一步做生化试验和血清学分型试验鉴定分离株。成年鸡感染多呈慢性和隐性经过，可用凝集反应进行诊断。凝集反应分试管法和平板法，平板法又分为全血平板凝集反应和血清平板凝集反应，以全血平板凝集反应较为常用。也可用血清、全血或卵黄做琼脂扩散试验进行检测。鸡伤寒和鸡白痢沙门菌具有相同的 O 抗原，可用鸡白痢标准抗原做凝集反应检查血清中的抗体，具体的操作程序和结果判定方法见动物检疫规程。

牛沙门菌病主要靠实验室方法来确诊。沙门菌感染的临床病例中，成年牛可通过粪便持续排出大量病菌，故可采取肛拭子或新鲜粪便进行细菌分离培养，但在出现急性腹泻之前进行粪便取样可能出现阴性结果。在发热阶段取血样或奶样可以分离到沙门菌，特别是都柏林沙门菌感染。而对带菌者排菌的检测，需要间隔 7~14 天重复检测 3 次。在分娩期间采集阴道拭子、粪便或奶液可检出都柏林沙门菌潜伏带菌者。发生流产时可采集胎儿的胃内容物或胎盘进行分离培养。犊牛因间歇性排菌，进行粪便或直肠拭子采样培养时，约 50%感染牛可能出现阴性结果，因此分离细菌时应从多头牛中采样。对粪便或肠拭子最好先用增菌肉汤进行增菌培养，然后再接种在琼脂平板上。

马结肠炎的病因较多，临床上需要进行细菌分离培养才能确诊。可采取直肠拭子、粪便、血液或剖检取肠系膜淋巴结和其他脏器进行细菌培养。

【治疗】

氟苯尼考、庆大霉素、呋喃唑酮和某些胺类药物，如磺胺增效合剂、磺胺甲基异恶唑和磺胺嘧啶等常有一定疗效。

【防控措施】

1. 猪

采取良好的兽医生物安全措施、实行全进全出的饲养方式、控制饲料污染、消除发病诱因等是预防本病的重要环节。发病猪应及时隔离消毒，并通过药敏试验选择合适的抗菌药物治疗，防止疫病传播和复发。

2. 禽

杜绝病原菌传染给人，清除群内带菌鸡，同时严格执行卫生、消毒和隔离制度。第一，通过严格的卫生检疫和检验措施，防止饲料、饮水和环境污染。根据本地特点建立完善的良种繁育体系。第二，健康鸡群应定期通过全血平板凝集反应进行全面检疫，淘汰阳性鸡和可疑鸡。第三，坚持种蛋孵化前的消毒工作，杀灭环境中的病原菌。第四，加强禽群的饲养管理，防止飞禽或其他动物进入而散播病原菌。发现病禽，应迅速隔离消毒（或淘汰）。

3. 牛

加强一般性卫生防疫措施和疫苗接种预防，定期对牛群进行检疫。

【公共卫生】

沙门菌感染分布于全世界。人对沙门菌普遍易感。人沙门菌病可由多种沙门菌引起，除了伤寒、副伤寒沙门菌以外，以人兽共患的鼠伤寒沙门菌、肠炎沙门菌、猪霍乱沙门菌、都柏林沙门菌、德尔卑沙门菌、纽波特沙门菌、鸭沙门菌等最为常见。感染沙门菌的人或带菌者的粪便污染食品，可使人发生食物中毒。据统计，在世界各国的各种细菌性食物中毒中，沙门菌引起的食物中毒常列榜首。我国内陆地区也以沙门菌占首位。2010 年 8 月 17 日，加利福尼亚州卫生部门宣布，加州多个地区爆发沙门菌疫情，自 6 月至发布日止接到 266 例患病报告。初步调查显示，多数病人食用鸡蛋后染病，这些鸡蛋可能遭受过沙门菌污染。

沙门菌肠炎易于在整个家庭或集体用膳单位爆发流行，也可散发。爆发流行的特征为：起病突然，多人共同食用过同一食物，多发生于夏秋季节。胃肠类型者若无其他并发症，经适当治疗后，一般能较快恢复。人体内肠道外部位的灶性感染需用抗生素治疗。按临床表现主要症候群分为 3 种类型：

（1）胃肠炎型：多在食用污染的食物 12～24 h 后突然发病，表现为腹痛、腹泻及发热；大便多呈水样，每日 3～4 次至 20～30 次不等，粪便中偶含有黏液或呈脓血便；中等发热，可伴有畏寒；健康的成年人，临床症状持续 2～5 天后可恢复，而年老体弱者则持续较长时间；呕吐、腹泻严重者，可发生严重脱水；炎症累及结肠下段时，可有里急后重感。

（2）伤寒型：多由猪霍乱沙门菌、鼠伤寒沙门菌等引起，出现类似于伤寒的表现。不同于伤寒的是病情较轻，病程相对较短，一般为 1～3 周；虽腹泻明显，但很少并发肠出血和肠穿孔。

（3）败血症型：多发生于儿童或原有慢性疾病的成年人。各种沙门菌均可引起，但猪霍乱沙门菌经口感染后，早期即侵入血流，而肠道常无病变。发病通常急骤，病人有高热、畏寒、出汗、乏力等表现，持续数天、1 周或更长时间；部分患者可出现肠道外部位的局灶性感染，如关节炎、骨髓炎、脑膜炎、肾盂肾炎等；病变部位的感染为化脓性炎症，有不同程度的组织坏死及脓肿形成。

人食物中毒的治疗一般选用氟喹诺酮类、氨苯青霉素、复方新诺明等治疗，要注意休息和加强护理，同时注意对症治疗。大多数患者可于数天内恢复健康。

把好"病从口入"关，做好饮食卫生和食品的加工、管理上的预防工作，对食品和水源应严格进行卫生检查，对感染的家禽、肉类、蛋品等必须彻底煮熟；生、熟食品应分开加工，以免发生交叉感染；带菌者应暂时调离饮食工作。沙门菌食物中毒爆发时，医务人员应及时向卫生防疫部门报告，防止该病扩大和流行。

思考题

1. 食品中能否允许有个别沙门菌存在？为什么？

2. 如何有效地控制沙门菌污染食品？

三、巴氏杆菌病

巴氏杆菌病（pasteurellosis）是一种主要由多杀性巴氏杆菌引起的多种动物共患的传染病。急性病例以败血症和出血性炎症为主要特征；慢性病例表现为皮下结缔组织、关节及各脏器的化脓性病灶，并常引起其他疾病的混合感染或继发感染。

【病原体】

主要是多杀性巴氏杆菌（Pasteurello multocida，PM）。2005 年出版的《伯杰氏细菌学手册》（第 2 版）根据 16SrRNA 系统发育对许多细菌进行了重新分类，多杀性巴氏杆菌仍属于巴氏杆菌属（Pasteurella）。

多杀性巴氏杆菌是一种两端钝圆，中央微凸的革兰阴性短杆菌，长 0.5～2.5 μm，宽 0.25～0.4 μm；不形成芽孢，不运动，是无鞭毛的需氧兼性厌氧菌；体外培养时对营养要求严格，在普通培养基上生长贫瘠，在麦康凯平板上不生长，在添加血清或血液的培养基上生长良好，在适宜条件下血琼脂平板培养 24 h 可形成水滴样小菌落，无溶血现象；在普通琼脂上形成细小透明的露珠状菌落；在普通肉汤中，初期呈均匀混浊，后上清液变为清亮，试管底部形成黏性沉淀；明胶穿刺培养，沿穿刺孔呈线状生长，上粗下细（李浩，2011）。病料涂片用瑞氏染色或美蓝染色时，可见典型的两极着色，纯化培养后两极着色消失。

本菌的抵抗力不强，在无菌蒸馏水和生理盐水中迅速死亡，在直射阳光下迅速死亡；在干燥的空气中 2～3 天死亡；60 ℃ 10 min 可杀死；一般消毒药在几分钟或十几分钟内可杀死；3%苯酚和 0.1%升汞液在 1 min 内可杀菌；10%石灰乳及常用的甲醛溶液 3～4 min 可使其死亡。但本菌在尸体内可存活 1～3 个月（陆承平，2001）。

根据荚膜抗原和菌体抗原不同，可将多杀性巴氏杆菌株分为不同的血清型。按荚膜抗原分有 6 个型，分别为 A、B、C、D、E 和 F，引起猪发病的菌型是 A、B、D、E，此外，A 型菌主要引起禽霍乱，B 型菌主要引起牛发病，D 和 E 型主要使兔、羊发病，C 型菌则是犬、猫的正常栖居菌，一般不引起发病，F 型菌主要引起火鸡发病。按菌体抗原分为 16 个不同血清型，可以引起猪发病的有 1、2、3、4、5、6、10 菌型，引起鸡发病的有 5、8 菌型，引起火鸡发病的有 5、9 菌型，引起牛发病的有 6、7 菌型，引起羊发病的有 4、6 菌型，引起兔发病的有 7 菌型（沈琴芳，2006）。现在多杀性巴氏杆菌分型常是将荚膜型和菌体型结合一起使用，如引起禽发病的主要是 5A、8A，引起牛发病的多是 6B。

【流行病学】

本菌对人和多种动物均有致病性，哺乳动物中以牛、猪、兔、绵羊发病较多，山羊、鹿、骆驼、马、驴、犬和水貂也可以感染发病；禽类以鸡、火鸡和鸭最易感，鹅、鸽子易感性较低。

患病动物和带菌动物是本病的重要传染源，其排泄物、分泌物及受污染的饲料用

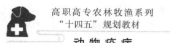

具也可以传播本病。健康动物主要可以通过消化道和呼吸道，也可通过吸血昆虫和损伤的皮肤、黏膜而感染本病。发病动物以幼龄动物较多，且较为严重，病死率也较高。

本病的发生没有明显的季节性，但在秋冬季及早春气温下降、冷热交替、气候剧变、闷热、潮湿、多雨的时期及水貂换毛季节多发。当机体内某些疾病的存在造成机体抵抗力降低，或者长途运输，动物过度疲劳，突然更换饲料，营养缺乏，发生寄生虫感染等常常可以诱发此病。本病多呈散发或者地方性流行，同种动物之间能相互传染，不同种动物之间也偶见相互传染。

【发病机制】

如果正常动物接触到致病力较弱的菌，致病菌可能被杀死或者对动物造成隐性感染。隐性感染时病原只局限于局部。当气候或季节变化、长途运输、寄生虫感染或者营养不良等因素导致动物机体抵抗力降低时，局限于健康带菌动物局部的巴氏杆菌，会向全身扩散，从而造成内源性感染；另外，可由于污染的饲料、水、空气、器具等经消化道、呼吸道或外伤而造成外源性感染。如果机体抵抗力较弱，而感染的菌株毒力较强时，病原菌则会很快地通过淋巴结的阻止作用，进入血流，形成菌血症，染病动物可因败血症于 24 h 内死亡。

【临床症状】

1. 猪

巴氏杆菌病又称猪肺疫，潜伏期一般 1～12 天。根据病的发展过程，可分为最急性、急性和慢性 3 个病型。

（1）最急性型：俗称"锁喉风"，突然发病，迅速死亡。病猪体温突然上升到 41～42 ℃，呼吸困难，心跳加快；不吃料，口鼻黏膜发紫，耳根、颈部、腹部等处发生出血性红斑；咽喉肿胀，坚硬而热；后期高度呼吸困难，病猪呈犬坐姿势，张口呼吸，口鼻流出白色泡沫，可视黏膜发绀，最后窒息而死。最急性型病例往往呈败血症临床症状，在数小时到 1 天内死亡。

（2）急性型：此型多见，往往呈纤维素性胸膜肺炎临床症状。体温升高，呼吸困难，咳嗽，流鼻涕，气喘，呈犬坐姿势；有黏液性或脓性结膜炎，鼻流黏稠液体；皮肤出现出血性红色紫斑或者小出血点；开始时便秘，后来转为腹泻。往往在 5～8 天后死亡，个别转为慢性。

（3）慢性型：多见于流行的后期，主要呈现慢性肺炎或者慢性胃肠炎临床症状。病猪表现为精神沉郁，食欲减退，持续咳嗽，呼吸困难；鼻下有少量黏液性分泌物；进行性营养不良，逐渐消瘦；个别猪表现为关节肿胀。若不及时治疗，多在持续腹泻后衰竭而死。

2. 禽

禽巴氏杆菌病，又称禽霍乱（fowl cholera）、禽出血性败血症，是由多杀性巴氏杆菌引起的鸡、火鸡、鸭、鹅等多种禽类的传染病。自然感染的病例潜伏期为2~9天；人工感染时潜伏期12~48 h。禽巴氏杆菌病在临床上主要有最急性型、急性型和慢性型（王彩丽，2011）。

（1）最急性型：常见于该病流行的初期，尤其是产蛋量高的禽类。病禽无任何前驱临床症状，有时正在进行采食、饮水等正常活动，突然倒地，扑动翅膀，挣扎几下后很快死亡。

（2）急性型：此型在临床上最为常见，病禽主要表现为精神沉郁、闭目打盹、羽毛松乱、缩头、不愿走动、离群呆立；体温升高到43~44 ℃，食欲减退或不食，渴欲增加；病禽常有腹泻，排出黄色、灰白色或稍后即变得略带绿色的稀粪，并含有黏液；呼吸困难，口、鼻分泌物增加；鸡冠和肉髯变青紫色，有的病禽肉髯肿胀；产蛋禽产蛋量明显减少或停止产蛋。最后发生衰竭、昏迷而死亡，病程短的约半天，长的1~3天。

（3）慢性型：多见于疾病流行的后期，由急性不死病例转变而来或者毒力较弱的菌株感染引起。病禽鼻孔有黏性分泌物流出，鼻窦肿大，喉头积有分泌物而影响呼吸；经常性腹泻；病禽消瘦，精神委顿，鸡冠苍白。有些病禽一侧或两侧肉髯显著肿大，随后可能有脓性干酪样物质，或干结、坏死、脱落。病程可拖至1个月以上，但生长发育和产蛋量长期不能恢复。

3. 牛

牛巴氏杆菌病又称牛出血性败血症，潜伏期2~5天。根据临床表现分为急性败血型、肺炎型、水肿型、慢性型。

（1）急性败血型：该型在热带地区呈季节性流行，多见于水牛，发病率和死亡率较高，主要表现为高热（41~42 ℃），精神沉郁，食欲废绝，结膜潮红，鼻镜干燥，呼吸困难，腹痛下痢，粪便初期为粥状，后呈液状并混有黏液、黏膜片和血液，有恶臭感，常于12~24 h内因脱水而死亡。

（2）水肿型：以牦牛最为常见，除表现全身临床症状外，病牛胸前、头、颈等部位皮下水肿明显，手指按压处热、硬、痛；舌咽及周围组织高度肿胀，流涎，呼吸困难，皮肤、黏膜发绀，最后因窒息和下痢而死。

（3）肺炎型：此型最为常见，病牛表现为急性纤维素性胸膜炎或肺炎临床症状。病牛呼吸困难，有痛性干咳，鼻流无色或带血泡沫，后期有的发生腹泻，便中带血，有的尿血，数天至两周死亡，有的转为慢性型。

（4）慢性型：比较少见，多由急性转变而来，表现为慢性肺炎，慢性腹泻，消瘦无力，病程1个月以上。

4. 羊

羊巴氏杆菌病按病程长短可分为最急性、急性和慢性3种病型。

（1）最急性型：多见于抵抗力较弱的哺乳羔羊，一般会突然发病，羔羊出现寒

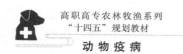

战、虚弱、呼吸困难等临床症状，常在数小时内死亡。

（2）急性型：病羊精神沉郁，体温升高；呼吸急促、咳嗽，鼻孔流出混有血液的黏液；眼结膜潮红，有黏性分泌物。病羊初期便秘，后期腹泻，有时粪便呈血水样，病羊常在严重腹泻后虚脱而死，病期2~5天。

（3）慢性型：病羊消瘦，食欲减退，咳嗽，呼吸困难，流黏脓性鼻液，有时颈部和胸下部发生水肿，有角膜炎，腹泻；病程可达3周。

5. 兔

巴氏杆菌是引起9周龄至6月龄兔子死亡的最主要原因之一。临床上兔巴氏杆菌病的潜伏期长短不一，一般几小时或更长。根据临床上的表现，可将此病分为败血型、鼻炎型、肺炎型、中耳炎型、结膜炎型等不同病型。

（1）败血型：病兔表现为精神萎靡，食欲下降，呼吸急促，体温升高，鼻腔流出浆液性、黏液性或脓性分泌物，有时会出现腹泻；临死前体温下降，四肢抽搐；常在3天内死亡；最急性病例常无任何明显临床症状而突然死亡。

（2）鼻炎型：该病型主要表现为患兔鼻孔流出浆液性、黏液性或脓性分泌物，呼吸困难，打喷嚏、咳嗽，鼻液在鼻孔处结痂，堵塞鼻孔，使呼吸更加困难，从而使患兔常以爪挠抓鼻部。

（3）肺炎型：患兔常呈急性经过，有的仅表现为食欲不振、体温升高、精神沉郁，之后急性死亡。有时会出现腹泻或关节肿胀临床症状，最后多因肺严重出血、坏死或败血而死。

（4）中耳炎型：又称"斜颈病"，是病菌扩散到内耳和脑部的结果。其颈部歪斜的程度与受危害的程度有关。病情严重的患兔向着头倾斜的一方翻滚，一直到被物体阻挡为止。由于头倾斜不能正视，患兔饮食极度困难，因而逐渐消瘦。病程长短不一，最后多因衰竭而死。

（5）结膜炎型：多为两侧性，临床表现为结膜充血红肿，眼内有浆液性或黏液性分泌物，常将眼睑粘住。转为慢性时，红肿会消退，但流泪不止。

6. 水貂

急性病例常未发现任何症状而突然死亡。仔貂多发，成年貂少见。发病貂表现为突然拒食，喜饮，体温高达41.5~42℃。精神沉郁，很少活动或嗜睡，鼻部干燥，呼吸数频，后期呼吸困难，濒死期体温下降至35~36℃。下痢，粪便呈灰绿色液状，恶臭，常混有血液及未消化的饲料。可视黏膜苍白。有时出现四肢麻痹，最后多在昏迷或痉挛中死亡。个别病例有头颈部水肿现象，或于鼻腔流出黏液性略带红色的分泌物，急性型的死亡率为30%~90%。大多数病例的病程为1~5天。有些成年貂感染，多表现为精神沉郁，食欲下降，下痢，排多色稀粪，偶见带血，体温略有升高，消瘦，死亡率在10%~30%，病程为5~10天。

【病理变化】

因动物品种的易感性、机体的抵抗力、细菌的毒力和侵入细菌的数量不同，该病的病理变化有很大差异，因此病变各不相同。

1. 猪

（1）最急性：病理剖检可见皮肤、皮下组织、浆膜等有大量出血点，咽喉部黏膜及周围组织有急性炎症，出血性浆液浸润；全身淋巴结出血肿胀、出血；肺发生急性水肿。

（2）急性型：主要为胸膜肺炎，肺有各期肺炎病变，有出血斑点、水肿、气肿和红色肝变区；胸膜常有纤维素样黏附物，常与肺粘连；支气管淋巴结肿大，有多量泡沫黏液；胃肠道有卡他性炎或出血性炎。

（3）慢性型：慢性型的病例主要表现为尸体消瘦，剖开后可见肺多处坏死灶。胸膜及心包有纤维素絮状物附着，肋膜常与肺发生粘连。

2. 禽

（1）最急性型：最急性型死亡的病禽没有特殊的病变，有时只能看见心外膜有少许出血点，肝脏表面有数个针尖大小的灰黄色或灰白色的坏死点。

（2）急性型：急性病的病例有特征性的病变，病禽的皮下组织、腹部脂肪及肠系膜常见大小不等出血点；心包变厚，心包内积有多量不透明的淡黄色液体，有的含纤维素絮状液体，心外膜、心冠脂肪出血最为明显；肺有充血或出血点；肝脏的病变最具有特征性，肝肿大，质变脆，呈棕色或紫红色；表面散布有许多灰白色的坏死点；脾脏一般不见明显变化，或稍微肿大，质地较柔软。

（3）慢性型：慢性型病理剖检的变化常因侵害器官不同而异。以呼吸道临床症状为主时，一般可见鼻腔、气管、支气管、鼻窦内有多量黏性分泌物，个别病例肺质地变硬；局限于关节炎和腱鞘炎的病例，主要见关节肿大变形，有炎性渗出物和干酪样坏死；还有的病例会出现肉髯肿大，内有干酪样的渗出物，母鸡的卵巢明显出血，有时卵泡变形，破裂，腹腔内脏表面上有卵黄样物质。

3. 牛

牛败血型没有特征性的病变，一般只见黏膜和内脏表面有广泛的点状出血变化；水肿型病例见于头、颈和咽喉部水肿，剖开可以发现该部位呈出血性胶样浸润。肺炎型主要表现为纤维素性肺炎和胸膜炎，肺与胸膜及心包粘连，肺组织呈肝样硬变，切面红色或灰黄色，小叶间质增宽，肺脏切面大理石样变。

4. 羊

急性型病例主要表现为皮下有液体浸润和小点出血；咽喉、气管黏膜肿胀，有点状出血；肺充血、瘀血，颜色暗红、体积肿大，有小点出血和肝变，切面外翻，流出淡粉红色泡沫样液体；心包腔内有黄色浑浊液体，心腔扩张，有的冠状沟处有针尖大出血点；肝脏瘀血，有的病例有灰白色针头大小坏死灶，胸腔内积有黄色渗出性浆

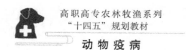

液。胃肠道黏膜弥漫性出血、水肿。慢性病例主要表现为尸体消瘦，皮下胶冻样浸润，纤维素样胸膜肺炎等。

5. 兔

败血症型除一般败血病变化外，常见鼻炎和肺炎的变化，鼻腔黏膜充血，有黏性分泌物；喉头黏膜充血、出血，气管黏膜充血、出血，并伴有多量红色泡沫等。死于鼻炎型的病兔鼻腔积有多量黏性或脓性分泌物，黏膜潮红、肿胀或增厚，有的发生糜烂；鼻窦和副鼻窦内充血、出血，积聚分泌物，窦腔内层黏膜红肿等。肺炎型常表现为急性纤维素性肺炎和胸膜炎变化，病变部位主要位于肺间叶、心叶和膈叶前下部，病变为充血、出血实变及形成灰白色小结节。中耳炎型的鼓膜和鼓室内壁变红，有时鼓室破裂，有白色脓性渗出物，甚至流出外耳道，严重者出现化脓性脑膜炎的病变。结膜炎的病理变化不明显。

6. 水貂

病死水貂表现为广泛性出血性倾向，以实质器官和黏膜、浆膜出血为主要特征，尤其胸腔最为明显；心肌、心内膜广泛性点状出血；肺脏呈暗红色，遍布大小不等的点状或弥漫性出血斑；胸腔内有浆液性或浆液纤维素性渗出物；全身淋巴结肿大、充血，表面有点状出血；肝脏充血、瘀血、质脆、肿大，呈不均匀的紫红色或淡黄色；切开有多量褐红色血液流出；脾脏肿大，折叠困难，边缘钝；有时有点状坏死灶；胃黏膜有点状或带状出血，有时出现溃疡；小肠黏膜有卡他性或出血性炎症；肠管内常有血液和大量黏液的混合物；肠黏膜出血。心肌、肝、脾、淋巴结、肠管充血；有时可见小型坏死灶。

【诊断】

现场诊断主要是根据不同动物的巴氏杆菌病的流行病学特点、临床症状和病理剖检的特殊病变作出初步诊断。确诊需要进行实验室的检测。

实验室检测主要包括微生物学检查、动物试验、血清型或生物型鉴定。

微生物学检查主要是采取患病动物的肝、肺、脾等组织，分泌物及局部病灶的渗出液，并对其涂片进行革兰染色，镜检，可发现革兰阴性的杆菌；用瑞氏或姬姆萨等染料染色，可见两极染色的卵圆形杆菌；同时，将病料接种鲜血琼脂和麦康凯琼脂培养基，37 ℃培养 24 h，观察细菌的生长情况、菌落特征、溶血性，并染色镜检；对分离到的细菌进行生化试验，然后与标准菌进行比对。

进行动物试验时，常用的实验动物有小鼠和家兔。无菌操作研磨病料，用生理盐水 1∶10 稀释，取上清 0.2 mL 接种实验动物，接种动物死亡后立即剖检，并取心血和实质脏器分离和涂片染色镜检，见大量两极浓染的细菌即可确诊。

必要时可进行血清型或生物型鉴定，可用被动血凝试验、凝集试验鉴定多杀性巴氏杆菌荚膜血清群和血清型。用间接血凝试验检测溶血性巴氏杆菌的血清型，根据生化反应鉴定该菌的生物型。

【防控措施】

根据本病的流行特点和发病特点，切实做好预防工作，主要包括平时积极做好消毒工作，杀灭环境中可能存在的病原体；加强饲养管理，注意饲养密度，防寒降暑，以增强机体的抵抗力；受到该病威胁的地区要定期接种疫苗，做好卫生防疫。发现本病后，应立即采取隔离、消毒、紧急免疫、药物治疗等措施；将已发病动物或可疑病畜进行隔离治疗，健康的动物立即接种疫苗，或用药物预防，对污染的环境进行彻底消毒。

对于猪，新引进的猪要隔离观察 1 个月后再合群。定期对猪场进行消毒。除此之外，应在每年春秋用猪肺疫氢氧化铝甲醛菌苗或猪肺疫口服弱毒菌苗进行 2 次免疫接种。在本病爆发流行时，需立即对病猪实行隔离，消毒，结合药敏试验进行对症治疗，在传染源被消灭的情况下，经 3 周以上没有新病例出现时，再进行接种疫苗。

对于禽类，最好以栋舍为单位采取全进全出的饲养制度，从未发生本病的鸡场不进行疫苗接种。鸡群发生该病后应立即采取相应的治疗措施，结合药敏试验选择敏感的药物全群给药。在治疗过程中，要做到疗程合理，剂量充足，用药见效后再继续投药 2~3 天以巩固疗效防止复发。对常发地区可考虑应用疫苗进行预防，禽霍乱 G190E40 活疫苗可用于 3 月龄以上的鸡、鸭、鹅。根据瓶签注明的羽份数，按每羽份加入 0.5 mL 的 20% 氢氧化铝胶生理盐水稀释摇匀后在鸡、鸭、鹅的胸肌内接种 0.5 mL。鸭在预防接种后 3 天即可产生免疫力，免疫期为 3 个半月。在有禽霍乱流行的场，可每 3 个月预防接种 1 次（陈粉仙，2009）。

对于牛，平时要做好圈舍的消毒工作，并定期进行疫苗接种工作；若发生本病，可用 2% 氧氟沙星针剂和复方庆大霉素针剂肌肉注射治疗，3 天为 1 个疗程。并用乳酸环丙沙星粉剂全群饮水进行预防。

对于羊，在运输、环境或饲料改变时，要采用药物预防。治疗及预防可用抗生素和磺胺类药物。

对于兔，最好自繁自养，引进种兔要进行严格检查。预防时可用兔巴氏杆菌氢氧化铝菌苗或禽巴氏杆菌病菌苗免疫注射，或用兔瘟、兔巴氏杆菌病二联苗免疫注射，每年 2 次。治疗可用链霉素肌肉注射，也可配合青霉素联合应用，效果更好。对于急性的病例，可用多价血清治疗，1 日 2 次常有显著效果。

对于水貂，定期免疫巴氏杆菌疫苗能起到良好的预防效果，但疫苗的免疫期较短，需要多次接种。发生本病时，尽早结合药敏试验选取敏感药物按疗程进行治疗可收到一定的效果。青霉素按每千克体重 10 万单位，链霉素每千克体重 3 万单位，合并肌肉注射，每天 2 次；在每千克饲料中加入长效磺胺、土霉素片各 3 片；在饮水中适量补充白糖、盐和水溶性维生素，可以起到很好的辅助治疗作用。但在 3~5 天后易出现反复，需要加大剂量。更换新鲜、营养丰富的肉鱼饵料，补充维生素。地面要彻底清扫，用 20% 石灰乳消毒，可用 3% 煤酚皂喷雾消毒貂笼，5% 碳酸氢钠消毒饲料室及食具。

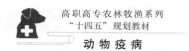

思考题

1. 各种动物巴氏杆菌病的症状有哪些，各有什么特征病变？
2. 巴氏杆菌的实验室诊断程序及防治要点是什么？

四、布氏杆菌病

布氏杆菌病（brucellosis）是由布氏杆菌引起的人畜共患传染病。家畜中，牛、羊和猪最为易感，其特征是生殖器官和胎膜发炎，引起流产、不育和各种组织的局部病灶。

【病原体】

布氏杆菌为革兰阴性球杆菌，菌体无鞭毛、芽孢、荚膜等特殊结构。布氏杆菌属有 6 个种，即马耳他布氏杆菌（又称为羊布氏杆菌）、流产布氏杆菌（又称为牛布氏杆菌）、猪布氏杆菌、沙林鼠布氏杆菌、绵羊布氏杆菌和犬布氏杆菌。各个种与生物型菌株之间，形态及染色特性等方面无明显差别。

本菌对营养要求较高，普通培养基上能生长，但是不旺盛，加入马血清、驴血清可以促进其生长。初次分离需要 10%兔血清，增殖几代后可以在常规条件下培养。

布氏杆菌的抵抗力和其他不能产生芽孢的细菌相似。例如，巴氏灭菌法 10～15 min可将其杀死，0.1%升汞需数分钟，1%煤酚皂或 2%福尔马林或 5%生石灰乳需15 min，而直射日光需要 0.5～4 h。在室温干燥 5 天，在干燥土壤内 37 天死亡，在冷暗处和在胎儿体内可活 6 个月。

【流行病学】

本病的易感宿主范围很广，如羊、牛、猪、水牛、野牛、牦牛、羚羊、鹿、骆驼、野猪、马、狗、猫、狐、狼、野兔、猴、鸡、鸭及一些啮齿动物等，但主要是羊、牛、猪。

本病的传染源是病畜及带菌者（包括野生动物）。最危险的是受感染的妊娠母畜，它们在流产或分娩时将大量布氏杆菌随着胎儿、胎水和胎衣排出。流产后的阴道分泌物及乳汁中都含有布氏杆菌。布氏杆菌感染的睾丸炎精囊中也有布氏杆菌存在，这种情况在公猪显得更为重要。人的传染源主要是患病动物，一般不由人传染人。在我国，人布氏杆菌病最多的地区是羊布氏杆菌病严重流行的地区，从人体分离的布氏杆菌大多数是羊布氏杆菌。本病的主要传播途径是消化道，但经皮肤感染也有一定可能性。曾有试验证明，通过无创伤的皮肤，使牛感染成功，如果皮肤有创伤，则更易为病原菌侵入。其他，如通过结膜、交媾，也可感染。吸血昆虫可以传播本病。试验证明，布氏杆菌在蜱体内存活时间较长，且保持对哺乳动物的致病力，通过蜱的叮咬，可以传播此病。

马耳他布氏杆菌，主要宿主是山羊和绵羊，可以由羊传入牛群，或由牛传播于牛，而其他动物对它的易感性则与流产布氏杆菌相同。流产布氏杆菌主要宿主是牛，而羊、猴、豚鼠有一定易感性，猪布氏杆菌主要宿主是猪，而对其他动物的易感性也同于流产布氏杆菌。绵羊布氏杆菌主要引起公绵羊附睾炎，也可侵犯孕母绵羊导致胎盘坏死，而对未孕母绵羊的作用则常是一过性的。犬是犬布氏杆菌的主要宿主，牛、羊、猪对犬布氏杆菌的感受性低。沙林鼠布氏杆菌对小鼠的病原性强于豚鼠。

动物的易感性似是随性成熟年龄接近而增高，如犊牛在配种年龄前比较不易感染。疫区内大多数处女牛在第一胎流产后则多不再流产，但也有连续几胎流产者。性别对易感性并无显著差别，但公牛似有一些抵抗力。一般牧区人的感染率要高于农区。患者有明显的职业特征。

【发病机理】

流产布氏杆菌致病作用的关键就在于它能侵入吞噬细胞。病原菌自皮肤或黏膜侵入机体，优先定植于肠黏膜的巨噬细胞。吞噬细胞吞噬后再把细菌转移和运输到黏膜固有层和黏膜下层。

布氏杆菌在宿主的吞噬细胞内长期居留可能是它们通过自身的基因改变来适应这个苛刻的环境，如 pH 不适、营养缺乏、有氧介导和有氮介导的反应及遭遇吞噬细胞内溶酶体的溶解。流产布氏杆菌的内化过程能够改变布氏杆菌在宿主细胞内的移行途径，改变吞噬体在宿主细胞内的正常成熟过程及干扰吞噬溶酶体与布氏杆菌的黏附。研究表明，布氏杆菌不能在中性粒细胞内生存和复制。这也说明，布氏杆菌并不能在所有吞噬细胞内移行、生存和复制。但是布氏杆菌却能在其他吞噬细胞和非专业吞噬细胞内进行正常的胞内移行。

布氏杆菌具有的毒力因子（如外毒素、细胞溶血素、内毒素、脂多糖及细胞凋亡诱素）不够典型，但是这些毒力因子在细菌侵入宿主细胞、胞内寄生及到达胞内的复制位点——粗面内质网（rough endoplasmic reticulum，RER）时是必不可少的（王景龙，2011）。

布氏杆菌进入绒毛膜上皮细胞内增殖，产生胎盘炎，并在绒毛膜与子宫黏膜之间扩散，产生子宫内膜炎。在绒毛膜上皮细胞内增殖时，使绒毛发生渐进性坏死，同时产生一层纤维素性脓性分泌物，逐渐使胎儿胎盘与母体胎盘松离。布氏杆菌还可进入胎衣中，并随羊水进入胎儿引起病变。由于胎儿胎盘与母体胎盘之间松离，及由此引起胎儿营养障碍和胎儿病变，使母畜可能发生流产。流产胎儿的消化道及肺组织内可以检到布氏杆菌，其他组织则通常无菌。

【临床症状】

1. 牛

牛潜伏期长短不一，一般为 14～150 天。母牛最显著的临床症状是流产。流产可

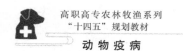

以发生在妊娠的任何时期,最常发生在第 6~8 个月,已经流产过的母牛如果再流产,一般比第一次流产时间要短。流产时除在数日前表现分娩预兆象征,如阴唇、乳房肿大,荐部与肋部下陷,以及乳汁呈初乳性质等外,还有生殖道的发炎临床症状,即阴道黏膜发生粟粒大小红色结节,由阴道流出灰白色或灰色黏性分泌液。流产时,胎水多清朗,但有时混浊含有脓样絮片。常见胎衣滞留,特别是妊娠晚期流产者。流产后常继续排出污灰色或棕红色分泌液,有时恶臭。早期流产的胎儿,通常在产前已经死亡。发育比较完全的胎儿,产出时多为弱胎,不久死亡。有时有乳房炎的轻微临床症状。

公牛有时可见阴茎潮红肿胀,更常见的是睾丸炎及附睾炎。急性病例则睾丸肿胀疼痛。还可能有中度发热与食欲不振,以后疼痛逐渐减退,约 3 周后,通常只见睾丸和附睾肿大,触之坚硬。

临床上常见的症状还有关节炎,甚至可以见于未曾流产的牛只,关节肿胀疼痛,有时持续躺卧。通常是个别关节患病,最常见于膝关节和腕关节。腱鞘炎比较少见,滑液囊炎特别是膝滑液囊炎则较常见。

2. 羊

羊临床症状也主要是流产。流产前,食欲减退,口渴,委顿,阴道流出黄色黏液等。流产发生在妊娠后第 3 或第 4 个月。有的山羊流产 2~3 次,有的则不发生流产,但也有报道山羊群中流产率达 40%~90%。其他临床症状可能还有乳房炎、支气管炎、关节炎及滑液囊炎而引起跛行。公羊睾丸炎、乳山羊的乳房炎常较早出现,乳汁有结块,乳量可能减少,乳腺组织有结节性变硬。绵羊布氏杆菌可引起绵羊附睾炎。

3. 猪

猪最明显的临床症状也是流产,多发生在妊娠第 4~12 周。有的在妊娠第 2~3 周即流产,有的接近妊娠期满即早产。早期流产常不易发现,因母猪常将胎儿连同胎衣吃掉。流产的前兆临床症状常见沉郁,阴唇和乳房肿胀,有时阴道流出黏性或黏脓性分泌液。流产后胎衣滞留情况少见,子宫分泌液一般在 8 天内消失。少数情况因胎衣滞留,引起子宫炎和不育。公猪常见睾丸炎和附睾炎。有时在开始即表现出全身发热,局部疼痛不愿配种,但通常则是逐渐发生,即睾丸及附睾的不痛性肿胀。较少见的临床症状还有皮下脓肿、关节炎、腱鞘炎等,如椎骨中有病变时,还可能发生后肢麻痹。

【病理变化】

胎衣呈黄色胶冻样浸润,有些部位覆有纤维蛋白絮片和脓液,有的增厚而杂有出血点。绒毛叶部分或全部贫血呈苍黄色,或覆有灰色或黄绿色纤维蛋白或脓液絮片或覆有脂肪状渗出物。胎儿胃特别是第四胃中有淡黄色或白色黏液絮状物,肠胃和膀胱的浆膜下可能见有点状或线状出血。浆膜腔有微红色液体,腔壁上可能覆有纤维蛋白凝块。皮下呈出血性浆液性浸润。淋巴结、脾脏和肝脏有程度不等的肿胀,有的散有炎性坏死灶。脐带常呈浆液性浸润、肥厚。胎儿有肺炎病灶。

公畜生殖器官精囊内可能有出血点和坏死灶，睾丸和附睾可能有炎性坏死灶和化脓灶。

【诊断】

根据流行病学资料、流产、胎儿胎衣的病理损害、胎衣滞留及不育等都有助于布氏杆菌病的诊断，但确诊只有通过实验室诊断才能得出结果。

布氏杆菌病实验室诊断，除流产材料的细菌学检查外，牛主要是血清凝集试验及补体结合试验。对无病乳牛群可用乳环状试验作为一种监视性试验。羊群检疫用变态反应方法比较合适。少量的羊只常用凝集试验与补体结合试验。猪常用血清凝集试验，也有的用补体结合试验和变态反应。人通常用凝集试验和 ELISA 检测特异性抗体，必要时进行血液、组织液或骨髓培养（杨建勋，2009）。除以上所述者外，近年来，不少新的方法被用来检验本病，其中包括间接血凝试验、抗球蛋白（Coombs）试验、荧光抗体法、DNA 探针及 PCR 等。

布氏杆菌病的明显临床症状是流产，须与发生相同临床症状的疾病鉴别，如弯曲菌病、胎毛滴虫病、钩端螺旋体病、乙型脑炎、衣原体病、沙门菌病及弓形体病等都可能发生流产，鉴别的主要关键是病原体的检出及特异抗体的证明。

【治疗】

布氏杆菌是兼性细胞内寄生菌，致使化疗药剂不易生效。因此对病畜一般不做治疗，应淘汰屠宰。

【防控措施】

消灭布氏杆菌病的措施是检疫、隔离、控制传染源、切断传播途径、培养健康畜群及主动免疫接种。应当着重体现"预防为主"的原则。最好办法是自繁自养，必须引进种畜或补充畜群时，要严格执行检疫。即将牲畜隔离饲养 2 个月，同时进行布氏杆菌病的检查，全群 2 次免疫生物学检查阴性者，才可以与原有牲畜接触。清净的畜群，还应定期检疫（至少 1 年 1 次），病畜一经发现，即应淘汰。

通过免疫生物学检查方法在畜群中反复进行检查淘汰（屠宰），可以清净畜群。也可将查出的阳性畜隔离饲养，继续利用，阴性者作为假定健康畜继续观察检疫，经1 年以上无阳性者出现，且已正常分娩，即可认为是无病畜群。

培养健康畜群由幼畜着手，成功机会较多。由犊牛培育健康牛群，已有很多成功经验。这种工作还可以与培养无结核病牛群结合进行，即病牛所产犊牛立刻隔离，用母牛初乳人工饲喂 5～10 天，以后喂以健康牛乳或巴氏灭菌乳。在第 5 个月及第 9 个月各进行 1 次免疫学检查，全部阴性时即可认为是健康犊牛。培养健康羔羊群则在羔羊断乳后隔离饲养，一个月内做 2 次免疫学试验，如有阳性除淘汰外再继续检疫 1 个月，至全群阴性，则可认为是健康羔羊群。仔猪在断乳后即隔离饲养，2 月龄及 4 月龄各检验 1 次，如全为阴性即可视为健康仔猪群。

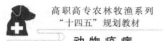
疫苗接种是控制本病的有效措施。已经证实，布氏杆菌病的免疫机理是细胞免疫为主。在保护宿主抵抗流产布氏杆菌的细胞免疫作用时，特异的T细胞与流产布氏杆菌抗原反应，产生淋巴因子，此淋巴因子能提高巨噬细胞活性，杀灭其细胞内细菌。因而在没有严格隔离条件的畜群，可以用疫苗接种防控本病。

目前国际上多采用活疫苗，如牛流产布氏杆菌19号苗、马耳他布氏杆菌RevI苗。也有使用灭活苗的，如牛流产布氏杆菌45/20苗和马耳他布氏杆菌53H38苗等。在我国，主要使用猪布氏杆菌2号弱毒活苗和羊布氏杆菌5号弱毒活苗。猪2号苗对山羊、绵羊、猪和牛都有较好的免疫效力，可供预防羊、猪、牛布氏杆菌病之用。其毒力稳定，使用安全，免疫力好，在生产上使用已经收到良好效果。羊布氏杆菌5号弱毒活苗（简称M5苗）是我国选育的一种布氏杆菌苗，可用于绵羊、山羊、牛和鹿的免疫。

在疫苗接种方法上，我国使用猪2号苗给牛、羊和猪口服免疫获得成功，使用羊5号苗注射、口服和气雾免疫都获得成功，在布氏杆菌苗免疫方法上创出了一条新路。应当指出的是，上述弱毒活苗，仍有一定的残余毒力，因此，在使用中应做好工作人员的自身保护。

在消灭布氏杆菌病过程中，要做好消毒工作，以切断传播途径。畜群中如果发现流产畜，除隔离流产畜和消毒环境及流产胎儿、胎衣外，应尽快做出诊断。疫区的生皮、羊毛等畜产品及饲草饲料等也应进行消毒或放置2个月以上才可利用。

【公共卫生】

人类可感染布氏杆菌病，临床表现分急性型和慢性型，后者造成元气和劳动力的损伤。人感染本病时，体温呈波型热或长期低热，全身不适，关节炎，神经疼，盗汗、寒战及睾丸炎、附睾炎等，孕妇可引起流产。

人类布氏杆菌病的预防，首先要注意职业性感染，凡在动物养殖场、屠宰场、畜产品加工厂的工作者及兽医、实验室工作人员等，必须严守防护制度（即穿着防护服装，做好消毒工作），尤其在仔畜大批生产季节，更要特别注意（陈文靖，2008）。病畜乳肉食品必须灭菌后食用。必要时可用疫苗（如Ba-19苗）皮上划痕接种，接种前应进行变态反应试验，阴性反应者才能接种。

思考题

1. 布氏杆菌病的主要临床症状和病理变化有哪些？
2. 布氏杆菌病的诊断方法主要有哪些？

五、结核病

结核病（tuberculosis）是由分枝杆菌引起的一种人畜共患的慢性传染病，各个器官都可被侵害，尤以肺结核为多见。其病理特征是在多种组织器官形成结核性肉芽肿（结核结节），继而结节中心干酪样坏死或钙化。

本病在世界各地均有发生，在西方一些国家曾形成大流行，被称为"白色瘟疫"。该病在我国也是一个古老的疾病，几千年来一直威胁着人类和动物的健康与生命安全。

据世界卫生组织统计资料：1986—1990年25%的发达国家和41.5%的发展中国家结核病疫情在上升，在美国、英国、日本等发达国家经过实施"检疫-扑杀"等措施，牛结核病疫情一度被控制，但近年来由于自然界中野生动物储存宿主增加、艾滋病感染及耐药菌株的出现，牛结核病又有所抬头。我国近年来奶牛结核病还时有发生，并且随着国民经济的发展，人民生活水平的提高，人们对乳制品的需求量不断攀升，带动了我国奶牛业的迅速发展，牛结核病疫情也受到日益广泛的关注。

【病原体】

本病的病原是分枝杆菌属（Mycobacterium）的3个种，即结核分枝杆菌（M. tuberculosis）、牛分枝杆菌（M. bovis）和禽分枝杆菌（M. avium）。结核分枝杆菌是直或微弯的细长杆菌，呈单独或平行相聚排列，多为棍棒状，间有分枝状。牛分枝杆菌稍短粗，且着色不均匀。禽分枝杆菌短而小，为多形性。本菌不产生芽孢和荚膜，也不能运动，为革兰阳性菌，常用的染色方法为Ziehl-Neelsen抗酸染色法。分枝杆菌为专性需氧菌，生长最适温度为37.5 ℃，但在培养基上生长缓慢，初次分离培养时需用牛血清或鸡蛋培养基，在固体培养基上接种，3周左右开始生长，出现粟粒大圆形菌落。牛分枝杆菌生长最慢，禽分枝杆菌生长最快。生长最适的酸碱度上略有不同：牛分枝杆菌为pH 5.9~6.9，结核分枝杆菌为pH 7.4~8.0，禽分枝杆菌为pH 7.2。

结核分枝杆菌细胞壁中含有丰富的蜡脂类，其在自然环境中生存力较强，对干燥和湿冷的抵抗力很强，在干燥的痰中可存活10个月，粪便、土壤中可存活7个月，普通水中可存活5个月。但对热的抵抗力差，60~30 min即可死亡。在直射阳光下经数小时死亡。常用消毒药经4 h可将其杀死。本菌对链霉素、异烟肼、对氨基水杨酸和环丝氨酸等敏感，对磺胺类、青霉素和其他广谱抗生素均不敏感。

【流行病学】

本病除可感染人外，还能感染50多种哺乳动物和20多种禽类。家畜中以牛，尤其奶牛最敏感。患病动物尤其是开放性结核的患病动物是传染源，牛结核主要通过呼吸道、消化道传播。患结核病的牛咳嗽时，可将带菌飞沫排于空气中，人和牛及其他动物吸入即可感染。犊牛通过吮乳经消化道感染为多。散养牛患结核病率为1%~

5%，而圈养奶牛因畜舍通风差且互相密切接触，其传播速度将更迅速。另外，病畜、病禽的排泄物也可带菌，这些排泄物若不经处理，可能再度污染水源、田地，从而感染人和其他动物。

本病无季节流行性，一年四季均可发生。在农村主要以散发为主，规模化养殖场以区域性流行为主。检疫不严格、盲目引种、对检出阳性牛不及时处理、未能从根本上消灭传染源及人畜间相互感染等是造成牛结核病不断发生和流行的主要原因。近年来，抗生素的大量应用，导致许多耐药性结核菌株的出现和传播，给结核病的治疗带来了很大困难。

【发病机理】

结核杆菌侵入机体后，与吞噬细胞相遇，易被吞噬或将结核菌带入局部的淋巴管和组织，并在侵入的组织或淋巴结处形成原发性病灶，细菌被滞留并在该处形成结核。如果机体抵抗力强，此局部的原发性病灶局限化，长期甚至终生不扩散。如果机体抵抗力弱，疾病进一步发展，细菌经淋巴管向其他一些淋巴结扩散，形成续发性病灶。当疾病继续发展，细菌则进入血流，散布全身，引起其他组织器官的结核病灶或全身性结核。

结核病分为初次感染和二次感染。二次感染多发生于成年动物，可以是外源性的，也可以是内源性的。二次感染的特点是由于特异性免疫作用而使病变只局限于某个器官。

机体对结核分枝杆菌的免疫机理首先是细胞免疫，其次是体液免疫，二者是分离的。细胞免疫随机体抵抗力增强而增强，体液免疫随机体低抗力减弱而增强。所以，牛体受结核杆菌的感染后首先产生有效的细胞免疫，并能长期将感染限制在局部区域使之不能扩散，因体液免疫反应出现较迟且往往反应低下，因而导致血清学检测方法的灵敏度和特异性较低。高水平的循环抗体可见于病情恶化之后，可能与细胞免疫失败而失去对分枝杆菌繁殖的限制有关。

【临床症状】

潜伏期长短不一，短者十几天，长者数月甚至数年。

1. 牛

牛结核病主要由牛分枝杆菌引起。结核分枝杆菌和禽分枝杆菌对牛毒力较弱，多引起局限性病灶且缺乏肉眼变化，即所谓的"无病灶反应牛"，通常这种牛很少能成为传染源。

牛常发生肺结核，病初食欲、反刍无变化，但易疲劳，常发短而干的咳嗽，尤其当起立运动、吸入冷空气或有尘埃的空气时易诱发，随后咳嗽加重，发作频繁且表现痛苦。病畜呼吸次数增多或发生气喘。病畜日渐消瘦、贫血，有的牛体表淋巴结肿大，常见于肩前、股前、腹股沟、颌下、咽及颈淋巴结等。当纵隔淋巴结受侵害肿大压迫食道，则有慢性臌气临床症状。病势恶化可发生全身性结核，即粟粒性结核。胸膜腹膜发生结核病灶即所谓的"珍珠病"，胸部听诊可听到摩擦音。多数病牛乳房常被感染侵害，见乳房上淋巴结肿大，无热无痛，泌乳量减少，乳汁初无明显变化，严重时呈水样稀便。肠道结核多见于犊牛，表现为消化不良，食欲不振，顽固性下痢，迅速消瘦。生殖器官结核，可见性机能紊乱：发情频繁，性欲亢进，慕雄狂与不孕。孕畜流产，公畜附睾肿大，阴茎前部可发生结节、糜烂等。中枢神经系统主要是脑与脑膜发生结核病变，常引起神经临床症状，如癫痫样发作、运动障碍等。

2. 禽

禽结核病主要危害鸡和火鸡，成年鸡多发。临床表现为贫血、消瘦、鸡冠萎缩、跛行及产蛋减少或停止。病程持续 2~3 个月，有时可达 1 年。病禽常因衰竭或因肝变性破裂而突然死亡。

3. 猪

猪对禽分枝杆菌、牛分枝杆菌、结核分枝杆菌都有易感性，猪对禽分枝杆菌的易感性比其他哺乳动物为高。养猪场里养鸡或养鸡场里养猪，都可能增加猪感染禽结核的机会。猪主要经消化道感染结核，在扁桃体和颌下淋巴结发生病灶，很少出现临床症状，当肠道有病灶则发生下痢。猪感染牛分枝杆菌则呈进行性病程，常导致死亡。

4. 鹿

鹿结核病常为牛分枝杆菌所致。其临床症状与病变和牛基本相同。

5. 水貂

水貂对各种结核杆菌皆易感。临床表现为体衰无力，活动减少，食欲不稳定，贫血，逐渐消瘦，有时咳嗽和气喘。当消化系统感染时，消瘦更为明显，常有消化不良和下痢，全身恶病质而死。

6. 猴

猴结核病多为结核分枝杆菌所致。患病动物表现为消瘦、咳嗽等临床症状。临床诊断可用 X 射线透视。病理变化主要见于肺、胸膜、胸腔淋巴结、腹膜和腹腔器官等。

7. 绵羊和山羊

极少见有绵羊和山羊感染结核分枝杆菌病的报道。一般发病时不表现明显的临床症状，往往是屠宰后才发现病畜体内淋巴结处有结核病灶。

【病理变化】

结核病变可分为增生性和渗出性结核两种，有时机体内两种病灶同时存在。

1. 牛

牛肉眼可见病灶，在肺脏或其他器官常见有很多突起的白色结节。切面为干酪样坏死，有的见有钙化，切开时有沙砾感。有的坏死组织溶解和软化，排出后形成空洞。胸膜和腹膜发生密集结核结节，呈粟粒大至豌豆大的半透明灰白色坚硬的结节，形似珍珠状，称所谓的"珍珠病"。胃肠黏膜可能有大小不等的结核结节或溃疡。乳

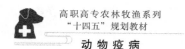

房结核多发生于进行性病例，剖开可见有大小不等的病灶，内含有干酪样物质，还可见到急性渗出性乳房炎的病变。子宫病变多为弥漫性干酪化，多出现在黏膜上，黏膜下组织或肌层组织内也有的发生结节、溃疡或瘢痕化。子宫腔含有油样脓液，卵巢肿大，输卵管变硬。

2. 禽

禽结核病病灶多发生于肠道、肝、脾、骨骼和关节。各部位肠道可发生溃疡，形成的结核结节突出于肠管表面。肝脾等器官肿大，切开后可见有大小不等的结核结节，呈现干酪样病灶，病鸡可见关节肿胀，切开后可见其内充满干酪样物质。

3. 猪

猪全身性结核不常见，在某些器官如肝、肺、肾等处可出现一些小的病灶，或有的病例发生广泛的结节性过程。有的干酪样变化，但钙化不明显。在颌下、咽、肠系膜淋巴结及扁桃体等发生结核病灶。

4. 水貂

水貂结核结节多见于肺、肺门和纵隔淋巴结，以及肝、脾、肾、肠系膜淋巴结和浆膜淋巴结。

5. 绵羊和山羊

绵羊和山羊病变主要发生在胸腔和肺部淋巴结，有时在其他内脏器官也可见有结核结节。

【诊断】

在畜（禽）群中有动物出现进行性消瘦、咳嗽、慢性乳房炎、顽固性下痢、体表淋巴结慢性肿胀等症状，可作为本病初步诊断的依据。但通常须结合流行病学、临床症状、病理变化、结核菌素试验，以及细菌学试验和血清学试验等综合诊断较为切实可靠。

1. 细菌学诊断

细菌学诊断对开放性结核病的诊断具有实际意义。采取病畜的病灶、痰、尿、粪及其他分泌物，做抹片检查（直接涂片镜检或集菌处理后涂片镜检，可用抗酸性染色法），分离培养和动物接种试验。采用免疫荧光抗体技术检查病料，具有快速、准确、检出率高等优点。

2. 结核菌素试验

结核菌素试验是我国目前结核检疫的法定方法。结核菌素试验主要包括提纯结核菌素（PPD）诊断方法和老结核菌素（OT）诊断方法。

（1）老结核菌素诊断法：我国现行乳牛结核病检疫规程规定，应以结核菌素皮内注射法和点眼法同时进行。每次检疫各做2次，2种方法中的任何1种是阳性反应者，即判定为结核菌素阳性反应牛。

（2）提纯结核菌素诊断法：诊断牛结核病时，将牛分枝杆菌提纯菌素用蒸馏水稀释成 100 000 IU/mL，颈侧中部上 1/3 处皮内注射 0.1 mL。对其他动物的结核菌素试验一般多采用皮内注射法。

诊断鸡结核病用禽分枝杆菌提纯菌素，以 0.1 mL（2 500 IU）该菌素注射于鸡的肉垂内，24~48 h 后判定，注射部位出现增厚、下垂、发热、呈弥漫性水肿者为阳性。

诊断猪结核病，用牛分枝杆菌提纯菌素 0.1 mL（10 000 IU）或老结核菌素原液 0.1 mL，在猪耳根外侧皮内注射，另一侧注射禽分枝杆菌提纯菌素 0.1 mL（2 500 IU），48~72 h 后观察判定，明显发生红肿者为阳性。如无禽结核菌素，仅用牛结核菌素亦可。

诊断马、绵羊、山羊结核病，应同时采用牛、禽分枝杆菌提纯菌素或老结核菌素，以 1∶4 稀释液分别皮内注射 0.1 mL。马的部位与牛同，绵羊在耳根外侧，山羊在肩胛部。判定标准与牛相同。

诊断鹿结核病，用牛分枝杆菌提纯菌素或老结核菌素，以 1∶2 稀释，一日 2 次点眼，每次 3~4 滴，按 3 h、6 h、9 h 分别观察，判定标准与牛相同。

3. 酶联免疫吸附试验（ELISA）

ELISA 因其特异性高，敏感性好而受到国内外学者的认可，该方法是对目前常用的 PPD 方法的一个补充。PPD 方法是检测细胞免疫，ELISA 检测的是体液免疫，同时可对大量样品检测，因而节省大量的人力和时间。因此，对于那些因免疫无反应性而导致 PPD 皮内试验阴性的病重牛的鉴定，用 ELISA 复检，有一定的辅助作用。

4. 聚合酶链式反应（PCR）

应用 PCR 方法对结核杆菌进行检测，首先要选择合适的 DNA 片段，选择一段高度保守的区域设计引物。要注意结核杆菌 DNA 的处理。结核杆菌的细胞壁具有特殊性，能否有效地使其细胞壁破裂而使 DNA 释放，是提高临床样品中结核杆菌检出率的关键。现抽提结核杆菌 DNA 的方法很多，如经典法、煮沸法、超声粉碎法、TritonX-100 法等。国内有人运用煮沸法和 TritonX-100 法的结合进行抽提，效果比较好。近年也有人运用巢式 PCR 进行检测，敏感性更高。PCR 方法敏感性好，但会出现假阳性结果，因此要避免标本之间的污染、标本对试剂的污染和环境对标本的污染，且要注意对阳性样品的再检测。

【防控措施】

与一般传染病或人的结核病免疫预防不同，我国目前对结核病采取的主要防疫措施是以检疫和淘汰阳性动物为主，同时辅以生物安全措施。

健康牛群（无结核病畜群），平时加强防疫、检疫和消毒措施。每年春秋两季定期进行结核病检疫，主要用结核菌素，结合临床等检查。

结核菌素反应阳性牛群，应定期与经常地进行临床检查，必要时进行细菌学检查，发现开放性病牛立即淘汰。病牛所产犊牛出生后只吃 3~5 天初乳，以后则由检

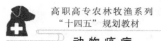

疫无病的母牛供养或喂消毒乳。犊牛应在出生后 1 月龄、3~4 月龄、6 月龄进行 3 次检疫，凡呈阳性者必须淘汰处理。如果 3 次检疫都呈阴性反应，且无任何可疑临床症状，可放入假定健康牛群中培育。

假定健康牛群为向健康牛群过渡的畜群，应在第一年每隔 3 个月进行 1 次检疫，直到没有一头阳性牛出现为止。然后在一年至一年半的时间内连续进行 3 次检疫。如果 3 次均为阴性反应即可称为健康牛群。

加强消毒工作，每年进行 2~4 次预防性消毒，每当畜群出现阳性病牛后，都要进行 1 次大消毒。常用消毒药为 5%煤酚皂，10%漂白粉，3%福尔马林或 3%氢氧化钠溶液。

【公共卫生】

食用带菌的乳汁或乳制品是人感染牛分枝杆菌的主要途径，所以饮用消毒乳制品是预防人结核病的重要措施。同时，还应对牛群进行定期检疫，及时淘汰和屠宰病牛。人的结核主要以呼吸道传播为主。患者在咳嗽、打喷嚏时，将病菌排出体外。这些带菌的微小痰沫在空气中悬浮，很容易被周围的人及动物吸入肺部，在机体抵抗力差的情况下，入侵的结核分支枝菌不被机体防御系统消灭而不断繁殖，可引起结核病，出现咳嗽、胸痛、气短、咯血等临床症状。防制人结核病的主要措施是早期发现、严格隔离、彻底治疗。牛乳应煮沸后饮用；婴儿普遍注射卡介苗；与病人、病畜禽接触时应注意个人防护。治疗人结核病有多种有效药物，以异烟肼、链霉素和对氨基水杨酸钠等最为常用。在一般情况下，联合用药可延缓产生耐药性，增强疗效。

思考题

1. 简述结核病的流行特点？
2. 结核病的诊断方法有哪些？

六、链球菌病

链球菌病（streptococosis）是主要由 β 型溶血性链球菌引起的多种人畜共患病的总称。动物链球菌病中以猪、牛、羊、马、鸡较常见，近年来也有水貂、犊牛、兔和鱼类发生链球菌病的报道。人链球菌病以猩红热较多见。链球菌病的临床表现多种多样，可以引起各种化脓创和败血症，也可表现为各种局限性感染。链球菌病分布很广，可严重威胁人畜健康。

【病原体】

链球菌属（*Streptococcus*）是链球菌科的成员之一，链球菌是圆形或卵圆形的革兰阳性细菌，无芽孢，无动力，过氧化氢酶反应阴性，不耐热（55~60 ℃ 30 min 即可被杀死），在液体培养基中生长时为成对或成链状排列的球菌。

链球菌的分类至今尚未统一，目前常将链球菌属按溶血能力分为甲型（α型）溶血性链球菌、乙型（β型）溶血性链球菌、丙型（γ型）溶血性链球菌3类，甲型溶血性链球菌致病力弱，为上呼吸道的正常寄生菌；丙型溶血性链球菌为口腔、鼻咽部及肠道的正常菌群，通常为非致病菌；乙型溶血性链球菌为链球菌感染中的主要致病菌。这一分类法简单，临床使用方便。乙型溶血性链球菌可根据其细胞壁中特异性抗原（多糖体）的不同，分为 A~H、K~T 共 18 个族；又根据其表面蛋白质 M、K、T、S 抗原的不同，再将各族细菌分为若干个血清型。对人类有致病力者 90% 为 A 族链球菌，又称化脓性链球菌，B、C、D、G 族也偶尔致病。D 族和 O 族链球菌和唾液型链球菌、轻型链球菌和粪链球菌（肠链球菌）等是亚急性细菌性心内膜炎的致病因子。根据对氧需要与否可将链球菌分为需氧链球菌、厌氧链球菌和兼性厌氧链球菌。厌氧链球菌常寄居于口腔、肠道及阴道中。此类细菌型别繁多，人体曾感染过某型细菌后产生的抵抗力，对其他型细菌并无作用，故链球菌感染可发生多次。

链球菌广泛分布于自然界，从水、尘埃、乳汁、健康人的鼻咽部、人及动物粪便中皆可检出。常以共栖菌和非致病菌的方式存在于大多数健康的哺乳动物和人，甚至也可从冷血动物体内分离出，有些甚至对动物和人类有益，但也有相当一部分有致病作用。链球菌对各种自然因素有一定的抵抗力。在痰、渗出物及动物排泄物中可生存数周，在尘埃中无日光照射时可生存数日，但易被各种常用消毒药杀灭。

【流行病学】

链球菌的易感宿主较多，猪、马属动物、牛、绵羊、山羊、鸡、兔、水貂及鱼等均有易感性。猪不分年龄、品种和性别均易感。3 周龄以内的犊牛易感染牛肺炎链球菌病。4 个月龄至 5 岁以内的马驹易感染马腺疫，特别是 1 周岁左右的幼驹易感性最强。

患病和病死动物是主要传染源，无临床症状和病愈后的带菌动物也可排出病原成为传染源。仔猪感染本病，多是由母猪作为传染源而引起的，主要经呼吸道和受损的皮肤及黏膜感染。而猪和鸡经各种途径均可感染。新生幼畜可因断脐时处理不当引起脐感染。患腺疫的幼驹可因吮乳，将本病传染给母马引起乳房炎，进而经血流，引起败血病。

本病的流行带有明显的季节性。羊链球菌病的流行季节最为明显，多在每年的10 月到翌年 4 月的冬春季节，此时正是饲料不足、缺乏青饲料的时期，羊只得不到足够的营养，也由于冬季寒冷，羊只挤在一起，增加接触传染机会所致。当气温低于0 ℃，尤其在大风雪时死亡剧增；马腺疫的流行一般是由 9 月开始发生，一直延续到翌年的 3、4 月，5 月逐渐减少，乃至消失，夏季则很少发生。马腺疫的爆发流行，常常也归咎于诱因的作用，在查不出入侵的传染源时，常可见到自然发生的病例。猪链球菌病的流行虽无明显的季节性，一年四季均可发生，但以气候炎热的 7~10 月易

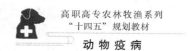

出现大面积流行。

链球菌一般要在一系列诱因作用下，才能导致发病。其中既有饲养管理与环境因素，也有遗传因素。如饲养管理不当，环境卫生差，夏季气候炎热、干燥，冬季寒冷潮湿，乍寒乍暖等使动物抵抗力降低时，都可能引起某种动物发病。

【发病机理】

致病链球菌经呼吸道或其他途径（受损处的皮肤和黏膜）进入机体后，首先在入侵处分裂繁殖，幼龄时在菌体外面形成一层黏液状荚膜，以保护细菌的生存。乙型溶血性链球菌在代谢过程中，能产生一种透明质酸酶。该酶能分解结缔组织中的透明质酸，使结缔组织疏松，通透性增强，利于细菌在组织中扩散、蔓延，并很快进入淋巴管和淋巴结。继之突破淋巴屏障，沿淋巴系统扩散到血液中，引起菌血症。临床上表现体温升高。由于细菌在繁殖过程中产生的毒素作用，使大量红细胞溶解，血液成分改变，血管壁受损和整个血液循环系统发生障碍，网状内皮系统的吞噬机能降低，以致发生热性全身性败血症。最后导致各个实质器官严重充血、出血，体腔出现大量浆液纤维蛋白。尤其是富有网状内皮细胞的器官和组织，发生明显的病理改变，常常出现炎症及退行性病变，如肝脏肿大、质硬，胆囊肿大、胶样浸润，脾脏肿大 2~3 倍、质软，骨髓出血等。当机体抵抗力强时，大部分细菌在血液中消失，小部分细菌被局限在一定范围内或定居的关节囊内，在变态反应的基础上引起关节发炎，表现悬蹄、跛行或有疼痛感，严重的引起脓肿。最后因咽喉肿胀窒息而死（羊）；或因吞咽困难，不能吃食，体力衰竭而死亡，或脓肿破溃而自愈（马）；或因心力衰竭瘫痪、麻痹死亡（猪）。

【临床症状】

1. 猪

猪链球菌病是由多种不同群的链球菌引起的不同临床类型传染病的总称。所有日龄的猪都可发生感染，但不同日龄猪临床症状不一。常见的有败血性链球菌病和淋巴结脓肿两种类型。猪败血性链球菌病又分为急性败血型、脑膜脑炎型和亚急性或慢性型几个类型。

（1）急性败血型：此型主要由 C、L 群链球菌引起，常为爆发性流行。最急性者无任何前驱临床症状，突然发病后于次日早晨死亡，或倒地不起，口鼻流白沫。触摸时惊叫，全身皮肤蓝紫色，体温 42 ℃以上，多在 12~18 h 内死亡。急性者大多突然发生，全身症状明显，精神沉郁，食欲不振或废绝，体温 40.5~43 ℃，稽留热；眼结膜潮红，有泪迹，鼻盘微红但仍湿润，流鼻液或浆液性鼻漏，有的从口角流出少量黏液；便秘、粪干硬，有的表面上附有黏膜；尿黄或赤褐色。两耳、鼻腔、颈、背部、整个腹下皮肤、四肢内侧呈广泛性充血、潮红或紫斑。数小时内可见后躯软弱，两后肢交叉或并在一起支撑，难以站立，以致后躯麻痹，四肢运动不协调，运步强拘爬行。后期有的呈犬坐姿势，呼吸短促或困难，可听到喘息声，有的出现抽搐、空嚼或昏睡等神经临床症状。病程经过急，治疗不及时2~3天内死亡，死前天然孔流出暗红色血液，病死率达80%~90%。

（2）脑膜脑炎型：主要由R、C群引起，但L、S群等也可引起发病。多见于2~6周龄仔猪，多因断乳、去势、转群、气候骤变等诱发本病。一窝仔猪中常有几头同时发病，表现为发热、精神沉郁、厌食、耳下垂。哺乳仔猪或较大的猪也可发生，体温40.5~42℃，不食，有浆液性或黏性鼻漏。很快表现出神经症状、盲目走动、步态不稳或转圈运动、磨牙、空嚼，当有人接近或触及躯体时，发生尖叫或抽搐或突然倒地、口吐白沫、四肢游泳状划动，继而衰竭或麻痹，多在30~36 h内死亡。

（3）亚急性或慢性型：多由急性型转变而来，多见于流行后期或老疫区散发病例，突出特征为病情缓和、流行缓慢、病程长久（多达1个月以上）。其临床表现多样，如关节炎、淋巴结脓肿、乳房炎、心内膜炎等。关节炎时可见病猪一个或多个关节红肿，跛行。仔猪常出现步态僵硬、躯摇摆、肌肉震颤，最后倒地侧卧，四肢猛烈划动死亡（Tramontana A R，2008）。

（4）淋巴结脓肿：多为E群引起，以颌下、咽部、颈部等处淋巴结化脓和形成脓肿为特征。受害淋巴结首先出现小脓肿，以后逐渐增大，局部显著隆起、触之坚硬、有热痛。病猪体温升高，食欲减退、嗜中性白细胞增多，因受害淋巴结疼痛和压迫周围组织，可影响采食、吞咽或引起呼吸困难。脓肿成熟后自行破溃，此时猪的全身症状明显减轻，并逐渐康复，病程2~3周，一般不引起死亡。

2. 羊

羊败血性链球菌病是C群马链球菌兽疫亚种引起的一种急性热性传染病。绵羊最为易感，山羊次之。主要特征是全身性出血性败血症及浆液性肺炎与纤维素性胸膜肺炎。病羊和带菌羊是本病的主要传染源，经呼吸道和损伤的皮肤传播。本病的发生与气候变化有关。新疫区多在冬春季呈流行性发生，危害严重。常发区为散发。发病率为15%~24%，病死率为80%以上。

本病的潜伏期，自然感染为2~7天，少数可长达10天。按临床症状不同可分为以下病型：

（1）最急性型：病羊初期发病临床症状不易被发现，常于24 h内死亡，或在清晨检查圈舍时发现死于圈内。

（2）急性型：病羊病初体温升高到41℃以上，精神委顿，垂头、弓背、呆立、不愿走动；食欲减退或废绝，停止反刍；眼结膜充血，流泪，随后出现浆液性分泌物；鼻腔流出浆液性鼻汁；咽喉肿胀，咽部和颈下淋巴结肿大，呼吸困难，流涎，咳嗽；粪便有时带有黏液或血液；孕羊阴门红肿，多发生流产；最后衰竭倒地；多数窒息死亡，病程2~3天。

（3）亚急性型：体温升高，食欲减退；流黏性透明鼻液，咳嗽，呼吸困难；粪便稀软带有黏液或血液；嗜卧、不愿走动，走时步态不稳；病程1~2周。

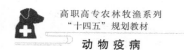

（4）慢性型：一般轻度发热、消瘦、食欲不振、腹围缩小、步态僵硬；有的病羊咳嗽，有的出现关节炎；病程1个月左右，转归多为死亡。

羔羊：潜伏期常为2~3天，出生后迅即发病。关节出现肿胀后1~2天，即出现严重跛行；关节囊积脓，常破裂，关节炎通常能恢复；偶可因败血症死亡。

3. 犊牛

犊牛在刚出生后即能出现眼炎；关节炎常为慢性经过，很少引起全身性疾病；患脑膜炎的犊牛表现为感觉过敏、僵硬、发热。

4. 鸡

鸡链球菌病是鸡的一种急性败血性传染病，多发生于雏鸡。鸡为自然宿主，鸽、鸭、鹅、火鸡等均易感。根据临床表现，可分为急性型和慢性型。急性型多不显现临床症状或在出现某些临床症状后4~7h内突然死亡。慢性型又分为两种：① 患雏精神不振、眼半闭、昏睡、停食；流出黏液性口水，步态蹒跚；胫骨下关节红肿或趾端发绀；临床症状出现后1~3天内死亡。② 神经临床症状明显，阵发性转圈运动，角弓反张；两翼下垂和足麻痹、痉挛，肌间隙和腹壁水肿；个别患雏出现结膜炎，多于3~5天内死亡（赵翠艳，2008）。

【病理变化】

1. 猪

（1）败血症型：死于出血性败血症的猪，以出血性败血症病变和浆膜炎为主。可见颈下、腹下及四肢末端等处皮肤有紫红色出血斑点；急性死亡猪可从天然孔流出暗红色血液，凝固不良；胸腔有大量黄色或混浊液体，其中含微黄色纤维素性絮片样物质；心包液增量，心肌柔软，色淡呈煮肉样；心肌外膜与心包膜常粘连；鼻黏膜充血、出血，呈紫红色；喉头、气管黏膜出血，并有大量泡沫；肺充血、肿胀；全身淋巴结充血、出血、水肿、切面坏死、化脓；脾脏明显肿大，有的可肿大1~3倍，呈灰红或暗红色，质脆而软，包膜下有点状出血，边缘有出血梗死区，切面隆起，结构模糊；肝脏边缘钝厚，质硬，切面结构模糊；胆囊水肿，胆囊壁增厚；肾脏稍肿大，皮质髓质界限不清，有出血斑点；胃肠黏膜、浆膜散在点状出血。

（2）脑膜脑炎型：患脑膜炎死亡猪，还可见到脑膜充血、出血，脑脊液浑浊增量；蛛网膜下积脓，多数病例脉络严重受损；有些病例脑内积水，呈现液化性坏死。脑切片有针尖大出血点；并有败血症型病变。

（3）关节炎型：患病关节多有浆液纤维素性炎症；切开关节囊，关节滑膜充血，有出血点，关节面粗糙；关节囊内滑液浑浊，有黄色胶冻样或纤维素性脓性渗出物；有时关节周围肿胀、充血，严重病例周围肌肉组织化脓、坏死。

上述3型多混合存在。死于心内膜炎的猪，在心瓣膜上还可见到大的增生性损害。

2．羊

特征性病理变化为各个脏器泛发性出血，淋巴结肿大、出血；鼻、咽喉和气管黏膜出血；肺水肿或气肿，出血，出现肝变区；胸、腹腔液及心包液增多；心冠沟及心内外包膜有小点状出血；肝肿大呈泥土色，边缘钝厚，包膜下有出血点；胆囊肿大2~4倍，胆汁呈灰绿色并外渗；肾脏显著肿大、质脆、变软，出血梗塞，包膜不易剥离；各个器官浆膜面附有黏稠的纤维素性渗出物；个别病例脾脏轻度肿胀，消化道无明显变化。

患病幼畜通常表现为脐部化脓，严重的呈化脓性关节炎，实质脏器出现脓肿。

3．犊牛

皮下瘀血，体表淋巴结充血，水肿明显；肺水肿、气肿，呈充血性炎症变化；表面有大小不等的坏死灶，个别呈干酪样坏死病灶；肺门淋巴结充血肿胀；心包中度积液，心耳颜色发暗；肝、肾充血肿大、质脆易碎；胆囊有较高的充盈；膀胱积尿。

4．鸡

剖检主要呈现败血症变化。皮下、浆膜及肌肉水肿，心包内及腹腔有浆液性、出血性或浆液纤维素性渗出物；心冠状沟及心外膜出血；肝脏肿大，瘀血，呈暗紫色，见出血点和坏死点，有时见有肝周炎；脾脏肿大，呈圆球状，或有出血和坏死；肺瘀血或水肿；有的病例喉头有干酪样粟粒大小坏死，气管和支气管黏膜充血，表面有黏性分泌物；肾肿大；有的病例发生气囊炎，气囊混浊、增厚；有的见肌肉出血；多数病例见有卵黄性腹膜炎及卡他性肠炎；少数腺胃出血或肌胃角质膜糜烂。

慢性病例，主要是纤维素性关节炎、腱鞘炎、输卵管炎、卵黄性腹膜炎，纤维素性心包炎、肝周炎；实质器官（肝、脾、心肌）发生炎症、变性或梗死。

【诊断】

根据临床和病理变化，再结合流行病学特点不难作出初步诊断。确诊需取发病或病死动物的脓汁、关节液、鼻咽内容物、乳汁（牛乳房炎）、肝、脾、肾组织或心血等，进行实验室检查。

1．细菌学检查

选取上述病料，任选2~3种，制成涂片或触片，干燥、固定、染色、镜检。发现有革兰染色阳性，呈球形或椭圆形，并呈短链状排列的链球菌。

2．培养检查

选取上述病料，接种于含血液的琼脂培养基，37 ℃培养24 h，长出灰白色、透明、湿润黏稠、露珠状菌落。菌落周围出现 β 型或 α 型溶血环（猪、羊、兔链球菌为 O 型，牛为 α 型）。

3．动物接种

选取上述病料，接种于马丁肉汤培养基，经24 h培养，取培养物注射实验动物或本动物，小鼠皮下注射0.1~0.2 mL 或家兔皮下或腹腔注射0.1~1 mL，动物常于

2～3天内死于败血症，并可从实质脏器中分离出链球菌。来自羊的病料培养物以 1 mL 皮下或静脉注射绵羊时，于 48 h 内死亡，并可从心血和脏器组织中分离出有荚膜的链球菌。鸡病料培养物以 0.3～0.5 mL，经皮下注射雏鸡时，雏鸡于第 2 天死亡。

【治疗】

抗菌类药物治疗有效。当分离出致病链球菌后，应立即进行药敏试验。根据试验结果，选出对病原体敏感的药物进行全身治疗。如猪要选用对革兰阳性菌最有效的青霉素、土霉素和四环素等；羊可用青霉素或 10%磺胺嘧啶注射或口服；兔可用青霉素 5 万～10 万 IU 或红霉素 50～100 mg 肌注治疗。

局部治疗：先将皮肤、关节及脐部等处的局部溃烂组织剥离，脓肿应予切开，清除脓汁、清洗和消毒。然后，用抗生素类药物以悬液、软膏或粉剂置入患处。必要时可施以包扎。

【防控措施】

预防本病的一般性措施，包括平时应建立和健全消毒隔离制度，保持圈舍清洁、干燥及通风，经常清除粪便，定期更换褥草，保持地面清洁。引进动物时须检疫和隔离观察，确证健康时方能混群饲养。加强管理，做好防风防冻（尤其是羊群），增强动物自身抗病力。

在流行季节前进行预防注射，是预防爆发流行的有力措施。我国已研制出用于预防猪、羊链球菌病的灭活苗和弱毒活苗。不论福氏佐剂、甲醛灭活苗或氢氧化铝甲醛灭活苗，每头猪均皮下注射 3～5 mL，保护率均能达到 75%～100%，免疫期均在 6 个月以上。应用化学药品致弱的 G10～S115 弱毒株和经高温致弱的 ST-171 弱毒株制备的弱毒冻干苗，每头猪皮下注射 2 亿或口服 2 亿～3 亿个菌，保护率可达 60%～80% 和 80%～100%。用新分离的羊败血链球菌制造的甲醛灭活疫苗和氢氧化铝甲醛灭活苗、缓冲肉汤氢氧化铝灭活苗，预防羊败血链球菌病，均取得了较好效果。用通过鸡及高温交替传代致弱的弱毒株制成的弱毒活疫苗，室外每只用 5 亿个菌，室内需用 0.25 亿个菌，用气雾法进行大群免疫，免疫期可达 7 个月。也可经皮下注射进行免疫。

当发现本病疫情时应立即采取紧急防治制度：① 尽快作出确诊，制定紧急防治办法，划定疫点、疫区，隔离病畜，封锁疫区。禁止畜群调动，关闭市场。并将疫情上报主管部门和邻接地区的县、乡。② 对被污染的圈舍、用具先行消毒后，再进行彻底清洗、干燥。粪便和褥草堆积发酵。③ 对全群动物进行检疫，发现体温升高和有临床表现的动物，应进行隔离治疗和淘汰。④ 对假定健康群动物可应用抗菌类药物作预防性治疗或用疫苗作紧急接种。⑤ 患病或死亡动物是本病的主要传染源，因此，应严格禁止擅自宰杀和自行处理患畜，须在兽医监督下，一律送到指定屠宰场，按屠宰条例有关规定处理。

【公共卫生】

链球菌病属于国家规定的二类动物疫病，是一种人兽共患的传染病。链球菌在自然界广泛分布，也可存在于健康人畜的皮肤、黏膜和肠道内等处，随时有机会侵入机体引起疾病，也可由人传染给人，或由动物传染给人。我国是一个养殖大国，链球菌病感染人，甚至引起死亡的病例屡见不鲜。1998—1999 年，江苏省部分猪饲养集中地区的猪群中连续两年在盛夏季节突然爆发流行该病，在该病流行期间有 25 人感染发病，死亡 14 人。2005 年 7 月开始，四川省爆发人感染猪链球菌病疫情，人感染猪链球菌病有 206 例，死亡人数 38 人。从目前所报道的人患猪链球菌病例可发现，感染者均为从业人员或与病死猪有过直接接触的人员，表现出一定的职业风险。

在人群中防治该病应做到：① 在"不宰杀、不加工、不贩运、不销售、不食用患病动物"的前提下，将猪肉生熟分开，煮熟煮透。② 饲养员、兽医、防疫检疫人员及屠宰场工人等，在接触病猪和处理污染物时应特别注意做好自身防护，提高识别患链球菌病猪和病猪肉的能力，不直接接触病死动物，必要时应戴胶皮手套，防止发生外伤。注意阉割、注射和接生、断脐等手术的严格消毒。③ 各养猪场一旦发现可疑疫情应立即主动报告，并根据《动物防疫法》立即采取紧急隔离封锁措施，及时控制和扑灭，禁止屠宰病死猪，应将其就地挖坑加石灰深埋或焚烧，禁止随意将病猪尸体抛入河沟和池塘等水体中。④ 在链球菌病流行区，一旦发现可疑病人时，要"早就医，早确诊，早治疗"，防止疫情进一步扩散。对感染链球菌病的患者及时治疗和正确护理。

思考题

1. 试述链球菌引起各种易感宿主的临床症状及病理变化。
2. 试述链球菌病的治疗和预防措施。

七、炭疽

炭疽（anthrax）是由炭疽杆菌引起的人畜共患的急性、热性、败血性传染病。其病理表现为脾脏显著肿大，皮下及浆膜下结缔组织出血性浸润；血液凝固不良，呈煤焦油样。1876 年，Koch 和 Pasteur 证明炭疽芽孢杆菌是炭疽的病原。本病分布于世界各国，多为散在发生。我国在连续多年应用炭疽芽孢菌苗免疫以来，炭疽的发生已经基本得到控制，只在个别地区偶有发生。

【病原体】

炭疽杆菌（*Bacillus anthracis*）属革兰阳性菌，大小为（1.0~1.5）μm×（3~5）μm；菌体两端平直，无鞭毛，呈竹节状长链排列，在动物体内形成荚膜，该菌在患病动物

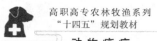

体内和未剖开的尸体中不形成芽孢，但暴露于充足氧气和适当温度下能在菌体中央形成芽孢。炭疽杆菌的抗原有荚膜抗原、菌体抗原、保护性抗原及芽孢抗原4种。荚膜抗原是一种多肽，能抑制调理作用，与细菌的侵袭力有关，也能抗吞噬；菌体抗原虽无毒性，但具特异性；保护性抗原具有很强的免疫原性；芽孢抗原有免疫原性及血清学诊断价值。

炭疽杆菌繁殖体的抵抗力同一般细菌，于75 ℃环境中1 min即可被杀灭。常用浓度的消毒剂也能迅速使其灭活。芽孢的抵抗力极强，在自然条件下或在腌渍的肉中能长期生存，在土壤中可存活数十年，在皮毛制品中可存活90年。

【流行病学】

自然条件下草食动物最易感染，如肉牛、山羊、马等，它们可因吞食染菌食物而得病。其次是骆驼和水牛，猪的易感性最低。犬、猫、狐狸等肉食动物很少见，家禽几乎不感染。人群普遍易感。

本病的主要传染源为患病的动物。当患病动物患菌血症时，可通过粪、尿、唾液及天然孔出血等方式排菌，会使大量病菌散播于周围环境中，若不及时处理，则污染土壤、水源或者饲养场，如该环境中存在芽孢，则可能会成为长久疫源地。炭疽病人的痰、粪便及病灶渗出物具有传染性。人直接或间接接触其分泌物及排泄物可被感染。本病世界各地均有发生，夏秋发病多。

【临床症状】

潜伏期一般为1~5天，最长可达14天。临床上至少表现为3种不同形式：最急性型或中风型、急性型、亚急型或慢性型。

1. 马

马炭疽多为急性和亚急性型，突然发病，体温升高，流汗，呼吸困难，黏膜发绀，腹痛剧烈，粪尿带血，在喉、颈、肩胛及腹下常有炭疽痈。炭疽痈是一种局限性肿胀，初期硬固，有热有痛，呈淡蓝色或红色，继而变为无热无痛，最后中央发生坏死，形成溃疡。全身战栗、摇晃不支，倒地而死，死后常有口、鼻、肛门等处出血。

2. 牛

牛炭疽临床症状往往不明显，虽有高热，但仍能采食，有时表现为食欲减少，反刍和泌乳停止；孕牛常流产，常在颈、胸、腰、外阴及直肠内发生炭疽痈，呼吸困难，多突然倒地死亡，伴天然孔出血。

3. 羊

羊炭疽多为急性型，病羊兴奋不安，行走摇晃，脉搏增加，呼吸困难，黏膜发绀，全身战栗，突然倒地死亡，伴天然孔出血。

4. 猪

猪易感性较低，故多呈慢性，急性少。慢性炭疽猪，生前常无明显表现，屠宰后检查可发现局部淋巴结红肿，经实验室检查可发现淋巴结中含有炭疽杆菌。隐性炭疽虽不多见，但有一定危险性。

5. 犬和食肉动物

犬和食肉动物吞食炭疽病尸后，也可发生炭疽，多表现为咽炎及胃肠炎，头部和颈部常发生水肿，也可致死。

【病理变化】

主要为各脏器、组织的出血性浸润、坏死和水肿。急性炭疽为败血症病理变化，尸僵不全，尸体极易腐败，天然孔流出带泡沫的黑红色血液，黏膜发绀。血液凝固不良；全身多发性出血，皮下、肌间、浆膜下结缔组织水肿；脾脏变性、瘀血、出血、水肿，常肿大2~5倍，脾髓呈暗红色，粥样软化。局部炭疽死亡的猪，咽部、肠系膜及其他淋巴结常见出血、肿胀、坏死，邻近组织呈出血性胶样浸润，还可见扁桃体肿胀、出血、坏死，并有黄色痂皮覆盖。

【诊断】

本病随动物种类不同其经过和表现多样，最急性型病例往往缺乏临床症状，对疑似炭疽病死动物又禁止解剖。因此，确诊需要采用微生物学和血清学方法。

1. 镜检

取外周末梢血液或其他材料制成涂片后，用瑞氏或姬姆萨染色，可见单个、成对或3~4个菌体相连的短链排列、竹节状有荚膜的粗大杆菌，即可确诊。

2. 培养新鲜病料

可直接于普通琼脂或肉汤中培养，污染或陈旧的病料应先制成悬浮液，70℃加热30 min，杀死非芽孢杆菌后再接种培养。对分离的可疑菌株可做噬菌体裂解试验、荚膜形成试验及串珠试验。

3. 动物接种

用培养物或病料悬浮液向小鼠腹腔中注射0.5 mL，经1~3天后小鼠因败血症死亡，其血液或脾脏中可检查出有荚膜的炭疽杆菌。

4. PCR

应用PCR技术检测炭疽杆菌，具有高度特异性。对腐败病料和血液中的炭疽杆菌有较好的敏感性，但对炭疽芽孢的检测不够敏感。

5. 血清学检查

琼脂扩散试验、间接血凝试验、补体结合试验及炭疽环状沉淀试验等有助于诊断。

【防控措施】

1. 预防

发生本病时，及时确诊。应尽快上报疫情，划定疫点、疫区，采取封锁、隔离等措施。对确诊的和可疑病畜、死畜必须焚毁或加大量生石灰深埋在地面2 m以下，禁止食用或剥皮。对可疑污染的皮毛原料应消毒后再加工。

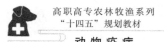
在疫情高发区应每年对易感宿主进行预防注射。常用的菌苗有无毒炭疽芽孢苗和Ⅱ号炭疽芽孢苗，接种14天后产生免疫力，免疫期为1年。另外，要加强免疫和大力宣传本病的危害及防控措施，特别是告诫畜主不可剖检和食用死于本病的动物。

2. 治疗

青霉素、链霉素及某些磺胺类药物均有良好的治疗效果。如果采用几种抗菌药物联合使用，效果更为显著。

【公共卫生】

人对炭疽普遍易感，主要发生在与动物及畜产品加工接触较多及误食病畜肉的人员。感染后多表现为皮肤炭疽、肺炭疽及肠炭疽，偶有伴发败血症。无论哪种都预后不良。人类炭疽预防重点应为与动物及其产品频繁接触的人员，凡在近2~3年内有炭疽发生的疫区人群、畜牧兽医人员，应在每年的4~5月前接种人用皮上划痕炭疽减毒活疫苗，每年1次，连续3次。对于患者，使用抗炭疽血清与青霉素联合治疗，效果更好。

思考题

1. 炭疽的流行病学特点是什么？各种动物主要症状有哪些？
2. 炭疽常用的实验室诊断方法和确诊依据是什么？
3. 确诊为炭疽后应采取哪些扑灭措施？

八、破伤风

破伤风（tetanus）又称强直症、锁喉风、脐带风等，是由破伤风梭菌经伤口感染后产生外毒素，侵害神经组织所引起的一种急性、中毒性人畜共患传染病。本病的临床特征是骨骼肌或某些肌群呈现持续的强直性痉挛和对外界刺激的兴奋性增高。本病分布广泛，呈散在发生。

【病原体】

破伤风梭菌（*Clostridium tetani*）是一种革兰阳性杆菌，大多单个存在，或呈短链排列。有鞭毛，能运动。无荚膜，在动物体内外均可形成芽孢，芽孢位于菌体的一端，形如鼓锤状。

破伤风梭菌在畜体内或人工培养基内均能产生痉挛毒素、溶血毒素和非痉挛毒素3种毒素。毒素的毒性特别强，尤其是痉挛毒素，它作用于神经系统，化学成分是一种蛋白质。酸、碱、日光、高温、蛋白酶均能使之破坏。

本菌繁殖体对一般的理化环境因素抵抗力不强，煮沸5 min即可死亡。常用的消毒药均能在短时间内将其杀灭。但芽孢的抵抗力很强，含有芽孢的材料必须煮沸1~

3 h才能杀灭芽孢。5%煤酚皂经 5 h，10%碘酊、漂白粉和3%过氧化氢溶液经 10 min，3%福尔马林经 24 h才能杀死芽孢。

【流行病学】

各种家畜均易感染，单蹄兽最易感，猪、羊、牛次之，人的易感性也很高。易感宿主不分年龄、品种和性别。带菌动物是本病的主要传染源。它们通过粪便和创口向外排出大量病菌，严重污染土壤等外部环境。在自然情况下，通常是通过各种创伤感染，只要有创伤的地方都有可能感染。一年四季均可发生，且多为散在发生。

【临床症状】

潜伏期通常为 7~14 天，个别病畜可在伤后 1~2 天发病。潜伏期的长短与动物种类及创伤部位有关，创伤距头部较近，组织创伤口深而小，创伤深部严重损伤，发生坏死或创口被粪土、痂皮覆盖等，潜伏期缩短，反之延长。

1. 马

马病初运步不灵活，随病程发展出现牙关紧闭，口流涎，双耳直立，头颈伸直，腰硬如板，腹壁卷缩，举尾，站立时四肢强直、开张，型如木马，受到声音、强光、触摸等刺激表现惊恐不安、出汗，呼吸浅表增数，心跳加快，体温正常或稍高，不及时治疗病死率高。

2. 牛

病牛发病时体温正常，肌肉僵硬，张口困难，运动拘谨，呆立，反刍和嗳气减少，瘤胃臌气，随后呈现头颈伸直、两耳竖立、牙关紧闭、四肢僵硬、尾巴上举等临床症状，严重时关节屈曲困难；对外界刺激的反向兴奋性增高不明显，病死率较低。

3. 羊

病羊吃草困难，并出现神经临床症状：两耳直立、尾巴翘起、牙关紧闭、口角流涎、角弓反张、四肢僵硬、状如木马等，陆续死亡，死前体温高达 42 ℃以上。

4. 猪

猪主要临床症状是全身强直，体温升高后持续到死亡后数小时，反应不灵活，颈项强硬，牙关紧闭，采食饮水、咀嚼和吞咽极度困难，口流白沫，轻度刺激则发出尖叫声，呼吸加速，四肢因肌肉强直如木棒，向外叉开，勉强站立，呆立不动，两耳竖直，两眼不动，举尾伸颈，有时出现角弓反张，病猪多在患病 1~3 天后死亡。

【病理变化】

本病的病变不明显，仅黏膜、浆膜、脊髓部有小出血点。剖检可见肺脏充血、水肿，骨骼肌变性或坏死，四肢和躯干肌间结缔组织有浆液浸润。

【诊断】

根据本病的特殊临床症状，并结合创伤史，即可确诊，如肌肉持续性强直收缩及阵发性抽搐，最初出现咀嚼不便，咀嚼肌紧张，疼痛性强直，张口困难，颈项强直，角弓反张，呼吸困难，甚至窒息。轻微的刺激，均可诱发抽搐发作。对于轻症病例或

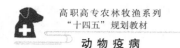

病初临床症状不明显者，要注意与马钱子中毒、癫痫、脑膜炎、狂犬病及肌肉风湿等相鉴别。

【治疗】

本病治疗措施包括伤口处理、中和毒素、抗菌治疗、止痉防窒息、防止和处理并发症。发现患病动物后应将其及时移入清洁干燥、通风避光的畜舍中，保持畜舍安静并给予易消化的饲料和充足的饮水；彻底排出脓液、异物和坏死组织，用2%高锰酸钾、3%双氧水或5%~10%碘酊等消毒药处理创面，同时在创口周围注射青霉素和链霉素；应尽早注射破伤风抗毒素，首次注射的剂量可加倍，同时使用镇静解痉药物进行对症治疗。

【防控措施】

破伤风梭菌广泛存在于自然界中，家畜常因外伤、阉割、套鼻环、去角、断尾、剪脐带等外科手术而感染。因此，进行外科手术时，器械工具应煮沸10~15 min，术部剪毛，再用75%乙醇、5%碘酊消毒，伤口同时撒布青霉素粉或磺胺结晶粉，外装保护绷带防污染。平时注意饲养管理和畜舍卫生，防止动物受伤。一旦发生外伤，应及时进行伤口处理，或注射破伤风抗毒素血清。发病较多的地区或养殖场，每年应定期给动物接种破伤风类毒素。

【公共卫生】

人由于创伤也可以感染破伤风，发病初期低热不适，四肢及头部疼痛，咽肌和咀嚼肌痉挛，继而出现张口困难，牙关紧闭、躯干及四肢肌肉发生强直性痉挛，两手握拳，两足内翻，且咀嚼、吞咽困难，有时候会出现便秘和尿闭，严重时呈角弓反张状态。任何刺激均可引发或加剧痉挛，强烈痉挛时有剧痛并出现大汗淋漓，痉挛初期为间歇性，以后变为持续性，患者虽表情惊恐，但神志始终清楚，大多体温正常，病程一般2~4周。

正确处理伤口，防止厌氧微环境的形成是防止患破伤风的重要措施。一般可以注射类毒素主动免疫预防，或注射破伤风抗毒素和抗生素进行被动预防和特异性治疗。

思考题

1. 破伤风在临床上有哪些特征性的表现？
2. 如何防止破伤风的发生？
3. 如何提高破伤风病畜的治疗效果？

任务二　动物细菌及其他微生物性传染病

一、猪丹毒

猪丹毒（swine erysipelas）是由猪丹毒杆菌引起的猪的一种急性、热性传染病。其特征为急性型呈败血症症状，亚急性型在皮肤上出现紫红色疹块，慢性型常发生心内膜炎和关节炎。

本病于 1882 年前就有报道，流行于欧亚、美洲各国。我国最早发生于四川，1946 年后，其他各省都有报道，1952—1953 年，江西 40 个县调查发现该病发病率为 68%，死亡率为 20%。其后，我国对猪丹毒进行了许多研究工作，先后制成了 3 种疫苗，为预防该病创造了有利条件，使本病得到了控制。但近年来，该病又在我国多个地区有重新抬头之势。

【病原体】

红斑丹毒丝菌（Erysipelothrix rhusiopathiae）俗称猪丹毒杆菌，是丹毒丝菌属的唯一种。菌体形态多变，在急性病例的组织或培养物中，菌体细长，呈正直或稍弯的杆状，大小（0.2~0.4）μm×（0.8~2.5）μm，单在、成对、呈"V"形或呈丛排列，也见有短链状存在，在慢性病猪的心内膜疣状物上或陈旧肉汤培养物中多呈长丝状或乱发状，偶有分支的迹象。革兰染色阳性，但老龄培养物常染色阴性。本菌不产生芽孢；无荚膜，亦无运动性。

本菌为微需氧菌，在普通培养基上即可生长，但在加有鲜血或血清的琼脂上生长更佳，经 24 h 培养后，可见针尖状、非溶血性菌落。有些菌株经 48 h 培养后，可在菌落周围观察到有狭窄的草绿色溶血环。在肉汤培养基中培养 24 h 后，培养物呈均匀混浊，管底有少量菌丝沉淀，摇动后呈旋转的云雾状。明胶穿刺接种，15~18 ℃培养 4~8 天后，细菌沿穿刺线向周围形成侧枝生长，呈试管刷状，这是本菌区别于其他细菌的一个特征。糖发酵极弱，可发酵葡萄糖和乳糖。

猪丹毒杆菌在血液琼脂培养基上，因菌株来源不同，可根据菌落的形态不同将其分为 3 个型：光滑型（S）、粗糙型（R）和中间型（I）。S 型菌落呈微蓝色，直径可达 1.5 mm，表面光滑，圆形凸起，边缘整齐，呈 α 溶血，为来自急性病猪的强毒力分离物。R 型菌落呈土黄色，稍大扁平、不透明、表面粗糙、边缘不整，为来自慢性病猪或带菌猪的低毒分离物。I 型菌落呈金黄色，其菌落性状与毒力介于 S 型和 R 型两者之间。在一定条件下，这 3 种类型的菌落可以相互转变。

用酸或热酚水抽提菌体胞壁中一种具有热稳定性的肽聚糖抗原，进行琼脂扩散反应可用于本菌的血清学分型。本菌最初仅分为 A、B 和 N 型。现通用阿拉伯数字表示，用英文小写字母表示亚型。目前，共有 28 个血清型，即 1a、1b、2~26 及仅具

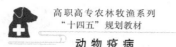

有种特异性抗原而无特异抗原的 N 型。其中，包括我国徐克勤（1984）分离出 2 个不同的新血清型。国内血清型情况了解不多，但来源于猪的有 A、B、N 型（马闻天，1957），崔治中调查到我国有 A、B、N、G_1、G_2、G_3 等型。徐克勤（1984）从猪、鸡、鸭、鹅、鱼类分离到除 14、15 两型外的其他各型菌种，从猪丹毒病死猪分离的菌株中 80%～90% 以上为 1a 型，其次为 2 型。

1、2 两型分别等同于 Dedie（1949）A、B 型。1 型多分离自急性败血型病例，1 型菌株的病原性较强，多用于攻毒；2 型菌株多分离自疹块型、心内膜炎、关节炎型病例，2 型抗原的免疫原性较好，多用于制苗，尤其是灭活苗的制造；在灭活苗交互免疫力低，而弱毒苗交互免疫力较好。

近年来，日本学者 Imada 将 1 株血清型 1a 的表面保护抗原（SpaA）N 端 342 个氨基酸与组氨酸六聚体融合，免疫猪后能抵抗血清 1 和 2 型的攻击；Lacave G 等以 YS-1 弱毒株为基础将猪肺炎支原体 E-1 株黏附素 P97 的 C 端，包括两个重复区 R1、R2 成功地实现转位，经与 SpaA 融合后，并在 YS-1 弱毒株表面表达。免疫猪后不仅能产生抗 SpaA 的 IgG 和抗 P97 的 IgA 特异性抗体，而且能抵抗强毒株感染的致死效应。Yamazaki 等还从血清 5 型的全菌碱抽提物中纯化了一种包括 $66×10^3$ 和 $64×10^3$ 相对分子质量的蛋白抗原（P64），用大剂量（500 μg 或 100 μg）免疫猪 2 次后，与弱毒苗免疫一样，不仅血清中抗 P64 蛋白的抗体效价明显升高，还能抵抗强毒株的攻击。所有这些显示出基因工程疫苗用于本病预防上的前景。

本菌对外界不良环境的抵抗力较强，如暴露于日光下经 10 天，仍有活力。经盐腌或熏制的肉品中，能存活 3～4 个月，掩埋尸体内经 7～9 个月，肝、脾在 4 ℃经 159 天仍有毒力。干燥状态下可活 3 周。可以抵抗胃酸的作用，对热抵抗力不强。消毒药如 1% 的煤酚皂液和漂白粉、1% 氢氧化钠和 5% 的生石灰乳中很快死亡。

【流行病学】

猪最易感，各种年龄均可感染，但以架子猪发病率最高，而小于 3 月龄或大于 3 岁的猪很少感染本病，这可能是因为小于 3 月龄的猪受到乳汁抗体的保护，而成年猪在后天生活中隐性感染低毒力株后产生了主动免疫力。其他动物，如牛、羊、马、犬、鼠、家禽及鸟类也能感染发病。人也可感染，称为类丹毒。实验动物中鸽、小鼠最敏感，肌肉或皮下接种后 3～5 天死亡，死后剖检脾肿大，肝有坏死灶。不同来源的分离株毒力差异很大，在确定毒力大小时常采取接种小鼠和鸽等敏感动物的方法。

病猪的内脏（如肝、脾、肾）、各种分泌物和排泄物都含有本菌，是重要的传染源；35%～50% 的健康猪扁桃体和回盲口腺体处可发现本菌，可以通过粪便或鼻分泌物向外排菌，这些猪也是不可忽视的传染源。另外，已从其他 50 多种野生哺乳动物和半数左右的啮齿动物、30 多种野鸟体内分离出本菌。一些鱼、两栖类、爬行类及吸血昆虫也可成为带菌者，并可从这些动物体内分离到本菌。据徐克勤对江苏禽类带菌率情况调查，其结果分别为：鸡 10.96%，鸭 81%，鹅 97.96%。

病猪、带菌猪及其他带菌动物通过分泌物或排泄物，污染饲料、饮水或土壤，可经消化道传染给易感猪。本病还可以通过损伤的皮肤及蚊、蝇、虱、蜱等吸血昆虫传播。屠宰场、肉食品加工场的废品、废水、食堂泔水、动物性蛋白饲料等喂猪是引起本病发生的一个常见原因。

流行特征：① 本病流行有明显的季节性，多发生于夏季，5~8 月是流行的高峰期；特别是在气候闷热、暴雨之后常爆发流行，其他月份仅有零星发生。但也有的地区以 4~5 月和 11 月发生较多。② 在年龄上多发生于架子猪（据资料证明，4~6 月龄猪占 55.89%）。③ 本病也有一定的地区性，在一些寒冷地区很少见本病发生。④ 本病的发病率与饲养环境、气候变化等因素有密切的关系，健康带菌猪的扁桃体和肠淋巴滤泡常带菌，在不良条件下机体的抵抗力降低时，也可引起内源性感染、发病，被认为是一种"内源性疾病"。本菌可在鱼类体表黏液、腐败的动植物、土壤、污水中进行某种程度的增殖，这在流行病学上值得注意。

【发病机理】

本菌通过消化道或损伤的皮肤黏膜进入机体之后定植在局部或引起全身感染。目前未发现有外毒素，细菌产生的神经氨酸酶可能是其中一种毒力因子。细菌的毒力大小与该酶产量的高低有相关性。在急性败血型病例中，细菌能在血液中大量繁殖，并有神经氨酸酶的大量产生。细菌神经氨酸酶能裂解黏蛋白、血纤维蛋白原等宿主组织中的神经氨酸的 d-糖苷键，破坏了组织中神经氨酸与组织的连接，从而削弱了黏蛋白等对机体的保护作用，引起全身各处的毛细血管内皮细胞膜的通透性增高及一系列炎症反应，如血栓形成和溶血等，导致广泛的血液微循环障碍，在临床上表现为急性败血型的相应症状。神经氨酸酶还有助于细菌在宿主细胞表面的吸附，并作为对血管内皮细胞吸附的必要条件。此外，强毒株的表面具有的类荚膜结构，有抗吞噬的作用，与细菌的毒力有关。在亚急性病例中，细菌仅局限于皮肤局部的淋巴间隙和微血管，出现疹块型丹毒。在慢性病例中，细菌长期停留于体内的某些部位如心瓣膜、关节腔或皮肤，据认为此型属于全身过敏反应的局部表现，是由于细菌在体内产生的内毒素或菌体蛋白与胶原纤维的黏多糖相结合，形成自身性抗原，并激发产生相应的自身抗体，在此自身抗原抗体反应的基础上诱发自身变态反应性炎症。在临床上出现心内膜炎和血管内膜炎及关节炎。用猪丹毒杆菌人工多次攻击猪体的方法，可建立心内膜炎或关节炎的疾病模型。

【临床症状】

自然感染时，潜伏期 3~5 天，最短的 1 天，长者可达 8 天。根据病程经过和临床症状的不同，可分为 3 种类型，现分述如下。

1. 急性败血型

急性败血型临床较多见。初期个别猪无症状突然死亡，大多以发热（42~43 ℃）稽留，寒战，食欲下降，结膜充血，两眼清亮有神、很少有分泌物，粪便干硬、似板

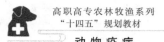

栗状、外表附有黏液为主要症状。后期可能出现下痢，呼吸急促，黏膜发绀，部分猪耳尖、鼻端、腹下、股内侧皮肤出现大小、形状不一的红斑，指压退色，病程多为2~4日，病死率达80%~90%。

2. 亚急性疹块型（荨麻疹型）

亚急性疹块型病势较轻微，一般为良性经过，其特征是在皮肤表面出现疹块。病初少食、口渴、便秘、恶心、呕吐，体温升高至41℃以上。通常于发病后2~3天，在颈部、背部、胸腹侧、四肢外侧等处皮肤上出现疹块，俗称"打火印"，疹块大小不一、数量不等、形状各异，但以菱形、方形多见，起初疹块充血，色淡红，以后瘀血变为紫蓝色。可于数日内消退，自行恢复。

3. 慢性型

慢性型大多由急性或亚急性两型转变而来，少有原发性的。常见的有慢性关节炎、慢性心内膜炎和皮肤坏死。

关节的损害最常见于腕关节和跗关节，有时也见于肘关节、膝关节，受害关节发生炎性肿胀，有热痛，以后则关节变形，出现行走困难甚至于跛行，病猪生长缓慢，消瘦。

慢性心内膜炎型通常无特征性临床症状，有些猪呈进行性贫血、消瘦，喜卧不愿行走，强行运动则举步迟缓，呼吸迫促，听诊心率加快，有心杂音。通常无先兆，由于心脏麻痹而突然倒地死亡或在宰后检查时才能发现。

皮肤坏死常发生于背、肩、耳、蹄、尾等部位，局部皮肤变黑，干硬如皮革状，坏死的皮肤逐渐与其下层的新生组织分离，犹如一层甲壳，最后坏死的皮肤脱落遗留瘢痕。但如继发感染，则病情变化复杂，病程延长。

据 Hoffmann 等报道，自然感染还可引起母猪繁殖障碍，如流产、产死胎及弱小胎。

【病理变化】

1. 急性败血型

急性败血型主要为急性败血症的变化，全身淋巴结充血肿胀，切面多汁，常见小点出血，呈浆液性出血性炎症变化。脾脏充血性肿大，呈樱桃红色，其被膜紧张，边缘钝厚，质地柔软，在白髓周围有红晕，脾髓易于刮下，呈典型的急性脾炎变化，肾常发生出血性肾小球肾炎变化，肾肿大、呈弥漫性暗红色、有"大红肾"之称。皮质部有出血小点。肺充血、水肿。胃肠道有卡他性或出血性炎症，以胃底部和十二指肠最严重。

2. 亚急性型

亚急性型皮肤上出现疹块为特征，有的还有上述的急性败血型病变。

3. 慢性型

慢性型关节炎病例可见关节肿大，关节囊内充满多量浆液、纤维素性渗出物，有时呈血样、稍混浊。滑膜充血，水肿，病程较长者，肉芽组织增生，关节囊肥厚。慢性心内膜炎时，常见在房室瓣表面形成一个或多个灰白色的菜花样疣状物，以致使瓣口狭窄，变形，闭锁不全。以二尖瓣多见，有时也见于三尖瓣或主动脉瓣等处。

【诊断】

亚急性型可根据皮肤上出现特征性疹块作出诊断。临床上对败血型或慢性心内膜炎型或慢性关节炎病例，往往要与类症鉴别，需要做微生物学检查确诊。

1. 微生物学检查

采集发热期的耳静脉血、疹块部的渗出液，死后可采取心血、脾、肝、肾、淋巴结、心瓣膜、滑液组织或关节液等进行涂片染色、镜检。如发现典型的革兰阳性纤细杆菌，可作初步诊断，但从慢性心内膜炎病例的涂片往往见有长丝状的菌体，从皮肤病变或慢性感染的关节很少能发现本菌。进一步将上述病料接种于血液琼脂或麦康凯琼脂平板，进行细菌分离培养。对于污染样本，可用含 0.1% 叠氮钠或 0.001% 结晶紫选择性培养基。在 37 ℃培养 24～48 h，如长出针尖大小的菌落，可用商品化的生化试验试剂盒对本菌进行鉴定。其要点包括触酶阴性，凝固酶阳性。当接种于三糖铁琼脂培养基上，可见硫化氢的大量产生。也可进行实验动物接种法判定。小鼠和鸽对猪丹毒杆菌十分敏感，接种后 3～5 天内死亡，而豚鼠有较强抵抗力，接种后无反应。必要时可用猪丹毒阳性血清与分离物制成的沉淀原进行琼脂扩散试验作血清型的鉴定。

2. 血清学诊断

血清学方法主要适用于亚急性型和慢性型的诊断，对急性败血型意义不大。已报道的有免疫荧光抗体、血清培养凝集、琼脂扩散等。免疫荧光抗体试验敏感，主要用于病料中的细菌检查；血清培养凝集试验可用于血清抗体检测和免疫水平的评价。琼脂扩散试验可用于血清型的鉴定。近年德国报道了疫苗效力检查时用 ELISA 代替免疫攻毒的方法。

【治疗】

首选青霉素，每次可按 80 万～160 万 IU 肌注，配合高免血清效果更好。首次应用时可用血清稀释青霉素，以获得疗效。以后可单独用青霉素或血清维持治疗 2～3次。高免血清每天注射 1 次，直到体温、食欲恢复正常为止。对急性败血型可先用水剂，按每千克体重 1 万 IU 静脉注射，同时肌注常规剂量，以后按常规治疗。也可用普鲁卡因青霉素 G 和苄星青霉素 G，各按每千克体重 15 万 IU 的剂量进行治疗，以长时间维持疗效。青霉素疗效不佳时，可改用四环素或土霉素、红霉素，药物要保证剂量、疗程，停药不能过早。

【防控措施】

平时要防止带菌猪的引入，定期预防注射，以提高猪群抗病力；加强对农贸市场、交通运输的检疫和屠宰猪的检验。发现病猪后隔离感染猪，及时治疗，淘汰慢性

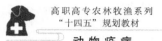

感染猪，猪圈及用具要彻底消毒，粪便、垫草最好烧毁，病尸要深埋或化制，受威胁猪立即预防注射。免疫接种是预防本病最有效的方法。目前，我国使用的疫苗有如下几类。

1. 弱毒活苗

弱毒活苗菌种有哈尔滨兽医研究所育成的 GC42 弱毒株，由江苏农业科学院兽医研究所与南京药械厂协作育成的 G4T10 弱毒株。使用时均按瓶签标定的头剂加入 20%铝胶生理盐水稀释溶解，每头猪皮下注射 1 mL，第 7 天产生免疫力。GC42 疫苗亦可用于口服，剂量要加倍，即每头猪 2 mL。疫苗用冷水稀释好后，拌入少量新鲜凉饲料中，让空腹 4 h 后的猪自由采食，第 9 天产生免疫力。对断奶猪，免疫期可达 6 个月。两种疫苗均可每半年免疫 1 次，免疫猪可 80%以上获得保护。

2. 氢氧化铝甲醛灭活疫苗

氢氧化铝甲醛灭活疫苗可皮下或肌肉注射。体重在 10 kg 以上的断奶猪 5 mL，免疫期为 6 个月。如未断奶仔猪首免注射 3 mL，间隔 1 个月后，再注射 3 mL。2 次免疫后，免疫期可达 9~12 个月。本疫苗经我国长期使用，证明安全，其效力可靠。

3. 猪丹毒、猪肺疫氢氧化铝二联疫苗

猪丹毒、猪肺疫氢氧化铝二联疫苗用 20%铝胶生理盐水稀释。用法与猪丹毒氢氧化铝甲醛灭活苗相同。

我国在 20 世纪 70 年代还研制成功了猪丹毒、猪瘟、猪肺疫弱毒三联冻干苗（简称猪三联苗），三联苗免疫力无相互干扰，接种后对于各个病原的免疫力与各单苗免疫后产生的免疫力基本一致。猪三联疫苗和含猪瘟的二联疫苗均用生理盐水稀释；疫苗稀释后，应在 4 h 内用完。初生仔猪、体弱猪、有病猪均不应注射联苗。注苗后可能出现过敏反应，应注意观察。免疫前 7 日、后 10 日内均不应喂含任何抗生素的饲料。断奶半个月以上猪，按瓶签注明头份，每头猪肌肉注射 1 mL。如断奶前半个月仔猪首免，则必须在断奶 2 个月左右再注苗 1 次。猪瘟免疫期为 1 年，猪丹毒和猪肺疫免疫期为 6 个月。

二、猪痢疾

猪痢疾（swine dysentery）俗称猪血痢，是由致病性猪痢疾短螺旋体引起的猪的一种肠道传染病。其特征为黏液性或黏液出血性下痢，大肠黏膜发生卡他性、出血性炎症，进而发展为纤维素性坏死性肠炎。猪痢疾在 1971 年首次报道，目前已遍及全世界主要养猪国家。我国于 1978 年从美国进口的种猪中发现该病，而后疫情迅速扩大，现已涉及全国 20 多个省市。该病可引起重大的经济损失，严重威胁着全球养猪业的发展。

【病原体】

猪痢疾短螺旋体（Brachyspira hyodysenteriae，B. H）是一种革兰阴性菌，姬姆萨氏染色和镀银染色着色较好。短螺旋体长 6~8.5 μm，直径 320~380 nm，有 4~6 个弯曲，两端尖锐，呈舒展的螺旋状。在暗视野显微镜下较活泼，以长轴为中心旋转运动。

该菌为严格厌氧菌，对培养基要求严格。常用胰胨大豆鲜血琼脂或胰腺大豆汤培养基。在 1.103×10^{5}Pa、80% 氢气（或无氧氮气）、20% 二氧化碳，以钮为催化剂的厌氧罐内，于 37~42 ℃环境中培养 6 天，培养基上生长出扁平、针尖状、半透明菌落，菌落周围呈明显 β 溶血。猪痢疾短螺旋体对环境抵抗力较强，在粪便中 5 ℃环境下可存活 61 天，25 ℃环境中可存活 7 天，在土壤中 4 ℃环境下能存活 102 天。对消毒剂抵抗力不强，普通浓度消毒剂均能迅速将其杀死。

该菌体含有两种抗原成分，一种为特异性的蛋白质抗原，可特异性地与猪痢疾短螺旋体抗体结合发生沉淀反应，而不与其他动物短螺旋体发生反应；另一种是型特异性的脂多糖（LPS）抗原。由于脂多糖抗原具有多态性，目前将 LPS 分为 11 个血清群，每群含有几个不同的血清型。尽管 LPS 在刺激产生保护性免疫力方面很重要，但仍无证据可以表明分离株的毒力与其血清型有关。

有充分证据表明，该菌在结肠和盲肠中的致病性不依赖于其他微生物，但肠内的固有厌氧微生物可以协助该菌在肠道的定居和导致病理变化更严重。协同致病菌包括：大肠埃希菌、乳酸杆菌属、梭状芽孢杆菌属、坏死杆菌属等。

【流行病学】

猪痢疾只引起猪发病，可感染不同年龄和不同品种的猪。但以 7~12 周龄猪发生较多，生长发育阶段的猪发病率和死亡率比成年猪高。一般发病率为 75%，病死率为 5%~25%。该病无明显季节性，流行缓慢，持续时间长，可反复发病。往往从一个猪舍开始逐渐蔓延到全场。该病在较大猪群中流行时，很难根除，常常延续数月。

主要传染源为病猪和带菌猪，康复猪可以带菌长达数月。从粪便中排出的大量菌体污染周围环境、饲料、饮水，菌体可经由饲养员、饲喂用具、运输工具等携带，经消化道传播。许多因素可以诱发该病，如运输、拥挤、寒冷、过热或环境卫生不良等。

据报道，猪痢疾流行原因是引进带菌猪，但也有无购入新猪历史的猪群发病，可能与鸟类、鼠类等传播媒介有关。

【发病机理】

猪痢疾短螺旋体的致病机制较为复杂且了解有限。各种厌氧菌（通常属于猪结肠和盲肠微生物的一部分）和猪痢疾短螺旋体一起协同作用，促进螺旋体在大肠定植和加重炎症反应及产生病变。猪通过粪便经口感染，在粪渣的保护下细菌能在胃酸中正常存活，并最终到达大肠。螺旋体在大肠的定植和增殖需要许多特定的能力，包括猪痢疾短螺旋体在大肠厌氧环境中的生存能力、利用有效底物的能力、沿着化学趋向梯度穿透黏液并移动到隐窝的能力、逃避结肠黏膜表面潜在氧气的能力。由于螺旋

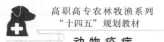

体的大量增殖引起大肠黏膜吸收机能障碍，致使体液和电解质失衡，伴有脱水、酸中毒和高血钾，这可能是本病致死的原因。

【临床症状】

猪痢疾的潜伏期从 2 天到 3 个月不等，自然感染一般 10~14 天发病。腹泻是猪痢疾最为一致的症状，但严重程度却有很大的不同。

流行初期，有的猪呈最急性感染，几乎没有腹泻出现就在几小时后发生死亡。

急性病猪病初精神稍差，食欲不振，大多数表现为排黄色到灰色的稀软粪便，重症猪排出含有大量黏液和血丝的粪便。下痢同时出现腹痛，体温升高，维持几天后趋于正常。随着病程发展，病猪渴欲增强、迅速脱水消瘦，粪便恶臭并带有血液、黏液和坏死性上皮组织碎片。病猪拱背缩腹，站立无力，最后极度衰弱死亡，病程约一周。

亚急性和慢性病例病情较轻，表现为反复下痢，黏液和坏死组织碎片较多；进行性消瘦，生长停滞；不少病猪能自然恢复，但病程为 1 个月以上。

【病理变化】

病变局限于大肠、回盲结合处。猪痢疾急性期的典型变化是大肠肠壁和肠系膜发生充血和水肿。肠腔内容物稀软，充满黏液、血液和组织碎片。随着病情加重，黏膜表面覆盖带黏液和血块的纤维素性假膜。剥除假膜可见糜烂表面，但不见溃疡。

组织学变化：发病早期，黏膜上皮与固有层分离，微血管外露，而发生灶性坏死。进一步的病理变化是肠黏膜表层细胞坏死，黏膜完整性受到不同程度的破坏并形成假膜。多量的炎性细胞浸润出现在固有层，肠腺上皮细胞不同程度变形、萎缩和坏死。黏膜表层可见猪痢疾短螺旋体，以急性期数量较多，有时密集呈网状。病变反应局限在黏膜层，一般不超过黏膜下层，其他隔层保持相对完整性。

【诊断】

根据流行病学、临床症状和病理变化可作出初步诊断和鉴别，确诊需要做病原分离和鉴定。猪痢疾发生于各种年龄的猪，但 7~12 周龄仔猪多发，腹泻粪便中含有大量黏液和血液，病变仅限于大肠，见出血性坏死性肠炎变化，剥离坏死性假膜后仅见黏膜表层糜烂。

病原分离一般取急性病例的粪便和肠黏膜制成涂片染色，在暗视野显微镜下检查，每视野可见 3~5 个短螺旋体，可以作定性判定依据。分离培养基多采用添加壮观霉素（400 μg/mL）的胰胨大豆琼脂，病料接种培养基后，在适宜条件下厌氧培养，每隔 2 天观察 1 次。挑取培养基上出现 β 溶血的菌落，然后经 2~4 代的继代培养可以纯化该菌。进一步鉴定可以做肠致病性试验（口服感染和肠结扎试验），若有 50%感染猪发病，则表示该菌株有致病性。猪结扎肠段接种菌悬液后，经 48~72 h 扑杀后见结扎肠段渗出液增多，内含黏液、纤维素和血液，肠黏膜肿胀、充血、出血，抹片镜检可见多量短螺旋体，则确定为致病菌株，非致病菌无上述变化。现可用

PCR 的方法进行病原菌的快速检测和鉴定。

血清学诊断方法有凝集试验、间接免疫荧光、被动溶血试验、琼扩试验和 ELISA 等，比较常用的是 ELISA 和凝集试验，主要用于猪群检疫和综合判断。

【防控措施】

本病尚无菌苗可用，发生本病的猪群可选用对该病原敏感的抗生素进行药物预防，但很难根除。最彻底的措施是建立无病猪群。在通常情况下，采取综合性防疫措施。严禁从疫区引进种猪，必须引进时，应隔离观察 2 个月，应用 ELISA 等方法进行检疫。猪场实行全进全出饲养制度，平时加强饲养管理和卫生消毒工作。防鼠灭鼠，粪便做无害化处理。发病猪场最好全群淘汰，彻底清理和消毒，空舍 2～3 个月再引进健康猪。对易感猪群可选用多种药物进行防治，结合清除粪便、消毒、干燥及隔离措施，可以控制甚至净化猪群。

思考题

1. 简述猪痢疾病原学特点和实验室分离技术。
2. 如何区分猪痢疾与其他常见猪腹泻性传染病？
3. 简述猪痢疾的防制要点。

三、仔猪梭菌性肠炎

仔猪梭菌性肠炎（clostridial enteritis of piglets）又称仔猪传染性坏死性肠炎或仔猪红痢，是初生仔猪（3 日龄以内）的高度致死性肠毒血症。其特征是排出红色粪便，小肠黏膜弥漫性出血和坏死；发病快，病程短，死亡率高。

1955 年在英国首先发现本病，其后在美国、丹麦、匈牙利、德国、苏联和日本等国家陆续有报道。我国于 1964 年首次从患红痢仔猪分离到产气荚膜梭菌，有近 20 个省、市发生本病。我国已研制出仔猪红痢灭活疫苗，对本病的发生和传播起到一定的防控作用。

【病原体】

产气荚膜梭菌（Clostridium pevfringens），又称魏氏梭菌，为革兰阳性菌，有荚膜、不运动，能形成芽孢，芽孢位于菌体中央或偏近端，呈卵圆形。细菌形成芽孢后，对外界环境如干燥、热、消毒剂等的抵抗力显著增强，80 ℃ 15～30 min，100 ℃ 5 min 芽孢才能被杀死。冻干保存 10 年内其毒力和抗原性不发生变化。

产气荚膜梭菌能产生强烈的毒素，根据其产生的毒素能力的不同可分为 A、B、C、D 和 E 共 5 个血清型。C 型产气荚膜梭菌主要产生 α、β 毒素，能引起 2 周龄内仔猪肠毒血症与坏死性肠炎。A 型菌株主要产生 α 毒素，与哺乳及育肥猪肠道疾病有

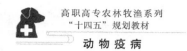

关，导致轻度的坏死性肠炎与绒毛退化。但越来越多的证据表明，A 型菌株也是仔猪梭菌性肠炎的主要病因。

【流行病学】

本病主要侵害 1~3 日龄仔猪，1 周龄以上仔猪很少发病。在同一猪群各窝仔猪的发病率不同，发病率可达 90%~100%，死亡率一般为 20%~70%。本菌通常存在于土壤、垫料、饲料、污水、肠道和粪便中及污染哺乳母猪的乳头上。当初生仔猪吮奶或吞入污染物时，细菌或者芽孢进入空肠繁殖，侵入绒毛上皮组织，沿基膜繁殖扩张，产生毒素，使受害组织充血、出血和坏死。本病常顽固地存在于猪场，难以清除。本病除猪易感外，还可感染绵羊、马、牛、鸡、兔等动物。

【临床症状】

按病程经过分为最急性型、急性型、亚急性型和慢性型。

1. 最急性型

最急性型仔猪出生后数小时到 1~2 天发病，发病后数小时至 2 天可致死亡。最急性病例的病征多不明显，只见仔猪突然不吃奶，后躯沾满血样稀粪，虚弱，精神沉郁，便很快进入濒死状态。少数病猪甚至不见排稀便便昏倒和死亡。

2. 急性型

急性型为我国最常见病型。可见病仔猪不吃奶，离群独处，精神沉郁，怕冷，四肢无力，腹泻，排出含有灰色组织碎片及大量小气泡的红褐色液状稀粪。病猪迅速变得消瘦与虚弱，病程多为 2 天，第 3 天可死亡。

3. 亚急性型

亚急性型病仔猪表现为持续下痢，病初排出黄色软粪，后变成水样稀粪，内含坏死组织碎片。发病仔猪极度消瘦、虚弱和脱水，一般 5~7 天内死亡。

4. 慢性型

慢性型病程在 1~2 周或以上，间歇性或持续性腹泻，排出黄灰色糊状、黏糊状的粪便。尾部及肛门周围有粪污黏附。病猪逐渐消瘦，生长停滞，于数周后死亡或被淘汰。

【病理变化】

不同病程的因病死亡仔猪，其病理变化基本相似，只是由于病程长短不一，病变的严重程度有差异。眼观病尸消瘦，被毛无光泽，肛门周围有黑红色粪便污染。腹腔内有大量红黄色积液，心包有少量积液，心冠脂肪出血，心内、外膜及心肌出血，肝有出血点，质地较脆，脾边缘和肾皮质有小点出血。剪开肠管后可清楚地看到空肠呈暗红色，肠腔充满含血的液体。浆膜下和肠系膜中有数量不等的小气泡，肠黏膜潮红、肿胀、出血，甚至呈灰黄色树皮样坏死。病程稍长的病例，肠管以坏死性炎症为主，肠管壁变厚，肠黏膜上附有黄色或灰色坏死假膜，容易剥离，肠腔内有坏死组织碎片。

A 型产气荚膜梭菌引起的病理变化与 C 型菌引起的仔猪红痢相比基本相似，但心包液、胸水、腹水未见明显增多，肠系膜、浆膜上的气泡较为少见，多为肠管充气，颌下、胸腹部皮下有浅黄色胶冻样浸润或水肿。

【诊断】

本病主要发生在出生后 3 天内的仔猪，根据流行病学、临床症状和病理变化可作出初步诊断。本病以出血性下痢、发病急剧、病程短促、死亡率高为特点。剖检可见空肠段有出血性炎症及坏死，肠浆膜下有小气泡，肠腔内容物呈红色并混杂小气泡等特征。

实验室诊断可通过细菌学及毒素检查。

1. 细菌形态检查

刮取病变肠黏膜涂片，革兰染色后镜检，常见到大量的形态一致的革兰阳性杆菌，两端钝圆，单个、两个或短链状，其中一部分呈芽孢形态出现。

2. 细菌分离培养

取病变肠内容物接种于鲜血琼脂培养基上，37 ℃厌氧培养24 h，形成浅灰色、有光泽的菌落，菌落周围有双层溶血环，内层清晰透明完全溶血，外层淡绿色不完全溶血。

3. 生化试验

取纯培养物进行生化试验。

4. 肠内容物毒素检查

取刚死亡的病猪空肠内容物，稀释离心取上清过滤后，取 0.2~0.5 mL 静脉注射小鼠。另取一部分滤液 60 ℃加热 30 min，同样取 0.2~0.5 mL 静脉注射小鼠。若未加热组小鼠在 5~10 min 内迅速死亡，加热组试验鼠不发生死亡，就证明肠内容物中有毒素存在。

5. 分子检测

可通过 PCR、多重 PCR 等方法检测细菌毒素基因，也可用 Westernblot 等方法检测细菌的毒素表型。

【治疗】

无特效治疗方法。

【防控措施】

（1）在常病猪场，可在仔猪出生后，用抗生素类药物（如青霉素、链霉素、土霉素）进行预防性口服。

（2）免疫妊娠母猪，使新生仔猪通过吮食初乳而获得被动免疫，预防仔猪红痢。目前，多通过给怀孕母猪注射 C 型魏氏梭菌氢氧化铝菌苗和仔猪红痢干粉菌苗预防。由于已经证实 A 型魏氏梭菌也是本病的主要病因，应用加有 A 型魏氏梭菌的二价菌苗预防效果更好。利用抗血清治疗或预防时，一定要针对引起仔猪发病的菌型 A 型

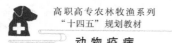

或 C 型产气荚膜梭菌，尽早注射。

（3）搞好猪舍及周围环境的清洁卫生及消毒工作，特别是产房的卫生消毒工作也尤为重要。产前做好接产各项准备工作，母猪乳头和体表要擦洗干净，或用 0.1% 高锰酸钾液擦拭消毒乳头，可以有效减少本病的发生和传播。

思考题

1. 简述如何防治仔猪梭菌性肠炎。
2. 如何区分仔猪梭菌性肠炎与其他常见猪腹泻性传染病？

四、牛传染性胸膜肺炎

牛传染性胸膜肺炎（contagious bovine pleuropneumonia，CBPP）也称牛肺疫，是由丝状支原体丝状亚种引起的一种牛属动物的急性致死性疾病，主要侵害肺和胸膜，其特征为纤维素性胸膜肺炎和毒血症。

本病曾在许多国家的牛群中引起巨大损失。目前，本病遍及非洲、亚洲、澳大利亚、中南美洲和欧洲南部等国家和地区。特别是，非洲西部和中部各国的发病率明显高于其他国家和地区。OIE 将牛肺疫列为 4 种国际认证疫病之一。我国已于 1996 年宣布在全国范围内消灭了此病。2011 年 5 月 24 日，OIE 第 79 届年会通过决议，认可中国为无牛传染性胸膜肺炎国家。

【病原体】

丝状支原体丝状亚种（*Mycoplasma mycoides subsp. mycoides*），是属于支原体科支原体属的微生物，过去称为类胸膜肺炎微生物（PPLO）。丝状支原体菌体长度差异很大，可形成有分支的丝状体，革兰染色阴性。在 10% 马血清马丁肉汤内生长初期呈轻微混浊或呈白色点状、丝状生长以后逐渐均匀混浊，半透明稍带乳光，不产生菌膜或沉淀，也无颗粒悬浮。在 10% 马血清马丁琼脂培养皿上生长迟缓，为极小的水滴状圆形略带灰色的微细菌落，中央有乳头状突起（煎荷包蛋状）。菌落直径 0.2 ~ 0.5 mm，小的不易看见，需用放大镜或低倍显微镜观察。

本病原分为小菌落（small colony，SC）和大菌落（large colony，LC）两个生物型。两个生物型支原体的表面都有荚膜，其主要成分为半乳聚糖，为重要的毒力因子。SC 型是牛肺疫、关节炎、乳腺炎的病原体。取 SC 型菌株的半乳聚糖，按 0.1 mg/kg 体重经静脉注射犊牛，可引起犊牛急性剧烈的呼吸道症状，导致肺和脑水肿及毛细血管栓塞等病变。所谓"肺大理石样变"是由半乳聚糖导致的肺小叶间结缔组织水肿增宽所致。

本病原多存在于病牛的肺组织、胸腔渗出液和气管分泌物中。日光、干燥和热力均不利于本菌的生存；对苯胺染料和青霉素具有抵抗力。但 1%煤酚皂、5%漂白粉、1%~2%氢氧化钠或 0.2%升汞均能迅速将其杀死。十万分之一的硫柳汞，十万分之一的"914"或每毫升含 2 万~10 万 IU 的链霉素，均能抑制本菌。

【流行病学】

本病宿主有牛、水牛、鹿、绵羊和山羊等反刍动物。对牛和水牛的致病性强而被称作牛肺疫。本病对牛和水牛以外的反刍动物的致病力弱，而且感染期也短。

病牛和带菌牛是本病的主要传染源。主要通过与感染牛的接触和通过飞沫经呼吸道感染。病牛的鼻汁和气管黏液中含有大量的病原体，咳嗽时产生大量的感染性飞沫，导致大群发生本病。另一种特殊的感染途径为健康牛吃了黏附病原的干牧草后经消化道感染，也可经生殖道感染。

本病的传播、感染和发病与季节或特殊的诱因无关。本病多呈散发性流行，常年可发生，但以冬、春两季多发。非疫区常因引进带菌牛而呈爆发性流行；老疫区因牛对本病具有不同程度的抵抗力，发病缓慢，通常呈亚急性或慢性经过，往往呈散发性。本病的病死率为 5%~80%，其高低与病牛的发病年龄密切相关，年龄越小，病死率越高。3 岁以上的成牛感染后都能耐过而成为带菌牛，因而也是本病重要的传染源。

【临床症状】

潜伏期 2~8 周，长者可达数月之久。病牛发病初表现为体温升高至约 39 ℃、食欲不振等症状，但未见肺部病变。随着病情恶化，体温升高达 40 ℃以上，出现疼痛性强烈咳嗽，流鼻汁，呼吸困难，食欲废绝和反刍消失，奶牛泌乳停止。最后，病牛病情进一步恶化，体温升高达 42 ℃，不能站立，以死亡而告终。

【病理变化】

主要特征性病变为胸膜肺炎。初期肺脏常表现为一侧的小叶性肺炎病变。中期表现为该病典型的浆液性纤维素性胸膜肺炎病变，病肺呈紫红、红、灰红、黄或灰色等不同时期的肝变而变硬，切面呈大理石状外观，间质增宽。病肺与胸膜粘连，胸膜显著增厚并有纤维素附着。胸腔有大量淡黄色、混浊的胸水。支气管淋巴结和纵隔淋巴结肿大、出血。心包液混浊且增多。末期肺部病灶坏死并有结缔组织包裹，严重者结缔组织增生使整个坏死灶瘢痕化。

【诊断】

通过流行病学、呼吸道症状和典型的浆液纤维素性胸膜肺炎病理变化可作出初步诊断，确诊需要进行实验室诊断。

1. 病原学诊断

取病牛肺脏、胸腔渗出液和肺门淋巴结病料接种于马丁培养基，置 37~38 ℃环境中培养，每天观察 1 次，5~7 天后判定，即可分离出牛肺疫病原体，此法对急性期病例的检出率可达 100%。采集肺及其周边淋巴结制备组织涂片后，用荧光抗体法可

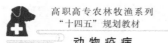
检出本病原体。也可用 PCR 方法从肺病变组织乳剂中扩增出特异性基因片段，再用限制性内切酶处理后快速、特异地进行分子生物学诊断。

2. 血清学诊断

补体结合试验有较高的应用价值。我国一直采用补体结合试验进行检疫。但这种方法常出现 1%~2% 非特异性反应。近年来，我国研制成功特异性高的微量凝集反应检验方法，它不但降低了非特异性反应率，而且操作简便，容易判定，应用效果良好。国外也用 ELISA 进行本病的诊断，但牛肺疫支原体与其他近缘支原体之间存在较高的血清学交叉反应，因此应用时要注意防止出现假阳性。

【治疗】

本病早期治疗可达到临床治愈。病牛症状消失，肺部病灶被结缔组织包裹或钙化，但长期带菌，应隔离饲养以防传染。具体措施：抗生素治疗，四环素或土霉素 2~3 g，每日 1 次，连用 5~7 日，静注；链霉素 3~6 g，每日 1 次，连用 5~7 日，除此之外辅以强心、健胃等对症治疗。

【防控措施】

本病预防工作须注意自繁自养，不从疫区引进牛只，必须引进时，对引进牛进行检疫。做补体结合反应 2 次，证明阴性者接种疫苗，经 4 周后起运，到达后隔离观察 3 个月，确定无病时，才能与原有牛群接触。原牛群也应事先接种疫苗。发现病牛应立即隔离、封锁，必要时宰杀淘汰；污染的牛舍、屠宰场应用 3% 煤酚皂或 20% 石灰乳消毒。

我国消灭牛肺疫的经验证明，根除传染源、坚持开展疫苗接种是控制和消灭本病的主要措施，即根据疫区实际情况，捕杀病牛及和病牛有过接触的牛只，同时在疫区和受威胁区每年定期接种牛肺疫兔化弱毒苗或兔绵羊化弱毒苗，连续 3~5 年。我国研制的牛肺疫兔化弱毒疫苗和兔绵羊化弱毒苗免疫效果良好，曾在全国各地广泛使用，对消灭曾在我国存在达 80 年之久的牛肺疫起到了重要作用。

思考题

1. 简述牛传染性胸膜肺炎的病原及其传播途径。
2. 简述牛传染性胸膜肺炎的诊断方法。
3. 简述牛传染性胸膜肺炎的防控措施。

五、马传染性子宫炎

马传染性子宫炎（contagious equine metritis）是由马生殖道泰勒菌引起的一种生殖道传染病，主要通过交配传播危害繁殖母马，以发生子宫颈炎、子宫内膜炎及阴道炎为特征，公马感染后无临床症状。

1975—1976 年首先在爱尔兰发现本病，以后该病相继见于法国、英国、澳大利亚、比利时、德国、意大利、丹麦、美国及日本等国家，对养马业危害较大。目前，上述国家大多已根除本病，但美、英两国在消除本病 20 多年后分别于 2008 年和 2009 年再次有散发病例出现。我国迄今尚无病例。

【病原体】

本病病原为马生殖泰勒菌（Taylorella equig enitalis），是泰勒菌属（*Taylorella*）成员。1977 年该菌被分离出，曾被命名为马生殖道嗜血杆菌（Hemophilus equig enital）。本菌为革兰阴性球杆菌，无芽孢和鞭毛，有荚膜。细菌 DNA 中 G+C 含量为 36.1%。该菌较难培养，在普通琼脂和普通肉汤培养基上几乎不发育。兼性厌氧，最适生长温度为 37 ℃。初次分离时常用加热处理的马血或羊血尤刚（Eugon）巧克力琼脂或胰蛋白胨巧克力琼脂培养基，并加入 TMP（1 μg/mL）和两性霉素 B（5 μg/mL）抑制杂菌生长。在含 5%~10%二氧化碳的条件下发育良好。37 ℃培养 48 h，在尤刚巧克力琼脂平板上形成直径 1~2 mm、圆形、边缘整齐、灰色半透明、有光泽、露滴样菌落；在胰蛋白胨琼脂上形成细小、圆形隆起或扁平、灰色或褐色菌落；液体培养时则从上层开始混浊，并有沉淀。固体培养 48 h，菌体大小为（0.5~2.0）μm×（0.5~0.7）μm。延长培养时间和增加代次后则呈丝状或链状。本菌无溶血性，不发酵糖类、不还原亚硝酸盐，可使培养基变为碱性（pH 8.0~8.6），对氧化酶、过氧化氢酶、细胞色素氧化酶及磷酸酶反应阳性。

本菌对理化因子的抵抗力不强，高温和一般消毒剂均可在短时间内将其杀灭。对青霉素、红霉素、卡那霉素、新霉素及多黏菌素 B 敏感，对磺胺类药物的敏感性较低。

【流行病学】

马对本病易感，驴可人工感染发病。患马和隐性感染马是传染源。主要通过交配传播，也可经污染物发生间接接触传染。本病主要发生于马匹的配种季节。

【临床症状】

潜伏期 2~14 天。病马一般无全身症状，主要表现为反复出现子宫颈炎和早期发情。发病后 1~2 天可见生殖道有渗出物排出，2~5 天达高峰。渗出物呈黏稠脓液，含有大量多核细胞、黏膜脱落细胞和崩解的细胞碎片。渗出物排出一般持续 13~18 天，此时菌检往往呈阳性。患马发情时间缩短，间隔 13~18 天再次发情，但屡配不孕（患子宫内膜炎，黄体期缩短）。妊娠马较少感染，一般能正常分娩。但严重子宫颈炎和子宫内膜炎可导致流产，产下的幼驹也可带菌。公马感染后无任何临床症状，也不产生抗体。

【诊断】

1. 临床综合诊断

根据流行病学特点及母马子宫内膜炎、子宫颈炎、阴道流出大量渗出物、屡配不

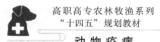

孕等临床表现即可作出初步诊断；当公马在配种后使母马发病，亦可怀疑患有本病。确诊需进行实验室检查。

2. 实验室诊断

细菌学检查是确诊本病最可靠的方法。棉拭子采取公马包皮、尿道窝、尿道样品及母马子宫、子宫颈、尿道、阴蒂窝和阴蒂窦样品，一般每周采样 1 次，连续采 3 周。全部样品都未分离到病菌可判为阴性。血清学检测只适用于感染母马的诊断，目前已报道的方法有凝集试验、抗球蛋白试验、补体结合反应、间接血凝、ELISA 和间接荧光抗体试验等。

【治疗】

应局部治疗和全身治疗相结合。局部治疗是用洗必泰消毒生殖道，特别是阴蒂窝、阴蒂窦和尿道，再用氨苄青霉素、新霉素等溶液冲洗子宫。全身治疗可用青霉素类、新霉素等肌肉注射。治愈标准为细菌学检查转为阴性。

【防控措施】

目前尚无有效疫苗。加强检疫、早期诊断、及时隔离治疗或扑杀是防制本病的关键。人工授精也是控制本病的重要手段，授精时应对所用器械及配种人员的手进行彻底消毒。

思考题

1. 马传染性子宫炎的病原是什么？其微生物学特点有哪些？
2. 马传染性子宫炎的主要临床表现有哪些？
3. 如何预防和治疗马传染性子宫炎？

六、鸡毒支原体感染

鸡毒支原体感染（mycoplasma gollisepticum infection，MGI）又称为鸡败血霉形体感染或慢性呼吸道病（chronic respiratory disease，CRD），在火鸡则称为传染性窦炎（infectious sinusitis），是由鸡毒支原体引起的鸡和火鸡的以呼吸道症状为主的一种慢性呼吸道传染病，以呼吸道啰音、咳嗽、流鼻液、张口呼吸为特征，火鸡常见严重的眶下窦肿胀。疾病发展缓慢，病程长，成年鸡多隐性感染，在鸡群中可长期存在和蔓延。

本病广泛分布于世界所有养禽的国家和地区，是危害养鸡业的重要传染病之一，可造成幼龄鸡生长不良，成年鸡产蛋量下降，种蛋孵化率降低，肉鸡生长发育缓慢，体重减少38%，饲养期延长，饲料报酬降低21%，药物费用升高，并因气囊炎而使胴体品质下降、废弃率增加。据调查，我国鸡的鸡毒支原体感染阳性率为 50% ～

80%，每年均给养鸡业造成严重的经济损失，而且临床上本病常与新城疫、传染性支气管炎、大肠杆菌病、传染性鼻炎等传染病并发或继发，使经济损失更为严重，因此许多国家都很重视该病的防治。

【病原体】

鸡毒支原体（Mycoplasma gallisepticum，MG）是柔膜体纲（Mollicutes）支原体目支原体属的一个致病种，无细胞壁，具有 3 层膜结构，细胞柔软，高度多形性，通常呈细小球杆状，长 0.25~0.5 μm。在电子显微镜下呈球形、卵圆形或梨形，有的呈丝状或环状等多种形态。姬姆萨或瑞氏染色着色良好，革兰染色着色淡，为弱阴性。不同 MG 分离菌株的相对致病力差异很大，致病力的强弱因分离株的来源、传代方式、传代次数的不同而有差异。强毒株在液体培养基中连续传代后其对鸡的致病性会减弱。MG 的致病性与其特殊的末端结构、黏附素及其产生的神经毒素、过氧化氢和一些酶有关。

鸡毒支原体需氧或兼性厌氧，对营养要求较高，需要在培养基中加入 10%~15% 的灭活猪、禽或马血清、胰酶水解物和酵母浸出物才能缓慢生长。MG 在 pH 7.8 左右 37 ℃ 条件下生长最佳，在液体培养基中培养 2~5 天，可见培养基中的指示剂由红色变为黄色，培养液通常透明，摇动后可见底部悬起少量沉淀。固体培养基上培养时需要在适量二氧化碳与高湿环境中培养 3~10 天才能形成表面光滑、透明、边缘整齐、露珠样的微小菌落。在低倍显微镜或放大镜下，可见菌落呈煎蛋样，中央具有颜色较深且致密的乳头状突起。MG 能发酵葡萄糖和麦芽糖、产酸不产气，不发酵乳糖、卫茅醇或水杨苷，不水解精氨酸，磷酸酶活性阴性，可还原 2,3,5-三苯四唑（变红）和四唑蓝（变蓝）。MG 在 5~7 天的鸡胚卵黄囊内生长良好，可致部分鸡胚在接种后 5~7 天内死亡，表现为胚体发育不良，水肿、肝坏死、脾增大等病理变化，死胚的卵黄囊、卵黄及绒毛尿囊膜中 MG 的含量最高。MG 可以吸附鸡、火鸡和仓鼠等动物的红细胞，而且这种吸附作用可被相应的抗血清所抑制，可以作为鉴定本菌的依据之一。本菌能够凝集鸡和火鸡的红细胞。

MG 对理化因素的抵抗力不强，常用的化学消毒剂均能迅速将其杀死。对紫外线和热敏感，阳光直射则迅速丧失活力，50 ℃ 20 min 即可将其灭活，沸水中立即死亡。液体培养物在 4 ℃ 保存不超过 1 个月，在−30 ℃ 可保存 1~2 年，在−60 ℃ 条件下能保存十多年，冻干培养物在−60 ℃ 条件下能存活更长时间。对泰乐菌素、红霉素、螺旋霉素、链霉素、四环素、土霉素、林可霉素等抗生素敏感，但易形成耐药性。对青霉素、多黏菌素、新霉素、磺胺类药物及低浓度的醋酸铊（1：4 000）有抵抗力。

【流行病学】

鸡和火鸡是本病的自然宿主。各种日龄的鸡和火鸡均易感，尤其是 4~8 周龄的幼龄鸡和火鸡最易感。中成鸡对本病的抵抗力较强，多为隐性感染。雉鸡、鹌鹑、孔雀、鸽、鸭和鹅等也可自然感染。

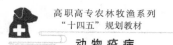

病鸡和隐性感染鸡是本病的传染源，尤其是隐性感染的成年鸡和种公鸡是本病在鸡群中长期存在和蔓延最重要的传染源。本病可以通过水平和垂直两种方式传播。病原体主要随病鸡或带菌鸡咳嗽、喷嚏时的呼吸道分泌物排出，经呼吸道和眼结膜感染。当易感鸡与带菌鸡或火鸡直接接触时会引起本病的爆发，也可通过接触病原体污染的尘埃、飞沫、饲料、饮水、器具、车辆等传播媒介在不同鸡群或鸡场之间传播。垂直传播是本病的主要传播方式，一般感染早期和急性期病鸡经蛋传播率较高，可达50%，而无症状感染鸡的传播率仅为 0.5%～5%。垂直传播是本病在鸡群中代代相传，连续不断，难以根除的重要原因。在感染公鸡的精液中也有鸡毒支原体存在，在配种时可传播本病。此外，接种被鸡毒支原体污染的疫苗时，也可以造成本病的传播。

本病流行上具有以下特征：① 本病发生于整个饲养期，各种日龄的鸡均可感染，但幼龄鸡群受害最为严重，发病率高、病程急、病情严重，中、成年鸡多散发或呈隐性感染。② 在老疫区的鸡群中传播速度较为缓慢，但在新发病的鸡群中传播较快。③ 一年四季均可发生，以寒冷的冬、春季节及气候突变或有其他应激因素作用时，发病与流行更为严重。④ 本病复发率高。由于药物难以到达气囊部位，不能杀死气囊内或干酪物中的 MG，故气囊内或干酪物中的 MG 可长期存在。当条件适宜时，MG 又可以增殖并扩散至机体其他部位而发病。⑤ 易与其他细菌或病毒性疾病并发或继发。单独感染本菌时，死亡率很低，但当有并发症时，死亡率可高达30%以上。与本菌并发或继发的常见病原微生物有大肠杆菌、副鸡禽杆菌、巴氏杆菌、葡萄球菌、鸡传染性支气管炎病毒（IBV）、鸡新城疫病毒（NDV）、鸡传染性喉气管炎病毒（ILV）和传染性法氏囊病毒（IBDV）等。

【发病机理】

MG 通过呼吸道或眼结膜侵入机体后，首先通过其表面的黏附蛋白（黏附素）吸附于上呼吸道黏膜相应的受体上并侵入固有层，继而生长繁殖，引起上呼吸道黏膜上的纤毛受损、脱落，造成黏膜充血、炎症和渗出，出现流鼻涕和打喷嚏症状，并可见鼻道内充满大量黏液或干酪样渗出物。随着炎症的蔓延，受损的部位扩大至鼻邻近组织和眶下窦、气管、支气管、肺和气囊等处，引起窦腔内充满黏液和干酪样分泌物，气囊壁变厚、混浊。由于呼吸道黏膜上纤毛遭到破坏，对异物和分泌物的排除功能减弱或丧失，引起气管、细支气管及肺泡内蓄积多量异物和炎性渗出物，并逐渐使部分肺小叶发生病变，多数发病的肺小叶融合到一起，致使部分区域肺组织肉变、硬变和坏死，肺脏功能失调，出现啰音和呼吸困难。当 MG 与其他病原混合感染时，其临床症状、病理变化比单纯 MG 感染要复杂得多，发病机理也不尽相同。此外，在感染机体内 MG 可通过其表面抗原尤其是黏附素的不断变异来逃避宿主的免疫反应，从而能够在宿主体内长期持续存在，当饲养环境恶劣、其他疾病发生或免疫接种时则可发病。

【临床症状】

人工感染潜伏期为 4～21 天，自然感染时潜伏期难以确定，通常与鸡的日龄、品种、菌株毒力及诱发因素有关。本病可危害整个鸡群，但单独发生时多不表现明显症状，有的出现轻微的呼吸道症状。当饲养管理条件差或存在不良应激，尤其是混合感染其他病原体时，才表现明显的临床症状。

幼龄鸡发病时，临床症状较典型，出现流浆液性或浆液-黏液性鼻液，导致鼻孔周围沾有饲料或污物，频频摇头，气管啰音、喷嚏、咳嗽，还可见眶下窦和鼻窦发炎肿胀、结膜炎和气囊炎。当炎症蔓延至下呼吸道时，喘气、咳嗽及气管啰音更为明显。食欲不振、体重减轻或生长停滞，眼睑肿胀、结膜发炎、流泪。到了后期，如鼻腔和眶下窦中蓄积多量渗出物，则可见眼球凸起如"金鱼眼"，重者可导致失明。产蛋鸡感染后主要表现为产蛋率下降 10%～20%，种蛋受精率和孵化率降低，死胚、弱胚和弱雏增多，弱雏率增加 10% 左右。发病后成年鸡很少死亡，幼龄鸡的病死率也较低，但并发或继发其他疾病时，病死率增高。

火鸡感染后表现为流鼻涕、眼泪、眶下窦和鼻窦肿胀。当眶下窦和鼻窦肿胀严重时，可引起眼部分或全部闭合。如出现气管炎或气囊炎时，则可见气管啰音、咳嗽和呼吸困难。病鸡消瘦，生长受阻。一部分病鸡不出现窦炎，但表现明显的呼吸道症状。

【病理变化】

肉眼病变主要集中在鼻腔、窦（鼻窦和眶下窦）、气管、支气管和气囊。可见鼻腔内有清亮的浆液或浓稠的黏液，窦腔内蓄积浑浊的黏稠或豆渣样分泌物，鼻腔和窦腔黏膜潮红、肿胀。气囊发炎，气囊壁浑浊、增厚，呈不均匀灰白色，囊膜上附着灰白或灰黄色干酪样渗出物。有时可见肺脏上有灰白色或淡红色细小实变病灶，有的可见输卵管炎。临床病例多为混合感染，当与大肠杆菌混合感染时，则可见纤维素性肝周炎和心包炎。

组织学检查可见鼻腔、气管与支气管黏膜上皮细胞纤毛缺损、坏死脱落，固有膜充血、单核细胞浸润、黏液腺增生，感染的组织黏膜显著增厚，黏膜下常见局部淋巴组织增生。肺组织有大量单核细胞和异嗜性细胞浸润，并可见肉芽肿病变。产蛋鸡的输卵管黏膜增厚、黏膜上皮增生和浆细胞浸润。关节滑液囊表面细胞增生，滑液囊和邻近组织单核细胞浸润，关节液中可出现大量异嗜细胞。

【诊断】

根据流行病学、临床症状和病理变化可以作出初步诊断，但应注意与传染性支气管炎、传染性喉气管炎、非典型新城疫、传染性鼻炎和曲霉菌病等疫病鉴别诊断。进一步确诊需要进行病原的分离鉴定、血清学或分子生物学检查。

1. 病原的分离与鉴定

无菌采集可疑感染鸡的气管和气囊的渗出物、肺或鼻窦的渗出物制成悬液，接种

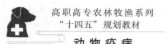

到支原体肉汤中或固体培养基（FM4 培养基、Frey 培养基和 PPLO 培养基）上，于 37 ℃培养 3~7 天。当生长不明显时，隔 3~5 天盲传 1 次，连传 2~3 代。而后根据菌落形态、菌体形状、生化特性、特异性血清生长抑制试验和致病性进行鉴定。同时，还可以结合凝集试验、直接荧光法、琼脂扩散试验等方法对分离培养物进行鉴定。

2. 血清学检查

血清学方法适用于监测鸡群 MG 的感染情况，实践中常用血清学方法结合病史和典型症状进行初步诊断。常用的血清学方法有血清平板凝集试验（SPA）、血凝抑制试验（HI）和 ELISA 等，其中 SPA 最为常用，广泛用于群体的特异性抗体监测。此外，琼脂扩散试验、荧光抗体试验、生长抑制试验、代谢抑制试验等血清学方法也可用于 MG 抗体的检测。

3. 分子生物学诊断

用于检测 MG 的分子生物学方法有 PCR、核酸探针、限制性片段多态性（RFLP）分析和随机扩增多态性 DNA（RAPD）技术等。这些方法，不仅快速、特异和敏感性高，而且能够区分不同支原体分离株引起的感染。

【治疗】

多种药物可用于本病的治疗，常用的有泰乐菌素、支原净（泰妙菌素）、土霉素、壮观霉素、林可霉素、利高霉素、强力霉素、红霉素、北里霉素，以及环丙沙星、恩诺沙星和氧氟沙星等，可以通过饮水或饲料给药。泰乐菌素为每 4.5 L 水内加 2~3 g，支原净按照 120~500 mg/L 浓度调配饮用，也可以每吨饲料加 400 g 土霉素或 300~500 g 北里霉素拌料，一般 5~7 天为一个疗程。由于本病容易复发，且 MG 容易产生耐药性，所以治疗时应轮换用药，并保证疗程足够。治疗时应同时注意其他混合感染疾病的治疗和饲养环境的改善。

【防控措施】

由于本病在鸡场中普遍存在，通常情况下呈隐性感染或亚临床症状，但疾病、环境突然改变或其他不良应激因素可以导致其爆发和流行，因此加强饲养管理、严格执行生物安全措施是有效防控本病的关键。由于 MG 既可以水平传播，又可以经蛋垂直传播，所以采取严格的隔离措施和避免种蛋携带 MG 是控制和净化本病的根本。具体措施主要包括以下几点。

1. 提高饲养管理水平，严格消毒

饲喂全价饲料，保证营养均衡，补充维生素 A，以提高机体及局部黏膜的抵抗力；减少应激，降低饲养密度，注意通风，及时更换垫料，减少栏舍内氨气及其他废气的浓度；严格执行全进全出的饲养方式。避免不同年龄鸡混合饲养，同群鸡全部出栏后，鸡舍经彻底消毒和空舍后，再引进下一批鸡。

2. 加强检疫工作，定期对种鸡进行检疫

引进种鸡时，严格检疫，严防引进 MG 感染鸡。污染的种鸡场，平时应淘汰阳性鸡。

3. 做好免疫接种弱毒疫苗和灭活疫苗

免疫接种是控制本病发生和传播的有效方法。实践中使用的疫苗主要有弱毒疫苗，可以经滴鼻、点眼、饮水或气雾等多种方法接种，以降低气囊炎的发生率，提高鸡群产蛋率，降低 MG 的经卵传播；油乳剂灭活疫苗可用于雏鸡及蛋鸡产蛋前免疫接种，一般 15 天雏鸡皮下注射 0.2 mL，蛋鸡产蛋前再皮下注射 0.5 mL，能够降低发病率，减少 MG 的蛋传率，保护产蛋期不出现产蛋下降，且可以提高饲料转化率。

4. 消除种蛋内的支原体

杀灭种蛋内的支原体是阻断本病垂直传播、降低支原体感染率和建立无支原体鸡群的重要措施之一。实践中可采用抗生素浸蛋法和种蛋加热法来降低或消除种蛋内的支原体。

（1）浸蛋法：先将种蛋加热至 37.8 ℃，然后迅速将种蛋置于 2~4 ℃的抗生素（如 0.04%~0.3%的泰乐菌素或红霉素）溶液中浸泡 15~20 min。也可以将种蛋浸入药液中，应用专门压力系统将抗生素压入蛋壳内。该处理方法可以减少种蛋内的 MG，降低蛋传播率，但对孵化率有一定影响。

（2）种蛋加热法：将种蛋置于 45~46 ℃环境中恒温维持 12~14 h 后，转入正常孵化。该法可有效杀灭种蛋内的 MG，只要温度控制适宜，对孵化率无明显影响。

5. 培育无 MG 感染鸡群

培育无 MG 感染鸡群，必须采取综合防治措施，主要包括：通过免疫接种和敏感性药物的预防，降低种鸡群的带菌率和种蛋的污染率；严格执行兽医生物安全措施，防止外来感染，尤其做好孵化室、孵化箱及相关用具的消毒工作；合理处理种蛋，杀灭蛋内支原体，阻断垂直传播；小群饲养子代鸡群，定期进行血清学检查，一旦出现阳性鸡，立即将小群淘汰；对育成的鸡群在产蛋前进行一次血清学检查，无阳性反应时可留做种鸡。当完全阴性的亲代鸡群所产的蛋孵出的子代鸡群，经过几次检测未出现阳性反应时，方可认为已建成无 MG 感染鸡群。

思考题

1. 简述鸡毒支原体感染的流行特点。
2. 叙述鸡毒支原体感染的危害，如何对该病进行有效的防控？

七、鸭传染性浆膜炎

鸭传染性浆膜炎（duck infectious serositis）又称为鸭疫里默杆菌病，曾被称为鸭疫巴氏杆菌病，是由鸭疫里默杆菌引起鸭、鹅、火鸡和多种其他鸟类的一种接触性传

染病，呈急性或慢性败血症经过，以纤维素性心包炎、肝周炎、气囊炎、干酪样输卵管炎和脑膜炎为特征，发病率和死亡率高，感染鸭消瘦、生长速度迟缓，淘汰率增加，可给养鸭业造成巨大的经济损失。

本病于 1932 年首次发现于美国纽约州长岛，随后加拿大、英国、西班牙、新加坡、泰国、挪威、澳大利亚、日本等国相继报道有该病流行。我国郭玉璞等于 1982 年首次报道北京郊区鸭场中有本病流行，并分离到病原，此后全国各主要养鸭地区相继报道了本病。目前，世界各地几乎都有本病发生，该病是危害养鸭业的主要传染病之一。

【病原体】

鸭疫里默杆菌（riemerella anatipestifer，RA），曾被称为鸭疫巴氏杆菌，1993 年德国学者 Segers 等根据 DNA-rRNA 杂交分析，蛋白质、脂肪酸组成及表型特征，建议将鸭疫巴氏杆菌更名为鸭疫里默杆菌，以纪念 1904 年 Riemer 首次报道了该细菌引起的"鹅渗出性败血症"。同时，提议将鸭疫里默杆菌单独列为鸭疫里默杆菌属。

本菌为革兰阴性小杆菌，大小（0.3～0.5）μm×（0.7～6.5）μm，可形成荚膜，无芽孢和鞭毛，没有运动性。常单个或者成对存在，有时呈短链状排列，偶见个别长丝状。瑞氏染色呈两极浓染，印度墨汁染色时可见荚膜。本菌对营养要求较高，在胰蛋白胨大豆琼脂（TSA）、巧克力营养琼脂平板、鲜血琼脂平板、含血清的马丁琼脂平板等固体培养基上，以及胰蛋白胨大豆肉汤（TSB）、胰蛋白胨肉汤、马丁肉汤等液体培养基中生长良好。分离培养时，在含 5%～10%二氧化碳的培养箱或烛缸内培养，可促进细菌生长，提高细菌的分离率。烛缸中于37 ℃培养 24 h，在胰酶大豆琼脂上可见直径 2 mm 左右的圆形、中央突起、表明光滑、边缘整齐、透明并具有黏性的菌落，斜射光观察时菌落发出绿光；在巧克力营养琼脂平板上可长出乳白色、圆形、表面光滑的黏稠菌落，直径 1～2 mm；在鲜血琼脂平板上培养 24～48 h 可见凸起、有光泽的奶油状菌落，不溶血；在含血清或胰蛋白胨酵母浸出物的肉汤中，37 ℃培养 48 h，培养液轻微浑浊，管底有少量沉淀；在普通琼脂、麦康凯琼脂、伊红美蓝琼脂及 SS 琼脂上不生长。

大多数菌株不发酵碳水化合物，少数能够发酵葡萄糖、麦芽糖、果糖和肌醇，产酸不产气；不产生吲哚和硫化氢，不水解淀粉，不能还原硝酸盐，柠檬酸盐利用试验、MR 试验、V-P 试验阴性；触酶试验、尿素酶分解试验、过氧化氢酶试验为阳性，能够液化明胶。但不同分离株的生化试验结果可能存在差异。

本菌的血清型复杂，不同地区、不同鸭场在不同时间流行菌株的血清型不同，呈现动态化，而且同一血清型内还有亚型存在。目前，全世界至少有 21～25 个血清型，且彼此之间无交叉免疫作用。据报道，美国主要以 1、2、5、11、13、15、19、21 型为主，英国以 1、2、5、9、13、15 型为主。我国现在至少存在 14 个血清型，即 1、2、3、4、5、6、7、8、10、11、13、14、15、17 型，其中以 1、2、6、10 型为流行的优势血清型，又以 1 型最普遍。

本菌对理化因素的抵抗力不强。室温下在固体培养基上存活不超过 3~4 天，4 ℃在肉汤中可存活 2~3 周，55 ℃在 12~16 h 内全部失活。肉汤培养物于 4 ℃保存 14 天，致病力下降 50% 以上，保存 26 天后则完全丧失致病力。冻干可长期保存。

本菌对青霉素、氨苄青霉素、链霉素、新生霉素、林可霉素、新霉素、红霉素、四环素、杆菌肽、磺胺类及喹诺酮类药物敏感，对卡那霉素和多黏菌素 B 不敏感，对庆大霉素有一定抗性。目前，已发现部分分离株对四环素、喹诺酮类、氨基糖苷类和磺胺类药物产生了耐药性，并且耐药谱有增加趋势。

【流行病学】

鸭疫里默杆菌的易感宿主范围较广。家禽中以鸭最易感，不同品种的鸭均能感染发病。主要自然感染 1~8 周龄的鸭，尤其是 2~3 周龄的雏鸭高度敏感，5 周龄以上的鸭对本病有一定的抵抗力，1 周龄以下或 8 周龄以上的鸭极少发病。除鸭外，鹅、火鸡、鹌鹑、天鹅和鸽也可感染发病，其中鹅的易感性较高。雉鸡、鸡、珍珠鸡及其他水禽也可感染。

病鸭和带菌鸭是本病的主要传染源，其他病禽或带菌禽类也可以作为本病的传染源。本病主要通过污染的饲料、饮水、飞沫、尘土等媒介物经呼吸道、消化道和皮肤（尤其是足部皮肤）伤口感染。库蚊也是本病的重要传播媒介，蚊子叮咬也可传播本病。

流行特征如下：① 一年四季均可发生，但以冬、春寒冷季节多发。② 主要侵害 1~8 周龄的鸭，尤其是 2~3 周龄的雏鸭受害严重。③ 本病存在的鸭场感染率可达 90% 以上，死亡率差别较大，在 5%~75% 之间。卫生条件和饲养管理较好的鸭场，感染鸭多不发病或散在发生，其发病率和死亡率很低，一般不超过 5%；饲养环境恶劣、营养缺乏或不良应激，如气候寒冷、饲养密度大、舍内潮湿、通风不良、空气污浊、饲料营养配比不当、维生素和微量元素缺乏、转群、运输及其他疾病存在等可诱发本病，而且死亡率升高。

【临床症状】

本病的潜伏期一般为 1~3 天，最长可达 7 天。由于感染菌株的毒力强弱和鸭的抵抗力不同，鸭感染后所表现的临床症状存在差异。根据发病经过，本病一般分为最急性、急性和慢性 3 种。

最急性病例往往看不到明显症状而突然死亡。

急性病例多见于 2~3 周龄雏鸭，主要表现为精神沉郁、倦怠，不食或少食，排绿色或黄绿色稀便。腿软、不愿走动，跟不上群，共济失调。少数病例可见一侧或两侧跗关节肿胀。流眼泪，常使眼周围羽毛粘连，形成"眼圈"；鼻孔流出浆液或黏液，分泌物干后常堵塞鼻孔，甩头、咳嗽、喷嚏，部分病例呼吸困难、张口呼吸，可听到喘鸣声。濒死前一般出现神经症状，表现为头颈震颤、歪头，两腿僵直或呈划水状，角弓反张，不久抽搐死亡。发病迅速，病程一般为 1~3 天，死亡率可达 80%，幸存者生长迟缓，发育不良。

慢性病例主要发生于 4~7 周龄的小鸭，病程达 1 周或 1 周以上。病鸭除了表现上述临床症状外，常见头颈歪斜，共济失调，消瘦，安静时可以采食饮水，遇到惊扰时不断鸣叫，颈部弯转 90 ℃ 左右，做转圈或倒退运动。病鸭可长期存活，但生长发育不良或成为僵鸭。

【病理变化】

特征性病理变化是全身浆膜表面广泛的纤维素性渗出性炎症，尤以心包炎、纤维素性肝周炎和纤维素性气囊炎最为明显。急性病例多见心包积液，心包膜增厚，心外膜表面覆有纤维素性渗出物。病程较长的病例，纤维素性渗出物发生干酪样化，心包腔内有淡黄色纤维素性物质，心包膜增厚，表面粗糙。心包膜与心外膜或胸膜粘连，较难剥离。肝脏肿大质脆，表面被覆一层灰白色或灰黄色纤维素性或干酪样渗出物，易剥离，胆囊肿大。气囊增厚混浊，上覆纤维素性渗出物，气囊和胸壁或腹壁粘连。部分病例可见肺脏充血、出血，小叶间质水肿，肺泡内也有纤维素性渗出物。脑膜水肿、增厚，有纤维素性渗出物。少数病例有输卵管炎，可见输卵管肿胀，有干酪样物质蓄积。脾脏颜色发黑，肿大或轻微肿大，表面有纤维素性渗出物，呈斑驳状。

局部或慢性感染常见于皮肤、输卵管或关节。可见纤维素性脑膜炎、输卵管炎、关节炎。脱毛后可见背部或腹侧皮肤粗糙呈黄色，发生蜂窝织炎或坏死性皮炎，切面呈海绵状，有淡黄色渗出物。跗关节肿胀，触之有波动感，关节液增多，呈乳白色黏稠状。

病理组织学检查可见，渗出物中含有少量的单核细胞和异嗜性粒细胞，在慢性病例中还见到多核巨细胞和成纤维细胞。心肌细胞的横纹消失，出现颗粒变性，心肌间质有大量异嗜性粒细胞和单核细胞浸润。肝细胞浑浊变性，肝门静脉周围常见单核细胞、异嗜细胞及浆细胞浸润。脾脏内网状细胞增多，白髓萎缩消失，红髓充血。

【诊断】

根据本病主要发生于冬、春寒冷季节，以 2~3 周龄的雏鸭受害最严重等流行特点，精神沉郁、食欲降低或废绝，排绿色或黄绿色稀便，腿软、共济失调，濒死前一般出现神经症状；剖检可见全身浆膜表面纤维素性渗出性炎症的病理变化可以作出初步诊断。但应注意与鸭大肠杆菌病、巴氏杆菌病、沙门菌病及衣原体病等的鉴别，确诊需要进行实验室检查。

1. 涂片镜检

取病鸭的心血、脑、气囊、肝脏及病变渗出物涂片，瑞氏染色后镜检，可见到少量的两极浓染的小杆菌，多单个或成对存在。

2. 细菌的分离与鉴定

无菌采取病死鸭的心血、脑、肝或脾脏等病料，接种于 TSA 或巧克力琼脂培养基上，于 37 ℃ 5%二氧化碳条件下培养 24~48 h，观察菌落形态，并通过生化试验和其他血清学试验进一步鉴定。如需要明确分离菌株的血清型，则需要用标准阳性血清，通过凝集试验或琼脂扩散试验进行鉴定。

3. 直接免疫荧光技术

取肝脏或脑组织做涂片或压印片，火焰固定，用特异的荧光抗体染色后，在荧光显微镜下检查，可见周边发绿色荧光的菌体，多单个存在。本法操作简便，特异性强，能与大肠杆菌、沙门菌和多杀性巴氏杆菌相鉴别。

4. 免疫组化法检测

取肝脏或脑组织做涂片或压印片，或者制成石蜡切片，固定，依次与特异性抗体和酶标二抗反应，最后加底物显色后，在显微镜下检测组织中着色的抗原抗体复合物。本法不需要特殊的荧光显微镜，易于在普通条件的实验室推广。

5. PCR 检测

针对鸭疫里默杆菌的 16S rRNA 或外膜蛋白（OmpA）的基因序列设计特异性物，通过 PCR 可以直接检测脑、肝脏、气囊等组织和病变渗出物中的特异性基因序列。本法也可用于对细菌分离培养物的快速鉴定。

【治疗】

（1）肌肉注射 10%的氟苯尼考，20~30 mg/kg，2 次/天，连用 3~5 天；青霉素、链霉素各 3 000~5 000 IU/次，混合肌肉注射，2 次/天，连用 2~3 天；或肌肉注 2%环丙沙星，0.3~0.5 mL 7 次，2 次/天，连用 3 天，可有效治疗病鸭，降低死亡率。也可选用林可霉素、强力霉素、恩诺沙星等其他敏感性抗菌药物治疗。

（2）饲料中添加一种或两种抗生素，如 0.030%~0.037%的新生霉素或 0.011%~0.022%的林可霉素，同时饮水加入电解多维，连用 3~5 天，可显著降低发病率和死亡率。也可选用 0.05%的土霉素、0.05%~0.1%的氯霉素拌料，0.05%的强力霉素或 0.2%~0.25%的二甲氧甲基苯氨嘧啶拌料或饮水等，连喂 3~5 天。

【防控措施】

预防本病的首要措施是加强饲养管理，改善环境卫生，严格生物安全措施。特别注意降低饲养密度，保证通风、干燥，注意防寒和保暖，减少应激，勤换垫料，定期消毒，施行全进全出的饲养管理制度。

免疫接种是有效预防本病和降低死亡率的重要措施，但由于鸭疫里默杆菌不同血清型之间缺乏交叉保护作用，所以只有疫苗株与当地或本场流行菌株的血清型一致时，疫苗才能产生好的免疫保护作用。用于预防本病的疫苗有灭活疫苗和弱毒疫苗。

灭活疫苗应用较广，主要有单价或多价的油佐剂或铝胶佐剂灭活苗和鸭疫里默杆菌-大肠杆菌二联灭活苗。雏鸭在 4~7 日龄接种 1 次，0.5 mL/只，可有效预防本病的发生，本病流行严重的鸭场，可在首次免疫后 2 周再加强免疫 1 次。弱毒疫苗有针对鸭疫里默杆菌 1、2 和 5 血清型的三价苗，可经饮水或气雾免疫 1 日龄雏鸡，安全、

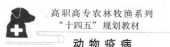

无副作用，对实验和野外强毒株感染均有良好的保护作用，保护期可维持 42 天，目前已在美国和加拿大鸭场应用。此外，应用提取鸭疫里默杆菌的荚膜和外膜蛋白制备的亚单位疫苗也可以诱导产生良好的免疫保护作用，但仍然处于实验研究阶段。

思考题

1. 简述鸭传染性浆膜炎的临床要点。
2. 如何有效防控鸭传染性浆膜炎？

八、犬埃里希体病

犬埃里希体病（Ehrlichia canis）是由犬埃里希体引起犬的一种败血性传染病，特征为出血、消瘦、多数脏器浆细胞浸润、血液血细胞和血小板减少。1935 年，Donatien 等人于阿尔及利亚首次发现本病，当时称犬立克次体病（R. canis）。1945 年，德国 Moshkovski 又重新将其命名为犬埃里希体病。它们在全世界都有分布。1999 年，我国发现该病，并且分离到病原。

【病原体】

犬埃里希体（E. canis）属于立克次体科（Richettsiaceae）埃里希体属（Ehrlichia），根据感染宿主细胞的不同，可将埃里希体分为 3 类：犬立克体——引起犬的单核细胞埃里希体病，埃文埃立克体——引起犬的粒细胞埃里希体病，扁平无形体（以往的埃里希体）——犬传染性周期性血小板减少，嗜吞噬细胞无形体。犬埃里希体属于单细胞性埃里希体。病原体呈圆形、椭圆形或杆状，球状直径 0.2 ~ 0.5 μm，杆状为（0.3~0.5）μm×（0.3~2.0）μn，革兰染色阴性。通常以单个或多个形式寄生于单核细胞内和中性粒细胞的胞浆内，姬姆萨染色时菌体呈蓝色。本菌繁殖与衣原体类似，分为原体、始体和桑葚状包涵体 3 个阶段，原体经吞噬作用进入宿主细胞内，开始以二分裂法进行繁殖，形成始体。始体发育成熟形成包涵体，当感染细胞破裂时，从成熟的包涵体释放出原体，即完成了一个繁殖周期。每个包涵体内含有数量不等的原体，光镜下的包涵体呈桑葚状结构，为埃里希体特征。

犬埃里希体能在来自感染犬组织的单核细胞培养物中及 6~7 日龄的鸡胚内生长繁殖，但是不能在细菌培养基内生长。

本菌抵抗力较弱，在脱纤血中 22 ℃经 48 h 后即失去活力。在普通消毒药中几小时内即死亡。磺胺和四环素等广谱抗生素均能抑制其繁殖。

【流行病学】

家犬、山犬、狐狸、豺狼是本病的宿主。不同性别、年龄和品种的犬均可感染本病。鼠感染本菌发病，称鼠血巴尔通体病。本病的主要传染媒介为血红扇头蜱

（*Rhipicephalus sanguineus*）；幼蜱和若蜱叮咬病犬获得病原体，再蜕皮发育为成蜱，在叮咬时将携带的病原体传至健康犬。蜱可存活568天，感染后至少5个月内仍具有传染性，越冬的蜱第2年春天仍可传染易感犬。急性感染犬恢复后仍能带菌达2年。本病有明显季节性，一般在夏末、秋初发生。多为散发，但也可呈流行性。

【临床症状】

感染犬出现肝脾肿大、视网膜出血、眼色素层炎、黏膜苍白、末梢水肿、体重下降、抑郁。瘀血斑常继发于血小板减少。血小板埃里希体也是通过血红扇头蜱传播的，但仅仅感染血小板。血小板感染成为循环型并导致血小板减少症和淋巴结病变。而临床上犬很少感染血小板埃里希体，一旦感染，血液中的血小板数量就会很低。易感犬在感染的1~3周内急性发病，临床症状轻重不一。

按病程可分为急性期、亚临床期和慢性期。急性期病犬主要特征为发热、食欲不振、精神不佳、结膜炎、淋巴结炎、肺炎、四肢及阴囊水肿、淋巴结肿大、身体出现出血斑、黏膜苍白。偶见呕吐，呼出恶臭气体，腹泻。血检表现短暂的各类血细胞减少。1~3周后即转为亚临床期，病犬无临床表现。血液学检查异常，血细胞总数尤其血小板减少。有些犬经过急性期后好转，表现轻微症状，可能直到后期才出现以下症状：无具体症状的不适，没有食欲；易出血倾向（鼻出血），黏膜苍白，身上出现出血斑。最后进入慢性阶段，该期可持续数月或数年，特征为各类血细胞减少、贫血、出血和骨髓发育不良。病犬血检，可在单核细胞和中性粒细胞中见有埃里希体。血清丙种球蛋白增高，相对球蛋白而言，白蛋白比例降低。多数犬有氮质血症。此外，尿检常见尿蛋白，骨髓检查可见造血细胞减少。

【病理变化】

剖检可见心内膜出血，肺水肿，肝脏、脾脏、淋巴结肿大，肝和肾呈斑驳状。消化道溃疡，病理性特征包括可能由血管炎和浆细胞浸润引发的肾衰竭。组织学检查可见这些器官和组织部位有很多浆细胞浸润，骨髓单核细胞显著增加，总蛋白水平低于正常。这是因为骨髓抑制会导致贫血、白细胞减少和血小板减少；血清变化包括高球蛋白血症和血白蛋白减少，最后导致总蛋白水平低于正常。

【诊断】

1. 血液涂片检查

取病犬急性期或高热期血液，分离白细胞后作涂片，姬姆萨染色后镜检，在单核白细胞和中性粒细胞中可见犬埃里希体和包涵体。

2. 病原分离鉴定

取病犬急性期或发热期血液，分离白细胞，接种于犬单核细胞或DH82犬巨噬细胞系细胞，进行培养，之后检查感染细胞浆中的包涵体或利用荧光抗体检查病原体。也可用敏感性和特异性更高的PCR方法和核酸探针检测。

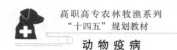
3. 血清学检查

病犬感染后 7 天开始产生抗体，20 天达高峰。间接荧光抗体技术和 ELISA 可用于抗体的检测。抗体效价达 1 ∶ 20 或更高可考虑为间接感染。此外，也可采用补体结合试验诊断。

【治疗】

犬在急性发病期时，强力霉素或四环素治疗效果较好。特异性治疗为口服高剂量的强力霉素 10 mg/（kg·d）分喂。其他四环素类药治疗也有效果。此外，磺胺类药和广谱抗生素对犬的埃里希体病有特效。磺胺二甲基嘧啶 60 mg/kg，每天口服 3 次；或用磺胺二甲基嘧啶钠注射液，30 mL/kg，静脉滴注；复方新诺明 60 mg/kg，每天口服 2~3 次；四环素或土霉素 10 mg/kg，静脉滴注，每天 2 次，或 20 mg/kg，每天口服 3 次。建议进行 3~4 周（或更长）的抗生素治疗。对于严重感染的犬可进行输液或输血治疗。对继发自身免疫病的犬，要用糖皮质激素治疗。支持性治疗包括输液、输血、提供氧气。对于严重慢性感染的动物，特别是伴有泛白细胞减少症的康复患犬疗效不明显，而且预后不良。康复的动物易发生再次感染。

【防控措施】

本病尚无有效疫苗。预防本病主要依靠兽医卫生监测，定期消毒灭蜱，切断传染途径。蜱是本病的传染媒介，因此要注意防止蜱的感染。

思考题

如何诊断犬埃里希体病？

九、兔魏氏梭菌病

兔魏氏梭菌病（clostridium perfringens disease in rabbits）又称魏氏梭菌性肠炎（clostridium perfringens enteritis），是由 A 型或 E 型魏氏梭菌引起的一种高度致病性的急性传染病，临床上以发病急、病程短、死亡率高为主要特征。病兔急性腹泻，排出灰褐色或黑色水样粪便，盲肠浆膜有出血斑，胃黏膜出血、溃疡，致死率高，给养兔业带来巨大损失。

【病原体】

魏氏梭菌（Clostridium welchii）又称产气荚膜杆菌（Clostridium perfringens），属于芽孢杆菌科梭状芽孢杆菌属。该菌最初由 Welcllii 和 Nutall 从腐败产气的人尸中分离出。魏氏梭菌为温和厌氧菌，它们在一般的厌氧条件下即表现生长，暴露于空气中也不会死亡。

魏氏梭菌广泛分布于自然界，也是肠道的常在菌群之一，遍布于土壤、污水、饲料、食物和粪便。该菌可引起兔梭菌性下痢、羔羊痢疾、羊猝狙和羊肠毒血症、鹿肠毒血症等多种传染性疾病。该菌能产生多种外毒素或酶类，目前已发现的外毒素达12种（α，β，γ，η，δ，ε，ι，θ，κ，λ，μ 和 υ）之多，但起主要致病作用的毒素有4种（α，β，ε，ι），根据细菌产生的毒素不同，一般可分为 a、b、c、d、e、f 共6个型，兔魏氏梭菌病主要由 a 型引起，少数为 e 型。

魏氏梭菌是革兰阳性菌，菌落表面光滑湿润，边缘整齐，灰白色，直径 2~3 mm。菌体两端钝圆，长 4~8 μm，宽 0.8~1.0 μm，多单个或成对存在，粗大散在、直杆状，部分有荚膜，偶有卵圆形芽孢位于菌体中央或近端，不凸出菌体外；在厌氧肉汤中成絮状混浊，血平板上出现双环溶血，在牛乳培养基上出现暴烈性发酵，在三糖铁琼脂培养基上出现黑色菌落。生化试验特性：不产生靛基质，能利用硝酸盐，液化明胶，产生硫化氢，所有菌株均发酵淀粉、葡萄糖、麦芽糖、乳糖、果糖、牛乳，不能利用枸橼酸、山梨醇、甘露醇、鼠李糖、木糖。

【流行病学】

除哺乳仔兔外，不同年龄、品种、性别的兔对本病均易感。该病多发生于断乳后至成年的家兔，一般 1~3 月龄幼兔发病率最高，发病率和死亡率极高，纯种毛兔和獭兔较易感染。传染源是病兔和带菌兔。病原体在病兔和带菌兔的排泄物及土壤、饲料、蔬菜、污水、人畜肠道内和粪便中均有发现。粪便在病原传播方面起主要作用。传染途径主要为消化道、皮肤黏膜等。一年四季均可发生，但冬、春季多发。

该病原菌在自然界分布极广，常因饲养管理不善和各种应激因素造成兔的机体抵抗力下降而引起本病的爆发，如长途运输、饲料突然改变、日粮搭配不当、长期饲喂抗生素类药物、精料过多而粗纤维不足、气候骤变等。特别是在饲养管理不善、饲料营养不平衡、饲料纤维含量偏低及应激反应等条件下，更易引起腹泻，病原菌自消化道或伤口侵入机体，在小肠和盲肠绒毛膜上大量繁殖并产生强烈的 α 毒素，改变毛细血管的通透性，使毒素大量进入血液，引起全身性毒血症，使兔中毒死亡。

【临床症状】

一般分为最急性型或急性型。

1. 最急性型

绝大多数病兔属于最急性型。兔突然发病，往往看不见任何症状就死亡，只在肛门处见有少量软粪。病初，精神沉郁，食欲废绝，体温多偏低，在 37.9~38.3 ℃之间，先排灰褐色软粪，随后出现剧烈腹泻，排黄绿色、黑褐或腐油色、呈水样或胶冻样的腥臭味稀粪，污染臀部和后腿，病兔脱水、消瘦，大多于腹泻的当日或次日死亡。

2. 急性型

病兔严重脱水，极度消瘦，抓起病兔摇晃时，可听到腹腔内水动的肠鸣音，精神委顿乃至呈昏迷状；有的病兔表现抽搐症状，少数病兔病程可超过 1 周，虽极个别病

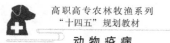

兔病程长达 1 个月，但最终仍衰竭死亡。

【病理变化】

病变可见病尸脱水，腹腔有特殊腥臭味。胃内充满未消化的食物，胃底黏膜脱落，有大小不等的溃疡灶。肠黏膜呈弥漫性出血，小肠充满胶冻样液体并混有大量气体，使肠壁变薄而透明。大肠内有多量气体和黑色水样粪便，有腥臭气味。肝脏稍肿、质地变脆。胆囊肿大、充满胆汁。脾呈深褐色。膀胱积有茶色尿液。肺充血、瘀血。心脏表面血管怒张，呈树枝状。

【诊断】

根据临床症状和病理变化，只能作出初步诊断，确诊需要采取下述方法。

1. 细菌涂片和分离培养

无菌条件下采取病死兔的肝、空肠内容物涂片，革兰染色，可见革兰阳性有荚膜且两端稍钝圆，不运动的粗大杆菌，若用荚膜染色法染色可见到荚膜，芽孢位于菌体中央或近端，但不易见到芽孢；取肝、脾或心血划线接种于绵羊血琼脂平板上，厌氧培养 24 h 可形成直径 2~5 mm 的圆形、边缘整齐、呈灰色至灰黄色、表面光滑半透明的菌落。菌落周围可见典型双溶血环。该菌接种漠甲酚紫牛乳培养基 37 ℃培养 8~10 h 后表现为"剧烈发酵"，产酸、产气、凝固、冻化。

2. 动物接种

对最急性病死动物采取小肠含血内容物，加等量生理盐水，搅拌均匀后，以 3 000 r/min 离心 30~60 min，取其上清液给小白鼠注射 0.5 mL，小白鼠 0.5 h 后死亡。但要注意有时动物会非特异性死亡从而造成误判。

3. 免疫学试验

凝集试验、对流免疫电泳、中和试验、ELISA 等方法，具有快速、敏感、无须使用动物等优点，但是需制备产气荚膜梭菌毒素或抗毒素，有些方法易出现非特异性反应等。

4. 胶体金免疫技术

胶体金标记技术是以胶体金作为示踪标志物，应用于抗原抗体反应中的一种新型免疫标记技术。检测魏氏梭菌病的免疫胶体金试纸条可以现场操作，直接取喉气管、泄殖腔棉拭子及脏器等进行检测，不需要仪器设备，操作简单，20 min 内即可初步判断是否有产气荚膜梭菌存在，该方法具有迅速、准确、方便的特点，可广泛用于产气荚膜梭菌的早期诊断。

5. PCR 技术

应用 PCR 检测魏氏梭菌 α 毒素，通过对 α 毒素基因进行扩增，扩增的基因片段经过限制性内切酶分析，特异性非常高，24 h 内即可获得结果。有报道表明，针对不同毒素设计特异的引物，运用多重 PCR 的方法，可以从粪便中成功检出产气荚膜梭菌及其毒素，并对其毒素基因进行分型。

魏氏梭菌病检疫检测中，法定的检测手段仍以细菌学和免疫学检测为主。各种诊断方法只能相互补充，但不能相互取代。传统的细菌学和血清学技术，存在着检测时间长、阳性率低，以及假阳性和假阴性等问题，而胶体金和 PCR 技术以其敏感、特异、快速分析的特点很快成为重要的诊断工具，且具有很广阔的应用前景。

【治疗】

对症治疗、防止脱水、中和毒素、抗菌消炎。

治疗要突出一个"早"字，在使用抗菌药的同时，结合强心补液和对症治疗。发病初期仅出现下痢，尚有一定食欲时，可肌肉注射抗菌药物，如庆大霉素（10~20 mg/只，每日 1~2 次）；链霉素（每次 20 mg/kg）、喹乙醇、小檗碱和大蒜素等，每日 2 次，连用 2~3 天，或用生理盐水稀释的恩诺沙星静脉注射，连用 3~5 天。

在发病过程中，对胃出现膨胀的患兔，可口服吗丁啉 20~60 mL，也可灌入 10% 鱼石脂溶液 2.5~5.0 mL 或乳酸液 2~3 mL；对病愈后出现消化不良或食欲减退的兔可在饲料中添加干酵母、维生素 B、谷维素各 1 片，每日 2 次，连喂 3~5 天。

发病衰竭期，除腹泻外，食欲废绝，兔体明显消瘦，有脱水症状，应在注射抗菌药物的同时进行口服补液。可用注射针管从口角一次灌服药液 2.5~5 mL，药液的配制以口服补液盐为基础，加入适量的抗菌药物，也可加入强心、收涩药物，配合一些葡萄糖和维生素 C 等。全群投药，用 0.2% 土霉素拌料，连喂 7 天；用 0.02% 氟哌酸拌料，连喂 3 天；还可用红霉素，20~30 mg/kg 体重，肌肉注射，每天 2 次，连用 3 天；也可用卡那霉素，20 mg/kg 体重，肌肉注射，每天 2 次，连用 3 天。

【防控措施】

平时应加强卫生消毒和饲养管理，要经常保持兔舍、兔笼的清洁、干燥、卫生、通风。注意饲料合理搭配，特别是保证日粮中粗纤维的含量。禁喂发霉、变质的饲料。饮水应清洁卫生；注意灭鼠、灭蝇；制定合理的免疫程序，将家兔产气荚膜梭菌病纳入日常免疫程序。定期注射家兔三联苗（巴氏菌、魏氏梭菌、兔瘟三联苗），兔断乳后进行第 1 次注射，断奶兔 1 mL、成年兔 2 mL，免疫期 4~6 个月，以后每隔 4~6 个月免疫 1 次。

母兔最好是在配种前分别接种大肠杆菌多价苗和魏氏梭菌疫苗，从而提高初生仔兔的免疫力。培养健康母兔是控制仔兔腹泻的先决条件，为怀孕期和哺乳期的母兔提供舒适的环境条件，应尽可能保持健康无病。切忌突然更换母兔饲料，使其能够均匀地分泌数量充足的乳汁，以利于仔兔的消化吸收。特别要注意不能使用难以消化的高能量饲料喂哺乳期母兔，在配饲料时，玉米比例限制在 30% 以下，粗纤维含量保持在12%~14%。

断乳前后是仔兔腹泻病的高发期，20 日龄以上可接种大肠杆菌多价苗，30 日龄可接种魏氏梭菌苗，可减少仔、幼兔腹泻的发生。腹泻病多发于兔场，在仔兔一出生吃乳前，先把母兔乳房和胸部清洗干净，并用 0.01% 高锰酸钾溶液，0.1% 新洁尔灭

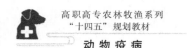
溶液消毒。对兔舍、兔笼和用具用3%热氢氧化钠彻底消毒。

出现疫情后对健康和假定健康兔进行紧急免疫接种，注射产气荚膜梭菌灭活苗，每只注射2 mL，间隔14天后再注射1次。同时，调整饲料配方。加强饲料管理，青饲料、粗饲料、精饲料搭配使用。全群饮水中加入万分之一的高锰酸钾。对没有治疗价值的病兔直接淘汰。对病死兔及分泌物、排泄物一律作焚烧深埋处理。

思考题

1. 兔魏氏梭菌易与兔巴氏杆菌、兔球虫病、兔沙门菌、兔大肠杆菌等引起混合感染，且均可以引起腹泻，如何才能正确区分这些病？

2. 如何才能有效地预防兔腹泻？

十、钩端螺旋体病

钩端螺旋体病（leptospirosis），简称钩体病，是由钩端螺旋体属的不同血清型致病性钩端螺旋体引起的一种人兽共患传染病。临床上主要表现为发热、黄疸、出血、血红蛋白尿、水肿、皮肤黏膜坏死和流产。1886年，德国最早在人群中发现本病。1930年，苏联在牛群中发现本病，1939年确定病原体。1934年，我国在广东首次发现人感染本病。本病分布广泛，世界五大洲均有此病分布。

【病原体】

本病病原体为钩端螺旋体属（*Leptospira*）的似问号钩端螺旋体（*L. interrogans*）。钩端螺旋体形态呈细长丝状，螺旋整齐而致密，一端或两端弯曲如钩，中央有一根轴丝，用姬姆萨染色法，在暗视野中观察，呈细小的珠链状。革兰染色阴性，不易着染。Fontana镀银染色呈棕褐色。

钩端螺旋体按内部抗原结构，分为不同的群型。凡能彼此以高效价交互凝集的菌株被列为同一血清群；群内以凝集吸收试验分为若干个血清型。全世界已发现的钩端螺旋体共有23个血清群，200个血清型，其中，我国已知有18个群，75个血清型，国内常见的血清型最主要的是波摩那型，其次是犬型、黄疸出血型、流感伤寒型、秋季热型、澳洲型及七日热型。

钩端螺旋体在一般水田、池塘、沼泽里及淤泥中生存数周或数月。适宜的酸碱度为pH 7.0~7.6，超出此范围以外，对酸或碱均敏感，对干燥、热、日光直射的抵抗力均较弱，56 ℃ 10 min或者60 ℃ 10 s即可被杀死，对常用消毒剂，如对0.5%煤酚皂、0.1%苯酚、1%漂白粉等敏感，10~30 min可被杀死，对青霉素、金霉素等抗生素敏感。但本菌对低温有强的抵抗力，在-70 ℃下可以保持毒力数年。

【流行病学】

本病主要发生于猪、牛、犬，马、羊次之，任何年龄的家畜均可感染，但以幼畜发病率较高。人也具有较高的易感性。

家畜以猪、牛、犬为主要的储存宿主和传染源；鼠为钩端螺旋体的储存宿主，成为重要的传染源；蛙作为传染源，近年来在国内外颇受重视。国外已从豹蛙、蟾蜍中分离出致病性钩端螺旋体。钩端螺旋体主要通过皮肤、黏膜和经消化道食入引起感染，也可通过交配和吸血昆虫传播。各种带菌动物由尿、乳、唾液和精液等多种途径向体外排出钩端螺旋体，其中以尿的排菌量最大，排菌时间长，污染周围环境。感染方式有直接和间接两种，主要是接触疫水，但鼠咬等直接接触发病的也有报道。

本病流行有明显的季节性，一般在温暖、潮湿、多雨和鼠类活动频繁的季节为流行高峰期，其他时期多为散发。饲养管理与本病的发生和流行有着密切的关系，如饥饿、饲料质量差、饲喂不合理、管理混乱或其他疾病使家畜抵抗力下降时，常常出现本病的爆发和流行。

【临床症状】

潜伏期一般为 2~20 天，各种动物感染发病后临床症状基本相同。

急性型为体温突然升高，食欲废绝，呼吸和心跳加速，黏膜发黄，尿色呈红褐色，有大量白蛋白、血红蛋白和胆色素，并常见皮肤干裂、坏死和溃疡。猪则出现奇痒，用力擦蹭直至出血，常于发病后数小时至几天内死亡，死亡率很高。

亚急性型常呈地方性流行，体温有不同程度的上升，精神沉郁、食欲下降，黏膜发生黄染，全身水肿，血尿，死亡率低，经 2 周后可逐渐恢复。有些畜群爆发本病的唯一临床症状就是流产，急性和亚急性病畜发生流产、死胎、木乃伊胎是钩端螺旋体病的重要临床症状之一。

【病理变化】

口腔黏膜溃疡，皮肤上有干裂坏死灶。皮下、浆膜和黏膜黄染。出血性素质，肾、脾、肺、心脏等实质器官有出血斑点。有的水肿，以头颈、四肢明显，尸体苍白。脾脏瘀血肿大，肝肿大呈黄褐色，肾表面有灰白色小坏死灶。肾小管坏死，肾间质有白色坏死灶，淋巴结肿胀多汁，肠系膜淋巴结肿胀明显。

【诊断】

根据发病情况、临床症状和剖检变化可初步诊断，但确诊需进行实验室诊断。

1. 病原体检测

采取血液、尿液、脑脊液等病料，制成压滴标本，暗视野检查。采取肝、肾、脾等制成悬液，离心，用沉淀物制片，镜检，可见钩端螺旋体。

2. 动物试验

将新鲜血液、尿或肝、肾及胎儿组织制成乳剂 1~3 mL 接种于幼龄豚鼠或 14~18 日龄仔兔 3~5 天后，动物体温升高，减食，黄疸，死前体温下降时进行扑杀，见有

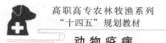

广泛的黄疸和出血，肝、肾涂片，镜检，可检到钩端螺旋体。

3. 血清学诊断

可用凝集溶解试验、补体结合试验、ELISA、间接荧光抗体技术、间接血凝试验检测。

4. 分子生物学诊断

PCR 技术简便、快速、稳定、敏感，对钩端螺旋体的早期快速诊断、流行病学调查都具有一定的实用价值。常用的有多重 PCR，根据致病微生物间靶基因的特异性设计 2 对或 2 对以上的引物同时进行 PCR，可区别致病性与非致病性钩端螺旋体（Tansuphasiri 等，2006）。实时荧光定量 PCR 技术能用于检测环境及临床样品中的钩端螺旋体（Smythe 等，2002）。

【治疗】

链霉素：15~25 mg/kg 体重，每天 2 次，肌肉注射，连用 3~5 天。

土霉素：15~30 mg/kg 体重，口服或注射，每天 1 次，连用 3~5 天。

【防控措施】

平时防控钩端螺旋体病的主要措施多从 3 个方面入手，即消除带菌和排菌的各种动物；消毒和清理被污染的水源、场地、圈舍、用具，清除污水、粪便，灭鼠；实施预防接种和加强饲养管理，提高动物的抵抗力。

【公共卫生】

人感染钩端螺旋体后通常表现为发热、头疼、乏力、呕吐、腹泻、淋巴结肿大、肌肉疼痛等，严重时可见咯血、肺出血、黄疸皮肤黏膜出血、败血症甚至休克。多数病例退热后可痊愈，如治疗不及时可引起死亡。田间劳动仍为我国钩体病感染最普遍的方式，应继续加强疫区群众的宣传教育工作，增强田间作业者的个人防护意识。对患者给予青霉素治疗，为了防止赫氏反应（指患者在接受首次青霉素或其他抗菌药物后，可因短时间内大量钩端螺旋体被杀死而释放毒素引起临床症状的加重反应），青霉素从小剂量开始，或首次给予适量地塞米松预防。

思考题

1. 钩端螺旋体病流行具有哪些特征？
2. 钩端螺旋体病的典型临床症状与病理变化有哪些？
3. 怎样预防动物钩端螺旋体病的发生？

十一、衣原体病

动物衣原体病（chlamydiosis）是由衣原体等引起多种动物临床上从不明显、慢性到急性型表现的传染，临床特征是流产、肺炎、肠炎、结膜炎、多关节炎、脑炎等。本病发生于世界各地，对养殖业造成了严重危害，成为兽医和公共卫生关注的重要问题。

【病原体】

衣原体（Chlamydia）是衣原体科（Chlamydiaceae）衣原体属（*Chlamyelia*）的严格的细胞内寄生微生物。衣原体科有衣原体属及亲衣原体属两个属，衣原体属的成员有：沙眼衣原体（*C. trachomatis*）、鼠衣原体（*C. muri*）及猪衣原体（*C. suis*）；亲衣原体属（*Chlamydophilia*）的成员有：牛羊亲衣原体（*Cp. pecorum*）、肺炎亲衣原体（*Cp. pneumenice*）、鹦鹉热亲衣原体（*Cp. psittaci*）、流产亲衣原体（*Cp. abortus*）、猫亲衣原体（*Cp. felis*）、豚鼠亲衣原体（*Cp. caviae*）。

衣原体不同于病毒，其核酸既含有 RNA，又含有 DNA。它的生长代谢依赖于宿主细胞，不能在细菌培养基上生长，是一种专性细胞内寄生的微生物群，具有完整的细胞壁，无胞壁酸。细胞壁成分主要是蛋白质（70%）和类脂质（5.1%），其余部分主要是碳水化合物类。衣原体含有两种抗原，一种是耐热的，具有属特异性；一种是不耐热的，具有种特异性。鹦鹉热衣原体除含有外膜脂多糖外，还含有一层蛋白质外膜（major outer membrane protein，MOMP），主要由几种多肽组成，其在抗原的分类及血清学诊断上非常重要。大多数衣原体产生一种毒素物质，其致死作用可用兔或鸡制成的同源抗毒素特异性中和。

衣原体含有属、种和型 3 种特异性抗原，衣原体属特异抗原决定簇位于脂多糖（LPS）上，而种、亚种和血清型特异的抗原决定簇则主要位于外膜蛋白（MOMP）上。MOMP 与典型的跨膜蛋白有许多相似的生化特征，如具有弱的阴离子选择性，可透过 ATP，这可能就是衣原体摄取宿主细胞三磷酸核苷的途径，也可以解释为什么某些抗 MOMP 抗体能中和感染。衣原体可通过细菌滤器，其 DNA 约为 1.45Mb，是目前所知有最小基因组的微生物；其 RNA 主要为 23S 和 16S RNA；其外膜复合物（COMC）的主要成分是脂多糖和相对分子质量为 4×10^4、6×10^4 和 1.2×10^4 的蛋白质。此外，衣原体还含有多种酶，但不产生 ATP，而必须依赖宿主细胞提供能量，完成其独特的生长发育周期（一个生长发育周期大约需 40 h）。

鹦鹉热亲衣原体有独特的发育周期。原体（感染相）又称原生小体或原体，存在于细胞外，形体较小，呈球形，直径 0.2~0.4 μm，姬姆萨染色呈紫色，马基维罗染色呈红色；网状体，又称始体、初体或网体，呈圆形或不规则形，结构疏松，直径 0.7~1.5 μm，姬姆萨染色和马基维罗染色均呈蓝色，无传染性，是衣原体新陈代谢活化的表现。原体进入细胞浆后，发育增大变成始体。始体通过二分裂方式反复分裂，在宿主细胞浆内形成包涵体，继续分裂变成大量新的原体。原体发育成熟，导致宿主细胞破裂，新的原体从细胞浆内释放出来，再感染其他细胞。

可通过鸡胚、乳鼠和组织培养等方法进行衣原体的人工培养。将衣原体接种 6~8

日龄鸡胚卵黄囊中，36~37 ℃孵育 5~6 天，鸡胚死亡。可见到卵黄膜充血，易剥离，绒毛尿囊膜水肿，部分胚体有小出血点。卵囊膜涂片有多量的衣原体。有时可在细胞浆中见到包涵体。将衣原体感染的鸡胚卵黄囊保存于-70 ℃环境下，衣原体至少可存活 10 年以上。在感染猪组织和细胞培养物中的包涵体内可检测到糖原。用吉曼尼兹染色、姬姆萨染色、齐尼染色法、马基阿韦洛染色法着色良好。衣原体能在鸡胚和 McCoy 细胞、鼠 L 细胞、Hela 细胞、Vero 细胞、BHK21 细胞、BGM 细胞、Chang 氏人肝细胞内生长繁殖。

鹦鹉热亲衣原体对理化因素抵抗力不强；在 70%酒精、2%煤酚皂、2%氢氧化钠、1%盐酸、3%过氧化氢及硝酸溶液中数分钟内可失去感染力；0.5%苯酚、0.1%福尔马林于 24 h 内可将其杀死；56 ℃ 5 min、37 ℃ 48 h 可将其灭活。在外界干燥的条件下衣原体可存活 5 周，在室温和日光下病原体最多能存活 6 天，紫外线对衣原体有很强的杀灭作用，在水中病原体可存活 17 天。

【流行病学】

不同衣原体的致病性不同。沙眼衣原体可引起沙眼、生殖道感染以及关节炎、新生期包涵体结膜炎、肺炎和性病淋巴肉芽肿等。鹦鹉热衣原体可感染禽类引起禽衣原体病，又名鹦鹉热或鸟疫；也可感染其他脊椎动物，如牛、猪、山羊、绵羊等。反刍动物衣原体目前只能从哺乳动物（如牛、绵羊、山羊、树袋熊、猪）中分离到，可引起树袋熊生殖性疾病及泌尿系统疾病，在其他动物可引起结膜炎、脑脊髓炎、肠炎、肺炎和多发性关节炎等。肺炎衣原体为呼吸系统病原体。

患病动物可由粪便、尿、乳汁、流产的胎儿、胎衣和羊水中排出病原菌，污染水源和饲料等，经消化道感染，亦可经呼吸道或眼结膜感染。患病动物与健康畜交配或用病公畜的精液人工授精可发生感染，子宫内感染也有可能。临床感染康复后，许多动物可成为衣原体的带菌者，长期排出衣原体。一些外表健康的牛也有很高的粪便带菌率。

本病的季节性不明显，但犊牛肺肠炎病例多发生在冬季，羔羊关节炎和结膜炎常见于夏秋。本病的流行形式多种多样，怀孕牛、羊流产常呈地方流行性，羔羊发生结膜炎或关节炎时多呈流行性，而牛发生脑脊髓炎时多为散发。

【发病机理】

衣原体通过多种途径进入机体后，在上皮细胞内增殖，或通过巨噬细胞的吞噬散布到全身各部的淋巴结、实质器官、关节及一些内分泌腺。感染也可停留在入侵门户的局部，以隐性状态潜伏下来或引起局部疾病，如肺炎、肠炎或生殖障碍，严重者可使感染全身化。

传染源排出的衣原体一般经口或呼吸道侵入易感宿主，直接经菌血症阶段再定位于多种不同的组织和器官。受感染的动物在临床上是保持隐性还是引起疾病，主要取决于病原体的毒力、感染量、宿主的年龄和抵抗力。衣原体在动物体内的潜伏感染证明，衣原体可与宿主保持一种基本平衡，与相应的器官、系统内的微生物可以共栖，在应激或宿主抵抗力下降时，则可以活化而大量增殖，经菌血症阶段再定位于不同的组织或器官。肠道潜伏的衣原体可长期随粪便排出，造成病原扩散，衣原体可在胃肠道上皮细胞内繁殖，发生衣原体性支气管肺炎的仔猪可同时患胃肠炎。

【临床症状】

动物衣原体病临床症状多样，家畜表现为流产、肺肠炎、结膜炎、关节炎和脑脊髓炎等型。禽类感染后称为鹦鹉热（psittacosis，对鹦鹉类而言）或鸟疫（ornithosis，对非鹦鹉的鸟类而言），严重程度差异很大。

羊、牛、猪等可表现为发热、流产、死产或产弱仔，一般流产发生于怀孕后期，流产率20%~90%。分娩后胎衣滞留，有的继发感染细菌性子宫内膜炎而死亡。病畜体温升高1~2℃。年轻公牛常发生精囊炎，其特征是精囊、睾丸呈慢性发炎，发病率可达10%；公猪发生睾丸炎、附睾炎、阴茎炎、尿道炎；绵羊可发生结膜炎，眼结膜充血、水肿，呈现混浊、溃疡和穿孔。这是由于衣原体侵入羊眼，在结膜上皮细胞的胞质空泡内形成初体和原生小体引起。

犊牛、仔猪常表现为鼻流浆液黏液性分泌物、流泪、咳嗽及支气管肺炎，有时出现胸膜炎或心包炎；羔羊和犊牛也常出现多发性关节炎，病初体温升高至41℃，食欲丧失，四肢跛行，关节肿大，弓背而立，两眼常有滤泡性结膜炎；犊牛还可发生脑脊髓炎，又称伯斯病（buss disease），体温升高，流涎，咳嗽明显。行走摇摆，有转圈运动等神经临床症状。幼畜感染常归于死亡。

禽类感染衣原体后多呈隐性，尤其是鸡、鹅、野鸡等，仅能发现有抗体的存在。鹦鹉、鸽、鸭、火鸡及观赏鸟等可呈显性感染。鹦鹉感染主要由血清型A株引起，表现为精神委顿、呼吸困难、食欲下降、腹泻、眼鼻有黏性分泌物，后期消瘦；鸽主要由血清型B菌株引起，病鸽表现精神不振、不食、饮水增多、眼睑发炎肿胀；血清型A株感染对鸭是一种严重的、消耗性的、常致死的疾病，幼鸭发生颤抖，共济失调和恶病质，食欲丧失并排出绿色稀粪，眼及鼻孔周围有脓性分泌物。感染衣原体强毒株的火鸡临床症状为恶病质、厌食、体温升高，病禽排出黄绿色胶冻状粪便，常有典型的鼻气管炎临床症状，产蛋率下降。成年鸡常呈一过性，临床症状不明显。雏鸡常在急性发病时发生纤维素性心包炎和肝脏肿大。据报道，大火烈鸟感染后表现流泪、咳嗽、精神沉郁、呼吸困难。

【病理变化】

衣原体病流产胎儿均有不同程度的水肿，腹腔积液；胎儿皮肤上有瘀血斑，心内膜有出血点，肝脾肿大；组织学检查发现胎儿肝、肺、肾、心和骨骼肌有弥漫性和局灶性网状内皮细胞增生变化。

患脑脊髓炎的动物病初常在腹腔、胸腔和心包有浆液性渗出，以后浆膜面被纤维素性薄膜覆盖。脾和淋巴结肿大，脑膜和中枢神经系统血管充血，组织学检查见脑和

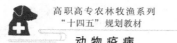

脊髓的神经元变性、坏死，并有淋巴细胞浸润。

幼畜常表现为卡他性胃肠炎，肠系膜和淋巴结肿胀充血；肺有灰红色病灶，有时见有胸膜炎；肝、大肠、小肠及腹膜发生纤维素性粘连；关节浆液性发炎，内有大量琥珀色液体，从纤维层一直到邻近肌肉发生水肿，充血出血。

禽类见脾肿大（只限于鹦鹉），肝肿大，有坏死灶；气囊发炎，呈现云雾样混浊或有干酪样渗出物；常有纤维素性心包炎；有些病例，肌胃、腺胃出血；鸡还可见有输卵管炎、腹膜炎、卵巢充血、输卵管出血。

【诊断】

衣原体病病型多样，通常需无菌采集病料，包括血液、病变脏器、流产胎儿及各种分泌物，进行实验室检查才能予以确诊。

1. 光学显微镜检查

将上述病料制片，用 Gimenez 染色，包涵体中原生小体呈红色或紫红色，网状体呈蓝绿色。病理组织切片中能观察到组织细胞胞浆中衣原体包涵体，呈圆形或不规则形。

2. 分离培养

用无衣原体抗体的胎牛血清和对衣原体无抑制作用的抗生素，如万古霉素、硫酸卡拉霉素、链霉素、杆菌肽、庆大霉素和新霉素，制成标准组织培养液培养出盖玻片单层细胞，然后将病料悬液 0.5~1.0 mL 接种于细胞，2~7 天后取出感染细胞盖玻片，Gimenez 染色镜检。也可将样品悬液 0.2~0.5 mL 接种于 6~7 日龄鸡胚卵黄囊内，在 39 ℃条件下孵育。接种后 3~10 天内死亡的鸡胚卵黄囊血管充血。无菌取鸡胚卵黄囊膜涂片，若镜检发现有大量衣原体原生小体则可确定。

3. 小鼠接种

将病料经腹腔（较常用）、脑内或鼻内接种 3~4 日龄小鼠。腹腔接种小鼠腹腔中积有纤维蛋白渗出物，脾脏肿大。镜检时可取腹腔渗出物和脾脏做涂片。脑内和鼻内接种小鼠可制成脑膜、肺脏印片。

4. 血清学诊断方法

（1）补体结合试验（CFT）：CFT 是一种特异性强的经典血清学方法，被广泛地应用于衣原体定性诊断及抗原研究上。此法要求抗原及血清必须是特异性的，补体血清必须来源于无衣原体感染动物。国外已经有微量 CFT 检测火鸡及野禽血清中的衣原体抗体案例。改良 CFT，即向补体中加入 50 mL/L 新鲜的正常血清，如鸡血清，可用于检测来自不能正常与补体结合的抗体的血清，以提高其敏感性。

（2）间接血凝试验（IHA）：IHA 是用纯的衣原体致敏绵羊红细胞后，用于动物血清中衣原体抗体检测，此法简单快捷，敏感性较高。

（3）免疫荧光试验（IFT）：若标记抗体的质量很高，可大大提高检测衣原体抗原或抗体的敏感性和特异性，能用于临床定性诊断。微量免疫荧光法（MIF）是一种比较常用的回顾性诊断方法。国外研制了改良衣原体荧光检测法，即将标本涂于载玻片上，甲醇固定 10 min 后将荧光抗体染液滴于标本上，置湿盒中 37 ℃ 30 min 后冲洗、晾干、镜检。改良法用过氧化氢的氧化作用加速抗原抗体反应，缩短了检测过程。

5. 种的鉴定

（1）碘技术及药敏试验：发育的包涵体内糖原显著增加，这是沙眼衣原体所特有的，因此可利用碘技术，即碘与糖原结合被染成暗金黄色到棕红色进行诊断，但此法敏感性不高。沙眼衣原体的另一特性是其所有菌株都能被磺胺嘧啶钠所抑制，因此药敏试验可用此药物对其鉴定。这两种方法为鉴别衣原体种提供了可靠的资料。

（2）聚合酶链式反应（PCR）：试验证明，月桂酰十二烷基酸钠（SLS）和十二烷基磺酸钠（SDS）分步处理衣原体原生小体，是获取高浓度 MOMP 的理想程序。苗振川等利用衣原体的 MOMP 合成引物，以衣原体基因组为模板扩增出特异性片断以检测羊流产衣原体，有很好的特异性及敏感性。邱昌庆等通过 PCR 技术检测了鹦鹉热衣原体 MOMP 编码基因序列在不同菌株之间的差异。最近，国外建立了鹦鹉热种特异性（species-specific）PCR，用于检测衣原体的 MOMP 基因区的靶序列。

（3）单克隆抗体技术（MAbs）：用禽源分离株血清型特异性单克隆抗体可鉴定鹦鹉热衣原体，国外已经研制出抗 6 种血清型的鹦鹉热衣原体单克隆抗体，用于新分离株的血清分型研究。谢琴等利用单克隆抗体、ELISA 技术研制的双抗夹心酶标法，检测猪流产胎儿衣原体，灵敏度及检出率高，特异性好，有助于衣原体病的早期诊断和流行病学调查。

【治疗】

可用乙酰螺旋霉素、卡巴霉素、强力霉素、明氟奎诺龙（fluoroquinolone）治疗，效果较好。也有报道用车前草、旱莲草等中草药与四环素等抗生素同用的中西医结合疗法，有较好疗效。

【防控措施】

有条件的养殖场最好实行本场繁殖、本场饲养，避免因从外地购买种畜禽而带进衣原体病。建立严格的防疫消毒制度，加强圈舍消毒工作，每年春秋季进行两次以上预防性消毒，对用具进行清扫消毒，加强消灭蚊、蝇和老鼠的工作。常用的消毒液有 5% 的煤酚皂溶液、3% 的氢氧化钠溶液、10% 的漂白粉溶液等。

对从未发生过衣原体病的健康畜禽群，每年春秋季用衣原体间接血凝试验各进行一次检测。监测比例：种用畜禽群 100% 监测；其他畜禽群 10% 抽样监测。对衣原体阳性和疑似病例应及时淘汰和隔离处理，逐步进行净化。

目前，已经研制出用于绵羊、山羊、牛、猪和猫的不同衣原体疫苗，尤其在羊的流产衣原体疫苗上研究较多，如用卵黄囊、胎膜制成福尔马林悬液苗及佐剂苗。最近研制的卵黄囊弱毒苗，证明其中某些致病菌能产生保护性抗体，但不产生补体结合抗

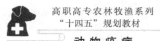

体。对禽类衣原体尚未研制出商品化疫苗。衣原体保护性免疫应答中起重要作用的是MOMP，它可刺激机体产生中和性抗体和 T 细胞介导的免疫反应，从而能够对抗衣原体感染，是疫苗研制中的最佳候选抗原。近年来，在沙眼衣原体免疫研究中，将MOMP 基因插入巨细胞病毒（CMV）、Rous 肉瘤病毒（RSV）及 SV40 病毒载体中，免疫接种后可诱导体液免疫和细胞免疫。以后动物衣原体免疫将主要依靠生物技术及基因免疫来解决。

【公共卫生】

鹦鹉热衣原体所致动物疾病范围很广，而在人身上迄今只发现其引起的两种疾病：鹦鹉热和 Reiter 综合征。

1. 鹦鹉热

人类鹦鹉热是一种急性传染病，以发热、头痛、肌痛和以阵发性咳嗽为主要表现的间质性肺炎。本病多发生于职业性（如家禽加工和饲养者）或与病鸟有接触的成人，主要经飞沫传染，儿童有时也可感染发病。已感染的鸟类，其血液、组织、呼吸道及泄殖腔分泌物都含有衣原体。人血液中如长期存在衣原体，有时也能引起广泛散播，侵犯心肌、心包、脑实质、脑膜及肝脏。

2. Reiter 综合征

主要发生于成年男性，年龄多在 20~40 岁之间，病情于数月至数年内由极期而渐趋减弱。虽然可从滑液、尿道和结膜分泌物里分离到衣原体，血清学研究也证明衣原体感染和 Reiter 综合征有密切关系，但人类感染人支原体和志贺菌属细菌后也可出现相似的综合征。因此，本病被认为是一个多因素性疾患。土霉素治疗常可减轻尿道炎，但抗菌疗法对其他部位的炎性表现似乎无效。这也说明本病的发病因素不只是单纯感染，还有别的原因。

思考题

1. 试比较原体和始体的生物学性状。
2. 简述致病性衣原体的种类及致病性。

十二、附红细胞体病

附红细胞体病（eperythozoonsis）是由附红细胞体（简称附红体）寄生于红细胞表面、血浆、组织液及脑脊液中，引起贫血、黄疸、发热等症状的一种人畜共患疾病。

本病最早发现于 1928 年，Schillig 和 Dingen 等几乎同时于 1928 年分别在啮齿类动物中查到类球状血虫体（*Eperythrozoon coccoides*）。我国于 1981 年首先在家兔中发现了附红细胞体，随后该病相继在绵羊、鼠、猫、犬、鸡、马、驴、骡、骆驼等16种动物上出现，以后在人群中也证实了附红细胞体感染的存在。附红细胞体可使不同品种、年龄的畜禽和人感染，而且感染率相当高。但附红细胞体进入机体后多呈潜伏状态，发病率较低，只有当机体处于应激状态（如分娩、疲劳和长途运输等）或摘除脾脏时才可能引起发病。

【病原体】

附红细胞体是一种能够寄生于多种动物红细胞表面的病原微生物，长期以来在附红细胞体的分类上存在很大的分歧。附红细胞体属于典型的原核生物，无细胞壁，由单层界膜包裹着，无明显的细胞器和细胞核。起初由于附红细胞体病曾以"类边虫病"描述过，所以将其归类为原虫。1984年，国际上按照《伯杰氏细菌鉴定手册》将其列为立克次体目（Rickettsiales）无浆体科（Anaplasmataceae）附红细胞体属（*Eperythrozoon*），对此人们仍有不同意见，后来，根据对附红细胞体使用16S rRNA基因序列分析法进行重新分类，提议将其列入柔膜体纲支原体属。

在不同动物中寄生的附红细胞体各有其名，实际上可认为是种名，如温氏支原体（*M. wenyonii*）、绵羊支原体（*M. ovis*）、猪支原体（*M. suis*）、类球状支原体（*M. coccoides*）、猫血支原体（*M. haemofelis*）、犬血支原体（*M. haemocanis*）。其中，猪支原体和绵羊支原体的致病性较强，温氏支原体的致病性较弱。

附红细胞体是一种多形态微生物，多数为环形、球形和卵圆形，少数呈顿号形和杆状，大小为（0.3~1.3）μm×（0.5~2.6）μm，平均直径0.2~2.0 μm，在红细胞表面单个或成团寄生，呈链状或鳞片状，也有的在血浆中呈游离状态。附红细胞体对苯胺色素易于着染，革兰染色为阴性，姬姆萨染色为紫红色，瑞氏染色为淡蓝色，吖啶橙染色为典型的黄绿色荧光，对碘不着色。由于附红细胞体在宿主红细胞上以直接分裂或出芽的方式进行增殖，因此迄今还没有发现体外培养附红细胞体的最佳方式。在56℃条件下水浴，可从红细胞上解离下来，是获取和研究附红细胞体的最佳方式。

附红细胞体对外界的抵抗力非常弱，对干燥和化学药品敏感，但对低温的抵抗力强。红细胞干燥后3 min，附着的附红细胞体可失去活性。一般常用消毒药均可杀死病原，如在0.5%的苯酚中37℃下经3 h可被杀死，在含氯消毒剂中作用1 min即可全部灭活，对某些化学药物（如碘制剂、磷酸伯胺喹啉等）作用1 min即可杀灭。在4℃条件下，附红细胞体在柠檬酸钠、EDTA等抗凝的无菌血液中可保存15~30天，仍有感染力，在冷冻精液保存液中可存活90天以上。在-30℃冷冻条件下，附红细胞体可保存120天，存活率在80%以上，仍具有感染力，在-70℃条件下，附红细胞体在加甘油的血液中可保存数年之久。

【流行病学】

附红细胞体寄生的宿主有人、啮齿动物（包括鼠、兔）、草食动物（包括牛、绵羊、山羊、马、驴、骡、骆驼、牦牛）、肉食动物（包括犬、猫、银狐、貂）、野生

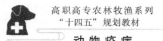
动物（包括南美洲驼羊、北极驯鹿）及杂食动物猪、禽等，不分品种、年龄、性别都可以感染，但是幼龄动物较易感。附红细胞体有相对宿主特异性，感染牛的附红细胞体不能感染山羊、鹿和去脾的绵羊；绵羊附红细胞体只要感染一个红细胞就能使绵羊得病，而山羊不很敏感。本病的传播途径尚不完全清楚，报道较多的有接触传播、血源性传播、垂直传播及媒介昆虫传播等。人与动物之间长期或短期接触可发生传播。被附红细胞体污染的注射器、针头等器具或打耳标、人工授精、剪毛等可经血液传播。垂直传播主要见于猪。

附红细胞体病为全球性分布，动物感染附红细胞体后，多数呈隐性经过，在少数情况下受应激因素刺激可出现临床症状。该病多发生于夏秋或雨水较多的季节，此期正是各种吸血昆虫活动频繁的时期。

【发病机理】

1981 年 Siegel 等在前人研究的基础上提出了红细胞免疫系统（RCIS）的新概念，即红细胞能够参与免疫调节，动物感染附红细胞体后，免疫功能下降，继发感染的机率增加，有时不一定表现出临床症状，在机体抵抗力下降或处于应激状态时，受感染的红细胞比例达到一定程度时会引起发病。1990 年 Smith 等报道，由于病原体的大量繁殖和新陈代谢，机体的糖代谢大量增加，出现低血糖。患病动物往往由于血液中乳酸和丙酮酸含量上升而导致酸中毒，被感染的红细胞携带氧气的能力降低，影响肺脏的气体交换，常导致机体的呼吸困难。附红细胞体附着在红细胞膜上后，机体产生自身抗体即 M 型冷凝集素，并攻击被感染动物的红细胞而发生溶血。也会导致 H 型过敏反应，进一步会引起红细胞的免疫性溶解，使红细胞数减少，血红蛋白降低，导致机体出现贫血，附红细胞体感染机体后，不仅可改变红细胞的表面结构，致使其膜抗原发生改变，被自身免疫系统视为异物，导致自身免疫溶血性贫血，还可导致免疫抑制。

【临床症状】

附红细胞体病因动物种类不同，潜伏期也不同，介于 2~45 天之间。

1. 猪

猪的潜伏期为 6~10 天，猪贫血的严重程度与猪附红细胞体在血液中的数量、毒力，以及猪的生理和营养状况有关。按其临床表现分为急性型、慢性型和隐性型。

（1）急性型：病初患猪体温升高达 40~42 ℃，呈稽留热型，厌食，随后可见呼吸困难，咳嗽，可视黏膜苍白，黄疸。粪便初期干硬且带有黏液，有时便秘和腹泻交替发生。耳廓、尾部和四肢末端皮肤发绀，呈暗红色或紫红色。多见于断奶仔猪，特别是阉割后几周内的仔猪。母猪急性感染时出现体温升高、厌食，多数因产前应激而引起。

（2）慢性型：病猪出现渐进性消瘦、衰弱，皮肤苍白，黄疸，体质变差，生长缓慢，增重下降，易继发感染而导致死亡。母猪感染后会出现繁殖机能下降，不发情、受胎率低或流产、产死胎和产弱仔等现象。

（3）隐性型：猪群的带菌状态可维持相当长的时间，当受到应激因素作用时可促使带菌猪发病。

2. 牛

牛的潜伏期为9~40天，病牛精神沉郁，食欲不振，消瘦，喜卧；眼结膜、口腔黏膜苍白；鼻镜干燥；体温升高至40~41.5℃，呼吸加快；反刍下降或停止，消化不良，前胃迟缓；少数牛出现血尿，便秘与腹泻交替，后期有的病牛排出血便，奶牛产奶量下降或停止，怀孕牛流产。急性经过的病牛尚可见瘤胃蠕动音减弱、咳嗽、不愿走动、腹泻、严重贫血。

3. 绵羊

病羊初期体温升高至41~42℃，呈稽留热，精神不振，减食或不食，病羊很快消瘦，可视黏膜苍白、黄染，多数病羊稀泻，绵羊有血尿、蛋白尿及尿中血红蛋白呈强阳性，后期体温正常或稍低，严重者卧地不起，可视黏膜呈土黄色，最后衰竭死亡。

4. 山羊

山羊患病的体温在40.5~41.5℃，呼吸急促、喘气，精神沉郁，离群，多卧，不食或少吃，咳嗽、流鼻涕，腹泻，被毛杂乱枯燥，眼结膜苍白。山羊急性型食欲废绝，反刍停止，最终全身衰竭，3~7天内死亡。慢性则拖延数月，耐过山羊生长发育严重受阻。

5. 兔

病兔精神委顿，被毛粗乱无光，吃食缓慢，粪球变小，尿色深黄；眼结膜苍白，有时黄染，耳静脉脉管欠充盈，耳整体发白；病兔耳朵发凉，啃咬笼框；病兔生长缓慢，瘦弱，发育不良。成年兔很少发病，临床上无明显症状，食欲微减，主要表现为繁殖障碍，发情率、受孕率、受胎率下降，流产率升高，消瘦、贫血。

6. 犬

患犬多呈隐性经过，饮食欲一般正常，当存在应激和机体抵抗力下降等因素时，患犬精神沉郁，食欲不振，体温升高至40℃左右。感染严重的患犬出现贫血、黄疸，被毛粗乱，食欲废绝，心率、呼吸加快，尿少而色深黄，大多数感染严重的患犬伴有呕吐、腹泻等急性胃肠炎症状，呈现不同程度的脱水和渐进性消瘦。此外，母犬感染本病时多有空怀、流产、弱胎、死胎等繁殖机能障碍。

7. 鸡

蛋鸡主要表现为采食减少、饮水下降，鸡冠大部分苍白，少部分发绀，眼结膜黄染，排黄绿色稀便，产蛋率下降，偶尔出现神经症状；肉鸡主要表现为缩头闭眼，嗜睡、呼吸困难，少食或废绝，眼结膜黄染，鸡冠苍白，拉黄色稀便，出现神经症状后很快死亡。

8. 人

人患病后有多种表现，主要有发热、黄疸、贫血、出汗、疲劳、嗜睡、肝脾和不同部位的淋巴结肿大等，临床化验可出现红细胞数、血红蛋白含量、血球压积、血小板数等降低。小儿患病后尿色加深。

【病理变化】

1. 猪

典型病例的黄疸性贫血为猪附红细胞体病患畜死后的特征性病理变化。剖检可见血液稀薄、色淡，血凝不良，皮下组织及肌间水肿，黄疸；全身肌肉颜色苍白，多数伴胸腔、腹腔积液，呈淡黄色，胸膜脂肪、心冠脂肪轻度黄染。部分病猪心包积水，心外膜有出血，心肌松弛呈熟肉样，质地脆弱；肺脏水肿或萎缩；肝脏不同程度肿大、出血、黄染，表面有轻微黄色条纹或灰白色病灶；胆囊膨胀，胆汁浓稠；脾脏肿大，呈暗黑色，质地柔软，切面结构模糊，边缘增厚；肾轻微肿大，部分猪肾脏有1/2或部分血色素沉着，呈暗黑色；个别猪有微细出血或黄色斑，肠段有不同程度的炎性变化。

2. 牛

病死牛尸体消瘦，可视黏膜苍白；血液较稀薄，不易凝固；肩前、腋下、肠系膜淋巴结充血、肿大；肝脏肿大，呈棕黄色；胸腹腔及心包囊内积有液体；胆囊肿大，胆汁浓稠；肾脏水肿，有少量出血点；瘤胃黏膜有多处出血点。剖检其他组织未见明显病变。

3. 绵羊

病羊全身皮肤、可视黏膜苍白；血液稀薄如水、凝固不良；肝脏、肾脏稍肿呈土黄色，胆囊膨大，胆汁浓稠；脾脏肿大，全身淋巴结肿大、瘀血、水肿，心包积液；肺瘀血、水肿；膀胱积尿，胸腔及腹腔积液。

4. 山羊

病羊皮下脂肪黄染，血液稀薄，凝固不良。喉头充血，气管、支气管内有白色泡沫样分泌物，肺叶出血、有小叶性肺炎症状；心包积液、心膜增厚，胸腔、腹腔有大量积液，脾脏肿大出血，肠系膜水肿，全身淋巴结肿大出血，腹股沟淋巴结和肠系膜淋巴结明显肿大。

5. 兔

病兔全身皮肤黄染，血液稀薄，凝固不良；心肌变薄，颜色变淡；胸腔有淡红色渗出液，肺表面有小出血点。尤以尖叶为重，肺脏表面呈深褐色；胆囊大，胆内充满胆汁；胃内容物无异常变化，胃黏膜脱落；脾脏肿大、质地变软，被膜上常有大小不等的暗红色或鲜红色出血点；肾脏肿大变性，表面有出血斑点；切面可见有皮质部和髓质部界限模糊，肾盂积水；膀胱黏膜黄染并有出血点。

6. 犬

急性死亡的犬剖检可见血液稀薄，血凝时间延长；可视黏膜、皮肤黄染或有出血点；心包积液，心外膜与心肌出血，冠状沟脂肪黄染；肺水肿、脓肿、气肿且伴弥漫性出血；胃黏膜有出血点或浅表性溃疡；小肠黏膜可见圆形蚀斑，肠系膜淋巴结水肿，切面多汁，胰腺炎性水肿、出血；脾脏肿大，呈暗黑色，肝叶上可见黄豆大小的坏死灶；骨髓液和脑脊液增加。

7. 鸡

病死鸡消瘦，血液稀薄，不易凝固；皮肤发红，皮下脂肪干燥、黏膜黄染；喉头和气管黏膜有散在性出血点；心冠脂肪和腹部脂肪黄染并有弥漫性针尖大的出血点；肺水肿并有出血点，脾脏肿大呈现暗黑色；胆囊肿大，内充满浓稠的胶冻样胆汁；卵泡萎缩坏死，腹腔内有破裂的卵黄；输卵管内有白色分泌物或干酪样物；肠黏膜有散在性出血点。

【诊断】

根据贫血、黄疸、体温升高达 40 ℃以上不退，黏膜黄染，耳廓边缘变色，皮肤变态反应等临床症状可对附红细胞体病作初步诊断，确诊需依靠实验室诊断。

1. 直接镜检

采用直接镜检诊断人和动物附红细胞体病仍是当前的主要手段，包括鲜血压片和涂片染色。用吖啶黄染色可提高检出率。在血浆中及红细胞上观察到不同形态的附红细胞体为阳性。

（1）鲜血压片镜检：在高倍镜和油镜下观察，血浆中有无多量卵圆形、逗点状、短杆状及月牙形，折光性强的虫体，虫体不停地翻转、摇摆或做不规则运动；附着于红细胞表面的附红细胞体呈单个或成团寄生，呈菠萝状、锯齿状、星状等不规则变形，通过显微镜直接观察样本的鲜血压片，从而确定感染与否。此方法操作简单，但检出率较低，准确性差。

（2）血涂片镜检：对附红细胞体的染色方法主要有瑞氏染色（Wright Stain）法、姬姆萨染色（Giemsa Stain）法及吖啶橙（Acridine Orange）染色法。后者需要荧光显微镜及暗室环境才可观察，这 3 种方法的特异性和敏感性都不是很高。

2. 动物试验

动物试验指用可疑动物血液接种健康实验动物（小鼠、兔、鸡等）或鸡胚，接种后观察其表现并采血查附红细胞体。此法费时较长，但有一定辅助诊断意义。

3. 血清学试验

用血清学方法不仅可诊断本病，还可以进行流行病学调查和疾病监测，尤其是1986 年 Lang 等建立了将附红细胞体与红细胞分开，用以制备抗原的方法以后，推动了血清学方法的发展。

（1）补体结合试验：1958 年 Spliter 率先用该方法诊断猪附红细胞体病。病猪出

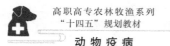

现症状后的 1~7 天呈阳性反应，但 2~3 周后即可转为阴性。在动物发病后第 3 天血清即呈阳性反应，保持 2~3 周，然后逐渐转为阴性，但该法难以诊断慢性附红细胞体携带者。

（2）间接血凝试验：用此法诊断猪附红细胞体病的报道较多，将滴度大于 1∶40 者定为阳性，并证实该方法有很好的特异性，可检测隐性感染。用异种动物的红细胞经醛化、鞣酸化后致敏，进行 IHA 试验，效果较好。该法简便、快速、准确、敏感，能检出阳性耐过猪和隐性带附红细胞体的猪（张守发等，2004）。

（3）荧光抗体试验：荧光抗体试验最早用于诊断牛附红细胞体病，抗体在第 4 天出现，随感染率上升，28 天达到高峰。该法也可用于猪、羊附红细胞体病诊断，效果较好。

（4）ELISA：1986 年 Lang 等用去掉红细胞的绵羊附红细胞体抗原对羊进行 ELISA，认为此法比间接血凝试验的敏感性高 8 倍。有人用此法检查猪，认为比补体结合试验敏感，而且猪附红细胞体抗原与猪其他疾病感染的血清无交叉反应，但不适用于小猪和公猪的诊断，也不适用于急性诊断。

4. 分子生物学诊断

近年来，DNA 杂交和 PCR 方法已用于附红细胞体病诊断。Oberst 等取猪附红细胞体感染高峰期的血液分离附红细胞体，提取 DNA，以 ^{32}p 标记制成探针，可以区分猪附红细胞体感染的猪和非感染猪，并且不与猪感染其他疾病血清中的 DNA 发生杂交反应。1993 年，Gwaltney 等报道了检测猪附红细胞体的 PCR 方法，感染 24 h 后就可以出现 PCR 阳性，特异性强、敏感性高、检测速度快、结果可靠。在此基础上还建立有半巢式 PCR 方法与巢式 PCR 等诊断方法，进一步提高了敏感性。Hoelzle 等利用保守的 ggl 基因建立了荧光定量 PCR 检测方法，敏感性较常规 PCR 方法显著提高。荧光定量 PCR 不仅快速、准确、特异性高，还有可实时监测、线性范围广、定量及自动化程度高的优点。

【治疗】

可用土霉素、四环素、金霉素、地霉素、强力霉素、卡那霉素、庆大霉素等抗生素类药物和贝尼儿、黄色素、纳加诺尔等抗血液原虫类药物及砷制剂、中药治疗动物附红细胞体病，疗效较好。除了使用上述药物外，还应配合强心、补液、健胃、导泻等对症辅助性综合治疗。

【防控措施】

主要采取综合性措施，坚持自繁自养，在引进外地猪种时应严格检疫，并隔离观察至少 1 个月；科学饲养管理和保持良好的环境卫生，扑灭吸血昆虫等媒介者，断绝这些昆虫与动物的接触。混合感染时，注意其他致病因素的控制；消除应激因素，在剪齿、阉割、打耳号、断尾、注射时，做好医用器械的消毒工作，以避免血液污染而引起的传播；发病季节，可使用抗血液原虫类药物、砷制剂、抗生素、中药等进行群体预防。

目前为止，国内外还没有有效地用于预防猪附红细胞体病的商品化疫苗。国内律祥君等报道用皂素法裂解红细胞，厌氧法增殖培养附红细胞体，制备猪附红细胞体甲醛灭活苗用于预防猪附红细胞体病取得良好效果，免疫保护期可达 8 个月，抗血液感染期最低可达 6 个月。

思考题

1. 适用于基层附红细胞体检测的方法有哪几种？如何操作？
2. 猪附红细胞体病的预防和治疗措施有哪些？

项目三 动物传染病防治实践技能训练

实训一 动物传染病免疫接种技术

【实训目的】

了解免疫接种前的准备工作；初步掌握动物免疫接种技术、生物制剂的保存和运送方法。

【实训器材】

金属注射器、一次性注射器、连续注射器、针头、气雾免疫发生器、镊子、剪毛剪、体温计、盆、毛巾、纱布、脱脂棉、搪瓷盘、出诊箱、工作服、登记卡片、保定动物用具等，5%碘酒、70%酒精、煤酚皂或新洁尔灭等消毒剂、疫苗、免疫血清。

【实训内容】

1. 免疫接种前的准备。

2. 免疫接种技术。

3. 免疫接种用生物制剂的保存和运送方法。

【实训方法与步骤】

一、免疫接种前的准备

1. 一般准备

根据动物传染病免疫接种计划，统计接种对象及数量，确定接种日期；准备器材和药品、免疫登记表；安排及组织接种和动物保定人员。

2. 生物制剂准备

接种前准备足够的生物制剂，对所有制剂认真检查，对无瓶签或瓶签模糊不清、瓶盖松动、疫苗瓶裂损、超过保存期、色泽与说明不符、瓶内有异物、发霉的疫苗等不得使用。

3. 动物准备

接种前对预定接种的动物进行了解及临床观察，必要时进行体温检查。对完全健康的动物进行疫苗接种，凡体质过于瘦弱、妊娠后期、未断奶、体温升高或疑似患病的动物均不应接种，做好记录，以后及时补种。

4. 器械准备

将所用器械用纱布包裹，经 121 ℃ 高压蒸汽灭菌 20~30 min 或煮沸消毒 30 min 后用无菌纱布包裹，冷却备用。

二、免疫接种技术

根据不同生物制剂的使用要求采用相应的接种方法。首先对注射部位剪毛，用碘酊或 75% 酒精棉擦拭消毒，然后进行注射。

1. 皮下接种技术

马、牛在颈侧；猪、羊在股内侧、肘后及耳根处；兔在耳后；家禽在胸部或颈部。根据药液浓度及动物大小，一般用 16~20 号针头。术者以左手拇指与食指捏起皮肤形成皱褶，右手持注射器使针头在皱褶底部稍倾斜快速刺入皮肤与肌肉间，注入药液，拔针后立即用挤干的酒精棉揉擦，使药液散开。

2. 皮内接种技术

牛、羊在颈侧、尾根皮肤或肩胛中央；猪在耳根后；马在颈侧；鸡在肉髯部。术者以左手拇指与食指捏起皮肤形成皱褶，右手持注射器使针头几乎与皮肤面平行刺入真皮内，注入药液。如感到注入困难，同时有一小包，证明注射正确。然后用酒精棉球消毒针孔及其周围。对羊进行尾根皮内注射时，将尾根翻起，术者以左手拇指和食指将皮肤绷紧，针头与皮肤平行慢慢刺入，缓慢推入药液，有一小包为注射正确。

3. 肌肉接种技术

家畜一律在臀部或颈部，猪、羊还可在股内侧，鸡在胸部。术者左手固定注射部位，右手持注射器，针头垂直或与皮肤表面呈 45°角（避免疫苗流出）刺入肌肉内，回抽针芯，如无回血，将疫苗慢慢注入。若发现回血，应变更位置。注射时要将针头留有 1/4 在皮肤外面，以防折针后不易拔出。

4. 皮肤刺种技术

皮肤刺种技术用于禽类，在翅内侧无血管处，用刺种针或钢笔尖蘸取疫苗刺入皮下。

5. 经口免疫技术

首先按动物头数和每头动物平均饮水量或摄食量，准确计算需用的疫苗剂量。免疫前停饮或停喂半天。稀释疫苗用水需纯净，不含消毒剂，如自来水中的漂白粉等。混合疫苗所用的水、饲料的温度，以不超过室温为宜。已经混合疫苗的饮水和饲料，进入动物体内的时间越短效果越好，不能存放。

6. 气雾免疫技术

将稀释的疫苗通过雾化发生器喷射出去，使其形成 5~10 μm 的雾化粒子，均匀地浮游在空气中，使动物吸入体内。适用于大群免疫。压缩泵压力保持在 2 kg/cm² 以

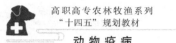

上，雾化粒子在 5~10 μm 时才可使用。

（1）室内气雾免疫技术：疫苗用量根据房间大小而定。计算公式如下：

$$疫苗用量 = (DA \times 1\,000)/tVB$$

式中，D 为免疫剂量；A 为免疫室容积；B 为疫苗浓度；t 为免疫时间；V 为常数。

以羊免疫为例，羊的 $V = 3~6$（羊每分钟吸入空气量为 3 100~6 000 mL，故以 3~6 作为羊气雾免疫的常数）。

计算好疫苗用量后，将动物赶入室内，关闭门窗。操作者站在门外，将喷头由门窗缝伸入室内，使喷头保持与动物头部同高，向室内均匀喷射，操作完毕后，动物在室内停留 20~30 min。

（2）野外气雾免疫技术：疫苗用量按动物数量而定。以羊免疫为例，如为 1 000 只，每只羊免疫剂量 50 亿个活菌，则需 50 000 亿个活菌，如每瓶菌苗含活菌 4 000 亿个，则需 12.5 瓶，用 500 mL 无菌生理盐水稀释，实际用量常比计算用量略高一些。免疫时操作人员站在动物群中，喷头与动物头部同高，朝动物头部方向喷射。操作人员要随走随喷，使每一动物都有吸入的机会。如为有风天气，操作者应站在上风口。喷射完毕，动物在圈内停留数分钟即可放出。

7. 滴鼻（眼）免疫技术

用乳头滴管吸取疫苗滴于鼻孔或眼内 1~2 滴。

三、生物制品的保存和运送

1. 保存

各种生物制品均需低温保存。通常免疫血清及灭活苗保存在 2~15 ℃，防止冻结；冻干活疫苗多要求在 -15 ℃ 保存，温度越低，保存时间越长；冻结苗应在 -70 ℃ 以下保存。保存时间不得超过所规定的期限。

2. 运送

生物制品的包装要完整，防止碰碎瓶子及散播病原。运送途中避免高温和阳光直射，并尽快送到保存地点或预防接种场所。北方地区要防止气温低而造成的冻结及温度高低不定而引起冻融。切忌于衣袋内运送疫苗。弱毒苗应在低温条件下运送，大量时应用冷藏车，少量可用带冰块的保温瓶运送。

四、免疫接种后的护理和观察

接种后的动物可发生暂时性的抵抗力降低现象，应对其进行较好的护理与管理，有时还可发生疫苗反应，需仔细观察，期限一般为 7~10 天。对有反应者予以适当治疗，极为严重的可屠宰。

五、免疫接种的注意事项

（1）工作人员穿工作服及胶鞋，必要时戴口罩。工作前后洗手消毒，工作中不应吸烟和吃食物。

（2）注射剂量按疫苗使用说明进行。须经稀释后才能使用的疫苗，应按说明书的要求进行稀释。

（3）在疫苗瓶盖上固定一个消毒针头专供吸取疫苗液用，每次吸后用酒精棉将针头包好。吸出的疫苗液不可再回注于瓶内。给动物注射用过的针头不能吸液，以免污染疫苗。

（4）疫苗使用前必须充分振荡，使其均匀混合后应用。免疫血清则不应震荡，沉淀不应吸取，并随吸随注射。

（5）严格执行消毒及无菌操作。注射时最好每注射一头家畜调换一个针头。在针头不足时可每吸液一次调换一个针头，但每注射一头后，应用酒精棉将针头拭净消毒后再用。

（6）针筒排气溢出的疫苗液，应吸积于酒精棉上，并将其收集于专用瓶内。用过的酒精棉花、碘酒棉花和吸入注射器内未用完的疫苗液都放入专用瓶内，集中烧毁。

【实训报告】

1. 猪主要免疫接种技术及注意事项。

2. 鸡主要免疫接种技术及注意事项。

实训二　消毒

【实训目的】

掌握畜舍、用具、地面土壤及粪便的消毒方法。

【实训器材】

喷雾消毒器、天秤或台秤、量筒、盆、桶、缸、清扫及洗刷用具、高筒胶鞋、工作服、胶手套等，氢氧化钠、新鲜生石灰、漂白粉、煤酚皂、高锰酸钾、福尔马林等。

【实训内容】

1. 常用消毒器械的使用。

2. 常用消毒液的配制。

3. 动物圈舍、用具、地面土壤和粪便的消毒。

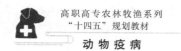
【实训方法与步骤】

一、常用消毒器械的使用

1. 喷雾器

喷雾器有手动喷雾器和机动喷雾器两种。手动喷雾器又分背携式和手压式，常用于小面积的消毒。机动喷雾器分为背携式和担架式两种，常用于大面积的消毒。

在使用喷雾器前，要进行检查和调试，使用者要掌握操作要领。装药时对溶解不充分的药液要过滤，以免堵塞喷头。药液不应装得太满，以八成为宜。消毒完成后，如喷雾器内压力仍然较高，需先打开旁边的小螺丝放完气，然后打开桶盖，倒出剩余药液，用清水冲洗喷头、喷管及筒体，干净后晾干或擦干，置干燥处保存。

2. 火焰喷灯

火焰喷灯是用汽油做燃料的一种工业用喷灯，常用以消毒被病原体污染了的各种金属制品，如鼠笼、兔笼、鸡笼等。需注意不要喷烧太久，以免将消毒物品烧坏。消毒时应有一定的次序，以免发生遗漏。

二、消毒液的配制

消毒液浓度表示法主要有百分比浓度、摩尔浓度等。常用百分比浓度，即每百克或每百毫升药液中含某种药品的克数或毫升数。配制消毒液时，首先计算好药品及水的比例或用量，然后将水倒入配药容器（盆、桶或缸）中。再将称量好的药品倒入水中，混合均匀或完全溶解即可应用。

三、消毒方法

1. 动物圈舍、用具的消毒

动物圈舍、用具的消毒可分两个步骤进行：

（1）机械清扫：首先用清水或消毒液喷洒畜舍地面、饲槽等，以免灰尘及病原体飞扬，随后对棚顶、墙壁、饲养用具、地面等清扫，彻底扫除粪便、垫草及残余饲料等污物，该污物按粪便消毒法处理。水泥地面的动物舍再用清水彻底冲洗地面、粪槽及清粪工具等。

（2）化学消毒剂消毒：消毒液用量一般按 1 000 mL/m² 计算，测算动物圈舍面积，计算应用消毒液总量。消毒时先由远门处开始，对天棚、墙壁、饲槽和地面按顺序均匀喷洒，后至门口。圈舍启用前，打开门窗通风，用清水洗刷饲槽、水槽等，消除药味。

化学药物蒸气消毒：常用福尔马林。用量按圈舍空间计算，福尔马林 25 mL/m³、水 12.5 mL/m³，两者混合后再放高锰酸钾（或生石灰）25 g/m³。消毒前将动物赶出，舍内用具、物品等适当摆开，紧闭门窗，室温保持在 15～18 ℃以上。药物置于陶瓷容器内，用木棒搅拌，经几秒钟产生甲醛蒸气，人员立即离开，将门关闭。经 12~24 h 后打开门窗通风，待药气消散后动物再进入。如急需使用圈舍，可用氨气中和，按氯化铵 5 g/m³、生石灰 2 g/m³、75 ℃水 7.5 mL/m³，混合于桶内放入圈舍。也可用氨水代替，按 25% 氨水 12.5 mL/m³，中和 20~30 min，打开门窗通风 20~30 min。即可启用。

2. 地面土壤消毒

患病动物停留过的圈舍、运动场等，先清除粪便、垃圾和表土。小面积的地面土壤可用 10% 氢氧化钠、4% 福尔马林等喷洒。大面积的土壤可翻地，深度约 30 cm，在翻地的同时撒上干漂白粉，一般传染病按 0.5 kg/m²，炭疽等芽孢杆菌性传染病按 5 kg/m²，然后以水湿润、压平。

3. 粪便消毒

（1）焚烧法：在地上挖一个壕沟，宽 75~100 cm，深 75 cm，长依粪便多少而定，在距离壕底 40~50 cm 处加一层铁梁，以不使粪便漏下为宜，铁梁下面放置木材等燃料，上面放置欲消毒的粪便。如粪便太湿，可混一些干草，以便烧毁。

（2）化学消毒剂消毒法：用含 2%~5% 有效氯的漂白粉溶液或 20% 石灰乳，与粪便混合消毒。

（3）掩埋法：将粪便与漂白粉或生石灰混合后，深埋于地下 2 m 左右。

（4）生物热发酵法：

发酵池法：在距居民点、农牧场 200~250 m 以外，无河流、水井的地方挖筑发酵池，池的数量与大小视粪便多少而定。池壁池底用砖、水泥砌成，使之不透水。用时池底先垫一层土，每天清除的粪便倒入池内，至池快满时，在粪便表面铺一层干草，上面盖一层泥土封严，经 1~3 个月发酵后作肥料用。也可用沼气发酵池进行消毒。

堆粪法：在距农牧场 100~200 m 以外的地方设一堆粪场。在地面挖一浅沟，深约 20 cm，宽 1.5~2 m，长度依粪便多少而定。先将非传染性的粪便或蒿秆等堆至 25 cm 厚，其上堆放欲消毒的粪便、垫草等，高达 1~1.5 m，然后在粪堆外面再铺上 10 cm 厚的非传染性的粪便或谷草，并覆盖 10 cm 厚的沙子或泥土。堆放 3 周至 3 个月，即可作肥料用。粪便较稀时加些杂草，太干时倒入稀粪或加水，使其不干不稀，以促其迅速发酵。

【实训报告】

记录操作过程，分析存在的问题，提出搞好动物养殖场消毒工作的意见。

实训三　传染病病料的采取、保存和运送

【实训目的】

初步掌握传染病病料的采取、包装和运送方法。

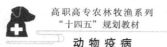

【实训器材】

保温箱或保温瓶、解剖刀、剪刀、镊子、酒精灯、酒精棉、碘酊棉、注射器、针头、无菌棉拭子、胶布、不干胶标签、一次性手套、乳胶手套、无菌样品容器（小瓶、平皿、离心管及易封口样品袋、塑料包装袋）、葡萄糖、柠檬酸钠、柠檬酸、氯化钠、甘油、磷酸二氢钾、磷酸氢二钾、0.02%酚红、氯化钾、青霉素、链霉素、丁胺卡那霉素、制霉菌素、盐酸、新鲜的动物尸体。

【实训内容】

病料的采取、保存和运送方法。

【实训方法与步骤】

一、病料的采取

根据不同的疫病或检验目的，采其相应的病料。进行流行病学调查、抗体检测、动物群体健康评估或环境卫生检测时，样品的数量应满足统计学的要求。在无法确认病因时，应系统采集病料。采取内脏病料时，如患畜已死亡，应尽快采集，最迟不超过 6 h。采样刀剪等器具和样品容器须无菌。采样时做好人身防护，严防人畜共患病感染。凡发现怀疑炭疽等不宜解剖的患畜，严禁剖检。

1. 血液

大哺乳动物颈静脉或尾静脉采血；禽类翅静脉采血，也可心脏采血；兔背静脉、颈静脉或心脏采血。对采血部位剪毛消毒，用针头或三棱针穿刺，将血液滴到或抽入试管内。血样种类主要有以下两种：

（1）全血样品：全血样品通常用于血液学分析、细菌和病毒或原虫培养。样品中加抗凝剂。抗凝剂可用 0.1%肝素、阿氏液（为红细胞保存液，使用时 1 份血液加 2 份阿氏液）或 2%柠檬酸钠。采血时应直接将血液滴入抗凝剂中，并立即充分混合。也可将血液放入装有玻璃珠的灭菌瓶内，震荡，脱纤维蛋白抗凝。

（2）血清样品：采取血液（不加抗凝剂），置室温下静置至血液凝固，收集析出的血清。必要时，经低速离心分离血清。

2. 一般组织

切开动物皮肤、体腔后，须另换一套器械切取器官的组织块，并单独放在灭菌的容器内。

（1）病原分离样品：用于微生物学检验的病料应新鲜，尽可能减少污染。首先以烧红的刀片烫烙脏器表面，在烧烙部位刺一孔，用灭菌后的接种环伸入孔内，取少量组织或液体，作涂片镜检或划线接种于适宜的培养基上。

（2）组织病理学检查样品：采集包括病灶及邻近正常组织的组织块，立即放入 10 倍于组织块的 10%福尔马林溶液中固定。组织块厚度不超过 0.5 cm，一般切成 1~2 cm。

3. 肠道组织、内容物或粪便

选择病变最明显的肠道部分，通过灭菌生理盐水冲洗弃去其中的内容物，取肠道组织。取肠内容物时，烧烙肠壁表面，用吸管扎穿肠壁，从肠腔内吸取内容物放入盛有灭菌的 30% 甘油磷酸缓冲盐水保存液中送检，或将带有粪便的肠管两端结扎，从两端剪断。

4. 拭子样品

应用灭菌的棉拭子采集鼻腔、咽喉或气管内的分泌物、泄殖腔内容物。采集后立即将拭子浸入保存液中，密封后低温保存。一般每支拭子需保存液 1 mL。

5. 皮肤

直接采取病变部位，如病变皮肤的碎屑、未破裂水疱的水疱液、水疱皮等。

6. 胎儿

将流产后的整个胎儿用塑料薄膜包裹，装入容器内。

7. 骨

需要完整的骨标本时，应将附着的肌肉和韧带等全部除去，表面撒上食盐，然后包入浸过 5% 苯酚溶液的纱布中，装入不漏水的容器中。

8. 脑、脊髓、管骨

可将脑、脊髓浸入 30% 甘油盐水缓冲液中，或将整个头部割下，包入浸过消毒液的纱布中，置于不漏水的容器内。

9. 液体

样本采集胆汁、脓汁等样品时，用烫烙法消毒采样部位，用灭菌吸管、毛细吸管或注射器经烫烙部位插入，吸取内部液体材料，注入灭菌试管中，塞好棉塞。采集乳汁时，乳房及挤乳者的手消毒，同时把乳房附近的毛刷湿，最初所挤的 3~4 把乳汁弃去，然后采集 10 mL 左右乳汁于灭菌试管中。进行血清学检验的乳汁不应冻结、加热或强烈震动。

10. 家禽

将整个尸体包入塑料薄膜中，装入容器内。

11. 供显微镜检查的脓、血液及黏液抹片

将材料置于载玻片上，用一灭菌玻棒均匀涂抹或另用一玻片推抹。用组织块作触片时，持小镊子将组织块的游离面在玻片上轻轻涂抹即可。每份病料制片不少于 2~4 张，待涂片自然干燥后，彼此中间垫以火柴棍或纸片，重叠后用线缠住，用纸包好。每片应注明号码，并附说明。

二、送检病料的记录和包装

1. 采样单及标签的填写

逐项填写采样单（一式三份）、样品标签和封条。应将采样单和病史资料装在塑

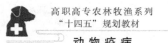
料包装袋中，随样品一起送到实验室。样品信息至少应包括以下内容：主人姓名和动物场地址；饲养动物品种及数量；被感染动物或易感动物种类；首发病例和继发病例的日期及造成的损失；感染动物在动物群中的分布情况；死亡动物数、出现症状的动物数量及年龄；症状及其持续时间；饲养类型和标准；动物治疗史；送检样品清单和说明，包括病料种类、保存方法等；要求做何种试验；送检者的姓名、地址、邮编和电话；送检日期；采样人和被采样单位签章。

2. 送检病料的包装

每个组织样品应仔细分别包装，在样品袋或平皿外贴上标签，标签注明样品名、样品编号、采样日期等，再将各个样品放到塑料包装袋中。拭子样品、小塑料离心管应放在特定塑料盒内。血清样品装于小瓶时，在其周围应加填塞物，以避免小瓶晃动。外层包装应贴封条，有采样人签章，并注明贴封日期，标注放置方向。

三、保存和运输

样品应置于保温容器中运输，一般使用保温箱或保温瓶。保温容器外贴封条，封条有贴封人（单位）签字（盖章），并注明贴封日期。样品应在特定的温度下运输，尽快送至检验部门，运送途中避免接触高温及日光。样品到达实验室后，应按有关规定冷藏或冷冻保存。长期保存的样品应−70 ℃超低温保存，尽量避免反复冻融。

【注意事项】

采集微生物检验材料时，要严格按照无菌操作进行，并严防散布病原；要严格遵守操作规程，注意消毒，严防人体感染。

【实训报告】

拟定一份猪瘟病料的采取、保存及运送方法。

【参考资料】

病料保存液的配制：

1. 阿氏液（Alsevers）

葡萄糖 2.05 g、二水柠檬酸钠 0.80 g、柠檬酸 0.055 g、氯化钠 0.42 g。加蒸馏水至 100 mL，散热溶解后调至 pH 6.1 后分装，69 kPa 15 min 高压灭菌，4 ℃冰箱保存备用。

2. 30%甘油盐水缓冲液

甘油 30 mL、氯化钠 4.2 g、磷酸二氢钾 10 g、磷酸氢二钾 3.1 g、0.02%酚红 1.5 mL。加蒸馏水或无离子水至 100 mL。加热溶化，校正 pH 至 7.6，100 kPa 15 min 灭菌，冷却后 4 ℃冰箱保存备用。

3. pH 7.4 的等渗磷酸盐缓冲液（PBS）

氯化钠 8.0 g、磷酸二氢钾 0.2 g、十二水磷酸氢二钠 2.9 g、氯化钾 0.2 g。将以上试剂按次序加入定量容器中，加适量蒸馏水溶解后，再定容至 1 000 mL，调 pH 至

7.4，112 kPa 20 min 灭菌，冷却后 4 ℃ 冰箱保存备用。

3. 棉拭子用抗生素 PBS（病毒保存液）

取上述 PBS 液，按要求加入下列抗生素：喉气管拭子用 PBS 液中加入青霉素（2 000 IU/mL）、链霉素（2 mg/mL）、丁胺卡那霉素（1 000 IU/mL）、制霉菌素（1 000 IU/mL）。粪便和泄殖腔拭子抗生素浓度应提高 5 倍。加入抗生素后应调 pH 至 7.4。采样前分装小塑料离心管，每管中加 1.0~1.3 mL，采粪便时在西林瓶中加 1.0~1.5 mL，采样前冷冻保存。

实训四　巴氏杆菌病实验室诊断

【实训目的】

初步掌握巴氏杆菌病的病理剖检变化及实验室诊断方法。

【实训器材】

外科刀、外科剪、镊子、显微镜、载玻片、酒精灯、接种环、擦镜纸、吸水纸、革兰氏染色液、美蓝染色液或瑞氏染色液、血液琼脂平板、麦康凯琼脂平板、家兔。

【实训内容】

巴氏杆菌病细菌学诊断。

【实训方法与步骤】

1. 细菌学诊断

（1）染色镜检：取心血、肝脏及病变的淋巴结做成涂片或触片，经甲醇固定后，用美蓝染色或瑞氏染色，镜检。巴氏杆菌为两极浓染的球杆菌，在新鲜的病料中常带有荚膜。

（2）分离培养：取心血、肝、脾组织等分别划线接种于血液琼脂平板和麦康凯琼脂平板，37 ℃ 培养 24 h，观察细菌的生长特性。巴氏杆菌在血液琼脂平板上形成淡灰色、圆形、湿润、露珠样小菌落，不溶血；在麦康凯琼脂平板上不生长。钩取血液琼脂平板上的典型菌落涂片，经美蓝染色或瑞氏染色后镜检，为两极浓染的球杆菌。革兰氏染色呈阴性。如需进一步检查，则钩取可疑菌落进行纯培养，对纯培养物进行生化试验鉴定。

2. 动物试验

取病料制成 1∶10 乳剂，或用细菌的液体培养物，取 0.2~0.5 mL 皮下注射家兔，经 24~48 h 动物死亡。置解剖盘内剖检观察其败血症变化。同时取心血、肝、脾组织涂片，分别进行美蓝染色或瑞氏染色、革兰氏染色，镜检可见大量两极浓染球杆状的巴氏杆菌，革兰氏染色阴性。

【实训报告】

写一份巴氏杆菌病综合诊断报告。

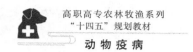

实训五　猪丹毒的实验室诊断

【实训目的】

掌握猪丹毒细菌学诊断方法。

【实训器材】

外科刀、外科剪、显微镜、酒精灯、接种环、载玻片、灭菌平皿、擦镜纸、革兰氏染色液、美蓝或瑞氏染色液、血液琼脂平板、血清琼脂平板、家兔、鸽子、小白鼠。

【实训内容】

猪丹毒的实验室诊断。

【实训方法与步骤】

1. 病料采集

可疑败血症型的采取心血、肝、脾、淋巴结等；疹块型的采取疹块部皮肤；慢性型的采取肿胀的关节内膜和心内膜疣状物。感染死亡实验动物采取心血和肝脏。注意无菌操作，做好实验所用器材的无菌处理。严防术者感染。

2. 染色镜检

取以上采集病料制成涂片或触片，经甲醇固定后，用革兰氏染色法染色，镜检。猪丹毒杆菌为革兰氏染色阳性的平直或微弯的纤细小杆菌，心内膜疣状物涂片常见有弯曲的长丝状菌体。

3. 分离培养

分别取以上病料接种于血液琼脂平板或血清琼脂平板，37 ℃培养 24 h，观察细菌的生长特性。猪丹毒杆菌长成针尖大小、灰白色、圆形、微隆起的露滴状小菌落或菲薄的小菌苔；在血液琼脂平板上菌落周围有狭窄绿色溶血环即呈 α 型溶血。钩取典型菌落涂片，经革兰氏染色法后镜检，为革兰氏染色阳性的平直或微弯的纤细小杆菌。如需进一步检查，则钩取可疑菌落进行纯培养，对纯培养物进行生化试验鉴定。

4. 动物试验

将病料制成 1 : 10 悬液，或用该菌的 24 h 血清肉汤培养液，取 0.5~1.0 mL 胸肌注射鸽子、0.2 mL 皮下注射小白鼠，经 2~5 天动物死亡，置解剖盘内剖检观察其病理变化，同时取心血、肝组织涂片，革兰氏染色后镜检，可见大量的猪丹毒杆菌。

【实训报告】

写一份猪丹毒综合诊断报告。

实训六　牛结核检疫技术

【实训目的】

掌握牛结核 PPD 皮内变态反应检疫技术。

【实训器材】

皮内注射器及针头、镊子、毛剪、卡尺、牛鼻钳、酒精棉、工作服、手套、冻干PPD、注射用水或灭菌生理盐水等。

【实训内容】

结核菌素（PPD）皮内变态反应。

【实训方法与步骤】

1. 操作方法

（1）将牛只编号后在颈侧中部上1/3处剪毛，3月龄以内犊牛可在肩胛部，直径约10 cm。用卡尺测量术部中央皮皱厚度，做好记录。注意术部应无明显病变。以75%酒精消毒术部。

（2）用注射用水或灭菌蒸馏水稀释PPD，不论大小牛只，一律皮内注射0.1 mL（含2 000 IU）。注射后局部应出现小泡，如对注射有疑问，应另选15 cm以外的部位或对侧重做。

PPD中未加防腐剂，稀释后应当天用完，剩余的不得第二次再用。在注射PPD时，0.1 mL的注射量不易准确，可加等量的注射用水后皮内注射0.2 mL。

（3）皮内注射后经72 h判定，仔细观察局部有无热痛、肿胀等炎性反应，并做好皮皱厚度记录。对疑似反应牛应立即在另一侧以同一批PPD同一剂量进行第二次皮内注射，再经72 h观察反应结果。对阴性牛和疑似反应牛于注射后96 h和120 h再分别观察一次，以防个别牛出现较晚的迟发型变态反应。

2. 结果判定

（1）阳性反应：局部有明显炎性反应，皮厚差大于或等于4.0 mm。

（2）疑似反应：局部炎性反应不明显，皮厚差大于或等于2.0 mm、小于4.0 mm。凡判定为疑似反应牛只，于第一次检疫60天后进行复检，其结果仍为疑似反应时，经60天再复检，如仍为疑似反应，则判为阳性。

（3）阴性反应：无炎性反应。皮厚差在2.0 mm以内。

【实训报告】

根据实训课的实际情况记录牛结核皮内变态反应检疫的操作方法，报告检疫结果。

实训七　布鲁菌病检疫技术

【实训目的】

初步掌握布鲁菌病的检疫方法。

【实训器材】

恒温培养箱、水浴箱、采血针头及注射器、灭菌采血试管、小试管、试管架、灭菌吸管、微量移液器及滴头、玻璃板、酒精灯、火柴或牙签、稀释液（0.5%苯酚生

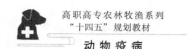

理盐水，用化学纯苯酚与氯化钠配制，经高压灭菌后备用。检疫羊用稀释液为含0.5%苯酚的10%氯化钠溶液）、煤酚皂或新洁尔灭、75%酒精棉，布鲁菌病虎红凝集抗原、布鲁菌病试管凝集抗原、布鲁菌病全乳环状抗原、布鲁菌病标准阳性血清和标准阴性血清。

【实训内容】

1. 虎红平板凝集试验。

2. 全乳环状试验。

3. 试管凝集试验。

【实训方法与步骤】

虎红平板凝集试验、乳牛全乳环状试验适用于家畜布鲁菌病田间筛选试验和乳牛场布鲁菌病的监测及诊断泌乳母牛布鲁菌病的初筛试验。试管凝集试验和补体结合试验均适用于诊断羊种、牛种和猪种布鲁菌病感染的家畜，实践中较多应用试管凝集试验。

1. 受检样品的采集

（1）血清：对被检牛及羊颈静脉采血、猪耳静脉或断尾采血 7 ~ 10 mL 于灭菌的试管内，摆成斜面使之凝固，随后直立于试管架上置室温下，经 10 ~ 12 h 析出血清，吸入小试管或青霉素瓶内，标明血清号及动物号，待检。如不能及时检查，按 9 mL 血清加入 1 mL 5%苯酚液保存，但不超过 15 天。

（2）乳样：被检乳样须为新鲜的全乳。采乳样时将母畜的乳房用温水洗净、擦干，然后将乳液挤入洁净的器皿中。采集的乳样夏季时应于当日内检查；保存于 2 ℃时，7 天内仍可使用。

2. 虎红平板凝集试验

取洁净玻璃板或白瓷板，用玻璃铅笔划成 4 cm² 方格，各格标记被检血清号，然后加相应血清 0.03 mL。在被检血清旁滴加布鲁菌病虎红抗原 0.03 mL，用火柴或牙签混合，4 min 内判定结果。每次试验应设阴性、阳性血清对照。在阴性、阳性血清对照成立的条件下，被检血清出现肉眼可见凝集现象者判为阳性（+）；无凝集现象，呈均匀粉红色者判为阴性（-）。

3. 全乳环状试验

取被检乳样 1 mL 于灭菌小试管内，加布鲁菌病全乳环状抗原 1 滴（约 50 μL）于乳样中，充分混匀，置 37 ~ 38 ℃水浴中 60 min，取出判定结果。

强阳性反应（+++）：乳脂层形成明显红色的环带，乳柱白色，临界分明；

阳性反应（++）：乳脂层的环带呈红色，但不显著，乳柱略带颜色；

弱阳性反应（+）：乳脂层的环带颜色较浅，但比乳柱颜色略深；

疑似反应（±）：乳脂层的环带颜色不明显，与乳柱分界不清，乳柱不褪色；

阴性反应（-）：乳柱上层无任何变化，乳柱着色，颜色均匀。

4. 试管凝集试验

以检测牛、马、鹿、骆驼血清为例。

（1）操作方法：取7支小试管置于试管架上，4支标记检验编号用于被检血清，3支作对照。如检多份血清，可只作一份对照。吸取0.5%苯酚生理盐水，第1管加入1.2 mL，第2~5管加0.5 mL，第6、7管不加。

另取吸管吸取被检血清0.05 mL加入第1管，反复吹吸3~4次混匀，吸出0.25 mL弃掉，再吸出0.5 mL加入第2管，吹吸混匀第2管，再吸出0.5 mL加入第3管，以此类推至第4管，混匀后吸出0.5 mL弃掉。第5管不加血清为抗原对照，第6管加1：25稀释的布鲁菌病阳性血清0.5 mL为阳性血清对照，第7管加1：25稀释的布鲁菌病阴性血清0.5 mL为阴性血清对照（表3-1）。

表3-1　布鲁菌试管凝集反应操作术式

试管号	1	2	3	4	5	6	7
					对照		
血清最终稀释倍数	1：50	1：100	1：200	2：400	抗原对照	阳性对照	阴性对照
0.5%苯酚生理盐水/mL	1.2	0.5	0.5	0.5	0.5	／	／
被检血清/mL	0.05	0.5	0.5	0.5	／	0.5	0.5
抗原（1：20）/mL	0.5	0.5	0.5	0.5	0.5	0.5	0.5
		弃去0.25			弃去0.5		

猪和羊的血清稀释法与上述基本一致，差异是第1管加1~15 mL稀释液和0.1 mL被检血清。

用0.5%苯酚生理盐水将布鲁菌病试管抗原进行1：20稀释后，每管加入0.5 mL，充分振荡混匀。至此，牛、马、鹿和骆驼的血清最终稀释度依次为1：50、1：100、1：200和1：400，猪和羊的血清最终稀释度依次为1：25、1：50、1：100和1：200。大规模检疫时也可只用2个稀释度。牛、马、鹿、骆驼用1：50和1：100，猪、山羊、绵羊和犬用1：25和1：50。

置37~40 ℃温箱24 h，取出检查并记录结果。

（2）反应强度及判定标准：

反应强度：在抗原对照、阳性血清对照及阴性血清对照管出现正确反应结果的前提下，根据被检血清各管中上层液体的透明度及管底凝集块的形状判定各管凝集反应的强度。

++++：管底有极显著的伞状凝集物，上层液体完全透明，表示菌体100%凝集；

+++：管底凝集物与"++++"相同，但上层液体稍有混浊，表示菌体75%凝集；

++：管底有明显凝集物，上层液体不甚透明，表示菌体50%凝集；

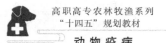

+：管底有少量凝集物，上层液体不透明，表示菌体25%凝集；

−：液体均匀混浊，不透明，管底无凝集，由于菌体自然下沉，管底中央有圆点状沉淀物，振荡时立即散开呈均匀混浊，表示菌完全不凝集。

判定标准：马、牛、鹿、骆驼在1∶100血清稀释度出现"++"以上的反应强度判为阳性，在1∶50稀释度出现"++"的反应强度判为可疑；猪、绵羊、山羊在1∶50血清稀释度出现"++"以上的反应强度判为阳性，在1∶25稀释度出现"++"的反应强度判为可疑。

可疑反应的家畜，经3~4周后采血重检。对于来自阳性畜群的被检家畜，如重检仍为可疑，可判为阳性；如畜群中没有临床病例及凝集反应阳性者，马和猪重检仍为可疑，可判为阴性，牛和羊重检仍为可疑，可判为阳性。

【注意事项】

采血最好在早晨或停食6 h后进行，以免血清混浊；采血时用一次性注射器，使血液沿管壁流入，避免发生气泡或污染管外及地面；冬季采血应防止冻结；每采血1份，应立即标记试管号和畜号；抗原使用前，需置于室温中使其温度达到20 ℃左右，用时充分摇匀，如有摇不散的凝块，不得使用。

【实训报告】

根据训练课实际情况报告牛布鲁菌病初筛及确定检疫的方法步骤，报告检疫结果。

实训八　鸡白痢的检疫

【实训目的】

掌握鸡白痢全血平板凝集试验检疫方法。

【实训器材】

玻璃板、定量滴管、吸管、金属丝环（内径7.5~8.0 mm）、酒精灯、针头、消毒盘、酒精棉、鸡白痢多价染色平板抗原、鸡白痢强阳性血清（500 IU/mL）、鸡白痢弱阳性血清（10 IU/mL）、鸡白痢阴性血清、70%酒精、煤酚皂等。

【实训内容】

鸡白痢全血平板凝集试验。

【实训方法与步骤】

1. 操作方法

取洁净玻璃板，用玻璃铅笔划成1.5~2 cm的方格，并编号。在20~25 ℃环境条件下，用定量滴管或吸管吸取鸡白痢多价染色平板抗原，垂直滴于玻璃板上1滴（约0.05 mL），然后用针头刺破鸡的翅静脉或冠尖取血0.05 mL（相当于内径7.5~8.0 mm金属丝环的两满环血液），与抗原充分混合均匀，并使其散开至直径为2 cm，不断摇动玻璃板，2 min内判定结果。

每次试验应设强阳性血清、弱阳性血清、阴性血清对照。

2. 反应强度及结果判定

（1）反应强度：

100%凝集（++++）：紫色凝集块大而明显，混合液稍混浊；

75%凝集（+++）：紫色凝集块较明显，但混合液有轻度混浊；

50%凝集（++）：出现明显的紫色凝集颗粒，但混合液较为混浊；

25%凝集（+）：仅出现少量的细小颗粒，而混合液混浊；

0%凝集（－）：无凝集颗粒出现，混合液混浊。

（2）结果判定：抗原与强阳性血清应呈100%凝集（++++），弱阳性血清应呈50%凝集（++），阴性血清不凝集（－），判试验有效。在2 min内，被检全血与抗原出现50%（++）以上凝集者为阳性，不发生凝集则为阴性，介于两者之间为可疑反应。可疑鸡隔离饲养1个月后再作检疫，若仍为可疑反应，按阳性反应判定。

本实验注意事项只适用于母鸡和1岁以上公鸡的检疫，对幼龄仔鸡不适用；反应低于20 ℃时，需将反应板在酒精灯外焰上方微加温，使板均匀受热，达到适宜的反应温度。

【实训报告】

根据实训课实际情况记录检疫方法及结果。

实训九　新城疫的诊断

【实训目的】

掌握鸡新城疫临床及病理学要点；较系统地了解和掌握新城疫的实验室诊断和免疫监测技术。

【实训器材】

温箱、照蛋器、蛋架、超净工作台、1 mL注射器、20～27号针头、镊子、酒精灯、天平、恒温培养箱、微型振荡器、离心机、离心管、微量移液器、96孔V型微量血凝板、注射器、针头、试管、吸管、阿氏液（配制方法见实训五）、pH 7.0～7.2的0.01 mol/L的磷酸盐缓冲液（PBS）、灭菌生理盐水、青霉素、链霉素、新城疫病毒抗原、新城疫标准阳性血清、9～11日龄SPF鸡胚。

【实训内容】

1. 鸡新城疫临床及病理学诊断。

2. 新城疫实验室诊断。

【实训方法与步骤】

1. 病毒的分离与鉴定

（1）样品的采集与处理：无菌操作采取病料，死禽采取大脑组织、气管、肺、肝、脾；活禽可用气管和泄殖腔拭子。

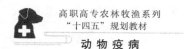

组织样品以灭菌生理盐水制成 1∶5（W/V）悬液；拭子浸入 2~3 mL 含青霉素 2 000 IU/mL、链霉素 2 mg/mL 的生理盐水中，粪便样品抗生素浓度提高 5 倍，反复挤压至无水滴出弃之。然后调 pH 7.0~7.4，37 ℃作用 1 h，以 1 000 r/min 离心 10 min，取上清液 0.2 mL 经尿囊腔接种 9~10 日龄 SPF 鸡胚（或种母鸡未经新城疫免疫的鸡胚），继续按常规孵化 4~5 天。

（2）培养物的收集与检测：将 24 h 以后死亡的和濒死的以及结束孵化时存活的鸡胚取出，置 4 ℃冰箱 4 h 或过夜冷却，收集尿囊液，用血凝及血凝抑制试验鉴定有无新城疫病毒增殖，同时观察鸡胚病变。感染阳性鸡胚出现充血和出血，头、翅和趾出血明显。为提高检出率，对反应阴性者可继续盲传 2~3 代，做进一步鉴定。

2. 微量血凝试验（HA）

确定收获的尿囊液是否有血凝性。

（1）1%鸡红细胞悬液的配制：采集 2~3 只健康公鸡血液与等量的阿氏液混合，放入离心管中，用 pH 7.0~7.2 0.01 mol/L PBS 液洗涤 3 次，每次均以 1 000 r/min 离心 10 min，弃掉血浆和白细胞层，最后吸取压积红细胞用 PBS 液配成体积分数为 1%的红细胞悬液。

（2）操作方法：

① 在 96 孔微量血凝板上，向第 1~11 孔各加入 25 μL PBS，12 孔不加。

② 吸取 25 μL 被检病毒液（感染尿囊液）加入第 1 孔，混合后吸出 25 μL 以加至第 2 孔，第 2 孔液体混合后，吸出 25 μL 加至第 3 孔，以此类推，稀释至第 10 孔，第 10 孔混合后吸出 25 μL 以弃去。第 11 孔不加病毒液，作红细胞对照，第 12 孔加新城疫病毒抗原 25 μL，作标准抗原对照。

③ 每孔再加入 25 μL PBS。

④ 吸取 1%红细胞悬液，每孔加入 25 μL（表 3-2）。

表 3-2 血凝试验操作

孔号	1	2	3	4	5	6	7	8	9	10	11	12
病毒稀释倍数	2^1	2^2	2^3	2^4	2^5	2^6	2^7	2^8	2^9	2^{10}	红细胞对照	抗原对照
磷酸盐缓冲液/μL	25	25	25	25	25	25	25	25	25	25	25	/
被检病毒液/μL	25	25	25	25	25	25	25	25	25	25	弃 25	25
磷酸盐缓冲液/μL	25	25	25	25	25	25	25	25	25	25	25	25
1%鸡红细胞悬液/μL	25	25	25	25	25	25	25	25	25	25	25	25
在微型振荡器上振荡 1 min 或手持血凝板摇动混匀 室温（18~20 ℃）下作用 30~40 min，或置 37 ℃温箱中作用 15~30 min 后观察结果												
结果举例	+	+	+	+	+	+	±	±	±	−	−	+

注：+为红细胞完全凝集；±为红细胞不完全凝集；−为红细胞不凝。

⑤ 将反应板置于微型振荡器上振荡 1 min，或手持血凝板摇动混匀，室温下（约20 ℃）静置 30~40 min 或 37 ℃温箱中作用 15~30 min，待红细胞对照孔红细胞全部沉淀后，判定结果。

结果判读时，将血凝板倾斜 45°角观察，凡沉于管底的红细胞沿着倾斜面向下呈线状流动即呈泪滴状流淌，与红细胞对照孔一致者，判为红细胞完全不凝集。

能使红细胞完全凝集的病毒液的最大稀释倍数称为血凝滴度或血凝价，亦代表一个血凝单位（HAU）。如表 3-2 举例结果中的血凝滴度为 $1：2^6$。

3. 微量血凝抑制试验（HI）

病毒鉴定试验。确定尿囊液中的病毒是否为新城疫病毒。

（1）4 单位待检病毒液的制备：将 HA 试验测定的病毒血凝滴度除以 4 即为 4HAU 病毒液的稀释倍数。如血凝价为 2 L，则 4 单位病毒液的稀释倍数应为 1：16（26/4）。吸取 HA 试验被检病毒液（感染尿囊液）1 mL 加 15 mL PBS 液，混匀即成。

（2）操作方法：

① 在 96 孔微量血凝板上，向第 1~11 孔各加入 25 μL PBS，12 孔不加。

② 吸取 25 μL 新城疫标准阳性血清加入第 1 孔，混匀后吸出 25 μL 加到第 2 孔，以此类推，倍比稀释至第 10 孔，第 10 孔混匀后吸出 25 μL 弃去。第 11 孔加入 4 倍稀释的标准阳性血清 25 μL，为 4 倍稀释的标准阳性血清对照；第 12 孔加入 4 倍稀释的标准阳性血清 25 μL，设为 4 单位标准抗原与 4 倍稀释的标准阳性血清的血凝抑制对照。

③ 吸取 4 单位待检病毒液，第 1~10 孔每孔加入 25 μL，第 11 孔不加，第 12 孔加入 4 单位标准抗原 25 μL（表 3-3）。

表 3-3　血凝抑制试验操作

孔号	1	2	3	4	5	6	7	8	9	10	11	12
血清稀释倍数	2^1	2^2	2^3	2^4	2^5	2^6	2^7	2^8	2^9	2^{10}	对照	对照
磷酸盐缓冲液/μL	25	25	25	25	25	25	25	25	25	25	25	/
标准阳性血清/μL	25	25	25	25	25	25	25	25	25	25	25	25
4 单位待检病毒液/μL	25	25	25	25	25	25	25	25	25	25	弃25	25
在微型振荡器上振荡 1 min 室温（18~20 ℃）下作用 20 min，或置 37 ℃温箱中作用 8~10 min												
1%鸡红细胞悬液/μL	25	25	25	25	25	25	25	25	25	25	25	25
在微型振荡器上振荡 15~30 s 室温下静置 30~40 min，或置 37 ℃温箱中作用 15~30 min 后观察结果												
结果举例	−	−	−	−	−	−	±	±	+	+	−	−

注：+为红细胞完全凝集；±为红细胞不完全凝集；−为红细胞不凝。

④ 在微型振荡器上摇匀，室温 18～20 ℃下作用 20 min，或置 37 ℃温箱中作用 5～10 min。

⑤ 吸取 1%红细胞悬液，每孔 25 μL。

⑥ 将反应板置于微型振荡器上振荡 15～30 s，或手持血凝板摇动混匀，并放室温 18～20 ℃下作用 30～40 min，或置 37 ℃温箱中作用 15～30 min 后取出，观察并判定结果。4 倍稀释的标准阳性血清对照孔应呈明显的圆点沉于孔底。

能完全抑制红细胞凝集的血清最大稀释度为该血清的血凝抑制滴度或血凝抑制价，一般用以 2 为底的对数 $\log_2$ 表示，如表 3-3 结果举例所示第 6 孔完全抑制，则血凝抑制滴度为 $1:2^6$，表示为 6 $\log_2$。

实践工作中多是利用病毒的血凝抑制试验，用已知的新城疫病毒抗原检测被检鸡血清中是否含有相应的抗体及其血凝抑制滴度，对鸡群进行新城疫免疫监测。

（3）疑似新城疫：有典型症状或典型病变。

（4）确诊新城疫：从疑似病例的样品中分离到 HA 滴度大于等于 2 的病毒，其血凝性能被新城疫标准阳性血清有效抑制。如确诊还需对分离毒株进行毒力测定，可进行鸡胚平均死亡时间（MDT）、1 日龄鸡脑内接种致死指数（ICPI）及 6 日龄鸡脑内接种致死指数（IVPI）等指标的测定，分离毒的 ICPI 大于或等于 0.7 可判断为中等或强毒新城疫感染。

【实训报告】

根据实训课实际情况报告诊断方法及结果。

【参考资料】

0.01 mol/L pH 7.0～7.2 的磷酸盐缓冲液（PBS）的配制：

氯化钠 8.0 g、无水磷酸氢二钠 1.44 g、磷酸二氢钠 0.24 g，溶于 800 mL 蒸馏水中，用 HCl 调 pH 7.0～7.4，加蒸馏水至 1 000 mL，分装，121 ℃ 20 min 高压灭菌，冷却后 4 ℃冰箱保存备用。

第二篇

动物寄生虫病

项目四　原虫病

任务一　人畜共患原虫性疾病

一、弓形虫病

本病是由弓形虫科（Toxoplasmatidae）弓形虫属（*Toxoplasma*）的龚地弓形虫（*Toxoplasma gondii*）寄生于动物和人的有核细胞中引起的疾病。多呈隐性感染，主要引起神经、呼吸及消化系统症状。对人致病性严重，是重要的人畜共患病。

【病原体】

龚地弓形虫，只此 1 种，但有不同的虫株。全部发育过程有 5 个阶段，即 5 种虫型：

速殖子又称滋养体。以二分裂法增殖。呈月牙形或香蕉形，一端较尖，一端钝圆。经姬姆萨或瑞氏染色后，胞浆呈淡蓝色，有颗粒，核呈深蓝色，位于钝圆一端。速殖子主要出现于急性病例。有时众多速殖子集聚在宿主细胞内，被宿主细胞膜所形成的假囊包围。

包囊又称组织囊。见于慢性病例的多种组织。包囊呈卵圆形，有较厚的囊壁，包囊可随虫体的繁殖而增大 1 倍。囊内的虫体以缓慢的方式增殖，称为慢殖子，数十个至数千个不等。在机体免疫力低下时，包囊可破裂，慢殖子从包囊中逸出，重新侵入新的细胞内形成新的包囊。但不会致宿主死亡。包囊是弓形虫在中间宿主体内的最终形式，可存在数月甚至终生。

裂殖体见于终末宿主肠上皮细胞内。呈圆形，内含 4~20 个裂殖子。游离的裂殖子前尖后钝。

配子体见于终末宿主。裂殖子经过数代裂殖生殖后变为配子体，大配子体形成 1 个大配子，小配子体形成若干小配子，大、小配子结合形成合子，最后发育为卵囊。

卵囊在终末宿主小肠绒毛上皮细胞内产生。随终末宿主粪便排出的卵囊为圆形，孢子化后为近圆形，含有 2 个椭圆形孢子囊，每个孢子囊内有 4 个子孢子。

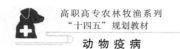

【生活史】

寄生宿主　中间宿主包括 200 多种动物和人。速殖子、包囊寄生于中间宿主的有核细胞内；急性感染时，速殖子可游离于血液和腹水中。猫（猫科动物）是唯一的终末宿主，在本病的传播中起重要作用。裂殖体、配子体、卵囊可寄生于终末宿主小肠绒毛上皮细胞中。

发育过程　弓形虫全部发育过程需要两种宿主。在中间宿主和终末宿主组织细胞内进行无性繁殖，称为肠内期发育；在终末宿主体内进行有性繁殖，称为肠外期发育。

中间宿主　吃入速殖子、包囊、慢殖子、孢子化卵囊、孢子囊等各阶段虫体或经胎盘均可感染。子孢子通过淋巴和血液循环进入有核细胞以内二分裂增殖，形成速殖子和假囊，引起急性发病。当宿主产生免疫力时，虫体繁殖受到抑制，在组织中形成包囊，并可长期生存。

猫吃入速殖子、包囊、慢殖子、卵囊、孢子囊等各阶段虫体均可感染。一部分虫体进入肠外期发育；另一部分虫体进入肠上皮细胞进行数代裂殖生殖后，再进行配子生殖，最后形成合子和卵囊，卵囊随猫的粪便排出体外。肠内期发育亦可在终末宿主体内进行，故终末宿主亦可作为中间宿主。猫从感染到排出卵囊需 3~5 天，高峰期在 5~8 天，卵囊在外界完成孢子化需 1~5 天。

【流行病学】

患病或带虫的中间宿主和终末宿主均为感染来源。速殖子存在于患病动物的唾液、痰、粪便、尿液、乳汁、肉、内脏、淋巴结、眼分泌物，以及急性病例的血液和腹腔液中；包囊存在于动物组织；卵囊存在于猫的粪便。中间宿主之间、终末宿主之间、中间宿主与终末宿主之间均可相互感染。

主要经消化道感染，也可通过呼吸道、损伤的皮肤和黏膜及眼感染，母体血液中的速殖子可通过胎盘进入胎儿，使胎儿发生生前感染。猫每天可排出 1 000 万个卵囊，可持续 10~20 天。

卵囊在常温下，可保持感染力 1~1.5 年，一般常用消毒剂无效，土壤和尘埃中的卵囊能长期存活。包囊在冰冻和干燥条件下不易生存，但在 4 ℃时尚能存活 68 天，有抵抗胃液的作用。速殖子和裂殖子的抵抗力最差，在生理盐水中，几小时后即丧失感染力，各种消毒剂均能杀死。

由于中间宿主和终末宿主分布广泛，故本病广泛流行，无地区性。

【症状】

主要引起神经、呼吸及消化系统症状。

急性型：突然废食，体温升高可达 40 ℃以上，呈稽留热型。食欲降低甚至废绝。便秘或腹泻，有时粪便带有黏液或血液。呼吸急促，咳嗽。眼内出现浆液性或脓性分泌物，流清鼻涕。皮肤有紫斑，体表淋巴结肿胀。孕畜流产或产死胎。发病后数日出现神经症状，后肢麻痹，病程 2~8 天，常发生死亡。耐过后转慢性型。

慢性型：病程较长，表现为厌食，逐渐消瘦、贫血。随着病情发展，可出现后肢麻痹。个别可导致死亡，但多数动物可耐过。

【病理变化】

急性病例多见于年幼动物，出现全身性病变，淋巴结、肝、肺和心脏等器官肿大，有许多出血点和坏死灶；肠系膜淋巴结呈索状肿胀，切面外翻；肠道重度充血，肠黏膜可见坏死灶，肠腔和腹腔内有多量渗出液。慢性病例多可见内脏器官水肿，并有散在的坏死灶。隐性感染主要是在中枢神经系统内见有包囊，有时可见有神经胶质增生性肉芽肿性脑炎。

【诊断】

本病的症状、病理变化和流行病学虽有一定的特点，但仍不能以此作为确诊的依据，必须查出病原体或特异性抗体。

急性病例可用肺、淋巴结和腹水做成涂片，用姬姆萨或瑞氏染色法染色，检查有无滋养体。将肺、肝、淋巴结等组织研碎，加入 10 倍生理盐水，室温下放置 1 h，取其上清液 0.5~1 mL 接种于小鼠腹腔，观察是否出现症状，1 周后剖杀取腹腔液镜检，阴性者需传代至少 3 次。

血清学诊断主要有染料试验、间接血凝试验、间接免疫荧光抗体试验、ELISA 等。

【治疗】

尚无特效药物。急性病例用磺胺类药物有一定疗效。磺胺-6-甲氧嘧啶，每千克体重 60~100 mg，口服；或按每千克体重加甲氧苄氨嘧啶增效剂 14 mg，口服，每日 1 次，连用 4 次。磺胺嘧啶，每千克体重 70 mg，或二甲氧苄氨嘧啶，每千克体重 14 mg，口服，每日 2 次，连用 3~4 天。

【防控措施】

主要防止猫粪污染食物、饲料和饮水；消灭鼠类，防止野生动物进入牧场；病死动物和流产胎儿要深埋或高温处理；发现患病动物及时隔离治疗；禁止用未煮熟的肉喂猫和其他动物；防止饲养动物与猫、鼠接触；加强饲养管理，提高动物抗病能力。

思考题

简述弓形虫的防制要点。

二、隐孢子虫病

本病是由隐孢子虫科（Cryptosporididae）隐孢子虫属（*Cryptosporidium*）的多种

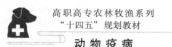

隐孢子虫寄生于牛、羊和人胃肠黏膜上皮细胞内引起的疾病，是重要的人畜共患病。主要特征为严重腹泻。

【病原体】

隐孢子虫，卵囊呈圆形或椭圆形，卵囊壁薄而光滑，无色。孢子化卵囊内无孢子囊，内含 4 个裸露的子孢子和 1 个残体。主要有小鼠隐孢子虫（*C. muris*）和小隐孢子虫（*C. parvum*），前者寄生于胃黏膜上皮细胞绒毛层内，后者寄生于小肠黏膜上皮细胞绒毛层内。

【生活史】

隐孢子虫的发育过程与球虫相似，也有裂殖生殖、配子生殖和孢子生殖阶段。

裂殖生殖　牛、羊等吞食孢子化卵囊而被感染，子孢子进入胃肠上皮细胞绒毛层内进行裂殖生殖，产生 3 代裂殖体，其中第 1、3 代裂殖体含 8 个裂殖子，第 2 代裂殖体含 4 个裂殖子。

配子生殖　第 3 代裂殖子中的一部分发育为大配子体、大配子（雌性），另一部分发育为小配子体、小配子（雄性），大、小配子结合形成合子，外层形成囊壁后发育为卵囊。

孢子生殖　配子生殖形成的合子，可分化为两种类型的卵囊，即薄壁型卵囊（占 20%）和厚壁型卵囊（占 80%）。薄壁型卵囊可在宿主体内脱囊，造成宿主的自体循环感染；厚壁型卵囊发育为孢子化卵囊后，随粪便排出体外，牛、羊等吞食后重复上述发育过程。与球虫发育过程不同的是，卵囊的孢子化过程是在宿主体内完成，排出的卵囊已经孢子化。

【流行病学】

传播特性　感染来源为患病或带虫牛、羊和人，卵囊存在于粪便中。隐孢子虫不具有明显的宿主特异性，多数可交叉感染。人的感染主要来源于牛，人群中也可以互相感染。经口感染，也可通过自体感染。还可以感染马、猪、犬、猫、鹿、猴、兔、鼠类等。哺乳动物的隐孢子虫病均有其各自的病原体。本病在艾滋病人群中感染率很高，是重要的致死原因之一。卵囊对外界环境抵抗力很强，在潮湿环境中可存活数月，对大多数化学消毒剂有很强的抵抗力，50% 氨水、30% 福尔马林作用 30 min 才能将其杀死。

流行特点　犊牛和羔羊多发，而且发病严重。人群中以 1 岁以下婴儿感染比较普遍。呈世界性分布，已有 70 多个国家报道。我国绝大多数省区存在本病，人、牛的感染率均很高。

【症状】

潜伏期为 3~7 天。表现精神沉郁，厌食，腹泻，消瘦，粪便带有黏液，有时带有血液。有时体温升高。羊的病程为 1~2 周，死亡率可达 40%，牛的死亡率可达 16%~40%。

【病理变化】

犊牛以组织脱水，大肠和小肠黏膜水肿、有坏死灶，肠内容物含有纤维素块和黏液。羔羊皱胃内有凝乳块，小肠黏膜充血和肠系膜淋巴结充血水肿。在病变部位有发育中的各期虫体。

【诊断】

要点为根据流行病学特点、症状、剖检变化及实验室检查综合确诊。实验室检查是确诊本病的重要依据。病料涂片后用改良的酸性染色法染色后镜检，卵囊被染成红色，此法检出率较高。采用荧光显微镜检查，卵囊显示苹果绿荧光，检出率很高，是目前最常用的方法之一。死后刮取消化道病变部位黏膜涂片染色，可发现各发育期的虫体而确诊。由于隐孢子虫卵囊较小，粪便中卵囊的检出率低。

【治疗】

目前尚无特效药物，国内曾有报道大蒜素对人隐孢子虫病有效。国外有采用免疫学疗法的报道，如口服单克隆抗体、高免兔乳汁等方法治疗病人。有较强抵抗力的牛、羊，采用对症疗法和支持疗法有一定效果。

【防控措施】

加强饲养管理，提高动物免疫力，是目前唯一可行的办法。发病后要及时进行隔离治疗。严防牛、羊及人等粪便污染饲料和饮水。

思考题

1. 简述隐孢子虫病原学特点。
2. 简述隐孢子虫的防制要点。

三、结肠小袋虫病

本病是由小袋科（Balantidiidae）小袋属（*Balantidium*）的结肠小袋纤毛虫（*Balantidium coli*）寄生于猪和人的大肠（主要是结肠）所引起的疾病。主要特征为隐性感染，重者表现为腹泻。

【病原体】

结肠小袋虫，在发育过程中有滋养体和包囊两个阶段。

滋养体一般呈不对称的卵圆形或梨形。体表有许多纤毛，沿斜线排列成行，其摆动可使虫体运动。虫体前端略尖，其腹面有1个胞口，与漏斗状的胞咽相连。胞口与胞咽处亦有许多纤毛。虫体中部和后部各有1个伸缩泡。大核多在虫体中央，呈肾形，小核呈球形，常位于大核的凹陷处。

包囊呈圆形或椭圆形，囊壁较厚而透明。在新形成的包囊内，可见到滋养体在囊内活动但不久即变成一团颗粒状的细胞质。包囊内有核、伸缩泡，甚至食物泡。

【生活史】

猪吞食小袋虫的包囊而感染，囊壁被消化后，滋养体逸出进入大肠，以二分裂法进行繁殖。当环境条件不适宜时，滋养体即形成包囊。滋养体和包囊均可随粪便排出体外。

【流行病学】

感染来源为患病或带虫猪和人。主要感染猪和人，有时也感染牛、羊及鼠类。包囊有较强的抵抗力，在室温下至少可保持活力2周，在潮湿的环境下可活2个月，在直射阳光下3 h死亡，在10%福尔马林中存活4 h。本病分布较为广泛，南方地区多发。一般发生在夏、秋季节。

【症状】

因猪的年龄、饲养管理条件、季节不同而有差异。急性型多突然发病，短时间内死亡。慢性型可持续数周至数月，主要表现为腹泻，粪便由半稀转为水泻，带有黏液碎片和血液，并有恶臭。精神沉郁，食欲减退或废绝，喜躺卧，全身颤抖，有时体温升高。重症可死亡。仔猪严重，成年猪常为带虫者。

【病理变化】

一般无明显变化。当宿主消化功能紊乱或因其他原因肠黏膜损伤时，虫体可侵入肠壁形成溃疡，主要发生在结肠，其次是直肠和盲肠。

【诊断】

要点为生前根据症状和在粪便中检出滋养体和包囊确诊。急性病例的粪便中常有大量能运动的滋养体，慢性病例以包囊为多。用温热的生理盐水5~10倍稀释粪便，过滤后吸取少量粪液涂片镜检。也可滴加0.1%碘液，使虫体着色而便于观察。还可刮取肠黏膜作涂片检查。

【治疗】

可选用土霉素、四环素、金霉素或甲硝唑等药物。

【防控措施】

主要是搞好猪场的环境卫生和消毒工作；饲养人员注意个人卫生和饮食清洁，以防感染。

思考题

1. 简述结肠小袋虫病原学特点。
2. 简述结肠小袋虫的防制要点。

四、利什曼原虫病

本病是由锥虫科（Trypanosomidae）利什曼属（*Leishmania*）的杜氏利什曼原虫（*Leishmania donovani*）寄生于哺乳动物和人的内脏引起的人畜共患的慢性寄生虫病。利什曼原虫病又称黑热病（Kala-azar），新中国成立以前，在我国鲁、苏、皖、豫、冀、晋、陕、甘各省流行严重，最严重地区死亡率高达40%，成为我国人群中五大寄生虫病之一。新中国成立以后，政府大力开展防治工作，在20世纪50年代末，该病已基本被消灭。

【病原体】

杜氏利什曼原虫在人和犬体内寄生时，为椭圆形小体，长2~4 μm，宽1.5~2 μm，俗称利杜体，寄生于肝、脾、淋巴结的网状内皮细胞中，在血液的白细胞中少见。在姬姆萨染色抹片中，虫体呈淡蓝色，核呈深红色；动基体为紫色或红色，在传播者体内，则由圆形演变成前鞭毛型，为一柳叶形虫体，动基体移至核前方，有一鞭毛，无波动膜。

【生活史】

传播者是白蛉属（*Phlebotomus*）的昆虫，虫体被白蛉吸血时食入后，在其肠内繁殖，并形成前鞭毛型虫体；7~8天后，返回口腔内。白蛉再度吸血时使宿主感染。

【症状及病理变化】

犬患利什曼原虫病后，症状表现很不一致，有时（通常是幼犬）有中度体温波动，并呈现渐进性贫血和消瘦。可自然康复，亦可能衰竭而死。有些因脾肿大出现腹水，淋巴结肿大和腹痛，病的后期在头部（耳、鼻、眼的周围）有脱毛，皮脂外溢，生有结节并出现溃疡。死后剖检可见脾肿胀。

【治疗】

常用的药物有葡萄糖酸锑钠、斯锑波芬等。由于此病为人畜共患病，且已基本消灭，因此如果突然发现新发病的病犬，以扑杀为宜。

思考题

1. 简述利什曼原虫病原学特点。
2. 简述利什曼原虫的生活史。

任务二　动物原虫性疾病

一、伊氏锥虫病

本病是由锥虫科（Trypanosomidae）锥虫属（*Trypanosoma*）的伊氏锥虫

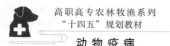

（*Trypanosoma evansi*）引起的疾病，亦称苏拉病。是马属动物、牛、骆驼的常见疾病。马属动物感染后，取急性经过，病程一般 1~2 个月，死亡率高。牛及骆驼，虽有急性并死亡的病例，但多数为慢性，少数呈带虫状态。

本虫的宿主范围很广，除上述动物外，犬、猪、羊、鹿、象、虎、兔、豚鼠、大白鼠、小白鼠均能感染。

【病原体】

伊氏锥虫为单形型锥虫，细长柳叶形，长 18~34 μm，宽 1~2 μm，前端比后端尖。细胞核位于虫体中央，椭圆形。距虫体后端约 1.5 μm 处有一小点状动基体。靠近动基体为一生毛体，自生毛体生出鞭毛 1 根，沿虫体伸向前方并以波动膜与虫体相连，最后游离，游离鞭毛约长 6 μm。在压滴标本中，可以看到虫体借波动膜的活动而使虫体活泼运动。

【生活史】

伊氏锥虫寄生在动物的血液中（包括淋巴液）和造血器官中以纵分裂法进行繁殖。由虻及吸血蝇类（螫蝇和血蝇）在吸血时进行传播。这种传播纯粹是机械性的，即虻等在吸家畜血液后，锥虫进入其体内并不进行任何发育，生存时间亦较短暂，而当虻等再吸其他动物血时，即将虫体传入后者体内。人工抽取病畜的带虫血液，注射入健畜体内，能成功地将本病传给健畜。

【流行病学】

1. 易感动物

马、驴、骡、犬易感性最强，在实验动物中，大白鼠、小白鼠也具有极强的易感性。马感染后一般呈急性发作。小白鼠在人工接种后多在 10 天内发病死亡。驼、牛则易感性较弱，虽有少数在流行之初因急性发作而死亡，但多数呈带虫状态而不发病；但待畜体抵抗力减低时，特别是天冷、枯草季节则开始发作，并呈慢性经过，最后陷于恶液质而死亡。国外多认为猪带虫而不发病，但近年来江苏、安徽、江西等地偶有发病致死的报道。

2. 传染来源

由于本虫宿主广泛，对不同种类的宿主，致病性差异很大，一些感染而不发病的动物可长期带虫，成为传染源。此外，如骆驼、牛等，在感染而未发病阶段或药物治疗后未能完全杀灭其中虫体时，亦可作为传染源。

3. 感染途径

除吸血昆虫外，消毒不完全的手术器械包括注射用具，给病畜使用后，再用于健畜时，也可造成感染。孕畜罹病可使胎儿感染。肉食兽在食入病肉时可以通过消化道的伤口感染。

4. 地理分布和流行季节

本病流行于热带和亚热带地区，发病季节和传播昆虫的活动季节相关。但牛和一些耐受性较强的动物，经吸血昆虫传播后，动物常感染而不发病，待到枯草季节或劳役过度、抵抗力下降时，才引起发病。

【致病作用】

锥虫在血液中寄生，迅速增殖，产生大量有毒代谢产物，宿主亦产生溶解锥虫的抗体，使锥虫溶解死亡，释放出毒素。伊氏锥虫体表的表面可变糖蛋白（variable surface glucoprotein，VSG），具有极强的抗原变异性。虫体在血液中增殖的同时，宿主的抗体亦相应产生，在虫体被消灭时，却有一部分 VSG 发生变异的虫体，逃避了抗体的作用，重新增殖，从而出现新的虫血症高潮，如此反复致使疾病出现周期性的高潮。

虫体毒素作用的结果，首先是中枢神经系统受损伤，引起体温升高和运动障碍；对造血器官的损伤则引起贫血；红细胞的溶解，易出现贫血与黄疸；对血管壁渗透作用的损伤，导致皮下水肿，肝脏的损伤；虫体对糖的大量消耗，出现低血糖症和酸中毒现象。

【症状】

因各种家畜的易感性不同而表现各异。

马属动物易感性较强，经过 4~7 天的潜伏期，体温升高到 40 ℃ 以上，稽留数日，体温回复到正常，经短时间的间歇，体温再度升高，如此反复。随着体温升高，病马精神不振，呼吸急促，脉搏频数，食欲减退；数日后体温暂时正常时，以上症状亦有所减退或消失。间歇 3~6 天后，体温再度上升，以上症状也再次出现，如此反复。病马逐渐消瘦，被毛粗乱，眼结膜初充血，后变为黄染，最后苍白，且在结膜、瞬膜上可见有米粒大到黄豆大的出血斑，眼内常附有浆液性到脓性分泌物。疾病后期体表水肿，水肿多见于腋下、胸前。精神沉郁日渐发展，终至昏睡状，最后可见共济失调，行走左右摇摆，举步困难，尿量减少，尿色深黄、黏稠，含蛋白和糖。体表淋巴结轻度肿胀。消化道的变化似无一定规律。

血液检查，红细胞数急剧下降，白细胞变化无规律，有时血片中可见锥虫，锥虫的出现似有周期性，且与体温的变化有一定关系。在体温升高时较易检出虫体。

牛有较强的抵抗力，多呈慢性经过或带虫而不发病，但如果饲养管理条件较差，牛只抵抗力减弱，则可呈散发。发病时体温升高，数日后体温回复，经一定时间间歇后，体温再度升高。牛发病后其症状与马的症状基本相似，但发展较慢。水肿可由胸腹下垂部延伸到四肢下部。在发生水肿后，皮肤常龟裂，并流出淋巴液或血液。牛的另一特有症状是耳、尾的干性坏死，这种干性坏死发生在尾尖和耳尖，能致尾端和耳壳边缘坏死后脱落。但亦有认为本症状与本病无关者。

骆驼伊氏锥虫病，当地俗称"驼蝇疫""青干病"，多为慢性病程，可长达数年，如不治疗常最终死亡。人工感染潜伏期 11~14 天，而后体温升高到 40 ℃，稽留 1~2 周，体温逐步恢复，一段时间后体温再度上升，如此反复后，病驼逐渐消瘦，精神沉

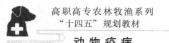

郁，使役无力，不爱活动，嗜伏卧。伏卧时常伸颈并贴于地面，眼半闭。被毛干枯，脱落，眼结膜初充血，后郁血，有黏液性到黏液脓性分泌物，瞬膜上有时可见出血斑点。驼峰萎缩，淋巴结肿大，腹下四肢可见水肿。病后期食欲废绝，反刍停止，磨牙，腹痛，心音亢盛，终至死亡。

【病理变化】

皮下水肿为本病的主要特征，最多发部位是胸前、腹下、公畜的阴茎部分。体表淋巴结肿大充血，断面呈髓样浸润，血液稀薄，凝固不良。胸、腹腔内常有大量浆液性液体，胸膜及腹膜上常有出血点。骨骼肌混浊肿胀。脾肿大，表面有出血点。肝肿大瘀血，表面粗糙，质脆，有散在性脂肪变性。肾肿大，混浊肿胀，有点状出血，被膜易剥离。反刍兽第三、四胃黏膜上有出血斑。心脏肥大，有心肌炎，心包膜有点状出血。有神经症状的病畜，脑腔积液，软脑膜下充血或出血，侧脑室扩大，室壁有出血点或出血斑。腰背部脊椎出现脊髓灰白质炎。

【诊断】

可根据流行病学、症状、血液学检查、病原学检查和血清学诊断，进行综合判断，但以病原学检查最为可靠。

1. 流行病学诊断

在本病流行地区的多发季节，发现有可疑症状的病畜，应进一步考虑是否是本病。

2. 症状

首先应注意体温变化，如同时呈现长期瘦弱、贫血（最好进行血液学检查）、黄疸、瞬膜上常可见出血斑，体下垂部水肿，在牛只耳尖及尾梢出现干性坏死等，多可疑为本病。

3. 病原学检查

在血液中查出病原，是最可靠的诊断依据。但由于虫体在末梢血液中的出现有周期性，且血液中虫体数量忽高忽低，因此，即使是病畜也必须多次检查，才能发现虫体。血液中虫体的检查方法有数种，介绍如下：

（1）压滴标本检查。耳静脉或其他部位采血一滴，于洁净载玻片上，加等量生理盐水，混合后，覆以盖玻片，用高倍镜检查。如为阳性可在血细胞间见有活动的虫体。此法检查时，因血片未经染色，故采光时，视野应较暗，方易发现。

（2）血片检查。按常规制成血液涂片，用姬姆萨染色或瑞氏染色后，镜检。

（3）试管采虫检查。采血于离心管中，加抗凝剂在离心机中，以 1 500 r/min 离心 10 min，则红细胞下沉于管底，因白细胞和虫体均较红细胞轻，故位于红细胞沉淀的表面。用吸管吸取沉淀表层，涂片、染色、镜检，可提高虫体检出率。

（4）毛细管集虫检查。取内径 0.8 mm，长 12 cm 的毛细管，先将毛细管以肝素处理，吸入病畜血液插入橡皮泥中，以 3 000 r/min 离心 5 min，而后将毛细管平放于载玻片上，在 10×10 倍显微镜下，检查毛细管中红细胞沉淀层的表层，即可见有活动的虫体存在。

（5）动物接种试验。采病畜血液 0.1~0.2 mL，接种于小白鼠的腹腔。隔 2~3 天后，逐日采尾尖血液，进行虫体检查。如病畜感染有伊氏锥虫，则在半个月内，可在小白鼠血内查到虫体，此法检出率极高。

4. 血清学诊断

检查伊氏锥虫病的血清学诊断法，种类很多，但经实际推广并被采用的，早期是补体结合反应，近年来基层兽医站多采用间接血凝反应。该法敏感性高，操作简单。在人工接种后 1 周左右，即呈现阳性，并可维持到 4~8 个月。

【治疗】

治疗要早，用药量要足，现在常用的药物有以下几种，可供选用：

① 萘磺苯酰脲：商品名纳加诺或拜尔 205 或苏拉明；

② 硫酸甲基喹嘧胺：商品名硫酸甲酯安锥赛；

③ 三氮脒：商品名贝尼尔或称血虫净；

④ 氯化氮胺菲啶盐酸盐：商品名沙莫林；

⑤ 二氟甲基鸟氨酸；

⑥ 锥净。

锥虫病畜经以上药物治疗后，有少数经过一定时间后可复发，复发的病例可对原使用药物产生一定抗药性，建议改用另一种药物治疗。

【防控措施】

加强饲养管理，尽可能消灭虻、厩蝇等传播媒介，临床更常用药物预防。有一种商品名为安锥赛预防盐的药物最为理想。该药由硫酸甲基铵锥塞与氯化铵锥塞以 3：2 的比例混合组成，注射后，氯化铵锥塞吸收缓慢而收到预防的效果。

思考题

简述锥虫的形态特征和生活史。

二、马媾疫

本病是由锥虫科（Trypanosomidae）锥虫属（*Trypanosoma*）的马媾疫锥虫（*Trypanosoma equiperdum*）寄生于马属动物的生殖器官而引起的慢性原虫病。早年曾广泛流行于美洲、东欧、亚洲、非洲。我国西北、东北、内蒙古、河南、安徽等省均有报道，经大力防治，已很少发生。

【病原体】

马媾疫锥虫的形态与伊氏锥虫无明显区别，但生物学特性则有很大差异。仅马属

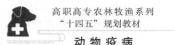

动物有易感性，主要寄生于病畜的生殖道黏膜、水肿液及短暂地寄生于血液中。实验动物虽可人工感染，但常需盲传数代。

传染途径：主要通过病马与健马交配传染，人工授精时，器械未经严格消毒也可发生感染。有些马匹感染后暂时不出现明显症状而为带虫者，常成为主要传染来源。

【致病作用和症状】

公马尿道或母马阴道黏膜被感染后，在局部繁殖引起炎症；少数虫体周期性地侵入病畜血液和其他器官，产生毒素，引起多发性神经炎，潜伏期一般8~28天，少数可长达3个月。

【临床表现】

一般可分为3期。第1期为水肿期，公马开始为阴茎鞘水肿，局部触诊呈面团状，无热无痛，并继续向阴囊及腹下扩展；尿道流出黏液，尿频，性欲旺盛。母马阴唇水肿，阴道流出黏液，水肿部亦无热无痛；后期可出现溃疡，溃疡愈合后，留有无色素斑。第2期为皮肤丘疹期，在生殖系统发生病变后的一个月，在病马的胸、腹和臀部上出现无痛的扁平丘疹，圆形或椭圆形，直径5~15 cm，中央凹陷，周边隆起，常突然出现，称"银元疹"，通常数小时或数天后自行消失；消失后在身体的其他部位可重新出现；疹块消失后局部可见脱毛或色素消失。第3期为神经症状期，即病的后期。以局部肌肉神经麻痹为主；当腰神经与后肢神经麻痹时，跛行，步态强拘；颜面神经麻痹时，则见咀唇歪斜，耳及眼睑下垂。咽麻痹的出现，则呈现吞咽困难。

整个病程中，体温只一时性升高，后期有些病马有稽留热。病后期出现贫血，瘦弱，最后死亡，死亡率可达50%~70%。

【诊断】

上述症状如按一定的顺序发生，则足以作为诊断的可靠依据。显微镜检查尿道或阴道的分泌物或丘疹发生时的丘疹部组织液，发现锥虫时，也是确诊的根据。动物接种可取病料接种于鼠、兔等动物，常需盲传一代，但是否能感染成功，结果往往不一致。血清学诊断有补体结合反应，补反抗体在感染后的3~4周后才出现在血液中。其他用于伊氏锥虫的血清学反应是否适用于本病诊断，尚待证实。

【治疗】

治疗伊氏锥虫的药物均可用于本病。

【防控措施】

本病在我国已基本被消灭，在此情况下，如发现病畜，除非是特别名贵的种马，否则应及时淘汰，以绝后患。

饲养名贵种马的马场应废除本交，采用人工授精；对公马应在配种季节前，用喹嘧胺预防盐定期进行预防注射。公、母马分开饲养；阉割无种用价值的公马。加强人工授精器械的消毒。

思考题

简述马媾疫的形态构造。

三、组织滴虫病

组织滴虫病亦称传染性盲肠肝炎或黑头病，是由毛滴虫科（Trichomonadidae）组织滴虫属（*Histomonas*）的火鸡组织滴虫（*Histomonas meleagridis*）寄生于禽类盲肠和肝引起的疾病。多发于火鸡和雏鸡，成年鸡也能感染。孔雀、珍珠鸡、鹌鹑、野鸭中也有本病的流行。

【病原体】

火鸡组织滴虫为多形性虫体，大小不一，近圆形或变形虫形，伪足钝圆。无包囊阶段。盲肠腔中虫体的直径为 5~16 μm，常见一根鞭毛；虫体内有一小盾（pelta）和一个短的轴柱。在肠和肝组织中的虫体无鞭毛，初侵入者直径 8~17 μm，生长后可达 12~21 μm，陈旧病变中的虫体仅 4~11 μm，存在于吞噬细胞中。

【生活史】

以二分裂繁殖。寄生于盲肠内的组织滴虫，被盲肠内寄生的异刺线虫吞食，进入其卵巢中，转入其虫卵内；当异刺线虫排卵时，组织滴虫即存在卵中，并受卵壳的保护。当异刺线虫卵被鸡吞入时，孵出幼虫，组织滴虫亦随幼虫走出，侵袭鸡只。

【症状】

潜伏期 7~12 天，以火鸡易感性最强，病禽呆立，翅下垂，步态蹒跚，眼半闭，头下垂，食欲缺乏，部分病鸡冠、髯部发绀，呈暗黑色，因而有"黑头病"之名，病程 1~3 周。病变主要在盲肠及肝，剖检见一侧或两侧盲肠肿胀，肠壁肥厚，内腔有干酪状的盲肠肠心，间或盲肠穿孔。肝脏出现黄绿色圆形坏死灶，直径可达 1 cm，在肝表面者，明显易见，可单独存在，亦可相互融合成片状。

【诊断】

根据流行病学及病理变化，特别是肝脏病变，具较大特征性，再结合观察盲肠病变，可做出确诊。检查盲肠内容物时，以温生理盐水（40 ℃）稀释，做悬滴标本检查，可在显微镜下发现活动的虫体。

【预防】

本病是通过异刺线虫的寄生进行传播，因此，预防异刺线虫在鸡群的流行，是预防本虫的根本措施。其次，火鸡对本虫具有较高的易感性，而成年鸡往往带虫而不发病，因此，火鸡与鸡不能同场饲养，更不能将养鸡场改养火鸡。

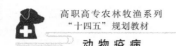
【治疗】

可选用下列药物：

① 呋喃唑酮（痢特灵）。按 400 mg/kg 混于饲料，连用 1 周，预防时浓度减半。

② 甲硝唑（灭滴灵）。按 250 mg/kg 混于饲料中。

此外，二甲硝咪唑、卡巴松、2-氨基 5-硝基噻唑亦可选用。

需要指出的是，呋喃唑酮和甲硝唑是我国食品动物禁用药物，因此，上述药物不能用于肉鸡和蛋鸡等食品动物，只能用于观赏鸟类。

思考题

简述组织滴虫的生活史。

四、贾第虫病

贾第鞭毛虫病是贾第属（*Giardia*）的一些原生动物寄生于肠道引起的疾病。本属的原虫形态均很相似，但具有宿主特异性，因此，根据宿主的不同而分为不同的种，如牛贾第虫（*G. bovis*）、山羊贾第虫（*G. caprae*）、犬贾第虫（*G. canis*）、蓝氏贾第虫（*G. lamblia*）（人）等。

【病原体】

虫体有滋养体和包囊两种形态。滋养体状如对切的半个梨形，前半部呈圆形，后半部逐渐变尖，长 9~20 μm，宽 5~10 μm，腹面扁平，背面隆突。腹面具有两个吸盘。有两个核。4 对鞭毛，按位置分别称为前、中、腹、尾鞭毛。体中部尚有 1 对中体。包囊呈卵圆形，长 9~13 μm，宽 7~9 μm，虫体可在包囊中增殖，因此，可见囊内有 2 个核或 4 个核，少数有更多的核。

【生活史】

兽医上具有重要性的是犬的疾病。虫体以包囊传播，包囊随粪便排出体外，污染食物和饮水，被健犬食入而遭感染。在十二指肠内脱囊变成滋养体，在十二指肠壁和胆囊中寄生并繁殖，引起肠炎。滋养体落入肠腔，随食糜到达肠后端，即形成包囊排出体外。

【致病作用】

本虫对家畜的致病性存在争议：有时粪便中查到包囊，但不发病，故有人认为无致病性。但确有发病者，用药物治疗后，虫体消失，症状消失。幼犬发病时主要表现为下痢，粪便灰色，带有黏液或血液，精神沉郁，消瘦，后期出现脱水症状。成年犬仅表现为排出多泡沫的糊状粪便；体温、食欲多无变化。

【诊断】

检查粪便时，用新鲜粪便加生理盐水做成抹片，可见活动的虫体。如以硫酸锌漂浮法，可查到包囊。

【治疗】

可选用甲硝唑（灭滴灵）、呋喃唑酮（痢特灵）和甲硝磺咪唑。

思考题

1. 简述贾第虫的生活史。
2. 简述贾第虫的形态构造。

五、鸡球虫病

本病是由艾美耳科（Eimeriidae）艾美耳属（*Eimeria*）的各种球虫寄生于鸡的肠道所引起的疾病。鸡球虫病是养禽业中重要的、常见的一种疾病，它对养鸡生产具有十分严重的危害，分布很广，世界各地普遍发生，15～50 日龄的雏鸡发病率高，死亡率可高达80%，病愈的雏鸡生长发育受阻，长期不能康复。成年鸡多为带虫者，但增重和产蛋受到一定的影响。全世界每年用于药物预防的费用已超过数亿美元。

【病原体】

寄生在鸡的艾美耳球虫，全世界报道的有 9 种，但为世界所公认的有 7 种。我国报道至少有 7 种艾美耳球虫。

1. 柔嫩艾美耳球虫（*E. tenella*）

寄生于盲肠，致病力最强，实验感染 100 000 个孢子化卵囊能引起发病、死亡或增重剧减，盲肠高度肿胀，黏膜出血。卵囊为宽卵圆形，少数为椭圆形，大小为（19.5～26）μm×（16.5～22.8）μm，平均为 22.0 μm×19.0 μm，卵囊指数为 1.16。原生质呈淡褐色，卵囊壁为淡绿黄色，厚度约 1 μm，孢子发育的最短时间为 18 h，最长为 30.5 h。最短潜在期为 115 h。

2. 巨型艾美耳球虫（*E. maxima*）

寄生于小肠，以中段为主，有较强的致病作用，可引起肠壁增厚，带血色黏液性渗出物，肠道出血等病变。卵囊大，卵圆形，大小为（21.5～40.7）μm×（16.5～20.8）μm，平均为 30.5 μm×20.7 μm，卵囊指数为 1.47。原生质呈黄褐色，卵囊壁为浅黄色，厚 0.75 μm。孢子发育的最短时间为 30 h。最短的潜在期为 121 h。

3. 堆型艾美耳球虫（*E. acervulina*）

寄生于十二指肠和小肠前段，主要在十二指肠。有较大的致病作用。轻度感染时可产生散在的局灶性灰白色病灶，横向排列成梯状。严重感染时可引起肠壁增厚和病

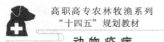
灶融合成片。卵囊中等大小，卵圆形，大小为（17.7~20.2）μm×（13.7~16.3）μm，平均为 18.3 μm×14.6 μm。原生质无色，卵囊壁呈浅绿黄色，厚度约 1 μm。孢子发育的最短时间为 17 h。最短的潜在期为 97 h。

4. 和缓艾美耳球虫（E. mitis）

寄生于小肠前段，致病力弱，一般不引起明显的病变，仅有黏液性渗出物。卵囊小，近于圆形，大小为（11.7~18.7）μm×（11.0~18.0）μm，平均为 15.6 μm×14.2 μm。原生质无色，卵囊壁呈淡绿黄色，厚度约 1 μm。孢子发育的最短时间为 15 h。最短的潜在期为 93 h。

5. 早熟艾美耳球虫（E. praecox）

寄生于十二指肠和小肠的前 1/3 段，致病力弱，一般不引起明显的病变，仅出现黏液性渗出物。卵囊较大，多数为卵圆形，其次为椭圆形，大小为（19.8~24.7）μm×（15.7~19.8）μm，平均为 21.3 μm×17.1 μm。卵囊指数为 1.24。原生质无色，囊壁呈淡绿黄色，厚度约 1 μm。孢子发育的最短时间为 12 h。最短的潜在期为 84 h。

6. 毒害艾美耳球虫（E. necatrix）

寄生于小肠中 1/3 段，致病力强，引起肠壁扩张，增厚，坏死及出血等病变，在肠壁浆膜上可见到许多圆形的裂殖体白色斑点，此为本病的特异性病变。卵囊中等大小，呈长卵圆形，大小为（13.2~22.7）μm×（11.3~18.3）μm，平均为 20.4 μm×17.2 μm。卵囊指数为 1.19。孢子发育的最短时间为 18 h。最短的潜在期为 138 h。

7. 布氏艾美耳球虫（E. brunetti）

寄生于小肠后段、直肠和盲肠近端区。致病力较强，引起肠道的凝固性坏死和黏液性带血的肠炎。卵囊较大，仅次于巨型艾美耳球虫，呈卵圆形，大小为（20.7~30.3）μm×（18.1~24.2）μm，平均大小为 24.6 μm×18.80 μm。卵囊指数为 1.31。孢子发育的最短时间为 18 h。最短的潜在期为 120 h。

8. 变位艾美耳球虫（E. mivati）

寄生于十二指肠祥至盲肠和泄殖腔。该虫种最早被鉴定为堆型艾美耳球虫的一种小型球虫株，早期病变出现于十二指肠，轻度感染时的孤立病灶与堆型艾美耳球虫相似；后期病变出现在小肠中段和下段。感染 1 000 000 个孢子化卵囊可引起增重下降和发病，偶尔发生死亡。卵囊小，呈椭圆形至宽卵圆形，大小为（11.6~17.7）μm×（10.5~16.1）μm，平均为 15.5 μm×13.1 μm，卵囊指数为 1.16。孢子发育的最短时间为 12 h。最短的潜在期为 93 h。同工酶的研究进展使一些学者对本种的有效性产生了疑问，尚需做进一步的研究才能确定该种的分类学地位。

9. 哈氏艾美耳球虫（E. hagani）

一直被描述为一个独立种。可引起十二指肠和小肠出血点、卡他性炎症、含水样肠内容物，具有中等程度的致病力。由于原始描述（Levine，1983）不完整，对其生活史中的内生性阶段也没有做过描述，因此目前本虫的独立性值得怀疑，除非通过进一步的研究来确定该种的特点和现场感染的存在，否则可能会被宣布无效。

【流行病学】

鸡是上述各种球虫的唯一天然宿主。所有日龄和品种的鸡对球虫都有易感性，但是其免疫力发展很快，并能限制其再感染。刚孵出的雏鸡由于小肠内没有足够的胰凝乳蛋白酶和胆汁使球虫脱去孢子囊，因而对球虫是不易感的。球虫病一般爆发于 3~6 周龄雏鸡，很少见于 2 周龄以内的鸡群。堆型艾美耳球虫、柔嫩艾美耳球虫和巨型艾美耳球虫的感染常发生在 21~50 日龄的鸡，而毒害艾美耳球虫常见于 8~18 周龄的鸡。

鸡球虫的感染途径是摄入有活力的孢子化卵囊，凡被带虫鸡的粪便污染过的饲料、饮水、土壤或用具等，都有卵囊存在；其他种动物、昆虫、野鸟、尘埃及管理人员，都可成为球虫病的机械传播者。被苍蝇吸吮到体内的卵囊，可以在肠管中保持活力达 24 h 之久。

卵囊对恶劣的外界环境条件和消毒剂具有很强的抵抗力。在土壤中可以存活 4~9 个月，在有树荫的运动场上可达 15~18 个月。温暖潮湿的地区最有利于卵囊的发育，当气温在 22~30 ℃之间时，一般只需 18~36 h，就可形成子孢子，但卵囊对高温、低温和干燥的抵抗力较弱。55 ℃或冰冻能很快杀死卵囊，即使在 37 ℃情况下连续保持 2~3 天也是致命的。在相对湿度为 21%~30% 时，柔嫩艾美耳球虫的卵囊，在 18~40 ℃下，经 1~5 天死亡。

饲养管理条件不良能促使本病的发生。当鸡舍潮湿、拥挤、饲养管理不当或卫生条件恶劣时，最易发病，而且往往可迅速波及全群。

发病时间与气温和雨量有密切关系，通常多在温暖的季节流行。在我国北方，大约从 4 月份开始到 9 月末为流行季节，7~8 月份最严重。据我们调查，全年孵化的养鸡场和笼养的现代化养鸡场中，一年四季均有发病。

【症状和致病作用】

视鸡球虫的种类而异。对雏鸡危害最大的是柔嫩艾美耳球虫，它可引起严重的盲肠球虫病。病初表现为不饮不食，继之由于盲肠损伤，导致发生下痢，血便，以致排出鲜血。病鸡拥簇成堆，战栗，临死前体温下降，重症者常表现为严重的贫血，可能在感染后第 5、6 天，红细胞数和细胞压积降低 50%，并成为死亡的直接致因。此外，由于肠细胞崩解、肠道炎症和细胞产物而造成的有毒物质，蓄积在肠管中不能迅速排出，使机体发生自体中毒，从而引起严重的神经症状和死亡。柔嫩艾美耳球虫主要损害盲肠，其病变程度与虫体增殖过程相关。随着第 1 世代和第 2 世代裂殖体的出现而逐渐加剧，感染后第 4 天末，盲肠高度肿大，出血严重，肠腔中充满凝血块和盲肠黏膜碎片。至感染后的第 6 天和第 7 天，盲肠中的血液和脱落黏膜逐渐变硬，形成红色或红、白相间的肠芯，在感染后第 8 天可从黏膜上剥脱下来，上皮的更新是迅速的，至第 10 天即可修复。病变常可从浆膜面观察到，外观为暗红色的瘀斑或连片的瘀斑。

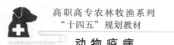

毒害艾美耳球虫的致病性也很严重，患鸡精神不振，翅下重，弓腰，下痢，排血便和引起死亡。小肠中段高度肿胀，有时可达正常体积的2倍以上。肠管显著充血，出血和坏死；肠壁增厚。肠内容物中含有多量的血液、血凝块和脱落的黏膜。从浆膜面观察，在病灶区可见到小的白斑和红瘀点。在感染后的4~5天，在做涂片检查时可见到成簇的大裂殖体（66 μm），这是本种的特征。用75 000~100 000个卵囊感染雏鸡可导致严重的体重下降、发病和死亡，耐过的雏鸡可出现消瘦，继发感染和失去色素。在商品化的养鸡场，自然感染引起的死亡率超过25%；在实验感染时，死亡率可高达100%。

堆型艾美耳球虫属中等致病力的种，有时可达到严重的程度。病变可以从十二指肠的浆膜面观察到，病初肠黏膜变薄，覆有横纹状的白斑，外观呈梯状；肠道苍白，含水样液体。轻度感染的病变仅局限于十二指肠袢，每厘米只有几个斑块；但在严重感染时，病变可沿小肠扩展一段距离，并可能融合成片。本种可引起饲料转化率下降、增重率降低和蛋鸡的产蛋量下降。

巨型艾美耳球虫的致病力也属中等程度，病变发生在小肠中段，从十二指肠袢以下直到卵黄蒂以后，严重感染时，病变可能扩散到整个小肠。由于它有特征性的大卵囊，故很易鉴别。感染200 000个卵囊可引起增重下降，腹泻，有时出现死亡，常出现严重的消瘦、苍白、羽毛蓬松和食欲下降。主要的病变为出血性肠炎，肠壁增厚、充血和水肿，肠内容物为黏稠的液体，呈褐色或红褐色。严重感染时，肠黏膜大量崩解。

布氏艾美耳球虫引起中等的死亡率，增重下降和饲料转化率下降。感染100 000~200 000个卵囊，常引起10%~30%的死亡率和存活鸡的增重下降。该种寄生于小肠下段，通常在卵黄蒂至盲肠连接处。在感染的早期阶段，小肠下段的黏膜可被小的瘀点所覆盖，黏膜稍增厚和褪色。在严重感染时，黏膜严重受损，凝固性坏死出现在感染后5~7天，整个小肠黏膜呈干酪样侵蚀，在粪便中出现凝固的血液和黏膜碎片。黏膜增厚和水肿发生在感染后的第6天。

早熟艾美耳球虫的致病力弱，仅引起增重减少，色素消失，严重脱水和饲料报酬下降。

和缓艾美耳球虫的致病力弱。其病变一般不明显，该种对增重有一定的影响，大量感染时可引起轻度发病和失去色素。

变位艾美耳球虫和哈氏艾美耳球虫的分类地位尚待确定，其独立性问题尚在争论之中。因而其症状和致病作用的资料也难以确认。在实际生产上，球虫病的症状是由数种球虫混合感染所引起的。

【诊断】

成年鸡和雏鸡的带虫现象极为普遍，所以不能只根据从粪便和肠壁刮取物中发现卵囊，就确定为球虫病。正确的诊断，须根据粪便检查、临床症状、流行病学调查和病理变化等多方面因素加以综合判断。鉴定球虫的种类，可将病鸡的粪便或病变部位的刮取物少许，放在载玻片上，与甘油水溶液（等量混合液）1~2滴调和均匀，加盖玻片，置显微镜下观察。可根据卵囊特征作出初步鉴定。也可用饱和盐水漂浮法检查粪便中的卵囊。

【治疗】

早期治疗的重点是在感染症状出现之后，用磺胺药或其他化学药物进行治疗，不久就发现这一方法的局限性，因为抗球虫药物应当在球虫生活史的早期显示其作用，一旦出现症状和造成组织损伤，再使用药物往往已无济于事。由于这一原因，应用药物预防的观点就基本上取代了治疗。实施治疗，若不晚于感染后96 h给药，有时可降低鸡的死亡率。在一个大型鸡场中，应随时储备一些治疗效果好的药物，以防鸡球虫病的突然爆发。常用的治疗药物有以下几种：

① 磺胺二甲基嘧啶（SM_2）按0.1%混入饮水，连用2天；或按0.05%混入饮水，饮用4天，休药期为10天。

② 磺胺喹噁啉（SQ），按0.1%混入饲料，喂2~3天，停药3天后用0.05%混入饲料，喂药2天，停药3天，再给药2天，无休药期。

③ 氨丙啉（Amprolium），按0.012%~0.024%混入饮水，连用3天，无休药期。

④ 碘胺氯吡嗪（Esb_3，商品名为三字球虫粉），按0.03%混入饮水，连用3天，休药期为5天。

⑤ 磺胺二甲氧嘧啶（SDM），按0.05%混入饮水，连用6天，休药期为5天。

⑥ 百球清（Baycox）2.5%溶液，按0.002 5%混入饮水，即1 L水中用百球清1 mL。在后备母鸡群可用此剂量混饲或混饮3天。

【防控措施】

以往在球虫病的预防上建议搞好环境卫生和消毒，现在已不再认为这样做是十分有效的，这是因为卵囊对普通的消毒药有极强的抵抗力，在生产上也无法对鸡舍进行彻底的消毒，再者无卵囊的环境对平养鸡不能较早地建立免疫力。实践证明采用环境卫生和消毒措施并不能控制球虫病。目前所有的肉鸡场都应无条件地进行药物预防，而且应从雏鸡出壳后第1天即开始使用预防药。使用的抗球虫药物有下列几种：

① 氨丙啉，按0.012 5%混入饲料，从雏鸡出壳第1天用到屠宰上市为止，无休药期。

② 尼卡巴嗪（Nicarbazinum），按0.012 5%混入饲料，休药期为4天。

③ 球痢灵（Zoalene），按0.012 5%混入饲料，休药期为5天。

④ 克球多（Clopidol），按0.012 5%混入饲料，无休药期；按0.025%混饲，休药期为5天。

⑤ 氯苯胍（Robenidine），按0.003 3%混入饲料，休药期为5天。

⑥ 常山酮（Halofuginone），按0.000 3%混入饲料，休药期为5天。

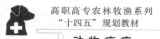

⑦ 杀球灵 （Diclazuril），按 0.000 1%混入饲料，无休药期。

⑧ 莫能菌素 （Monensin），按 0.01%~0.012 1%混入饲料，无休药期。

⑨ 拉沙菌素 （Lasalocid），按 0.007 5%~0.012 5%混入饲料，休药期为 3 天。

⑩ 盐霉素 （Salinomycin），按 0.005%~0.006%混入饲料，无休药期。

⑪ 那拉菌素 （Narasin），按 0.005%~0.007%混入饲料，无休药期。

⑫ 马杜霉素 （Maduramycin），按 0.000 5%~0.000 6%混入饲料，无休药期。

生产实践证明，各种抗球虫药在使用一段时间后，都会引起虫体的抗药性，甚至产生抗药虫株，有时可对该药的同类的其他药物也产生抗药性。因此，必须合理使用抗球虫药。对肉鸡生产常以下列两种用药方案来防止虫体产生抗药性：

穿梭方案：即在开始时使用一种药物，至生长期时使用另一种药物。如在 1~4 周龄时使用一种化药（如球痢灵或尼卡巴嗪），自 4 周龄至屠宰前使用一种离子载体抗生素（如盐霉素或马杜霉素）。

轮换方案：即合理地变换使用抗球虫药，在春季和秋季变换药物可避免抗药性的产生，从而改善鸡群的生产性能。

对于一直饲养在金属网中的后备母鸡和蛋鸡，不需采用药物预防。对于从平养移至笼养的后备母鸡，在上笼之前，需使用常规用量的抗球虫药进行预防，但在上笼之后就不需再使用药物预防。

【免疫预防】

为了避免药物残留对环境和食品的污染和抗药虫株的产生，现已研制了数种球虫疫苗，一种是利用少量未致弱的活卵囊制成的活虫苗（称为 Coccivac 或 Immucox），包装在藻珠中，混入幼雏的饲料中或是将活虫苗直接喷入鸡舍的饲料或饮水中服用，另一种是连续选育的早熟弱毒虫株制成虫苗，已选育出 7 种早熟虫株并混配成疫苗（称为 Paracox），并已在生产中推广使用。上述两种疫苗均已在生产上取得了较好的预防效果。

项目五　蠕虫病

任务一　人畜共患蠕虫性疾病

一、姜片吸虫病

本病是由片形科（Fasciola）姜片属（*Fasciolopsis*）的布氏姜片吸虫（*Fasciolopsis buski*）寄生于猪和人的十二指肠引起的疾病，是影响幼猪生长发育和儿童健康的一种重要人畜共患寄生虫病。

【病原体】

新鲜虫体为肉红色，固定后变为灰白色，虫体大而肥厚，大小为（20~75）mm×（8~20）mm。体表被有小棘，易脱落。口吸盘位于虫体前端，腹吸盘发达，与口吸盘相距较近。两条肠管呈波浪状弯曲，不分枝，伸达体后端。睾丸两个，分枝，前后排列在虫体后部的中央，两条输出管合并为输精管，膨大为贮精囊。雄茎囊发达。生殖孔开口在腹吸盘的前方。卵巢一个，分枝，位于虫体中部而稍偏后方。卵模周围为梅氏腺。输卵管和卵黄总管均与卵模相通。卵黄腺分布在虫体的两侧。无受精囊。子宫弯曲在虫体的前半部，内含虫卵（图5-1）。

虫卵呈淡黄色，卵圆形或椭圆形，卵壳薄，大小为（130~150）μm×（85~97）μm 有卵盖，内含一个卵细胞，呈灰色，卵黄细胞有30~50个，致密而互相重叠。

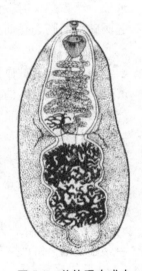

图 5-1　姜片吸虫成虫

【生活史】

寄生宿主　中间宿主为淡水螺类的扁卷螺。终末宿主为猪，偶见于犬和野兔，可感染人。

发育过程　成虫在猪小肠产出虫卵，随粪便排出体外落入水中，在适宜的温度、氧气和光照条件下，经3~7天孵出毛蚴。毛蚴在水中进入中间宿主体内，经25~30天发育为胞蚴、母雷蚴、子雷蚴、尾蚴。尾蚴离开螺体进入水中，附着在水浮莲、水葫芦、菱角、荸荠、慈姑等水生植物上变为囊蚴。终末宿主吞食囊蚴而感染，经100天在小肠内发育为成虫。成虫寿命为9~13个月。

【流行病学】

姜片吸虫病主要传染源是病猪和人。凡以猪、人粪便当作主要肥料给水生植物施肥；以水生植物直接给猪生吃；池塘内扁卷螺滋生并有带虫的人和猪之处，本病往往呈地方性流行。在我国南方诸省，大都习惯用生的水生植物养猪；人，尤其儿童又习惯生食菱角和荸荠，因此，本病流行极为普遍。在流行区，猪饮喂生水亦可感染。每年5~7月份本病开始流行，6~9月份是感染的最高峰，5~10月份是姜片吸虫病的流行季节。猪只一般在秋季发病较多，也有延至冬季的。本病主要危害幼猪，以5~8月龄感染率最高，以后随年龄之增长感染率下降。据资料，纯种猪较本地种和杂种猪的感染率要高。

【致病作用】

虫体以强大吸盘吸附在宿主的肠黏膜上，使黏膜发生充血，肿胀，黏液分泌增多，并可引起出血或小脓肿，同时吸取大量养料，使患猪生长发育迟缓，呈现贫血、消瘦和营养不良现象。虫体的代谢产物和分泌的毒性物质被动物吸收后，可引起过敏反应，如嗜酸性白细胞增多和中性白细胞减少。动物抵抗力下降，易继发其他疾病而致死。严重感染时，由于虫体大，可机械地堵塞肠道，影响消化和吸收机能，甚至引起肠破裂或肠套叠而死亡。

【症状】

病猪表现为贫血，眼结膜苍白，水肿，尤其以眼睑和腹部较为明显。消瘦，精神沉郁，食欲减退，消化不良，腹痛，腹泻，皮毛干燥，无光泽。初期无体温，到后期体温微高，最后虚脱致死。

【诊断】

根据临床症状表现和流行病学资料，结合粪便检查综合诊断。粪便检查可用直接涂片法和沉淀法。

【治疗】

敌百虫，按100 mg/kg混入饲料，早晨空腹喂服，隔日1次，2次为一个疗程。还可选用硫双二氯酚硝硫氰胺、硝硫氰醚、吡喹酮等。人体驱虫首选吡喹酮。

【防控措施】

根据姜片吸虫病的流行病学特点，采取综合性防治措施。

（1）定期驱虫。在流行区，每年应在春、秋两季进行定期驱虫。

（2）加强粪便管理，每天清扫猪舍粪便，堆积发酵，经生物热处理后，方可作肥料。

（3）消灭中间宿主扁卷螺。或以干燥灭螺，或以灭螺剂杀螺，如用硫酸铜、生石灰等。

（4）加强猪的饲养管理，勿放猪到池塘自由采食水生植物，改变生食水生植物及饮生水的习惯，水生植物要经过无害化处理后喂猪。

（5）做好人体尤其是儿童驱虫。

思考题

1. 简述姜片吸虫的生活史。
2. 简述姜片吸虫的形态构造。

二、华枝睾吸虫病

本病是由后睾科（Opisthorchiidae）枝睾属（Clonorchis）的华枝睾吸虫（Clonorchis sinensis）寄生于人、犬、猫、猪及其他一些野生动物的肝脏胆管和胆囊内引起的疾病，是一种重要的人兽共患吸虫病。

【病原体】

虫体背腹扁平，呈叶状，前端稍尖，后端较钝，体被无棘，半透明，大小为（10~25）mm×（3~5）mm。口吸盘略大于腹吸盘，食道短，肠支伸达虫体后端。睾丸分枝，前后排列在虫体的后1/3处。从睾丸各发出一条输出管，向前两管汇合为输精管。其膨大部形成贮精囊，末端为射精管，开口于雄性生殖腔。缺雄茎和雄茎囊。卵巢分叶，位于前睾之前。受精囊发达，呈椭圆形，位于睾丸与卵巢之间。卵黄腺由细小的颗粒组成，分布在虫体两侧。子宫从卵模处开始盘绕而上，开口于腹吸盘前缘的生殖孔，内充满虫卵。排泄囊呈"S"状，弯曲在虫体后部。

虫卵甚小，大小为（27~35）μm×（12~20）μm，有肩峰，内含成熟的毛蚴，黄褐色，上端有卵盖，下端有一小突起。

【生活史】

寄生宿主　中间宿主为淡水螺类，以纹沼螺、长角涵螺和赤豆螺等分布最为广泛。补充宿主为70多种淡水鱼和虾。鱼多为鲤科，其中以麦穗鱼感染率最高，还有白鲩（草鱼）、黑鲩（青鱼）、鳊鱼、鲤鱼、鲢鱼等；淡水虾如米虾、沼虾等。终末宿主为犬、猫、猪等动物和人。

发育过程　成虫在终末宿主的肝脏胆管及胆囊中产卵，虫卵随胆汁进入消化道，并随粪便排出体外，第一中间宿主淡水螺吞食后，在螺体内经30~40天发育为毛蚴、胞蚴、雷蚴、尾蚴。尾蚴离开螺体游于水中，当遇到适宜的第二中间宿主——某些淡水鱼和虾时，即钻入其肌肉形成囊蚴，终末宿主人、猫、犬等由于吞食含有囊蚴的生的或半生的鱼虾而遭感染。囊蚴进入终末宿主小肠，幼虫在十二指肠破囊后逸出，一般认为童虫沿着胆汁流动逆方向移行，从总胆管进入肝脏胆管经30天发育为成虫。

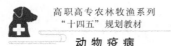

完成全部发育过程约需 100 天。幼虫也可以钻入十二指肠壁经血流到达胆管。在犬、猫体内分别可存活 3.5 年和 12 年以上；在人体内可存活 20 年以上。

【流行病学】

华枝睾吸虫病的流行是与感染源的多少，河流、池塘的分布，粪便污染水源的情况，第一、二中间宿主的分布和养殖，当地居民的饮食习惯，以及猫、犬及猪的饲养管理方式等诸多因素有密切关系。

华枝睾吸虫病主要分布于东亚诸国，如日本、朝鲜、越南、老挝和中国等，在我国的分布是极其广泛的，除青海、西藏、甘肃和宁夏外，其余 27 个省、市自治区均有报道。

宿主动物有人、猫、犬、猪、鼠类及野生的哺乳动物，食鱼的动物如鼬、獾、貂、野猫、狐狸等均可感染。是具有自然疫源性的疾病，是重要的人畜共患病。

华枝睾吸虫对实验动物的感染性因动物而异，豚鼠的获虫率最高为 49.8%，家兔为 35.9%，大鼠为 28.8%，仓鼠为 21.3%，犬为 16.8%，小鼠为 1.7%。

第一中间宿主淡水螺，在我国已证实的有 3 属 7 种，其中以纹沼螺（*Parafossalurus striatulus*）、长角涵螺（*Alocimna longicornis*）、赤豆螺（*Bithynia fuchsianus*）和方格短沟蜷（*Semisulcospira canellata*）4 种螺分布最为广泛，是本吸虫的主要第一中间宿主。这些螺类都生活于静水或缓流的坑塘、沟渠、沼泽中，活动于水底或水面下植物茎叶上，对环境的适应力很强，广泛存在于我国南北各地。

第二中间宿主为淡水鱼类和虾，在我国已证实的淡水鱼类有 70 余种，以鲤鱼为最多，如鲤、鲫、草、鲢鱼及小型鱼的船丁鱼和麦穗鱼的感染率均较高。对第二中间宿主的选择似乎并不十分严格。此外，据福建发现，细足米虾和巨掌沼虾均可做第二中间宿主。囊蚴在淡水鱼体内的分布几乎遍及全身，但以肌肉为最多，占 84.7%，其余依次是鱼皮、鳃、鳞和鳍等部位。

猫、犬因喜食生鱼类而感染。猪散养或以生鱼及其内脏等作饲料而受感染。人的感染多半因食生的或未煮熟的鱼虾类而引起，如食生鱼片、生鱼，嗜食生鱼粥、鱼球及蒸鱼等。

在流行区，粪便污染水源是影响淡水螺感染率高低的重要因素，如广东流行区，厕所多建在鱼塘上，用人畜粪在农田上施肥或将猪舍建在塘边，含大量虫卵的人畜粪便直接进入池塘内，使螺、鱼受到感染，更加促成本病的流行。

【致病作用】

成虫在胆管内寄生可引起机械性损伤，虫体分泌和排泄代谢产物的刺激，使胆管发生病变，进而累及肝实质，使肝功能受损，影响消化机能并可引起全身症状。

【病理变化】

病变可见胆管扩张，上皮细胞脱落，管壁增厚，周围有结缔组织增生。有时出现肝细胞混浊肿胀、脂肪变性和萎缩。在胆管阻塞和胆管炎的基础上偶尔可发生胆汁性肝硬变。大量寄生时虫体阻塞胆管并出现阻塞性黄疸现象。病变一般以左叶较为明显。继发感染时，可引起化脓性胆管炎，甚至肝脓肿。在虫体的长期刺激下，有少数病例可在胆管上皮腺瘤样增生的基础上发生癌变。经常在胆囊中发现虫体，引起胆囊肿大和胆囊炎。偶尔有少数虫体侵入胰管内，引起急性胰腺炎。

【症状】

多数动物为隐性感染，临床症状不明显。严重感染时，主要表现为消化不良，食欲减退，下痢，贫血，水肿，消瘦，甚至腹水，肝区叩诊有痛感。病程多为慢性经过，往往因并发其他疾病而死亡。

【诊断】

可根据流行病学、症状、粪便检查和病理变化等综合诊断。因虫卵小，粪便检查可用漂浮法，沉淀法检出率低。死后剖检发现虫体可确诊。在流行地区，有以生鱼虾饲喂动物的习惯时，应注意本病。人可用间接血凝试验和 ELISA 作为辅助诊断。

【治疗】

① 吡喹酮（Praziquentel）按 50~60 mg/kg 体重，1 次口服，隔周服用 1 次。

② 丙硫咪唑（Albendazole）按 30 mg/kg 体重，口服，每日 1 次，连用 12 天。

③ 六氯对二甲苯（Hexachloroparaxylene）按 50 mg/kg 体重，每日 1 次，连用 5 天，总量不超过 25 g，出现毒性反应后立即停药。

④ 硫双二氯酚（别丁）按 80~100 mg/kg 体重，口服。

【防控措施】

（1）流行区的猪、猫和犬要定期进行检查和驱虫。

（2）禁止以生的或半生的鱼、虾饲喂动物。

（3）消灭第一中间宿主淡水螺类。

（4）管好人、猪和犬等的粪便，防止粪便污染水塘；禁止在鱼塘边盖猪舍或厕所。

思考题

1. 简述华枝睾吸虫病的特点、症状、病理变化、诊断和防治措施。

2. 简述华枝睾吸虫的形态构造。

三、日本分体吸虫病（日本血吸虫病）

本病是由分体科（Schistosomatidae）分体属（Schistosoma）的日本分体吸虫（Schistosoma japonicum）寄生于人和牛、羊、猪、犬、啮齿类及一些野生哺乳动物的门静脉系统的小血管内引起的疾病，又称为"血吸虫病"。是一种危害严重的人兽共

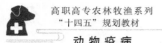

患寄生虫病。该病广泛分布于我国长江流域 13 个省、市和自治区，严重影响人的健康和畜牧业的生产。

【病原体】

日本分体吸虫为雌雄异体，雄虫乳白色，大小为（10~20）mm×（0.5~0.55）mm，口吸盘在体前端，腹吸盘较大，在口吸盘后方不远处。体壁目腹吸盘后方至尾部，两侧向腹面卷起形成抱雌沟，雌虫常居雄虫的抱雌沟内，呈合抱状态，交配产卵。体被光滑，仅吸盘内和抱雌沟边缘有小刺。口吸盘内有口，缺咽，下接食道，两侧有食道腺。食道在腹吸盘前分为两支，向后延伸为肠管，至虫体后部 1/3 处复合并为一单管，伸达体末端。睾丸 7 枚，呈椭圆形，在腹吸盘下排列成单行。每个睾丸有一输出管，共同汇合为一输精管，向前扩大为贮精囊。雄性生殖孔开口在腹吸盘后抱雌沟内。雌虫较雄虫细长，大小为（15~26）mm×0.3 mm。呈暗褐色。口、腹吸盘均较雄虫的为小。消化器官基本上与雄虫相同。卵巢呈椭圆形，位于虫体中部偏后方两侧肠管之间，其后端发出一输卵管，并折向前方伸延，在卵巢前面和卵黄管合并，形成卵模。卵模周围为梅氏腺。卵模前为管状的子宫，其中含卵 50~300 个，雌性生殖孔开口于腹吸盘后方。卵黄腺呈较规则的分枝状，位于虫体后 1/4 处。

虫卵椭圆形，大小为（70~100）μm×（50~65）μm，呈淡黄色，卵壳较薄，无盖，在其侧方有一小刺，卵内含毛蚴。

【生活史】

寄生宿主　中间宿主为钉螺。终末宿主主要为人和牛，其次为羊、猪、马、犬、猫、兔、齿类及多种野生哺乳动物。

发育过程　日本分体吸虫寄生于终末宿主的门静脉和肠系膜静脉内，一般雌雄合抱，雌、雄虫交配后，雌虫产出的虫卵，一部分顺血流到达肝脏，一部分堆积在肠壁形成结节。虫卵在肝脏和肠壁发育成熟，由卵细胞变为毛蚴。其内毛蚴分泌溶组织酶由卵壳微孔渗透到组织，破坏血管壁，并致周围肠黏膜组织炎症和坏死，同时借助肠壁肌肉收缩，使结节及坏死组织向肠腔内破溃，使虫卵进入肠腔，随粪便排出外。虫卵落入水中，在适宜条件下很快孵出毛蚴，毛蚴游于水中，遇钉螺即钻入其体内，经母胞蚴、子胞蚴发育为尾蚴。尾蚴离开螺体游于水表面，遇终末宿主后从皮肤侵入，经小血管或淋巴管随血流经右心、肺、体循环到达肠系膜静脉和门静脉内发育为成虫。

虫卵在水中，25~30 ℃，pH 7.4~7.8 时，几个小时即可孵出毛蚴；侵入中间宿主体内的毛蚴发育为尾蚴约需 3 个月；侵入黄牛、奶牛、水牛体后，尾蚴发育为成虫分别为 39~42 天、36~38 天和 46~50 天。成虫寿命一般为 3~4 年，在黄牛体内可达 10 年以上。

【流行病学】

日本分体吸虫分布于中国、日本、菲律宾及印度尼西亚，近年来在马来西亚亦有报道。在我国广泛分布于长江流域和江南的 13 个省、市、自治区（贵州省除外），计 372 个县市。主要危害人和牛、羊等家畜。台湾省的日本分体吸虫为动物株（啮齿类动物），不感染人。

我国现已查明，除人体外，有 31 种野生哺乳动物包括褐家鼠（沟鼠）、家鼠、田鼠、松鼠、貉、狐、野猪、刺猬、金钱豹等和 8 种家畜包括黄牛、水牛、羊、猫、猪、犬及马属动物等易自然感染日本分体吸虫病。黄牛的感染率和感染强度一般均高于水牛。黄牛年龄愈大，阳性率也愈高；水牛的感染率却随年龄的增长而有降低的趋势，水牛还有自愈现象。

日本分体吸虫的发育必须通过中间宿主钉螺，否则不能发育、传播。我国的钉螺为湖北钉螺（*Oncomelenia hupensis*）。钉螺体型小，大小为 1.0 cm×（0.25~0.30）cm，螺壳褐色或淡黄色，有厣，螺旋 6~8 个，螺旋上有直纹的叫有肋钉螺，无直纹的叫光壳钉螺。钉螺能适应水、陆两种环境的生活。多见于气候温和、土壤肥沃、阴暗潮湿、杂草丛生的地方。以腐烂的植物为其食物。它们在河、沟、湖的水边等处均可孳生。每年 4~6 月份产卵最多，一只雌螺一年可产卵 100 个左右。幼螺在春季孵出，生活于水中；成螺则主要在陆地上，钉螺的寿命一般不超过 2 年。

人和动物的感染是与它们在生产和生活活动过程中接触含有尾蚴的疫水有关，如耕牛下水田耕作或放牧时接触"疫水"而遭感染。感染途径主要是经皮肤感染，还可通过吞食含尾蚴的水、草经口腔黏膜感染，以及经胎盘感染。

日本分体吸虫病的流行特点：一般钉螺阳性率高的地区，人、畜的感染率也高；凡有病人及阳性钉螺的地区，就一定有病牛。病人、病畜的分布与当地钉螺的分布是一致的，具有地区性特点。病人、病畜的分布基本上与当地水系的分布相一致。

【致病作用】

日本分体吸虫病是一种免疫性疾病。虫卵是其主要病因。虫卵引起的肉芽肿，可导致肝硬变，继发门脉高压、脾肿大、食道及胃底静脉曲张等一系列病变。尾蚴侵入皮肤时可引起皮炎，对感染过的动物更为严重，因而是一种变态反应性皮炎。

虫卵沉积于宿主的肝脏及肠壁等组织，在其周围出现细胞浸润，形成虫卵肉芽肿（虫卵结节），而虫卵肉芽肿的形成则可能是在虫卵可溶性抗原的刺激下，宿主产生相应的抗体，然后在虫卵周围形成抗原抗体复合物的结果。

肉芽肿反应，一方面有助于破坏虫卵和消除虫卵，并避免抗原抗体复合物引起全身性损害；另一方面它又破坏正常组织，并彼此连接成为瘢痕，是导致肝硬化与肠壁纤维化、增厚、硬变、消化吸收机能下降等一系列病变的原因。

【症状】

犊牛和犬的症状较重，羊和猪较轻，黄牛比水牛明显。幼龄比成年表现严重，成年水牛多为带虫者。犊牛多呈急性经过，主要表现为食欲不振，精神沉郁，体温升至 40~41 ℃，可视黏膜苍白，水肿，运动无力，消瘦，因衰竭死亡。慢性病例表现为消

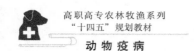
化不良，发育迟缓甚至完全停滞，食欲不振，下痢，粪便含有黏液和血液。母牛不孕、流产。

人感染后先出现皮炎，而后咳嗽、多痰、咯血，继而发热、下痢、腹痛。后期出现肝、脾肿大，肝硬化，腹水增多（俗称大肚子病），逐渐消瘦、贫血，常因衰竭而死亡。幸存者体质极度衰弱，成人丧失劳动能力，妇女不育，孕妇流产，儿童发育不良。

【病理变化】

病牛尸体消瘦，贫血，皮下脂肪萎缩；腹腔内常有多量积液。本病所引起的主要病理变化是由于虫卵沉积于组织中而产生的虫卵结节。肝脏的病变较为明显，其表面或切面上，肉眼可见粟粒大到高粱米大灰白色或灰黄色小点，即虫卵结节。感染初期，肝脏可能肿大，日久后肝萎缩、硬化。严重感染时，肠道各段均可找到虫卵的沉积，尤以直肠部分的病变最为严重。常见有小溃疡、瘢痕及肠黏膜肥厚。肠系膜淋巴结肿大，门静脉血管肥厚，在其内及肠系膜静脉内可找到虫体，雄虫乳白色，雌虫暗褐色，常呈合抱状态。此外，心、肾、胰、脾、胃等器官有时也可发现虫卵结节。

【诊断】

在流行区，根据临床表现和流行病学资料分析可做出初步诊断，但确诊和查出轻度感染的动物要靠病原学检查和血清学试验。

病原学检查最常用的方法是虫卵毛蚴孵化法。含毛蚴的虫卵，在适宜的条件下，可短时间内孵出，并在水中呈现特殊的游动姿态。其次是沉淀法，经改进为尼龙绢袋集卵法。尼龙绢袋孔径小于虫卵，在冲洗过程中虫卵不会漏在袋外，全集中于袋上。其优点是省时、省水、省器械等。这两种方法相比，孵化法检出率稍高，但它又不能替代沉淀法，最好两者结合进行。

近年来已将免疫学诊断法应用于生产实践，如环卵沉淀试验、间接血球凝集试验和酶联免疫吸附试验等。其检出率均在95%以上，假阳性率在5%以下。

【治疗】

目前常用的治疗日本分体吸虫病的药物如下。

① 硝硫氰胺：黄牛、水牛按60 mg/kg体重，1次口服。

② 敌百虫：水牛按75 mg/kg体重，5日分服，1次/日。

③ 吡喹酮：黄牛、水牛按30 mg/kg体重；山羊按20 mg/kg体重；小牛按25 mg/kg体重，均为1次口服。

④ 六氯对二甲苯（血防846）：黄牛、水牛按40 mg/kg体重，每日注射，5天为一个疗程，半个月后可重复治疗。

【防控措施】

（1）人和易感动物同步防治，积极查治病畜、病人，对患病动物和带虫者进行及时治疗。

（2）加强终末宿主粪便管理，粪便发酵后再做肥料、严防粪便污染水源。

（3）严禁人和易感动物接触"疫水"，对被污染的水源应作出明显的标志，疫区要建立易感动物安全饮水池。

（4）消灭中间宿主钉螺，在滋生处喷洒药物，如五氯酚钠、溴乙酰胺、茶子饼、生石灰等。

思考题

1. 简述日本分体吸虫病的特点、症状、病理变化、诊断和防治措施。
2. 简述日本分体吸虫的形态构造。

四、猪囊尾蚴病

本病是由带科（Taeniidae）带属（Taenia）的猪带绦虫（Taenia solium）的幼虫猪囊尾蚴（Cysticercuscellulosae）寄生于猪的横纹肌所引起的疾病。又称为"猪囊虫病"。猪囊尾蚴不仅寄生于猪肉内，而且还可寄生人的脑、心肌等器官中，往往导致严重的后果，是一种重要的人畜共患病。

【病原体】

猪囊尾蚴的外观呈椭圆形囊泡状，大小为（6～10）mm×5 mm，囊内充满液体，囊壁是一层薄膜，壁上有一个圆形粟粒大的乳白色小结，其内有一内陷的头节，头节上有 4 个吸盘，最前端的顶突上带有许多个角质小钩，分两圈排列。

猪带绦虫，亦称有钩绦虫、链状带绦虫、猪肉绦虫。呈乳白色，扁平带状，长 2～5 m。头节小，呈球形，其上有 4 个吸盘，顶突上有 2 排小钩。全虫由 700～1 000 个节片组成。未成熟节片宽而短，成熟节片长宽几乎相等呈四方形，孕卵节片则长度大于宽度。每个节片内有 1 组生殖系统，睾丸为泡状，生殖孔略突出，在体节两侧不规则地交互开口。孕卵节片内子宫由主干分出 7～13 对侧枝。每 1 个孕节含虫卵 3 万～5 万个，孕节单个或成段脱落。

虫卵呈圆形，直径为 31～43 μm，卵壳有两层，内层较厚，浅褐色，有辐射的纹理，称胚膜；外壳薄，易脱落，也叫真壳。卵内含有具 3 对小钩的胚胎，称六钩蚴。

【生活史】

猪带绦虫寄生于人的小肠中，其孕卵节片不断脱落，随粪便排出体外，孕卵节片在直肠或在外界由于机械作用破裂而散出虫卵。猪常因吞食孕卵节片或虫卵而感染，节片或虫卵经消化液的作用而破裂，六钩蚴借助小钩作用钻入肠黏膜的血管或淋巴管内，随血流至猪体的各部组织中，主要是横纹肌内，经 2 个月发育为成熟的猪囊尾蚴。

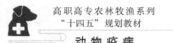

人是猪带绦虫的唯一终末宿主，人吃到生的或半生的含猪囊尾蚴的猪肉而受感染。猪囊尾蚴在胃液和胆汁的作用下，于小肠内翻出头节，用其吸盘和小钩固着于肠黏膜上，从颈节不断地长出体节。感染后 2~3 个月发育成猪带绦虫，在人的小肠内可存活数年或数十年，有人认为其可活 25 年以上。一般只寄生一条，有时也有数条的。

【流行病学】

猪囊尾蚴呈全球性分布，但主要流行于亚洲、非洲、拉丁美洲的一些国家和地区。在我国有 26 个省、市、自治区曾有报道，除东北、华北和西北地区及云南与广西部分地区常发外，其余省、区均为散发，长江以南地区较少，东北地区感染率较高。

猪囊尾蚴主要是猪与人之间循环感染的一种人畜共患病。猪囊尾蚴的唯一感染来源是猪带绦虫的患者，它们每天向外界排出孕节和虫卵，而且可持续数年甚至 20 余年，这样，猪就长期处在它们的威胁之中。

猪囊尾蚴的发生和流行与人的粪便管理和猪的饲养管理方式密切相关。有些地方，人无厕所，养猪无圈；还有的采取连茅圈；猪接触人粪机会增多，因而造成流行。

人感染猪带绦虫主要取决于饮食卫生习惯和烹调与食肉的方法。如有吃生猪肉习惯的地区，则呈地方性流行。此外，烹调时间过短，蒸煮时间不够亦可能引起感染。

【致病作用和症状】

猪带绦虫用其头节固着在人的肠壁上，可引起肠炎，导致腹痛、肠痉挛，同时还可夺取大量养料。虫体分泌物和代谢产物等毒性物质被吸收后，可引起胃肠机能失调和神经症状，如消化不良，腹泻，便秘，消瘦，贫血等。严重的问题是其幼虫。猪囊虫对人体的危害取决于寄生的部位与数量。寄生于脑时，可引起癫痫发作，间或有头痛，眩晕，恶心，呕吐，记忆力减退和消失，严重的可致死。据国内、外资料统计表明，癫痫发作是脑囊虫患者的突出症状，占脑囊虫的 60% 以上。寄生于眼内可导致视力减弱，甚至失明；寄生于肌肉皮下组织中，使局部肌肉酸痛无力。

猪囊尾蚴对猪的危害一般不明显，重度感染时，可导致营养不良，贫血，水肿，衰竭。胸廓深陷入肩胛之间，前肢僵硬，发音嘶哑和呼吸困难。大量寄生于猪脑时，可引起严重的神经扰乱，特别是鼻部的触痛，强制运动，癫痫，视觉扰乱和急性脑炎，有时突然死亡。

【诊断】

猪囊尾蚴的生前诊断较困难。在舌部有稍硬的豆状结节时可作为参考，但注意只是在重度感染时才可能出现。一般只能在宰后确诊。人猪带绦虫病可通过粪便检查发现孕卵节片和虫卵确诊。

人脑囊虫的诊断，除根据患者的临床症状外，可采用皮试 IHA 和 ELISA 等免疫学诊断法诊断，必要时可查 CT，基本可确诊。

【治疗】

对猪囊尾蚴和人脑囊尾蚴均可用吡喹酮或丙硫咪唑治疗，疗效显著，治愈率可达 90%以上。

对人的猪带绦虫的治疗如下：

① 南瓜籽和槟榔合剂。

② 仙鹤草根芽。

③ 氯硝柳胺（灭绦灵）。

应检查排出的虫体有无头节，如无头节则虫体还会生长，继续驱虫直至排出头节才算根治。对排出的虫体和粪便应深埋或烧毁，防止散布病源。

【防控措施】

（1）加强肉品卫生检验，定点屠宰，病肉化制处理。

（2）对人群普查和驱虫治疗，排出的虫体和粪便深埋或烧毁。

（3）加强人的粪便管理，改善猪的饲养管理方法，做到粪便入厕，猪圈养，切断感染途径。

（4）加强宣传教育，提高人们对本病危害性和感染原因的认识，提高防病能力。

（5）注意个人卫生，不吃生的或不熟的猪肉。

思考题

1. 简述猪囊尾蚴的形态构造。
2. 简述猪囊尾蚴的生活史。

五、旋毛虫病

本病是由毛形科（Trichinellidae）毛形属（*Trichinella*）的旋毛虫（*Trichinella spiralis*）寄生于多种动物和人引起的疾病。成虫寄生于肠管，幼虫寄生于横纹肌。人、猪、犬、猫、鼠、狐狸、狼、野猪等均能感染。鸟类可以实验感染。人旋毛虫病可致死亡。感染来源于摄食了生的或未煮熟的含旋毛虫包囊的猪肉，故肉品卫生检验中将旋毛虫列为首要项目。

【病原体】

成虫细小，肉眼几乎难以辨识。虫体愈向前端愈细，较粗的后部占虫体一半稍多。前部为食道部，食道的前端部无食道腺围绕，其后的全部长度均由一列相叠置的食道腺细胞所包裹。较粗的后部包含着肠管和生殖器官。雄虫长 1.4~1.6 mm，尾端有泄殖孔，其外侧为 1 对呈耳状悬垂的交配叶，内侧有 2 对小乳突，缺交合刺。雌虫

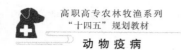

长 3~4 mm。阴门位于身体前部（食道部）的中央。胎生。成虫寄生于小肠，为了叙述方便起见，称为肠旋毛虫；幼虫寄生于横纹肌内，称肌旋毛虫。

【生活史】

寄生宿主　成虫与幼虫寄生于同一宿主，先为终末宿主，后为中间宿主。宿主包括猪、犬、猫、鼠等几乎所有哺乳动物和人。

发育过程　宿主摄食含有感染性幼虫包囊的动物肌肉而感染，包囊在宿主胃内被消化溶解，幼虫在小肠经 2 天发育为成虫。雌、雄虫交配后，雄虫死亡。雌虫钻入肠黏膜深部肠腺中产出幼虫，幼虫随淋巴进入血液循环散布到全身。到达横纹肌的幼虫，在感染后 17~20 天开始蜷曲，周围逐渐形成包囊，到第 7~8 周时包囊完全形成，此时的幼虫具有感染力。每个包囊一般只有 1 条虫体，偶有多条。到 6~9 个月后，包囊从两端向中间钙化，全部钙化后虫体死亡。否则，幼虫可保持生命力数年至 25 年之久。

【流行病学】

旋毛虫病分布于世界各地，宿主包括人和猪、鼠、犬、猫、熊、狐、狼、貂、黄鼠狼等 49 种动物，甚至不吃肉的鲸也能感染旋毛虫。据试验，许多昆虫，如蝇蛆和步行虫，多能吞咽动物尸体内的旋毛虫包囊，并能使包囊的感染力保持 6~8 天，故亦能成为易感动物的感染来源。有时宿主吞食了大量含幼虫包囊的肉以后，从粪便中排出未被彻底消化的肌纤维，其中含有幼虫包囊，这种粪便在鲜的时候，有可能成为其他哺乳动物的感染来源。加之包囊幼虫的抵抗力很强，在−20 ℃时可保持生命力 57 天；腌渍或烟熏不能杀死肌肉内深部的幼虫；在腐败的肉里能活 100 天以上。因此，鼠类或其他动物的腐败尸体，可相当长期地保存旋毛虫的感染活力，这种腐肉被易感动物摄食，亦能造成感染。

一般认为猪感染旋毛虫主要是吞食了老鼠。鼠为杂食性动物，且常互相残食，一旦旋毛虫侵入鼠群，就会长期地在鼠群中保持水平感染。鼠对旋毛虫甚敏感，两条幼虫即能造成感染。除去鼠作为猪旋毛虫病的主要感染来源外，某些动物的尸体、蝇蛆、步行虫，以至某些动物排出的含有未被消化的肌纤维和幼虫包囊的粪便物质，都能成为猪的感染源；用生的废肉屑、洗肉水和含有生肉屑的垃圾喂猪都可以引起旋毛虫病流行。

犬活动范围广，因此许多地区犬的感染率可达 50%以上。

人感染旋毛虫病多与食用腌制与烧烤不当的猪肉制品有关；个别地区有吃生肉或半生不熟肉的习惯；切过生肉的菜刀、砧板均可能黏附有旋毛虫的包囊，亦可能污染食品而造成食源性感染。

【致病作用和症状】

旋毛虫病主要是人的疾病，不但影响身体健康，甚至造成死亡。对猪和其他动物的致病力轻微，几乎无任何可见的症状。但肉食兽中有死于旋毛虫病者，实验感染可以造成死亡。

人的旋毛虫病可分为由成虫引起的肠型和由幼虫引起的肌型两种。成虫侵入肠黏膜时，引起肠炎，严重时有带血性腹泻。病变包括肠炎，黏膜增厚，水肿，黏液增多和瘀斑性出血，少见溃疡。感染后 15 天左右，幼虫进入肌肉，出现肌型症状，其特征为急性肌炎、发热和肌肉疼痛；同时出现吞咽、咀嚼、行走和呼吸困难；脸，特别是眼睑水肿，食欲不振，显著消瘦。病变主要见于横纹肌，偶尔有发生于肺、脑等处的。大部分患者感染轻微，不显症状；严重感染时多因呼吸肌麻痹、心肌及其他脏器的病变和毒素的刺激等而引起死亡。

猪对本病有很大的耐受性。据研究，一个人按每千克体重吞食 5 条旋毛虫即可致死，而猪要 10 条以上，故旋毛虫对人的致病力比猪高一倍多。猪自然感染时，肠型期影响极小；肌型期无临床症状，但可见有肌细胞横纹消失和肌纤维增生等。猪人工感染时，在感染后 3~7 天，可见到因成虫侵入肠黏膜而引起的食欲减退、呕吐和腹泻。肌型时的症状通常出现在感染后第 2 周末，此时幼虫进入肌肉，引起肌炎；临床上有疼痛或麻痹、运动障碍、声音嘶哑、呼吸和咀嚼障碍、消瘦等症状。有时眼睑和四肢水肿。死亡的极少，多于 4~6 周后康复。

【诊断】

生前诊断困难，可采用间接血凝试验和 ELISA 等免疫学方法。目前国内已有快速诊断试剂。死后诊断可用肌肉压片法和消化法检查幼虫。

【治疗】

猪可用丙硫咪唑、甲苯咪唑、氟苯咪唑等治疗。人可用甲苯咪唑或噻苯唑治疗。

【防控措施】

（1）加强肉品卫生检验，凡检出旋毛虫的肉尸，应按肉品检验法规处理；

（2）在流行地区，猪只不可放牧饲养，不用生的废肉屑和泔水喂猪；

（3）在猪舍进行经常的灭鼠工作；

（4）人改善不良的食肉方法，不食生肉或半生不熟的肉类食品。

思考题

1. 简述旋毛虫病的特点、症状、病理变化、诊断和防治措施。
2. 简述旋毛虫的形态构造。

任务二　动物蠕虫性疾病

一、片形吸虫病

本病是由片形科（Fasciolidae）片形属（*Fasciola*）的吸虫寄生于反刍动物肝脏胆

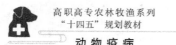
管引起的疾病。片形吸虫在我国有两种：肝片形吸虫（*Fasciola hipatica*）和大片形吸虫（*Fasciola gigantica*）。该虫也寄生于人体。能引起肝炎和胆管炎，并伴有全身性中毒现象和营养障碍，危害相当严重，对幼畜和绵羊危害可致死。在其慢性病程中，使动物瘦弱，发育障碍，耕牛耕作能力下降，乳牛产奶量减少，毛、肉产量减少和质量下降，病肝成为废弃物，给畜牧业经济带来巨大损失。

【病原体】

肝片吸虫，虫体呈扁平叶状，活体为棕褐色。大小为（21~41）mm×（9~14）mm，前端有1个三角形的锥状突起，其底部较宽似"肩"，往后逐渐变窄。口吸盘位于锥状突起前端，腹吸盘较口吸盘稍大，位于其稍后方。肠管有许多外侧枝，内侧枝少而短。2个高度分枝状的睾丸前后排列于虫体的中后部。1个鹿角状的卵巢位于腹吸盘后右侧。卵模位于睾丸前中央。子宫位于卵模和腹吸盘之间，曲折重叠，内充满虫卵，一端通入卵模，另一端通向口、腹吸盘之间的生殖孔。卵黄腺呈颗粒状分布于虫体两侧，与肠管重叠。无受精囊。体后部中央有纵行的排泄管。

虫卵较大，（133~157）μm×（74~91）μm。呈长椭圆形，黄色或黄褐色，前端较窄，后端较钝，卵盖不明显，卵壳薄而光滑，半透明，分两层，卵内充满卵黄细胞和1个胚细胞。

大片形吸虫，较少见。形态与肝片吸虫相似，虫体呈长叶状，大小为（25~75）mm×（5~12）mm，体长与宽之比约为5∶1。肩不明显，两侧缘趋于平行，腹吸盘较大。虫卵与肝片吸虫卵相似，为黄褐色，长卵圆形，大小为（150~190）μm×（75~90）μm。

【生活史】

寄生宿主　中间宿主为椎实螺科的淡水螺。肝片吸虫主要为小土窝螺、斯氏萝卜螺。大片形吸虫主要为耳萝卜螺、小土窝螺。肝片吸虫的终末宿主主要是牛、羊、鹿、骆驼等反刍动物，绵羊敏感；猪、马属动物、兔及一些野生动物也可感染；人也可感染。大片形吸虫主要感染牛。

发育过程　成虫在终末宿主的肝脏胆管内产卵，虫卵随胆汁进入肠道后，随粪便排出体外，在适宜的温度、氧气、水分和光线条件下，经10~20天孵出毛蚴。毛蚴一般只能存活6~36 h，若不能进入中间宿主体内则逐渐死亡。毛蚴在水中钻入中间宿主体内，经35~50天发育为胞蚴、母雷蚴、子雷蚴和尾蚴。尾蚴离开螺体，在水中或水生植物上，脱掉尾部形成囊蚴。终末宿主饮水或吃草时吞食囊蚴而感染，囊蚴在十二指肠中脱囊后发育为童虫，进入肝脏胆管经2~3个月发育为成虫。童虫主要从胆管开口处直接进入肝脏，还可钻入肠黏膜经肠系膜静脉进入肝脏，或穿过肠壁进入腹腔，由肝包膜钻入肝脏。成虫在终末宿主体内可存活3~5年。

【流行病学】

片形吸虫分布广泛，片形吸虫病多发生在地势低洼、潮湿、沼泽及水源丰富的放牧地区。春末至秋季适宜幼虫及螺的生长发育，本病在同期流行。感染季节决定了发病季节，幼虫引起的急性发病多在夏、秋季，成虫引起的慢性发病多在冬、春季。南方感染季节较长。多雨年份易出现本病的流行。

患畜和带虫者不断地向外界排出大量虫卵，污染环境，成为本病的感染源。虫体繁殖力强，1条成虫1昼夜可产卵8 000~13 000个。幼虫在中间宿主体内进行无性繁殖，1个毛蚴可发育为数百甚至上千个尾蚴。虫卵在13 ℃时即可发育，25~30 ℃时最适宜；在干燥环境中迅速死亡，在潮湿的环境中可存活8个月以上；对低温抵抗力较强，但结冰后很快死亡，所以不能越冬。囊蚴对外界环境的抵抗力较强，在潮湿环境中可存活3~5个月，但对干燥和直射阳光敏感。

【致病作用和病理变化】

肝片形吸虫的致病作用和病理变化常依其发育阶段而有不同的表现，并且和感染的数量有关。当一次感染大量囊蚴时，童虫在向肝实质内移行过程中，可机械地损伤和破坏肠壁、肝包膜和肝实质及微血管，引起炎症和出血，此时肝脏肿大，肝包膜上有纤维素沉积，出血，肝实质内有暗红色虫道，虫道内有凝血块和幼小的虫体。导致急性肝炎和内出血，腹腔中有带血色的液体和腹膜炎变化，是本病急性死亡的原因。

虫体进入胆管后，由于虫体长期的机械性刺激和代谢产物的毒性物质作用，引起慢性胆管炎、慢性肝炎和贫血现象。早期肝脏肿大，以后萎缩硬化，小叶间结缔组织增生。寄生多时，引起胆管扩张，增厚，变粗甚至堵塞；胆汁停滞而引起黄疸。胆管如绳索样凸出于肝脏表面，胆管内壁有盐类（磷酸钙和磷酸镁）沉积，使内膜粗糙，胆囊肿大，多见于牛。在牛肺组织内可找到由虫体所致的结节，内含暗褐色半液状物质或1~2条虫体。虫体的代谢产物可扰乱中枢神经系统，使其体温升高，贫血，出现全身性中毒现象。侵害血管时，使管壁通透性增高，易于渗出，从而发生稀血症和水肿。肝片形吸虫是以食血为主，可成为慢性病例营养障碍、贫血和消瘦原因之一。

此外，童虫移行时从肠道带进微生物如诺维氏梭菌（*Clostridium novyi*），引起传染性坏死性肝炎，使病势加剧。

【症状】

羊中绵羊最敏感，最常发生，死亡率也高。牛多呈慢性经过，犊牛症状明显。轻度感染往往不表现症状。感染数量多时（牛约250条成虫，羊约50条成虫）则表现症状，但幼畜即使轻度感染也可能表现症状。根据病期一般可分为急性型和慢性型两种类型。

急性型（童虫移行期）：在短时间内吞食大量（2 000个以上）囊蚴后2~6周时发病。多发于夏末、秋季及初冬季节，病势猛，使患畜突然倒毙。病初表现体温升高，精神沉郁，食欲减退，衰弱易疲劳，离群落后，迅速发生贫血，叩诊肝区半浊音界扩大，压痛敏感，腹水，严重者在几天的可拖延至次年天气转暖、饲料改善后逐步恢复。

慢性型（成虫胆管寄生期）：吞食中等量（200~500个）囊蚴后4~5个月时发

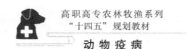
生，多见于冬末初春季节，此类型较多见，其特点是逐渐消瘦、贫血和低白蛋白血症，导致患畜高度消瘦，黏膜苍白，被毛粗乱，易脱落，眼睑、颌下及胸下水肿和腹水。母羊乳汁稀薄、妊娠羊往往流产，终因恶病质而死亡。犊牛症状明显，成年牛一般不明显。如果感染严重，营养状况欠佳，也可能引起死亡。患畜逐渐消瘦，被毛粗乱，易脱落，食欲减退，反刍异常，继而出现周期性瘤胃膨胀或前胃弛缓，下痢，贫血，水肿，母牛不孕或流产。乳牛产奶量减少和质量下降，如不及时治疗，终因恶病质而死亡。

【诊断】

根据是否存在中间宿主等流行病学资料，结合症状可初步诊断。可通过粪便检查和剖检发现虫体确诊。粪便检查用沉淀法。还可应用免疫学诊断法，如固相酶联免疫吸附试验（ELISA）、间接血凝试验（IHA）等，不仅适用于诊断急、慢性肝片吸虫病，亦可用于对动物群体进行普查。

【治疗】

治疗片形吸虫病的药物较多，各地可根据药源和具体情况加以选用。

① 三氯苯唑（肝蛭净）：牛 10 mg/kg 体重，羊 12 mg/kg 体重，1 次口服，对成虫和童虫均有高效，休药期 14 天。

② 硝氯酚（拜耳 9015）：牛 3～4 mg/kg 体重，羊 4～5 mg/kg 体重，1 次口服；应用针剂时，牛 0.5～1.0 mg/kg 体重，羊 0.75～1.0 mg/kg 体重，深部肌肉注射，只对成虫有效。

③ 溴酚磷（蛭得净）：对成虫和童虫均有良好效果。

【防控措施】

应根据流行病学特点，采取综合防治措施。

（1）定期驱虫。驱虫的时间和次数可根据流行区的具体情况而定。在我国北方地区，每年应进行 2 次驱虫：一次在冬季，另一次在春季。南方因终年放牧，每年可进行 3 次驱虫。急性病例可随时驱虫。在同一牧地放牧的动物最好同时都驱虫，尽量减少感染源。

家畜粪便，特别是驱虫后的粪便应堆积发酵产热而杀灭虫卵。

（2）消灭中间宿主。灭螺是预防片形吸虫病的重要措施。可结合农田水利建设，草场改良，填平无用的低洼水潭等措施，以改变螺的孳生条件。此外，还可用化学药物灭螺，如施用 1∶50 000 的硫酸铜，2.5 mg/L 的血防 67 及 20% 的氯水均可达到灭螺的效果。如牧地面积不大，亦可饲养家鸭，消灭中间宿主。

（3）加强饲养卫生管理。选择在高燥处放牧；动物的饮水最好用自来水、井水或流动的河水，并保持水源清洁，以防感染。从流行区运来的牧草须经处理后，再饲喂舍饲的动物。

思考题

1. 简述片形吸虫病的特点、症状、病理变化、诊断和防治措施。
2. 简述片形吸虫的生活史。

二、前后盘吸虫病

本病是由前后盘科（Paramphistomatidae）各属吸虫寄生于牛、羊等反刍动物瘤胃和胆管壁上引起的疾病总称。包括前后盘属（*Paramphistomum*）、殖盘属（*Cotylophoron*）、腹袋属（*Gastrothylax*）、菲策属（*Fischoederius*）及卡妙属（*Carmyerius*）等。一般成虫的危害不甚严重，但如果大量童虫在移行过程中寄生在真胃、小肠、胆管和胆囊时，可引起严重的疾患，甚至发生大批死亡。

前后盘类吸虫的分布遍及全国各地，在南方的牛只都有不同程度的感染，其感染率和感染强度往往很高。有的虫体竟达数万个以上。

前后盘类吸虫的种类繁多，虫体的大小、颜色、形状及内部构造均因种类不同而有差异。兹以鹿前后盘吸虫（*Paramphistomum cervi*）为代表加以叙述。

【病原体】

鹿前后盘吸虫，呈"鸭梨"形，活体呈粉红色。大小为（8.8~9.6）mm×（4.0~4.4）mm。口吸盘位于虫体前端，腹吸盘位于虫体后端，大小约为口吸盘的2倍。缺咽。肠支经3~4个弯曲到达虫体后端。睾丸2个，呈横椭圆形，前后排列于中部。卵巢呈圆形，位于睾丸后方。生殖孔开口于肠支分叉处后方。子宫从睾丸后缘经多个弯曲延伸至生殖孔。卵黄腺发达，呈滤泡状，分布于两侧，与肠支重叠。

虫卵呈椭圆形，淡灰色，卵黄细胞不充满整个虫卵，大小为（125~132）μm×（70~80）μm。

【生活史】

寄生宿主　中间宿主为淡水螺类，主要为椎实螺和扁卷螺。终末宿主为牛、羊、鹿、骆驼等反刍动物。

发育过程　成虫在反刍动物瘤胃内产卵，虫卵随粪便排出体外落入水中，在适宜条件下14天孵出毛蚴，毛蚴游于水中遇中间宿主即钻入其体内，经43天发育为胞蚴、雷蚴和尾蚴。尾蚴离开螺体，附着在水草上形成囊蚴，终末宿主吞食含有囊蚴的水草而感染。囊蚴在肠道内脱囊，童虫在小肠、皱胃和其黏膜下，以及胆囊、胆管和腹腔等处移行，几十天后到达瘤胃，经3个月发育为成虫。

【流行病学】

感染来源为患病或带虫牛、羊等反刍动物。本病流行广泛，多流行于江河流域、

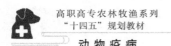

低洼潮湿等水源丰富地区。南方可常年感染，北方主要在 5~10 月份感染。幼虫引起的急性病例多发生于夏、秋季节，成虫引起的慢性病例多发生于冬、春季节。多雨年份易造成流行。

【致病作用与症状】

本病多发于多雨年份的夏、秋季节，成虫危害轻微，主要是童虫在移行期间可引起小肠、真胃黏膜水肿，出血，发生出血性胃肠炎，或者致肠黏膜发生坏死和纤维素性炎症。小肠内可能有大量童虫，肠道内充满腥臭的稀粪。胆管、胆囊臌胀，内含童虫。患畜在临床上表现为顽固性下痢，粪便呈粥样或水样，常有腥臭。食欲减退，精神委顿，消瘦，贫血，颌下水肿，黏膜苍白，最后病牛极度瘦弱，表现为恶病质状态，卧地不起，因衰竭而死亡。

【诊断】

根据流行病学、症状、粪便检查和剖检发现虫体综合诊断。粪便检查用沉淀法，发现大量虫卵时方可确诊。患病动物排出的粪便中常混有虫体。

【治疗】

① 氯硝柳胺：牛 50~60 mg/kg 体重，羊 70~80 mg/kg 体重，1 次口服。

② 硫双二氯酚：牛 40~50 mg/kg 体重，羊 80~100 mg/kg 体重，1 次口服。

两种药物对成虫作用明显，对童虫和幼虫效果较好。

思考题

1. 简述前后盘吸虫病的特点、症状、病理变化、诊断和防治措施。

2. 简述前后盘吸虫的生活史。

三、前殖吸虫病

本病是由前殖科（Prosthogonimidae）前殖属（*Prosthogonimus*）的多种吸虫寄生在家鸡、鸭、鹅、野鸭及其他鸟类的输卵管、法氏囊（腔上囊）、泄殖腔及直肠而引起的疾病。常引起输卵管炎，病禽产畸形蛋，有的因继发腹膜炎而死亡。

前殖吸虫的种类较多，以卵圆前殖吸虫和透明前殖吸虫分布较广，仅就此两种吸虫加以叙述。

【病原体】

1. 卵圆前殖吸虫（P. *ovatus*）

体前端狭，后端钝圆，体表有小刺。大小为（3~6）mm×（1~2）mm。口吸盘小，为（0.15~0.17）mm×（0.17~0.21）mm，椭圆形，位于体前端。腹吸盘较大，为 0.4 mm×（0.36~0.48）mm，位于虫体前 1/3 处。睾丸不分叶，椭圆形，并列于虫体中部之后。卵巢分叶，位于腹吸盘的背面。生殖孔开口于口吸盘的左前方。子宫盘曲于睾丸和腹吸盘前后。卵黄腺位于虫体前中部的两侧。

虫卵棕褐色，大小为（22～24）μm×13 μm，具卵盖，另一端有小刺，内含卵细胞。

2. 透明前殖吸虫（P. pellucidus）

呈梨形，前端稍尖，后端钝圆，大小为（6.5～8.2）mm×（2.5～4.2）mm，体表前半部有小刺。口吸盘为球形，大小为（0.63～0.83）mm×（0.59～0.90）mm。腹吸盘呈圆形，直径为 0.77～0.85 mm，位于虫体前 1/3 处，等于或略大于口吸盘。肠支末端伸达体后部。睾丸卵圆形，不分叶，位于虫体中央的两侧，左右并列，二者几乎等大。雄茎囊弯曲于口吸盘与食道的左侧。生殖孔开口于口吸盘的左上方。卵巢多分叶，位于两睾丸前缘与腹吸盘之间。子宫盘曲于腹吸盘与睾丸后的广大空隙中。卵黄腺的分布始于腹吸盘后缘的体两侧，后端终于睾丸之后。

虫卵深褐色，大小为（26～32）μm×（10～15）μm，具卵盖，另一端有小刺。

【生活史】

寄生宿主　中间宿主为淡水螺类。补充宿主为蜻蜓及其稚虫。终末宿主为鸡、鸭、鹅、野鸭等鸟类。

发育过程　成虫在终末宿主的寄生部位产卵，虫卵随其粪便和排泄物排出体外，遇水孵出毛蚴，或被中间宿主吞食发育为毛蚴、胞蚴、尾蚴。尾蚴逸出螺体游于水中，进入补充宿主肌肉经 70 天形成囊蚴。家禽啄食含有囊蚴的蜻蜓或其稚虫而感染，在消化道内囊蚴壁被消化，童虫逸出，经肠进入泄殖腔，再转入输卵管或法氏囊发育为成虫。囊蚴在鸡体内发育为成虫需 1～2 周，在鸭体内约需 3 周。成虫在鸡体内寿命为 3～6 周，在鸭体内为 18 周。

【流行病学】

感染来源为患病或带虫的鸡、鸭、鹅等。本病流行广泛，主要分布于南方。流行季节与蜻蜓出现的季节相一致。每年 5～6 月份蜻蜓的稚虫聚集在水池岸旁，并爬到水草上变为成虫，此时易被家禽啄食而致感染，故放牧禽易感。

【致病作用】

吸虫寄生于家禽的输卵管内，以吸盘和体表小刺刺激输卵管的腺体，影响其正常功能，首先破坏壳腺，致使形成蛋壳石灰质的机能亢进或降低，进而破坏蛋白腺的功能，引起蛋白质分泌过多。由于过多的蛋白聚积，扰乱输卵管的正常收缩运动，影响卵的通过，从而产生各种畸形蛋（软壳蛋、无壳蛋、无卵黄蛋、无蛋白蛋及变形蛋）或排出石灰质、蛋白等半液状物质。重度感染时，由于输卵管炎症的加剧，可引起输卵管破裂或逆蠕动，致使输卵管内的炎性渗出物或蛋白、石灰质等落入或逆入腹腔，导致腹膜炎而死亡。

禽类感染后，可产生免疫力，当其再感染时，虫体则不侵害输卵管，而随卵黄经

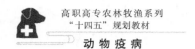

输卵管的卵壳腺部分与蛋白一起包入蛋内，所以蛋内经常有前殖吸虫的存在。

【症状】

初期患鸡症状不明显，食欲、产蛋和活动均正常，但开始产薄壳蛋，易破。后来产蛋率下降，逐渐产畸形蛋或流出石灰样的液体。食欲减退，消瘦，羽毛蓬乱，脱落。腹部膨大，下垂，产蛋停止。少活动，喜蹲窝。后期体温上升，渴欲增加。全身乏力，腹部压痛，泄殖腔突出，肛门潮红，腹部及肛周羽毛脱落，严重者可致死。

【病理变化】

主要病变是输卵管发炎，由卡他性到格鲁布性炎症。输卵管黏膜充血，极度增厚，在黏膜上可找到虫体。此外，尚有腹膜炎，腹腔内含有大量黄色混浊的液体。脏器被干酪样凝集物黏着在一起；肠子间可见到浓缩的卵黄；浆膜呈现明显的充血和出血。有时出现干性腹膜炎。

【诊断】

根据临床症状和剖检所见病变，并发现虫体，或用水洗沉淀法检查粪便发现虫卵，便可确诊。

【治疗】

① 丙硫咪唑：120 mg/kg 体重，1 次口服。

② 吡喹酮：60 mg/kg 体重，1 次口服。

③ 氯硝柳胺：100～200 mg/kg 体重，1 次口服。

【防控措施】

定期驱虫，在流行区，根据病的季节动态进行有计划的驱虫；消灭第一中间宿主，有条件地区可用药物杀灭之；防止鸡群啄食蜻蜓及其稚虫，在蜻蜓出现的季节，勿在早晨或傍晚及雨后到池塘岸边放牧，以防感染。

思考题

1. 简述前殖吸虫病的特点、症状、病理变化、诊断和防治措施。
2. 简述前殖吸虫的形态构造。

四、牛囊尾蚴病

本病是由带科（Taeniidae）带吻属（*Taeniarhynchus*）的肥胖带绦虫（*Taeniarhynchus saginatus*）的牛囊尾蚴（*Cysticercus bovis*）寄生于牛肌肉中引起的疾病，又称为"牛囊虫病"。牛带绦虫只寄生于人的小肠中，是一种重要的人畜共患寄生虫病。

【病原体】

牛囊尾蚴呈灰白色，为半透明的囊泡，直径约 1 cm。囊内充满液体，囊壁一端有一内陷的粟粒大的头节，直径有 1.5~2.0 mm，上有 4 个吸盘。无顶突和小钩。

牛带绦虫为乳白色，带状，节片长而肥厚，全虫长有 5~10 m，最长可达 25 m 以上。头节上有 4 个吸盘，但无顶突和小钩，因此，也叫无钩绦虫。头节后为短细的颈节。颈部下为链体，由 1 000~2 000 个节片组成。成节近似方形，每节内有一套雌雄同体的生殖系统。睾丸数为 800~1 200 个。卵巢分两叶，生殖孔位于体侧缘，不规则地左右交替开口。孕节窄而长，内有发达的子宫，其侧枝为 15~30 对。每个孕节内约含虫卵 10 万个。

虫卵呈球形，黄褐色，内含六钩蚴，结构与猪带绦虫卵相似，大小为（30~40）μm×（20~30）μm。

【生活史】

寄生宿主　中间宿主为黄牛、水牛、牦牛等。终末宿主为人。

发育过程　孕卵节片随粪便排出体外，污染了饲料、饲草或饮水，牛吞食后，六钩蚴逸出进入肠壁血管中，随血液循环到达全身肌肉，经 10~12 周发育为牛囊尾蚴。主要分布在心肌、舌肌、咬肌等运动性强的肌肉中。人食入含有牛囊尾蚴的肌肉而感染，包囊被消化，头节吸附于小肠黏膜上，经 2~3 个月发育为成虫，其寿命可达 25 年以上。

【流行病学】

牛囊尾蚴和牛带绦虫病的发生和流行与牛的饲养管理方式，人的粪便管理，人嗜食生牛肉的习惯有密切关系。

牛带绦虫分布于世界各地，特别在有食生牛肉习惯的地区和民族中流行，如在东非、中东、近东、中亚诸国和东南亚及拉美诸国流行严重。在北美洲和欧洲多零星发生。

牛带绦虫在我国为一种散发的人畜共患病，在有些少数民族地区呈地方性流行。在流行区里，有的耕牛圈舍多兼做厕所；有的用未经处理的人粪便作肥料，使外界环境遭受污染，造成牛的感染。牛带绦虫卵对外界因素的抵抗力较强，在牧地上，一般可存活 200 天以上。牛在牧地上饮污染水，是流行的重要因素。犊牛较成年牛易感染牛囊尾蚴。有的生下来几天即遭感染。还发现有经胎盘感染的犊牛。

人工感染试验的结果揭示，狒狒和猴类均不能感染牛带绦虫。此外，在非洲调查了 271 个野生的灵长类和 143 个食肉动物，在其体内皆未发现有牛带绦虫，这说明人是牛带绦虫的唯一终末宿主。

牛带绦虫的主要中间宿主是牛科动物，包括黄牛、水牛、瘤牛和牦牛等，但在俄罗斯的西伯利亚常发现驯鹿体内有牛囊尾蚴。

人工感染试验的结果表明，在山羊和绵羊体内均未获得牛囊尾蚴。

【致病作用和症状】

牛感染囊尾蚴后一般不出现临床症状。然而人工感染试验证明，发育中的牛囊尾

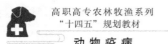

蚴在体内移行期间有明显的致病作用，如人工感染初期，可见体温升高，虚弱，腹泻，食欲不振，呼吸困难和心跳加速等，有时可使牛死亡。但在肌肉内定居并发育成熟后则几乎不显致病作用。

牛带绦虫可引起人体消化障碍，如腹泻，腹痛，恶心等，长期寄生时可造成内源性维生素缺乏症及贫血。由于牛带绦虫卵不感染人，因此，人体内没有牛囊尾蚴寄生。

【病理变化】

多寄生于咬肌、舌肌、心肌、肩胛肌、颈肌、臀肌等处，有时也可寄生于肺、肝、肾及脂肪等处。

【诊断】

牛囊尾蚴的生前诊断较困难，可采用血清学方法做出诊断，目前认为最有希望的方法是间接血球凝集试验和酶联免疫吸附试验。尸体剖检时发现牛囊尾蚴便可确诊。人的牛带绦虫诊断可根据：孕节可自动从肛门爬出，有痒感；或用棉签肛拭涂片检查，或粪便检查找到虫卵或孕节。

【治疗】

牛囊尾蚴的治疗可用吡喹酮和甲苯咪唑。牛带绦虫可用槟榔南瓜籽合剂、仙鹤草、氯硝柳胺等治疗。近年来也用吡喹酮、丙硫咪唑和巴龙霉素驱虫，疗效良好。

【防控措施】

（1）做好牛带绦虫患者的普查与驱虫。

（2）管理好人的粪便，改进牛的饲养管理方法，防止牛接触人粪。

（3）加强牛肉的卫生检验工作。轻微感染的胴体应做无害化处理。一般在-10 ℃下 10 天或-18 ℃下 5 天可完全杀死牛囊尾蚴。

（4）改变人们食生牛肉的饮食习惯；加强宣传教育工作，提高认识，以保障防治措施顺利地进行。

思考题

1. 简述牛囊尾蚴病的特点、症状、病理变化、诊断和防治措施。
2. 简述牛囊尾蚴的生活史。

五、细颈囊尾蚴病

本病是由带科（Taeniidae）带属（*Taenia*）的泡状带绦虫（*Taenia hydatigena*）的幼虫寄生于猪等多种动物的腹腔中引起的疾病。细颈囊尾蚴（*Cysticercus tenuicollis*）分布极其广泛，在我国各省、市、区均有报道。对幼年动物有一定的危害。成虫寄生于犬、狼和狐狸等动物的小肠内。

【病原体】

细颈囊尾蚴呈乳白色，囊泡状，囊内充满透明液体，俗称水铃铛，大小如鸡蛋或更大，直径约有 8 cm，囊壁薄，在其一端的延伸处有一白结，即其头节所在。头节上有两行小钩，颈细而长。在脏器中的囊体，体外还有一层由宿主组织反应产生的厚膜包围，故不透明，颇易与棘球蚴相混。

泡状带绦虫呈乳白色或稍带黄色，体长可达 5 m，头节上有顶突和 26~46 个小钩。孕节全被虫卵充满，子宫侧枝为 5~16 对，虫卵为卵圆形，内含六钩蚴，大小为 (36~39)μm×(31~35)μm。

【生活史】

寄生宿主　中间宿主为猪、牛、羊、骆驼等，幼虫寄生于肝脏、浆膜、大网膜、肠系膜、腹腔。终末宿主为犬、狼、狐狸等肉食动物，成虫寄生于小肠。

发育过程　孕卵节片随终末宿主的粪便排出体外，孕节破裂后，虫卵逸出，污染牧草、饲料和饮水，中间宿主吞食后，六钩蚴从消化道逸出，钻入肠壁血管，随血流到肝实质停留 0.5~1 个月，以后逐渐移行到腹腔，经 1~2 个月发育为成熟的细颈囊尾蚴。终末宿主吞食了患病脏器后，囊尾蚴在小肠内经 52~78 天发育为成虫。成虫寿命约 1 年。

【流行病学】

感染来源为患病或带虫犬等肉食动物。养犬集中的地区多发。

【致病作用和症状】

细颈囊尾蚴对羔羊、仔猪等危害较严重，在肝脏中移行的幼虫，有时数量很多，破坏肝实质和微血管，穿成孔道，导致出血性肝炎。此时羔羊表现出不安、流涎、不食、腹泻和腹痛等症状，可能以死亡告终。慢性型的多发生在幼虫自肝脏出来之后，一般无临床表现，有时病羊亦有精神沉郁、不食、消瘦、发育受阻等症状。有时幼虫到达腹腔、胸腔后引起腹膜炎和胸膜炎，此时体温升高。

【诊断】

细颈囊尾蚴的生前诊断较困难，可用血清学诊断法诊断。一般系在死后剖检时发现细颈囊尾蚴而确诊。急性型的易与急性肝片形吸虫病相混淆。在肝脏中发现细颈囊尾蚴时，应与棘球蚴相区别，前者只一个头节，壁薄而且透明，后者囊壁厚而不透明。

【治疗】

吡喹酮 50 mg/kg 体重，1 次口服。

【防控措施】

对犬进行定期驱虫，防止犬进入猪、羊舍内散布虫卵，污染饲料和饮水；须注意勿用猪、羊屠宰废弃物喂犬。

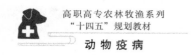

简述细颈囊尾蚴病的特点、症状、病理变化、诊断和防治措施。

六、脑多头蚴病

本病是由带科（Taeniidae）带属（Taenia）的多头带绦虫（Taenia multiceps）的幼虫寄生于牛、羊等反刍动物的大脑内引起的疾病。有时也寄生于延脑、脊髓中，又称为"脑包虫病""回旋病"。脑多头蚴（Coenurus cerebralis）又称脑共尾蚴或脑包虫，是多头带绦虫（Taenia multiceps）或称多头绦虫（Multiceps multiceps）的中绦期。寄生于绵羊、山羊、黄牛、牦牛，偶见于骆驼、猪、马及其他野生反刍动物的脑和脊髓中，极少见于人。脑共尾蚴为世界性分布，在我国各省、市、区均有报道，但多呈地方性流行，并可引起动物死亡，是危害羔羊和犊牛的一种重要寄生虫病。

多头带绦虫寄生于犬、狼、狐狸及北极狐的小肠中。

【病原体】

脑共尾蚴为乳白色，半透明的囊泡，呈圆形或卵圆形，直径约 5 cm 或更大，大小取决于寄生的部位、发育的程度及动物种类。囊壁由两层膜组成，外膜为角质层，内膜为生发层，其上有许多原头蚴，直径为 2~3 mm，数量有 100~250 个。囊内充满液体，内含酪氨酸、色氨酸、精氨酸及钾、钙、钠、镁、氯、磷脂和铵等物质。

多头带绦虫有 40~100 cm 长，由 200~250 个节片组成，最大宽度为 5 mm。头节上有 4 个吸盘，顶突上有 22~32 个小钩，排列成两行。孕节的子宫内充满着虫卵，子宫侧枝为 14~26 对。虫卵的直径为 29~37 μm，内含六钩蚴。

【生活史】

寄生宿主　中间宿主为牛、羊、骆驼等反刍动物。终末宿主为犬、狼、狐狸等食肉动物。

发育过程　成虫寄生于终末宿主的小肠内，其孕卵节片或虫卵随粪便排出体外，污染了饲料、饲草、饮水，中间宿主吞食后感染，六钩蚴逸出进入肠壁血管，随血液循环到达脑、脊髓内，经 2~3 个月发育为脑多头蚴。终末宿主吞食了含有脑多头蚴的脑、脊髓后而感染，囊壁被消化，原头蚴逸出，吸附于小肠黏膜上，经 1.5~2.5 个月发育为成虫，可存活 6~8 个月至数年。

【流行病学】

感染来源为患病或带虫犬、狼、狐狸等肉食动物，孕卵节片存在于粪便中。牧羊犬和狼在疾病传播中起重要作用。本病分布广泛，西北、东北、内蒙古等牧区疫情较严重。

【致病作用和症状】

脑多头蚴的感染初期，由于六钩蚴的移行，机械地刺激和损伤宿主的脑膜和脑实质组织，引起脑炎和脑膜炎。后来虫体经 2~3 个月的发育，体积明显增大，压迫脑脊髓，引起脑脊髓局部组织贫血、萎缩，眼底充血，嗜酸性白细胞增多，脑脊髓液黏度及表面张力增高和蛋白质含量增加等。脑多头蚴不断发育增大，对脑髓的压迫也随之增强，结果导致中枢神经功能障碍；致病作用还可波及脑的其他部位，并间接地影响全身各系统。最终引起宿主严重贫血，宿主常因恶病质而死亡。

动物感染后 1~3 周，虫体在脑内移行时，呈现体温升高及类似脑炎或脑膜炎症状。重度感染的动物常在此期间死亡。感染后 2~7 个月开始出现典型的症状，运动和姿势异常。临床症状主要取决于虫体的寄生部位。寄生于大脑额骨区时，头下垂，向前直线奔跑或呆立不动，常把头抵在任何物体上；寄生于大脑颞骨区时，常向患侧做转圈运动，所以叫回旋病。多数病例对侧视力减弱或全部消失；寄生于枕骨区时，头高举，后腿可能倒地不起，颈部肌肉强直性痉挛或角弓反张，对侧眼失明；寄生于小脑时，表现为知觉过敏，容易悸恐，行走时出现急促步样或步样蹒跚，视觉障碍，磨牙，流涎，平衡失调，痉挛；寄生于腰部脊髓时，引起渐进性后躯及盆腔脏器麻痹，最后死于高度消瘦或因重要的神经中枢受害而死。如果寄生多个虫体而又位于不同部位时，则出现综合性症状。

【诊断】

在流行区里，可根据其特殊的临床症状、病史作出初步判断。寄生在大脑表层时，头部触诊可以判定虫体所在部位。有些病例需在剖检时才能确诊。

【治疗】

在头部前方脑髓表层寄生的虫体可施行外科手术摘除。在脑深部和后部寄生者则难以摘除。

近些年来用吡喹酮和丙硫咪唑进行治疗，获得了较满意的效果。吡喹酮，牛、羊 100~150 mg/kg 体重，1 次口服，连用 3 天为 1 个疗程；也可按 10~30 mg/kg 体重以 1:9 的比例与液体石蜡混合，做深部肌肉注射，3 天为 1 个疗程。

【防控措施】

（1）对牧羊犬和散养犬定期进行驱虫，排出的粪便作发酵处理。

（2）对犬提倡拴养，以免粪便污染饲料和饮水。

（3）牛、羊宰后发现含有脑多头蚴的脑和脊髓，要及时销毁或高温处理，防止犬食入。

思考题

1. 简述脑多头蚴病的特点、症状、病理变化、诊断和防治措施。

2. 简述脑多头蚴的形态构造。

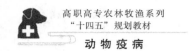

七、莫尼茨绦虫病

本病是由裸头科（Anoplocephalidae）莫尼茨属（Moniezia）的多种绦虫寄生于反刍动物包括绵羊、山羊、黄牛、水牛、牦牛、鹿和骆驼的小肠中引起。分布于世界各地，我国各地均有报道，多呈地方性流行。主要危害羔羊和犊牛，影响幼畜生长发育，严重感染时，可导致死亡。

【病原体】

在我国常见的莫尼茨绦虫有两种：扩展莫尼茨绦虫（Monieziae expansa）和贝氏莫尼茨绦虫（M. benedeni）。它们在外观上颇相似，头节小，近似球形，上有 4 个吸盘，无顶突和小钩。体节宽而短，成节内有两套生殖器官，每侧一套，生殖孔开口于节片的两侧。卵巢和卵黄腺在体两侧构成花环状。睾丸数百个，分布于整个体节内。子宫呈网状。两种虫体各节片的后缘均有横列的节间腺，扩展莫尼茨绦虫的节间腺为一列小圆囊状物，沿节片后缘分布；而贝氏莫尼茨绦虫的呈带状，位于节片后缘的中央。此外，扩展莫尼茨绦虫长可达 10 m，宽 1.6 cm，呈乳白色，虫卵近似三角形；贝氏莫尼茨绦虫呈黄白色，长可达 4 m，宽为 2.6 cm，虫卵为四角形。

虫卵内有特殊的梨形器，器内含六钩蚴，卵的直径为 56~67 μm。

【生活史】

寄生宿主　中间宿主为地螨。终末宿主为牛、羊、鹿、骆驼等反刍动物。

发育过程　莫尼茨绦虫寄生于终末宿主小肠，孕卵节片或虫卵随粪便排出体外，被地螨吞食，虫卵内六钩蚴逸出，经 40 天发育为似囊尾蚴，终末宿主吃草时吞食含有似囊尾蚴的地螨而感染。似囊尾蚴以头节附着于小肠壁，经 45~60 天发育为成虫。成虫在牛、羊体内可寄生 2~6 个月，一般为 3 个月，后自动排出体外。

【流行病学】

感染来源为患病或带虫牛、羊等反刍动物。地螨种类多、分布广，主要分布在潮湿、肥沃的土地里，在雨后的牧场，数量可显著增加。地螨耐寒冷，可以越冬，但对干燥和热敏感，气温 30 ℃以上、地面干燥或日光照射时钻入地下，因此，在早晨、黄昏及阴天地螨较活跃。

莫尼茨绦虫的流行具有明显的季节性（与地螨的分布和习性密切相关），北方地区 5~8 月为感染高峰期，南方 4~6 月为感染高峰期；本病分布广泛，尤以北方和牧区流行严重。无卵黄腺绦虫主要分布在较寒冷和干燥地区。

【致病作用】

1. 机械作用

莫尼茨绦虫为大型虫体，长达数米，宽 1~2 cm，大量寄生时，集聚成团，造成肠腔狭窄，影响食糜通过，甚至发生肠阻塞、套叠或扭转，最后因肠破裂引起腹膜炎而死亡。

2. 夺取营养

虫体在肠道内生长很快，每昼夜可生长 8 cm，势必从宿主体内夺取大量养料，以满足其生长的需要。这样，必然影响幼畜的生长发育，使之迅速消瘦，体质衰弱。

3. 中毒作用

虫体的代谢产物和分泌的毒性物质被宿主吸收后，可引起各组织器官发生炎症和退行性病变，改变血液成分，红细胞数减少，血红蛋白降低，出现低色素红细胞。中毒作用还破坏神经系统和心脏及其他器官的活动。肠黏膜的完整性遭到损害时，可引起继发感染，并降低羔羊和犊牛的抵抗力，如可能促进羊快疫和肠毒血症的发生。

【症状】

莫尼茨绦虫病是幼畜的疾病，成年动物一般无临床症状。幼年羊最初的表现是精神不振，消瘦，离群，粪便变软，后发展为腹泻，粪中含黏液和孕节片，进而症状加剧，动物衰弱，贫血。有时有明显的神经症状，如无目的地运动，步样蹒跚，有时有震颤。神经型的莫尼茨绦虫病羊往往以死亡告终。

幼年羊扩展莫尼茨绦虫病多发于夏、秋季节，而贝氏莫尼茨绦虫病多在秋后发病。

【病理变化】

病理剖检尸体消瘦，黏膜苍白，贫血。胸腹腔渗出液增多。肠有时发生阻塞或扭转。肠系膜淋巴结、肠黏膜、脾增生。肠黏膜出血，有时大脑出血，浸润，肠内有绦虫。

【诊断】

在患羊粪球表面有黄白色的孕节片，形似煮熟的米粒，将孕节作涂片检查时，可见到大量灰白色、特征性的虫卵。用饱和盐水浮集法检查粪便时，可发现虫卵。结合临床症状和流行病学资料分析便可确立诊断。

【治疗】

常用的驱虫药物有以下几种：

① 硫双二氯酚。牛 50 mg/kg 体重，羊 75~100 mg/kg 体重，1 次口服，用药后可能会出现短暂性腹泻，可在 2 天内自愈。

② 氯硝柳胺。牛 50 mg/kg 体重，羊 60~75 mg/kg 体重，1 次口服。

③ 丙硫咪唑。牛 10 mg/kg 体重，羊 15 mg/kg 体重，1 次口服。

④ 吡喹酮。牛 5~10 mg/kg 体重，羊 10~15 mg/kg 体重，1 次口服。

【防控措施】

对羔羊和犊牛在春季放牧后 4~5 周时进行成虫期前驱虫，2~3 周后再驱虫 1 次；成年牛、羊每年可进行 2~3 次驱虫。驱虫后的粪便要发酵处理；感染季节避免在低湿地放牧，并尽量不在清晨、黄昏和阴雨天放牧，有条件的地方可进行轮牧；对地螨场所，采取深耕土地、种植牧草、开垦荒地等措施，以减少地螨的数量。

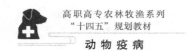

1. 简述莫尼茨绦虫病的特点、症状、病理变化、诊断和防治措施。
2. 简述莫尼茨绦虫的形态构造。

八、鸡赖利绦虫病

本病是由戴文科（Davaineidae）赖利属（Raillietina）的多种绦虫寄生于鸡小肠中引起疾病的总称。鸡赖利绦虫呈世界性分布。对养鸡业危害较大，在流行区，放养的雏鸡可能大群感染并死亡。赖利绦虫种类多，在我国各地最常见的鸡赖利绦虫有3种：四角赖利绦虫（R. tetragonal）、棘沟赖利绦虫（R. echinobothrida）和有轮赖利绦虫（R. cesticillus）。

【病原体】

1. 四角赖利绦虫

寄生于家鸡和火鸡的小肠后半部，虫体长达 25 cm，是鸡最大的绦虫。头节较小，顶突上有 1~3 行小钩，数目为 90~130 个。吸盘卵圆形，上有8~10 行小钩。成节的生殖孔位于一侧。孕节中每个卵囊内含卵 6~12 个，虫卵直径为 25~50 μm。

2. 棘沟赖利绦虫

寄生于家鸡和火鸡的小肠，大小和形状颇似四角赖利绦虫。但其顶突上有两行小钩，数目为 200~240 个。吸盘呈圆形，上有 8~10 行小钩。生殖孔位于节片一侧的边缘上，孕节内的子宫最后形成 90~150 个卵囊，每一卵囊含虫卵 6~12 个。虫卵直径为 25~40 μm。

3. 有轮赖利绦虫

寄生于鸡的小肠内，虫体较小，一般不超过 4 cm，偶可达15 cm，头节大，顶突宽而厚，形似轮状，突出于前端，上有两行共 400~500 个小钩，吸盘上无小钩。生殖孔在体侧缘上不规则交替排列。孕节中含有许多卵囊，每个卵囊内仅有一个虫卵。虫卵直径为 75~88 μm。

【生活史】

寄生宿主　四角赖利绦虫的中间宿主为家蝇和蚂蚁；棘沟赖利绦虫为蚂蚁；有轮赖利绦虫为家蝇、金龟子、步行虫等昆虫。终末宿主主要是鸡，还有火鸡、孔雀、鸽子、鹌鹑、珍珠鸡等。

发育过程　成虫在鸡小肠内产卵，虫卵随粪便排至外界，被中间宿主吞食后，经14~21 天发育为似囊尾蚴。中间宿主被终末宿主吞食后，似囊尾蚴经 12~20 天在小肠发育为成虫。

【流行病学】

感染来源为患病或带虫鸡等。不同年龄的禽类均可感染，但以幼禽为重，25~40日龄禽类死亡率最高。常为几种绦虫混合感染。该病分布广泛，与中间宿主的分布面广有关。

【致病作用和症状】

棘利绦虫为大型虫体，大量感染时虫体集聚成团，导致肠阻塞，甚至肠破裂而引起腹膜炎；其代谢产物被吸收后可引起中毒反应，出现神经症状。棘沟赖利绦虫的顶突深入肠黏膜，引起结核样病变。患禽在临床上表现为消化不良，食欲减退，腹泻，渴感增加，体弱消瘦，翅下垂，羽毛逆立，蛋鸡产卵量减少或停产。雏鸡发育受阻或停止，可能继发其他疾病而死亡。

【病理变化】

肠黏膜增厚、出血，内容物中含有大量脱落的黏膜和虫体。赖利绦虫为大型虫体，大量感染时虫体积聚成团，可导致肠阻塞，甚至肠破裂引起腹膜炎而死亡。

【诊断】

根据流行病学、症状、粪便检查见到虫卵或节片诊断，剖检发现虫体确诊。粪便检查用漂浮法。

【治疗】

① 丙硫咪唑。10~20 mg/kg 体重，1 次口服。

② 氯硝柳胺。80~100 mg/kg 体重，1 次口服。

③ 吡喹酮。10~20 mg/kg 体重，1 次口服。

【防控措施】

鸡群进行定期驱虫，及时清除鸡粪并作无害处理；雏鸡应放入清洁的鸡舍和运动场上，新购入鸡只应驱虫后再合群；鸡舍内外应定期杀灭昆虫。

思考题

1. 简述鸡赖利绦虫的生活史。
2. 简述鸡赖利绦虫的形态构造。

九、猪蛔虫病

本病是由蛔科（Ascaridae）蛔属（Ascaris）的猪蛔虫（Ascaris suum）寄生于猪的小肠引起的疾病。猪蛔虫感染普遍，分布广泛，特别是在不卫生的猪场和营养不良的猪群中，感染率很高，一般都在 50% 以上。可引起仔猪生长发育不良，严重的发育停滞，甚至造成死亡，是养猪业损失最大的寄生虫病之一。

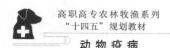

【病原体】

猪蛔虫是一种大型线虫。新鲜虫体为淡红色或淡黄色，死后转为苍白色。虫体呈中间稍粗，两端较细的圆柱形。头端有 3 个唇片：一片背唇较大，两片腹唇较小，排列成品字形。雄虫比雌虫小，体长 15~25 cm，宽约 0.3 cm。尾端向腹面弯曲，形似鱼钩。泄殖腔开口距尾端较近。有交合刺 1 对，一般是等长的，长 0.2~0.25 cm。无引器。雌虫长 20~40 cm，宽约 0.5 cm。虫体较直，尾端稍钝。生殖器官为双管型，由后向前延伸，两条子宫合为一个短小的阴道。阴门开口于虫体前 1/3 与中 1/3 交界处附近的腹面中线上。肛门距虫体末端较近。受精卵和未受精卵的形态有所不同。受精卵为短椭圆形，大小为（50~75）μm×（40~80）μm，黄褐色。卵壳厚，由 4 层组成，最外一层为凹凸不平的蛋白膜，向内依次为卵黄膜、几丁质膜和脂膜；刚随粪排出的虫卵，内含一个圆形卵细胞，卵细胞与卵壳之间的两端形成新月形空隙。未受精卵较受精卵狭长，平均大小为 90 μm×40 μm，多数没有蛋白质膜，或有而甚薄，且不规则。整个卵壳较薄，内容物为很多油滴状的卵黄颗粒和空泡。

【生活史】

寄生宿主　蛔虫发育不需要中间宿主。

发育过程　成虫寄生于猪的小肠，雌虫受精后，产出的虫卵随粪便排出体外，在适宜的温度、湿度和充足的氧气环境下，卵内胚细胞发育为第 1 期幼虫，蜕皮变为第 2 期幼虫，虫卵发育为感染性虫卵，被猪吞食后在小肠内孵出幼虫。大多数幼虫钻入肠壁血管，随血液循环进入肝脏，进行第 2 次蜕皮，变为第 3 期幼虫，幼虫随血液经肝静脉、后腔静脉进入右心房、右心室和肺动脉，穿过肺毛细血管进入肺泡，在此进行第 3 次蜕皮发育为第 4 期幼虫。幼虫上行到达咽部，被咽下后进入小肠，经第 4 次蜕皮发育为第 5 期幼虫（童虫），继续发育为成虫。成虫寿命 7~10 个月。

温度对虫卵发育影响很大，28~30 ℃时，胚细胞发育为第 1 期幼虫需 10 天，12~18 ℃时需 40 天。虫卵发育为感染性虫卵需 3~5 周。进入猪体内的感染性虫卵发育为成虫需 2~2.5 个月。

【流行病学】

感染来源为患病或带虫猪。母猪乳房沾染虫卵，使仔猪哺乳时感染。虫体繁殖力强，每条雌虫平均每天产卵 10 万~20 万个，高峰期每天可达 100 万~200 万个。虫卵对外界不良因素有很强的抵抗力，在疏松湿润的土壤中可以存活 2~5 年，在 2% 福尔马林中可以正常发育。一般用 60 ℃ 以上的 3%~5% 热碱水、20%~30% 热草木灰或新鲜石灰水才能杀死。

猪蛔虫为土源性寄生虫，分布极其广泛。本病四季均可发生。以 3~6 月龄的仔猪感染严重，成年猪多为带虫者，但是重要的传染源。

【致病作用】

幼虫阶段和成虫阶段有所不同，其危害程度视感染强度而定。幼虫对猪的危害源于体内移行，造成各器官和组织的损害，其中以对肝和肺的危害较大。幼虫滞留在肝，特别是在叶间静脉周围毛细血管中时，造成小点出血和肝细胞混浊肿胀、脂肪变性或坏死。幼虫由肺毛细血管进入肺泡时，使血管破裂，造成大量的小点出血和水肿病变；严重的病例，伴发蛔虫性肺炎，引起咳喘，持续 1~2 周；瘦弱仔猪，尤其是饲料中缺乏维生素 A 时，常发生死亡。

有些患隐性流行性感冒、气喘病和猪瘟的病猪，可以由于蛔虫幼虫在肺部的协同作用而病势转剧，造成死亡。

一般来说，蛔虫发育到性成熟时，致病作用显著减弱。但在严重感染时，也可因虫体夺取营养，其游走特性所致的机械性刺激和阻塞，以及有毒物质的吸收等而引起严重危害，甚至造成死亡。蛔虫有游走习性，尤其是在猪只发热、妊娠、饥饿或饲料变化时，常使之活动加剧，凡与小肠相通的部位，如胃、胆管和胰管，均可能被蛔虫窜入，引起胆管或胰管阻塞、呕吐、黄疸和消化障碍等不同类别和不同程度的病变和症状。仅有雌虫而无雄虫时，造成蛔虫误入胆管或胰管的可能性增大。寄生数量太多时，虫体常在小肠内扭结成团，造成肠阻塞，严重时可导致肠破裂、肠穿孔，并继发腹膜炎，引起死亡。

蛔虫分泌的有毒物质和代谢产物引起过敏症状，如阵发性痉挛、兴奋和麻痹等。由于上述各种致病因素的作用，患猪一般呈现消瘦、发育不良和生长停滞。也常因抵抗力降低而引起并发症，甚至造成死亡。

【症状】

蛔虫病的临床表现，随猪年龄的大小，体质的强弱，感染强度和蛔虫所处的发育阶段而有不同。一般以 3~6 个月的仔猪比较严重；成年猪往往有较强的免疫力，能忍受一定数量的虫体侵害，而不呈现明显症状，但却是本病的传染源。

仔猪在感染早期，幼虫移行期间，病猪可呈现嗜伊红细胞增多症，以感染后 14~18 天为最明显。较为严重的病猪，以后出现精神沉郁，食欲缺乏，异嗜，营养不良，贫血，被毛粗糙或有全身性黄疸，有的病猪生长发育长期受阻，变为僵猪。感染严重时，呼吸困难，常伴发声音沉重而粗厉的咳嗽，并有呕吐、流涎和拉稀等症状。可能经 1~2 周好转，或渐渐虚弱，趋于死亡。

蛔虫过多、阻塞肠道时，病猪表现出疝痛，有的可能发生肠破裂而死亡。胆道蛔虫症也经常发生，开始时拉稀，体温升高，食欲废绝，腹部剧痛，多经 6~8 天死亡。6 月龄以上的猪，如寄生数量不多，营养良好，可不引起明显症状。但大多数因胃肠机能遭受破坏，常有食欲不振、磨牙和生长缓慢等现象。

【病理变化】

初期有肺炎症状，肺组织致密，表面有大量出血斑点。用幼虫分离法处理肝、肺和支气管等器官常可发现大量幼虫。在小肠内可检出数量不定的蛔虫。寄生少时，肠道没有可见的病变，多时，可见卡他性炎症、出血或溃疡。肠破裂时，可见有腹膜炎

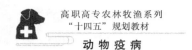

和腹腔内出血。因胆道蛔虫症而死亡的病猪，可发现蛔虫钻入胆道，胆管阻塞。病程较长的，有化脓性胆管炎或胆管破裂，肝脏黄染和变硬等病变。

【诊断】

可据流行病学、症状、粪便检查和剖检等综合判定。粪便检查可采用直接涂片法或漂浮法。剖检发现虫体即可确诊。幼虫移行出现肺炎时，用抗生素治疗无效，可为诊断提供参考。

【治疗】

① 左咪唑。10 mg/kg 体重，口服或混料喂服。

② 丙硫咪唑。10 mg/kg 体重，1 次口服。

③ 伊维菌素。0.3 mg/kg 体重，1 次皮下注射。

【防控措施】

（1）预防性定期驱虫。在蛔虫病流行的猪场，每年定期进行 2 次全面驱虫。对 2~6 月龄的仔猪，在断奶后驱虫 1~2 次，以后每隔 1.5~2 个月再进行 1 次预防性驱虫。这样可以减少仔猪体内的载虫量和降低外界环境的虫卵污染率，从而逐步控制仔猪蛔虫病的发生。以上所述，系泛指农家副业养猪和规模化饲养所应采取的一般措施，实地应用时，二者应有区别。

（2）保持饲料和饮水的清洁。尽量做好猪场各项饲养管理和卫生防疫工作，减少感染；增强猪的免疫力，供给猪只以富含蛋白质、维生素和矿物质的饲料，这样可以减少它们拱土和饮食污水的习惯；饮水要新鲜清洁，避免猪粪污染。

（3）保持猪舍和运动场清洁。猪舍应通风良好，阳光充足，避免阴暗、潮湿和拥挤；猪圈内要勤打扫，勤冲洗，勤换垫草，以减少虫卵污染。定期消毒。运动场地面应保持平整，排水良好。

（4）猪粪的无害化处理。猪的粪便和垫草清除出圈后，堆积发酵，以杀死虫卵。预防病原传入和增加污染。引入猪只时，应先隔离饲养，进行 1~2 次驱虫后再并群饲养。

思考题

1. 简述猪蛔虫的生活史。
2. 简述猪蛔虫的形态构造。

十、犬、猫蛔虫病

本病是由弓首科（Toxocaridae）弓首属（*Toxocara*）、蛔科（Ascaridae）弓蛔属（*Taxascaris*）的蛔虫寄生于犬、猫小肠内引起的疾病。主要特征为幼犬和幼猫发育不良，生长缓慢，重者死亡。

【病原体】

1. 犬弓首蛔虫（*T. canis*）

头端有 3 片唇，虫体前端两侧有向后延展的颈翼膜。食道与肠管连接部有小胃。雄虫长 5～11 cm，尾端弯曲，有一小锥突，有尾翼。雌虫长 9～18 cm，尾端直，阴门开口于虫体前半部。虫卵呈亚球形，卵壳厚，表面有许多点状凹陷，大小为（68～85）μm×（64～72）μm。

2. 猫弓首蛔虫（*T. cati*）

外形与犬弓首蛔虫近似，颈翼前窄后宽，使虫体前端如箭镞状。雄虫长 3～6 cm，雌虫长 4～10 cm，虫卵大小为 65 μm×70 μm，虫卵表面有点状凹陷，与犬弓首蛔虫卵相似。

3. 狮弓首蛔虫（*T. leonina*）

头端向背侧弯曲，颈翼发达。无小胃。雄虫长 3～7 cm；雌虫长 3～10 cm，阴门开口于虫体前 1/3 与中 1/3 交界处。虫卵偏卵圆形，卵壳光滑，大小为（49～61）μm×（74～86）μm。

【生活史】

犬弓首蛔虫的虫卵随粪便排出体外后，在适宜的条件下，经 10～15 天发育为感染性虫卵。数周到 3 月龄的幼犬吞食了感染性虫卵后，在肠内孵出的幼虫，经肝、肺移行并重返肠道发育为成虫，共需时 4～5 周。年龄较大的犬感染后，幼虫多经血流移行至多种脏器和组织内形成包囊，但不发育（包囊幼虫被其他肉食兽摄食后，可发育为成虫）。

成年母犬感染后，幼虫的移行与牛新蛔虫相似。幼虫随血流到达体内各器官组织中，形成包囊，但不进一步发育。母犬怀孕后，幼虫经胎盘或以后经母乳感染犬崽。犬崽出生后的 23～40 天内小肠中已有成虫。猫弓首蛔虫的移行途径与猪蛔虫相似，鼠类可以作为它的转续宿主，亦可经母乳感染。

狮弓首蛔虫的发育史比较简单，宿主吞食了感染性虫卵后，逸出的幼虫钻入肠壁内发育，其后返回肠腔，经 3～4 周发育为成虫。

【致病作用和症状】

成虫寄生时刺激肠道，可引起卡他性肠炎和黏膜出血。当宿主发热、怀孕、饥饿或饲料成分改变等因素发生时，虫体可能窜入胃、胆管或胰管。严重感染时，常在肠内集结成团，造成肠阻塞或肠扭转、套叠，甚至肠破裂。幼虫移行时损伤肠壁、肺毛细血管和肺泡壁，引起肠炎或肺炎。蛔虫的代谢产物对宿生有毒害作用，能引起造血器官和神经系统的中毒和过敏反应。

患犬表现为渐进性消瘦，食欲不振，黏膜苍白，呕吐，异嗜，消化障碍，下痢或便秘。生长发育受阻。

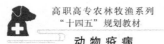

【诊断】

根据症状、呕吐物和粪便中混有虫体，结合粪便检查可确诊。粪便检查用漂浮法。

【治疗】

常用驱线虫药对该病均有效。可用左咪唑、苯硫咪唑或甲苯咪唑驱虫。

【防控措施】

对犬、猫定期驱虫，母犬在怀孕后第 40 天至产后 14 天驱虫，以减少围产期感染；幼犬在 2 周龄首次驱虫，2 周后再次驱虫，2 月龄时第 3 次驱虫；哺乳期母犬与幼犬同时驱虫；犬、猫避免吃入中间宿主的患病脏器，以及补充宿主和贮藏宿主。

思考题

1. 简述脑犬、猫蛔虫病的特点、症状、病理变化、诊断和防治措施。
2. 简述脑犬猫蛔虫的形态构造。

十一、异刺线虫病

本病是由异刺科（Heterakidae）异刺属（*Heterakis*）的鸡异刺线虫（*H. gallinarum*）寄生于鸡盲肠内引起的疾病，又称为"盲肠虫病"。在鸡群中普遍存在，可引起盲肠黏膜发炎、下痢、生长缓慢和产蛋率下降，其他禽、鸟也有异刺线虫寄生。

【病原体】

鸡异刺线虫呈白色，细小丝状。头端略向背面弯曲，有侧翼，向后延伸的距离较长。食道球发达。雄虫长 7~13 mm，尾直，末端尖细，交合刺 2 根，不等长。有一个圆形的泄殖腔前吸盘。雌虫长 10~15 mm，尾细长，生殖孔位于虫体中央稍后方。卵呈椭圆形，灰褐色，壳厚，内含单个胚细胞，大小为（65~80）μm×（35~46）μm。

【生活史】

虫卵随粪便排出体外，在适宜的温度和湿度下，约经 2 周发育为含幼虫的感染性虫卵。后者随饲料或饮水被鸡吞食后，在小肠内孵化，幼虫在黏膜内经过一段时间的发育后，重返肠腔，发育为成虫。自感染性虫卵被摄食至发育为成虫需 24~30 天。成虫寿命约 1 年。有时感染性虫卵被蚯蚓吞咽，它们能在蚯蚓体内长期生存。鸡吃到这种蚯蚓时，也能感染异刺线虫。

【流行病学】

感染来源为患病或带虫鸡。蚯蚓可作为贮藏宿主。各种年龄均有易感性，但营养不良和饲料中缺乏矿物质（尤其是磷和钙）的幼鸡最易感。虫卵对外界因素抵抗力很强，在低湿处可存活 9 个月，能耐干燥 16~18 天。

【致病作用】

严重感染时，可以引起盲肠炎和下痢。此外，鸡异刺线虫还是黑头病的病原体火鸡组织滴虫（*Histomonas meleagridis*）的传播者，当同一鸡体内同时有异刺线虫和组织滴虫寄生时，后者可侵入异刺线虫的卵内，并随之排出体外。组织滴虫得到异刺线虫卵壳的保护，即不至于受外界环境因素的损害而死亡。当鸡摄入这种虫卵时，即同时感染异刺线虫和火鸡组织滴虫。

【症状】

感染初期幼虫侵入患畜盲肠黏膜使其肿胀，可引起盲肠炎和下痢。成虫期时患鸡消化机能障碍可出现食欲不振、下痢。雏鸡发育停滞，消瘦，严重时造成死亡。成年鸡产蛋量下降。

鸡如果感染火鸡组织滴虫，可因血液循环障碍，使鸡冠、肉髯发绀，称为"黑头病"。本病可导致盲肠和肝脏炎症，故称"盲肠-肝炎"。

【病理变化】

尸体消瘦，盲肠肿大，肠壁发炎和增厚，间或有溃疡。

【诊断】

通过粪便检查发现虫卵和剖检发现虫体确诊。粪便检查用漂浮法。

【治疗】

左咪唑、苯硫咪唑或甲苯咪唑驱虫。

思考题

1. 简述异刺线虫的生活史。
2. 简述异刺线虫的形态构造。

十二、副丝虫病

（一）马副丝虫病

本病是由丝虫科（Filariidae）丝虫属（*Filaria*）的多乳突副丝虫（*Parafilaria multipapillosa*）寄生于马的皮下组织和肌间结缔组织引起的疾病。病的特点是常在夏季形成皮下结节，结节多于短时间内出现，迅速破裂，并于出血后自愈。这种出血的情况颇像夏季淌出的汗珠，故本病又称为血汗症。

【病原体】

多乳突副丝虫为丝状白色线虫，雄虫长 30 mm，雌虫长 40~60 mm。虫体表面布满横纹，更重要的特征是虫体前端部，大约由肠起始部水平线向前，角皮的环纹上开

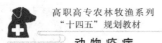

始出现一些隔断，使环纹成为一种具有不规则间隔的断断续续的外观；愈向前方，隔断愈密而且愈宽，致使环纹颇似一环形的点线（或虚线）；再向前方，那些圆形或椭圆形的小点逐步成为一些乳突状的隆起，故称多乳突副丝虫。雄虫尾部短，尾端钝圆。肛前肛后均有一些乳突。交合刺两根，较大的长 680~750 μm，宽 8~12 μm；较小的长 130~140 μm，宽 14~17 μm。雌虫尾端钝圆，肛门靠近末端。阴门开口于接近前端的部位。雌虫产含幼虫的卵，卵的大小为（50~55）μm×（25~30）μm。

【生活史】

本虫的发育史尚未完全清楚。雌虫寄生于皮下和肌间结缔组织，移行到皮下时即形成出血性小结。小结的出现有季节性，一般是在家畜处于日光下和外界温度不低于 15 ℃ 时，故一般自每年的 4 月份有结节出现，七八月达高潮，以后渐减，冬季消失。结节出现时，成虫以其头部在结节顶端形成一小孔并产卵，卵随血液流至畜体的皮毛上。卵迅速孵化，幼虫长 220~230 μm，宽 10~11 μm，此后的发育需在蝇类中间宿主体内，已知在苏联为前须黑角蝇（*Haematobia atripalpis*）。据实验，在中间宿主体内，当气温为 20~35 ℃，相对湿度为 11%~70%时，经 10~15 天发育为感染性幼虫。

【致病作用和症状】

本虫在马体的鬐甲部、背部、肋部，有时在颈部和腰部形成 6~20 mm 直径的半圆形结节。结节常突然出现，周围肿胀，毛竖起。结节是由于血液在皮下聚积形成的。数小时后，雌虫在结节顶端部形成一个小的孔道并产卵，卵随结节中的血液自小孔流出，继之结节消失。血液沿被毛流淌，形成一条凝结的血污。之后，寄生虫转移到附近其他部位，数日后形成另外的病变。此种情况可反复出现多次。如果寄生虫的数目较多，可在一匹马的体表同时形成许多结节。在少数情况下，虫体死亡，结节化脓，并由此进一步发展为皮下脓肿和皮肤坏死，病变持续很长时间。在温暖季节，这种结节发生一个时期以后，间隔 3~4 周，再次出现，直到天气变冷时为止。至次年天气转暖后，这一现象可再度发生。如此反复，可连续 3~4 年。

【诊断和防治】

根据病的发生季节，特异性症状，容易诊断。确诊可取患部血液或压破皮肤结节取内容物，在显微镜下检查有无虫卵和微丝蚴。可用海群生治疗。预防主要是防避和消灭吸血昆虫。

（二）牛副丝虫病

本病是由丝虫科（Filariidae）丝虫属（*Filaria*）的牛副丝虫（*Parafilaria bovicola*）所引起的一种牛的疾病，与马副丝虫病极为相似。山东、江苏、湖南、湖北、四川、福建和广西各地均有发现。

【病原体】

牛副丝虫的雄虫长 20~30 mm，交合刺不等长。雌虫长 40~50 mm，阴门开口于距头端 70 μm 处，肛门靠近尾端。本虫与多乳突副丝虫的主要区别是：前部体表的横纹转化为角质脊，只在最后形成两列小的圆形结节。含幼虫的卵长 45~55 μm，宽 23~33 μm，孵出的幼虫长 215~230 μm，最大宽度 10 μm。以蝇属（*Musca*）的蝇为中间宿主（如 *M. lusoria* 和 *M. xanthomelas*）。

【致病作用和症状】

牛副丝虫病与马副丝虫病基本相似。多见于 4 岁以上的成年牛，犊牛很少见有此病。

【诊断和防治】

根据结节发生的季节性，突然出现的出血性结节和在出血中检查到虫卵或孵出的幼虫，即可确诊。防治同马副丝虫病。

思考题

1. 简述副丝虫病的特点、症状、病理变化、诊断和防治措施。
2. 简述副丝虫的生活史。

十三、犬恶丝虫病

本病是由于丝虫科（Filarioidea）恶丝虫属（*Dirofilaria*）的犬恶丝虫（*Dirofilaria immitis*）寄生于犬心脏的右心室及肺动脉（有时见于右心房和后腔静脉），引起循环障碍、呼吸困难及贫血等症状的一种丝虫病。犬恶丝虫除感染犬外，猫、狐、狼等肉食动物也可遭侵袭。

【病原体】

犬恶丝虫呈灰白色，雌虫长 25~30 cm，口部无唇状构造，食道细长，长 1.25~1.5 mm。雄虫体长 12~16 cm，末端成螺旋状弯曲，有窄的侧翼膜，泄殖腔周围有 4~6 对乳突；两根交合刺不等长，左侧交合刺长而尖，右侧交合刺短而钝。雌虫体长 25~30 cm，尾端直，阴门开口于食道后端。微丝蚴无鞘，虫体前端尖后端钝，大小为（307~332）mm×6.8 mm。

【生活史】

犬恶丝虫的中间宿主为按蚊、伊蚊和库蚊。雌虫在寄生部位产出微丝蚴直接进入血流，被带到全身。雌蚊吸血时把微丝蚴吸入消化道内，约经 2 周时间发育到感染性微丝蚴，移行至口器；当蚊再次吸取血液将感染性幼虫注入动物体内，终末宿主即被感染。幼虫经由皮下、浆膜下组织移行并进行后 2 次蜕化，再经静脉循环到右心及肺动脉。虫体最小潜隐期为 6 个月，在宿主体内能生存数年。

该病主要分布于温带、热带地区，世界各地均有报道。本病在我国分布甚广，北至沈阳南至广州，均有发现。

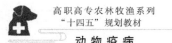

犬恶丝虫可感染人，但致病性较轻，可能引起肺组织的轻微损伤。

【流行病学】

犬是最适宜宿主，一般感染 1 岁以上犬，还可能发生子宫内感染。犬恶丝虫病的传播取决于宿主和传播媒介两个方面，该病在犬体内的显露期可长达 5 年，在此期间缺乏有效的免疫反应，微丝蚴在末梢血液中昼伏夜出的特点有利于蚊子吸血传播。蚊子普遍存在，在适宜温度下其体内的微丝蚴很快发育为感染性第三期幼虫。

【致病性与病理变化】

主要是成虫寄生阶段致病。轻度感染不显症状，重度慢性感染时，由于血流不畅可出现慢性充血性右心衰竭。大量活虫体寄生产生的代谢分泌产物，可引起心瓣膜处内膜炎和肺动脉炎。此外，死亡或濒死的虫体可引起肺动脉栓塞。大约 9 个月后，持续性的肺动脉高压导致代偿性右心室肥大，进一步发展成充血性心力衰竭，并伴发腹水和水肿。犬表现出虚弱和精神不佳。

若有大量虫体寄生于后腔静脉，可导致急性甚至致死性综合征，表现为溶血、血红蛋白尿、胆红素血、黄疸、呼吸困难、食欲减退或虚脱等一系列症状。死亡可发生于 2~3 天内。偶见由于微丝蚴堵塞肾毛细血管引发肾小球肾炎，也可能与免疫复合物沉着有关。

猫很少见肺动脉高压、右心衰竭及上腔静脉综合征。常见虫体存在于肺动脉末梢而致的弥散性肺炎。异位寄生也多见于猫，见有寄生于眼、中枢神经和皮下组织的报道。

犬恶丝虫病主要是以动脉内膜炎为特征的肺血管病，伴随着白细胞浸润，以嗜酸性白细胞为主；随之肌内膜细胞增生。血栓形成的原因包括活虫或死虫、血栓栓塞及驱虫药导致的肺动脉梗塞。肺的变化包括含铁血黄素沉着、弥散性肺泡间纤维变性和肺泡上皮增生。死亡虫体沉积在肺部形成结节。此外，还可能出现右心衰竭、肝慢性充血和腹水。由于肾小球免疫复合物沉着导致肾小球性肾炎，可出现轻度至中度的蛋白尿。腔静脉综合征引起肝瘀血，导致伴随静脉硬化及肝静脉、上腔静脉血栓形成引起的肝静脉扩张。

【临床症状】

犬重度感染病例较少见，临床常见的是犬精神倦怠、运动能力下降、接受训练的耐受性下降。伴有咳血的慢性温和的咳嗽，疾病后期由于腹水和水肿，可出现呼吸困难。如果发生急性甚至致死性综合征，可出现溶血、血红蛋白尿、胆红素血、黄疸、呼吸困难等一系列症状。感染猫主要表现为咳嗽、呼吸急促和呼吸困难，重度感染可引起死亡。

【诊断】

主要基于心血管系统功能异常及血中微丝蚴的检查。但低于 1 岁的犬往往不能检出微丝蚴，2 岁以上犬可检出微丝蚴。如果疑似病例血液中不能检出微丝蚴，可做胸部放射线摄影，显示肺动脉壁增厚、扭曲及右心室肥大。血管造影可清晰地显示血管壁的变化。尸体解剖可见大量虫体聚集在右心室和临近大血管中。

国外已经有商品化的诊断试剂盒用于检测宿主体内的抗原或抗体，尤其适用于对于未能检出微丝蚴的病例。

微丝蚴的检查最好在晚上采血，涂片用美兰或吉姆萨染色。微丝蚴须与寄生于犬皮下组织的隐现棘唇线虫（*Dipetalonema reconditum*）的微丝蚴进行鉴别，犬恶丝虫的微丝蚴一般超过 300 μm，前端逐渐变细，尾端直；后者一般不足 300 μm，虫体前端钝圆，尾端呈钩状。还可用 PCR 技术检测二者的特异性基因进行鉴别。

【治疗】

成虫和微丝蚴对抗蠕虫药的敏感性不同，药物治疗较为复杂。治疗前需先检查犬的心、肺、肝和肾的功能。如果心脏功能显著异常，应先进行相关治疗。通常推荐的方法是：先静脉内注射硫乙胂胺 2 天，或肌肉注射美拉索明清除成虫；由于虫体死亡裂解导致的栓塞，有时用药后出现毒性反应；用药后犬需限制行动 2~6 周。6 周以后再给其他药物进行清除微丝蚴的治疗。有几种药物可用于驱除微丝蚴，如碘二噻宁连用 7 天以上或左旋咪唑连用 10~14 天。阿维菌素是高效抗微丝蚴药，但有明显副作用，因此选用此类药的剂量要准确，用药后需特别关注犬的反应。

所有药物均存在一定的危险，有些严重病例，心脏手术取虫可能比用药更可靠。没有合适的药物用于猫心丝虫病。

【防控措施】

因为控制媒介蚊子相当困难，所以心丝虫病的预防还是基于药物控制。流行区常用的预防药物是乙胺嗪，幼犬 2~3 月龄大开始每日经口给药能够杀死微丝蚴；热带地区需全年给药，温带地区在蚊子出现前 1 个月至蚊子消失后 2 个月给犬用药。成年犬和感染犬治疗后也需进行预防。对用药物预防的犬每 6 个月进行 1 次微丝蚴检查。

思考题

1. 简述犬恶丝虫病的特点、症状、病理变化、诊断和防治措施。
2. 简述犬恶丝虫的形态构造。

十四、猪大棘头虫病

本病是由寡棘吻科（Oligacanthorhynchidae）大棘吻属（*Macracanthorhynchus*）的蛭形大棘吻棘头虫（*Macracanthorhynchus hirudinaceus*）寄生于猪的小肠（主要是空肠）引起的疾病。该病也感染野猪、猫和犬，偶见于人，我国各地普遍流行。

【病原体】

蛭形大棘吻棘头虫为大型寄生虫，虫体呈乳白色或淡红色，长圆柱形，前部较粗，后部逐渐变细，体表有横皱纹，头端有1个可伸缩的吻突，上有5~6行小棘。虫体无消化器官，以体表的微孔吸收营养。雄虫长7~15 cm，雌虫长30~68 cm。虫卵呈长椭圆形，深褐色，卵壳壁厚，两端稍尖，卵内含有棘头蚴。

【生活史】

寄生宿主　中间宿主为金龟子及其他甲虫。终末宿主为猪。也感染野猪、犬和猫，偶见于人。

发育过程　雌虫所产虫卵随终末宿主粪便排出体外，被中间宿主的幼虫吞食后，虫卵在其体内孵化出棘头蚴、棘头体、棘头囊。猪吞食了含有棘头囊的中间宿主的幼虫或成虫而被感染，棘头囊脱囊，以吻突固着于肠壁上发育为成虫。

幼虫在中间宿主体内的发育期因季节而异，如果甲虫幼虫在6月份以前感染，则棘头蚴可在其体内经3个月发育到感染期；如果在7月份以后感染，则需经过12~13个月才能发育到感染期。棘头囊发育为成虫需2.5~4个月。成虫在猪体内的寿命为10~24个月。

【流行病学】

呈地方性流行；8~10月龄的猪感染率高，在流行严重的地区感染率可高达60%~80%。卵壳很厚，在45℃温度中，长时间不受影响；在-16~-10℃低温下，仍能存活140天。在干燥与潮湿交替变换的土壤中，温度为37~39℃时，虫卵在368天内死亡。温度为5~9℃时可以生存551天。

金龟子一类的甲虫是本病的感染来源。每年春夏为感染季节，这是与甲虫幼虫出现于早春至六七月相关联的。甲虫幼虫多存在于12~15 cm深的泥土中，仔猪拱土的能力差，故感染率低，后备猪则感染率高。放牧猪比舍饲猪的感染率高。

据报道，在自然感染的情况下，曾在一个蛴螬体内发现400个棘头蚴；用大量虫卵感染蛴螬，曾在一个蛴螬体内发现2 852个棘头蚴。受感染的猪，一般虫体数为数条至百条以上。感染率和感染强度与地理、气候条件、饲养管理方式等都有密切关系。

【致病作用与症状】

虫体以吻突牢牢地插入肠黏膜内，引起黏膜发炎。吻突钩可以使肠壁组织遭受严重的机械性损伤；附着部位还发生坏死和溃疡。吻突可以深入到浆膜层，在那里形成小结节，呈现坏死性炎症。在炎症部位的组织切片上可以观察到吻突周围有嗜酸性细胞带，并有细菌。虫体有时穿通肠壁，引起发炎和肠粘连；可能因诱发泛发性腹膜炎而死亡。

严重感染时，患猪食欲减退，下痢，粪便带血，腹痛。当虫体固着部位发生脓肿或肠穿孔时，症状加剧，体温升高到41℃，患猪表现为衰弱，不食，腹痛，卧地，多以死亡而告终。一般感染时，多因虫体吸收大量养料和虫体的有毒物质的作用，使患猪表现出贫血、消瘦和发育停滞。

【病理变化】

尸体消瘦，黏膜苍白。在肠道，主要是空肠和回肠的浆膜上见到有灰黄色或暗红色的小结节，其周围有红色充血带。肠黏膜发炎。严重的可见到肠壁穿孔，吻突穿过肠壁，造成肠破裂而死。

【诊断】

根据流行病学资料、症状并在粪便中发现虫卵即可确诊。粪便检查用沉淀法。

【治疗】

可用左咪唑或丙硫苯咪唑。

【防控措施】

（1）对病猪进行驱虫，消灭感染源。

（2）对粪便应进行生物热处理，切断传播途径。

（3）改放牧为舍饲，消灭中间宿主。

思考题

1. 简述猪大棘头虫病的特点、症状、病理变化、诊断和防治措施。
2. 简述猪大棘头虫的形态构造。

项目六　节肢动物病

任务一　双翅目昆虫病

一、牛皮蝇

本病是由皮蝇科（Hypodermatidae）皮蝇属（*Hypoderma*）的幼虫寄生于牛的背部皮下组织引起的疾病，又称为"牛皮蝇蛆病"。可引起患牛消瘦，生产能力下降，幼畜发育不良，尤其是引起皮革质量下降。

【病原体】

牛皮蝇（图6-1）成虫最多见，第3期幼虫虫体粗壮，颜色随虫体的成熟程度而呈现淡黄、黄褐及棕褐色，长可达28 mm，最后2节背、腹均无刺，背面较平，腹面凸而且有很多结节，有两个后气孔，气门板呈漏斗状。成蝇外形似蜂，全身被有绒毛，口器退化。虫卵为橙黄色，长圆形。

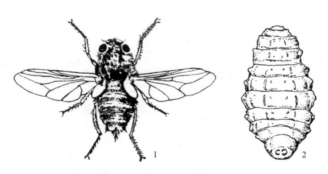

1. 成虫　2. 第3期幼虫

图6-1　牛皮蝇

【生活史】

牛皮蝇生活史属于完全变态，经卵、幼虫、蛹和成蝇4个阶段。成蝇多在夏季出现，雌、雄蝇交配后，雄蝇死亡。雌蝇在牛体产卵，产卵后死亡。虫卵经4~7天孵出第 1 期幼虫，经毛囊钻入皮下，移行至椎管硬膜的脂肪组织中，蜕皮变成第 2 期幼虫，然后从椎间孔钻出移行至背部皮下组织，蜕皮发育为第 3 期幼虫，在皮下形成指头大瘤状突起，皮肤有小孔与外界相通，成熟后落地化蛹，最后羽化为成蝇。

第 1 期幼虫到达椎管或食道的移行期约 2.5 个月，在此停留约 5 个月；在背部皮下寄生 2~3 个月，一般在第 2 年春天离开牛体；蛹期为 1~2 个月。幼虫在牛体内全部寄生时间为 10~12 个月。成蝇在外界只存活 5~6 天。

【流行病学】

感染来源为牛皮蝇和纹皮蝇。主要流行于我国西北、东北及内蒙古地区。多在夏季发生感染。1 条雌蝇一生可产卵 400~800 枚。牛皮蝇产卵主要在牛的四肢上部、腹部及体侧被毛上，一般每根毛上黏附 1 枚。有时也可感染马、驴及野生动物，人也有被感染的报道。

【主要症状】

成蝇虽然不叮咬牛，但在夏季繁殖季节，成群围绕牛飞翔，尤其是雌蝇产卵时引起牛惊恐不安、奔跑，影响采食和休息，引起消瘦，易造成外伤和流产，生产能力下降等。幼虫钻进牛的皮肤时，可引起局部痛痒。有时幼虫移行伤及延脑或大脑可引起神经症状，严重者可引起死亡。

【病理变化】

幼虫在患畜体内移行，可造成移行各处组织损伤，在背部皮下寄生时，可引起局部结缔组织增生和发炎，背部两侧皮肤可有多个结节状隆起。当继发细菌感染时，可形成化脓性瘘管，幼虫钻出后，瘘管逐渐愈合并形成瘢痕，严重影响皮革质量。幼虫分泌的毒素损害血液和血管，引起贫血。

【诊断】

幼虫出现于背部皮下时，易于诊断。最初在牛背部皮肤上，可触诊到隆起。上有小孔，隆起内含幼虫，用力挤压，可挤出虫体，即可确诊。此外，流行病学资料，包括当地流行情况和病畜来源等，有重要的参考价值。

【治疗】

① 伊维菌素或阿维菌素，0.2 mg/kg 体重，皮下注射。

② 蝇毒灵，10 mg/kg 体重，肌肉注射。

③ 2% 敌百虫水溶液 300 mL，在牛背部皮肤上涂擦。

④ 还可以选用倍硫磷、皮蝇磷等。当幼虫成熟而且皮肤隆起处出现小孔时，可将幼虫挤出，虫体集中焚烧。

【防控措施】

消灭牛体内幼虫，既可治疗，又可防止幼虫化蛹，具有预防作用。在流行区感染季节可用敌百虫、蝇毒灵等喷洒牛体，每隔 10 天用药 1 次，防止成蝇产卵或杀死第 1 期幼虫。其他药物治疗方法均可用于预防。

思考题

1. 简述牛皮蝇的生活史。
2. 简述牛皮蝇的形态构造。

二、羊鼻蝇

本病是由狂蝇科（Oestridae）狂蝇属（Oestrus）的羊狂蝇（Oestrusovis）的幼虫寄生于羊的鼻腔或其附近的腔窦中引起的一种疾病，又称为"羊鼻蝇蛆病"。主要引起流鼻汁和慢性鼻炎。在欧洲有寄生于骆驼的报道，亦有人被寄生的报道。

【病原体】

羊鼻蝇（图6-2）亦称羊狂蝇，成虫体长10~12 mm，淡灰色，略带金属光泽，形状似蜜蜂，头大呈黄色，口器退化。第3期幼虫背面隆起，腹面扁平，长28~30 mm，前端尖，有两个口前钩，虫体背面无刺，成熟后各节上具有深褐色带斑，腹面各节前缘具有小刺数列，虫体后端平齐，凹入处有两个"天"形气门板，中央有钮孔。

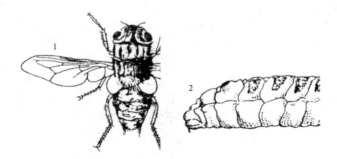

1. 羊鼻蝇成虫　2. 羊鼻蝇第3期幼虫

图6-2　羊鼻蝇

【生活史】

羊鼻蝇由成虫直接产出幼虫。成虫野居，不营寄生生活，不采食，交配后，雄蝇死亡。雌蝇生活至体内幼虫形成后，择晴朗天气，飞向羊只，突然冲向羊鼻，产出幼虫，一次产幼虫20~40只，每只雌蝇数天内可产幼虫500~600只。幼虫迅即爬入鼻腔，在其中蜕化两次，变为第3期幼虫，成熟后随喷嚏落入地面，钻入土中化蛹。而后蜕化为成虫。

根据外界环境的不同。虫体各期所需的时间也不同。在较冷地区，第1期幼虫期约9个月；蛹期可长达49~66天。温暖地区，第1期幼虫需25~35天，蛹期27~28

天。因此，本虫在北方每年仅繁殖一代；而在温暖地区，则可每年繁殖两代。

【流行病学】

感染来源为羊鼻蝇，经鼻孔感染。在我国西北、内蒙古、华北、东北地区较为常见，流行严重地区感染率可高达80%。

【症状与病理变化】

成虫在侵袭羊群产幼虫时，羊只不安，互相拥挤，频频摇头、喷鼻，或以鼻孔抵于地面，或以头部埋于另一羊的腹下或腿间，严重扰乱羊的正常生活和采食，使羊生长发育不良且消瘦。

当幼虫在羊鼻腔内固着或移动时，以口前钩和体表小刺机械地刺激和损伤鼻黏膜，引起黏膜发炎和肿胀，有浆液性分泌，后转为脓性黏液，间或出血，鼻腔流出浆液性或脓性鼻液，鼻液在鼻孔周围干涸，形成鼻痂，并使鼻孔堵塞，呼吸困难。患羊表现为打喷嚏，摇头，甩鼻子，磨牙，磨鼻，眼睑浮肿，流泪，食欲减退，日益消瘦。数月后症状逐步减轻，但到羊鼻蝇发育为第3期幼虫时，虫体变硬，增大，并逐步向鼻孔移行，患畜症状又有所加剧。

少数第1期幼虫可能进入鼻窦，虫体在鼻窦中长大后，不能返回鼻腔，而致鼻窦发炎，甚或病害累及脑膜，此时可出现神经症状，其中以转圈运动较多见，因此本病又称为"假回旋病"。患羊表现为运动失调，经常做旋转运动，或发生痉挛，麻痹等症状。最终可导致死亡。

【诊断】

根据症状、流行病学和尸体剖检，可做出诊断。为了早期诊断，可用药液喷入鼻腔，收集用药后的鼻腔喷出物，发现死亡幼虫，加以确诊。出现神经症状时，应与羊多头蚴病和莫尼茨绦虫病相区别。

【治疗】

① 伊维菌素或阿维菌素，按0.2 mg/kg体重，皮下注射或口服，连用2～3次，可杀灭各期幼虫。

② 氯氰碘柳胺钠，5%注射液按5～10 mg/kg体重，皮下或肌肉注射；5%混悬液，按10 mg/kg体重，1次口服，可杀灭各期幼虫。

【防控措施】

北方地区可在11月份进行1～2次治疗，可杀灭第1、2期幼虫，避免其发育为第3期幼虫，以减少危害。

思考题

1. 简述羊鼻蝇的生活史。
2. 简述羊鼻蝇的形态构造。

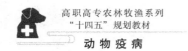

三、马胃蝇

本病是由胃蝇科（Gasterophilidae）胃蝇属（*Gasterophilus*）的幼虫寄生于马属动物体内（较长的时间寄生于胃内）引起的疾病。间有寄生于人的报道。在全国各地均有存在，但主要流行于西北、东北、内蒙古等地区。

【病原体】

马胃蝇成虫自由生活，形似蜂，全身密布有色绒毛，故俗称"螫驴蜂"。口器退化。两复眼小而远离。触角小，藏于触角窝内。翅透明，有褐色斑纹或不透明呈烟雾色。雌虫尾部有较长的产卵管，并向腹下弯曲。蝇卵呈浅黄色或黑色，前端有一斜的卵盖。第 3 期幼虫（成熟幼虫）粗大，长度因种的不同而异，13～20 mm。有口前钩，虫体由 11 节构成，每节前缘有刺 1～2 列，刺的多少因种而异。虫体末端齐平，有 1 对后气门，气门每侧有背腹直行的 3 条纵裂。

我国常见的胃蝇有 4 种，即肠胃蝇（*Gasterophilus intestinalis*）、红尾胃蝇（*G. haemorrhoidalis*）亦称痔胃蝇、鼻胃蝇（*G. nasalis*）（同义名 *G. veterinus*，亦称喉胃蝇或烦扰胃蝇）和兽胃蝇（*G. pecorum*）亦称东方胃蝇或黑腹胃蝇。此 4 种胃蝇的第 3 期幼虫在形态上易于鉴别，主要区别在于：鼻胃蝇每节前缘仅有一列小刺；其余 3 种，每节均有刺 2 列。肠胃蝇前列刺明显大于后列刺，第 9 节背面中央缺刺，第 10 节则缺刺更多，假头表面具 2 组小刺突。兽胃蝇，第 1 列刺略大于第 2 列刺，第 6、7、8 节背部中央缺刺，第 9 节两侧只具 1～2 个小刺，假头表面具 3 组小刺突。红尾胃蝇的小刺虽两列，但均较小，第 7、8 节背部中央缺刺，第 9 节亦仅两侧具 1～2 个小刺，假头表面具 2 组小刺突。

除上述 4 种外，我国尚曾报道有黑角胃蝇（*G. nigricornis*）和红小胃蝇（*G. inermis*）。

【生活史】

胃蝇属的发育属完全变态，经过卵、幼虫、蛹和成虫 4 个阶段。每年完成一个生活周期。如肠胃蝇成虫不营寄生生活，也不采食，在自然界交配后，雄虫即死亡，雌虫则于炎热的白天，飞近马体，产卵于被毛上，每根毛上附着卵一枚，每一雌蝇一生可产卵 700 枚左右，而后死亡。成蝇活动的季节多在 5～9 月份，在 8～9 月份活动最盛。卵经 5～10 天或更久一些，孵化成第 1 期幼虫，在外力的作用下幼虫逸出，在皮肤上爬行，引起痒感，马啃咬时被食入。第 1 期幼虫在口腔黏膜下或舌的表层组织内寄生 3～4 周，经一次蜕化变为第 2 期幼虫，移入胃内，以口前钩固着在胃和十二指肠黏膜上寄生。约 5 周后，再次蜕化变为第 3 期幼虫并继续在胃内寄生。到次年春季幼虫发育成熟，自动脱离胃壁，随粪便排出体外，落到地面土中化蛹，蛹期 1～2 个月，羽化为成蝇。

各种胃蝇成虫产卵的部位各异。肠胃蝇产卵于前肢球节及前肢上部、肩部等处；

鼻胃蝇产卵于下颌间隙；红尾胃蝇产卵于口唇周围和颊部；兽胃蝇产卵于地面草上。红尾胃蝇在第3期幼虫离开胃部、排出体外之前，还将在直肠肠壁上寄生数天。

【症状与病理变化】

马胃蝇在其整个寄生阶段均有致病作用，病的表现与马的抵抗力和寄生数量有关。成虫产卵时，对马引起骚扰，不能安心休息和采食。寄生初期在口腔、舌部和咽喉部，引起该部位的水肿、炎症或溃疡。病马表现为咳嗽，流涎，打喷嚏，咀嚼和吞咽困难。而后幼虫移行到胃，间或十二指肠，以强大的口前钩，深刺入胃黏膜，形成火山喷口状的损伤，引起寄生部位的黏膜水肿、炎症和溃疡，表现为慢性胃肠炎或出血性胃肠炎，长期寄生使胃的运动机能和分泌机能发生障碍。幼虫尚吸食血液，第3期幼虫更甚；加之虫体还有毒素作用，综上各点，病马呈现以营养障碍为主的症状群，表现为食欲减退，消化不良，贫血，周期性疝痛，多汗，消瘦，使役能力下降，严重的可因渐进性衰弱而死亡。有时大量幼虫在幽门部或十二指肠部寄生，引起局部阻塞。个别可引起胃或十二指肠穿孔，并出现相应症状。在幼虫向体外排出阶段，幼虫在直肠壁短暂地附着，引起直肠黏膜充血、发炎，表现排粪频繁或努责，由于幼虫对肛门的刺激，病马常摩擦尾部，引起尾根和肛门部擦伤和炎症。

【诊断】

本虫寄生时以消化扰乱与消瘦为主，很难与其他消化系统疾病加以区别。因此，在诊断本病时，除根据临床表现外，必须考虑流行病学的情况，如当地是否有本虫流行，马匹是否引自流行地，引进的时间，马的体表是否有蝇卵；在感染早期尚可打开口腔，直接检查口腔及咽部是否有虫寄生。当虫体寄生胃部时，无法证实其存在。

【防治】

在本虫严重流行地区，应在每年秋冬两季进行预防性驱虫。驱虫药物采用伊维菌素或氯硝柳胺。可用兽用精制敌百虫，每千克体重 30~40 mg，一次投服。亦可用敌敌畏每千克体重 40 mg，一次投服。伊维菌素，按每千克体重 0.2 mg，皮下注射，也有一定效果。

在幼虫尚位于口腔或咽部阶段，可用5%敌百虫豆油（将敌百虫溶于豆油内）喷涂于虫体寄生部位，可将虫杀死。

思考题

简述马胃蝇的形态构造。

任务二　螨类

一、疥螨、痒螨病

螨病又叫疥癣，俗称癞病，通常所称的螨病是指由于疥螨科（Sarcoptidae）或痒螨科（Psoroptidae）的螨寄生在畜禽体表而引起的慢性寄生性皮肤病。剧痒，湿疹性皮炎，脱毛，患部逐渐向周围扩展和具有高度传染性为本病特征。疥螨科与痒螨科中与兽医密切相关的共有6个属，其中以疥螨属（Sarcoptes）、痒螨属（Psoroptes）最为重要。

【病原体】

1. 人疥螨（Sarcoptes scabiei，图6-3）

呈龟形，背面隆起，腹面扁平；浅黄色；雌螨（0.25～0.51）mm×（0.24～0.39）mm，雄螨（0.19～0.25）mm×（0.14～0.29）mm。体背面有细横纹、锥突、圆锥形鳞片和刚毛。腹面有4对粗短的足；每对足上均有角质化的支条，第1对足上的后支条在虫体中央并成一条长杆；雄螨第3、4对足后支条相连接；雄螨1、2、4对足，雌螨1、2对足跗节末端有一长柄的膜质的钟形吸

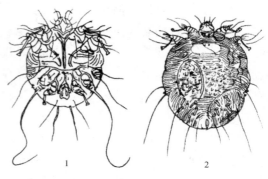

1. 雄虫　2. 雌虫

图6-3　疥螨（仿Hirst）

盘，其余各足末端为一根长刚毛。雄螨生殖孔在第4对足之间，围在一个角质化的倒V形的构造中；雌螨腹面有两个生殖孔：一个为横裂，位于后两对肢前方中央，为产卵孔；另一个为纵裂，在体末端，为阴道，但产卵孔只在成虫时期发育完成。肛门位于体后缘正中，半背半腹。

世界上有记录的疥螨有28个种和8个亚种；宿主有7目、17科、40种哺乳动物。但近年研究倾向于单种说，因为尽管寄生于不同宿主体的疥螨，其大小、形态稍有变异，而且交互感染时，寄生时间较短暂，危害较轻，然而寄生于各种动物体的疥螨可相互杂交，并未达到生殖隔离水平，而且在转移宿主时所发生的短暂的生理上的差异也是可驯化的。根据演化研究，认为疥螨的原始宿主是人，由古猿体疥螨演化而来，随家畜驯化而从人首先传给犬，随后从家畜传至野生动物。犬疥螨、猪疥螨、骆驼疥螨、山羊疥螨、兔疥螨、马疥螨等均为人疥螨的亚种。

2. 马痒螨（Psoroptes equi，图6-4）

呈长圆形，（0.3～0.9）mm×（0.2～0.52）mm。透明的淡褐色角皮上具有稀疏的刚毛和细皱纹。足较长，尤其前2对足较后2对足粗大；雄螨前3对足，雌螨1、2、4

对足末端都有喇叭状的吸盘，有长而分两节的柄。雌螨第 3 对足末端有 2 根长刚毛，雄螨第 4 对足特别短小，无吸盘也无刚毛。雄螨体后端有 2 个尾突，每个尾突上有 3 根刚毛。尾突前方的腹面有 2 个棕色环状的吸盘。雄螨生殖器位于第 4 对足基节之间。雌螨腹面前 1/4 处有横裂的产卵孔，后端有纵裂的阴道，阴道背侧有肛孔。雌性第 2 期若虫体末端有两个突起供接合用，成虫无此构造。

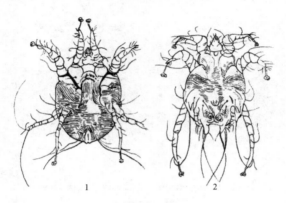

1. 雌虫　2. 雄虫

图 6-4　痒螨（仿 Baker）

许多种动物都有痒螨寄生，它们形状上很相似，但彼此不易交互感染，即使感染，寄生时间也短，各种痒螨都被称为马痒螨的亚种。

3. 牛足螨（*Chorioptesbovis*，图 6-5）

呈椭圆形，长 0.3~0.5 mm，足长，前 2 对足较粗大，雄螨 4 对足及雌螨第 1、2、4 对足末端有酒杯状的吸盘，吸盘柄很短；雌螨第 3 对足仅有 2 根长刚毛；雄螨第 4 对足很不发达。雄螨体后端有 2 个尾突，每个尾突上长有 4 根刚毛，其中 2 根呈叶片状。尾突的前方腹面有 2 个棕色环状吸盘。

寄生于各种动物的足螨形态都很相似，被看作是牛足螨的亚种。

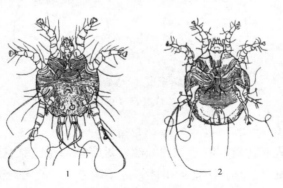

1. 雄虫（仿 Hirst）　2. 雌虫（仿忻介六）

图 6-5　牛足螨

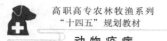

4. 突变膝螨（*Cnemidocoptesmutans*，图 6-6）

雌螨（0.41～0.44）mm×（0.33～0.38）mm，近圆形。足极短，全无吸盘；雄螨（0.19～0.20）mm×（0.12～0.13）mm，卵圆形，足较长，足端均有吸盘。还有一种鸡膝螨（*C. gallinae*）比突变膝螨小，寄生于鸡的羽基部周围，并钻进羽干内。

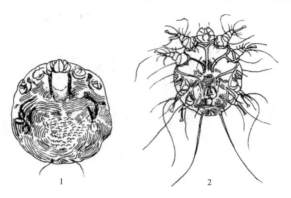

1. 雌虫（仿 Monnig）　2. 雄虫（仿 Hirst）

图 6-6　膝螨

5. 猫背肛螨（*Notoedrescati*，图 6-7）

雌螨（0.2～0.45）mm×（0.16～0.4）mm，雄螨 0.12～0.15 mm，雌螨第 1、2 对足，雄螨第 1、2、4 对足末端有吸盘，肛门位于背面，离体后缘较远，肛门四周有环形角质皱纹。还有兔背肛螨为猫背肛螨的亚种。

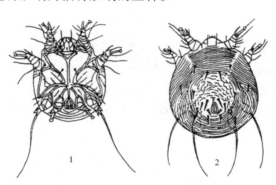

1. 雄虫　2. 雌虫

图 6-7　背肛螨（仿 Hirst）

6. 犬耳痒螨（*Otodectescynotisvar.canis*，图 6-8）

长椭圆形，体表有稀疏的刚毛和细皱纹。雄螨全部足，雌螨第 1、2 对足末端有吸盘。雌螨第 4 对足不发达，不能伸出体缘。雄螨体后端的尾突很不发达，每个尾突上有 2 长和 2 短 4 根刚毛，尾端前方的腹面有 2 个不明显的吸盘。另外还有猫耳痒螨亚种。

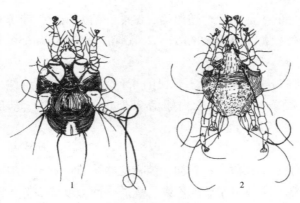

1. 雌虫　2. 雄虫

图 6-8　耳痒螨（仿 Baker）

【生活史】

疥螨科和痒螨科的螨全部发育过程都在动物体上度过，包括卵、幼虫、若虫、成虫 4 个阶段，其中雄螨为 1 个若虫期，雌螨为 2 个若虫期。

疥螨的口器为咀嚼式，在宿主表皮挖凿隧道，以角质层组织和渗出的淋巴液为食，在隧道进行发育和繁殖。雌螨在隧道内产卵，每两三天产卵一次，一生可产 40～50 个卵。卵呈椭圆形，黄白色，长约 150 μm，初产卵未完全发育，后期卵透过卵壳可看到发育的幼螨。卵经 3～8 天孵出幼螨，幼螨 3 对肢，很活跃，离隧道爬到皮肤表面，然后钻入皮内造成小穴，在其中脱皮变为若螨。若螨似成螨，有 4 对肢，但体型较小，生殖器尚未显现。若螨有大小两型：小型的是雄螨的若虫，只有 1 期，约经 3 天蜕化为雄螨；大型的是雌螨的若虫，分为 2 期。蜕化形成的雄螨在宿主表皮上与新蜕化形成的雌螨进行交配，交配后的雄螨不久即死亡，雌螨寿命为 4～5 周。疥螨整个发育过程为 8～22 天，平均 15 天。

痒螨口器为刺吸式，寄生于皮肤表面，吸取渗出液为食。雌螨多在皮肤上产卵，约经 3 天孵化为幼螨，采食 24～36 h 进入静止期后蜕皮为第一若螨，采食 24 h，经过静止期蜕皮成为雄螨或第二若螨。雄螨通常以其肛吸盘与第二若螨躯体后部的一对瘤状突起相接，抓住第二若螨。这一接触约需 48 h。以往很多学者推测这两者是在进行交配，但是由于第二若螨在变成雌成螨之前尚未形成交配囊，因此，有的学者认为这种看法是错误的。第二若螨蜕皮变为雌螨，雌雄才进行交配。雌螨采食 1～2 天后开始产卵，一生可产卵约 40 个，寿命约 42 天。痒螨整个发育过程 10～12 天。

足螨寄生于皮肤表面，采食脱落的上皮细胞如屑皮、痂皮等为生，其生活史可能与痒螨相似。牛足螨寄生于尾根、肛门附近及蹄部；马足螨寄生于四肢球节部；绵羊足螨寄生于蹄部及腿外侧；山羊足螨寄生于颈、耳及尾根；兔足螨寄生于外耳道。

耳痒螨寄生于犬、猫的外耳道内皮肤表面。其生活史与痒螨基本相似，全部发育过程需 18～28 天。

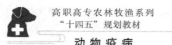

疥螨在宿主体外的生活期限，随温度、湿度和阳光照射强度等多种因素的变化而有显著的差异，一般仅能活3周。在18~20℃和空气湿度为65%时经2~3天死亡，而7~8℃时则经过15~18天才死亡。

痒螨具有坚韧的角质表皮，对不利因素的抵抗力超过疥螨，如在6~8℃和85%~100%空气湿度条件下在畜舍内能活2个月，在牧场上能活25天，在-12~-2℃经4天死亡，在-25℃经6 h死亡。

【流行病学】

螨病主要发生于冬季和秋末、春初，因在这些季节，日光照射不足，家畜毛长而密，特别是厩舍潮湿、畜体卫生状况不良、皮肤表面湿度较高等条件，最适合螨的发育繁殖。夏季家畜绒毛大量脱落，皮肤表面常受阳光照射，皮温增高，经常保持干燥状态，这些条件都不利于螨的生存和繁殖，大部分虫体死亡，仅有少数螨潜伏在耳壳、系凹、蹄踵、腹股沟部及被毛深处，这种带虫家畜没有明显的症状，但到了秋季，随着季节的改变，螨又重新活跃起来，不但引起疾病的复发，而且成为最危险的传染来源。

【症状】

剧痒是贯穿于整个病程的主要症状。病势越重，痒觉越剧烈。引起剧痒的原因是螨体表长有很多刺、毛和鳞片，同时还能由口器分泌毒素，因此，当它们在宿主皮肤采食和活动时就刺激神经末梢而引起痒觉。螨病病畜的发痒有一个特点，即当病畜进入温暖场所或运动后皮温增高时，痒觉增剧，这是由于螨随周围温度增高而活动增强的结果。剧痒使病畜不停地啃咬患部，并在各种物体上用力摩擦，因而越发加重患部的炎症和损伤，同时还向周围环境散布大量病原。

结痂、脱毛和皮肤肥厚也是螨病必然出现的症状。在虫体机械刺激和毒素的作用下，皮肤发生炎性浸润，发痒处皮肤形成结节和水疱，当病畜蹭痒时，结节、水疱破溃，流出渗出液。渗出液与脱落的上皮细胞、被毛及污垢混杂在一起，干燥后就结成痂皮。痂皮被擦破或除去后，创面有多量液体渗出及毛细血管出血，又重新结痂。随着角质层角化过度，患部脱毛，皮肤肥厚，失去弹性而形成皱褶。

消瘦。由于发痒，病畜终日啃咬、摩擦和烦躁不安，影响正常的采食和休息，并使消化、吸收机能降低。加之在寒冷季节因皮肤裸露，体温大量放散，体内蓄积的脂肪被大量消耗，所以，病畜日渐消瘦，有时继发感染，严重时甚至引起死亡。

各种动物螨病的特征：

绵羊痒螨病：危害绵羊特别严重，多发生于密毛的部位如背部、臀部，然后波及全身。在羊群中首先引起注意的是羊毛结成束和体躯下部泥泞不洁，零散的毛丛悬垂在羊体上，严重时全身被毛脱光。患部皮肤湿润，形成浅黄色痂皮。

绵羊疥螨病：主要在头部明显，嘴唇周围、口角两侧、鼻子边缘和耳根下面。发病后期病变部形成白色坚硬胶皮样痂皮。

山羊痒螨病：主要发生于耳壳内面，在耳内生成黄色痂，将耳道堵塞，使羊变聋，食欲不振，甚至死亡。

山羊疥螨病：主要发生于嘴唇四周、眼圈、鼻背和耳根部，可蔓延到腋下、腹下和四肢曲面等无毛及少毛部位。严重时口唇皮肤皲裂，采食困难。

牛痒螨病：初期见于颈、肩和垂肉，严重时蔓延到全身。奇痒，常在墙、柱等物体上摩擦或以舌舔患部，被舔湿部的毛呈波浪状。脱毛，结痂，皮肤增厚失去弹性。

水牛痒螨病：多发生于角根、背部、腹侧及臀部，严重时头、颈、腹下及四肢内侧也有发生。体表形成很薄的"油漆起曝"状的痂皮，此种痂皮薄似纸，干燥，表面平整，一端稍微翘起，另一端则与皮肤紧贴，若轻轻揭开，则在皮肤相连端痂皮下可见许多黄白色痒螨在爬动。

牛疥螨病：开始于牛的面部、颈部、背部、尾根等被毛较短的部位，严重时可波及全身。

马痒螨病：最常发生的部位是鬃、鬐、尾、颌间、股内面及腹股沟。乘、挽马常发于鞍具、颈轭、鞍褥部位。皮肤皱褶不明显。痂皮柔软，黄色脂肪样，易剥离。

马疥螨病：先由头部、体侧、躯干及颈部开始，然后蔓延肩部，鬐甲及全身。痂皮硬固不易剥离，勉强剥落时，创面凹凸不平，易出血。

马足螨病：很少见。特征是散发性的后肢系部屈面皮炎。

猪疥螨病：猪仅寄生疥螨。仔猪多发，病初从眼周、颊部和耳根开始，以后蔓延到背部、体侧和股内侧。剧痒，脱毛，结痂，皮肤生皱褶或龟裂。

骆驼疥螨病：开始于头部、颈部和体侧皮薄的部位，随后波及全身。痂皮硬厚，不易脱落，患部皮肤往往还形成龟裂和脓疱。

兔痒螨病：主要侵害耳部，引起外耳道炎，渗出物干燥成黄色痂皮，塞满耳道如纸卷样。病兔耳朵下垂，不断摇头和用腿搔耳朵。严重时蔓延至筛骨或脑部，引起癫痫症状。

兔疥螨病：先由嘴、鼻孔周围和脚爪部发病，病兔不停地用嘴啃咬脚部或用脚搔抓嘴、鼻等处解痒，严重发痒时呈现前、后脚抓地等特殊动作。病爪上出现灰白色痂皮，嘴唇肿胀，影响采食。

犬疥螨病：先发生于头部，后扩散至全身，小狗尤为严重。患部皮肤发红，有红色或脓性疱疹，上有黄色痂；奇痒，脱毛，皮肤变厚而出现皱纹。

犬耳痒螨病：寄生于犬外耳道，引起大量耳脂分泌和淋巴液外溢，且往往继发化脓。病犬不停地摇头、抓耳、鸣叫或摩擦耳部，后期可能蔓延到额部及耳壳背面。

猫背肛螨病：寄生于面部、鼻、耳及颈部，发生皮肤龟裂和黄棕色痂皮，常可使猫死亡。

突变膝螨病：寄生于鸡胫部、趾部无羽毛处的鳞片下，引起皮肤发炎，渗出液干涸后形成灰白色痂皮，外观似涂了一层石灰，故有石灰脚之称。

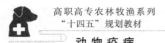

鸡膝螨病：寄生于背部、翅膀、臀部、腹部等处的羽毛根部，羽毛变脆、脱落，皮肤红，上覆鳞片。抚摸时觉有脓疱。

【诊断】

对有明显症状的螨病，根据发病季节、剧痒、患部皮肤病变等，确诊并不困难。但症状不够明显时，则需要采取健康与病患交界部的痂皮，检查有无虫体，才能确诊。在夏季，对带虫病猪作诊断时，应从耳壳内采取病料，则较易找到虫体。检查方法参阅技术篇。

除螨病外，钱癣（秃毛癣）、湿疹、马骡过敏性皮炎、蠕形螨病及虱与毛虱寄生时也都有皮炎、脱屑、落屑，不同程度发痒等症状，应注意类证鉴别。

【治疗】

为了使药物能充分接触虫体，治疗前最好用肥皂水或煤酚皂液彻底洗刷患部，清除硬痂和污物后再用药。

由于大多数治螨药物对螨卵的杀灭作用差，因此，需治疗 2~3 次，每次间隔 7~10 天，以杀死新孵出的幼虫。

在治疗病畜的同时，应用杀螨药物彻底消毒畜舍和用具，治疗后的病畜应置于消毒过的畜舍内饲养。隔离治疗过程中，饲养管理人员应注意经常消毒，避免通过手、衣服和用具散布病原。治愈病畜应继续隔离观察 20 天，如未再发，再一次用杀虫药处理，方可合群。

治疗螨病的药物和处方很多，介绍数种，供选用：① 5% 敌百虫溶液患部涂擦；② 500 mg/kg 双甲醚水乳液涂擦或喷淋；③ 50 ~ 100 mg/kg 溴氰菊酯喷淋；④ 600 mg/kg（猪 250 mg/kg）二嗪农水乳剂喷淋；⑤ 300 mg/kg、林丹水乳剂喷淋；⑥ 伊维菌素 200 mg/kg（猪 300 mg/kg）皮下注射，严重病畜间隔 7~10 天重复用药物 1 次。

药浴疗法，最常用于羊，既可用于治疗，也可用于预防。山羊在抓绒后、绵羊在剪毛后 5~7 天进行。可根据具体条件选用木桶、旧铁桶、大铁锅、帆布浴池或水泥浴池进行药浴。可选用下列药品进行药浴：500 mg/kg 辛硫磷、250 mg/kg 二嗪农、150~250 mg/kg 巴胺磷（赛福丁）、300~500 mg/kg 双甲醚、500 mg/kg 溴氰菊酯等。大群药浴前应先做小群安全试验。药液温度应保持在 36~38 ℃，最低不能低于 30 ℃。大群药浴时，应随时补充药液，以免影响药效。应选择无风晴朗天气进行。老弱幼畜和有病羊应分群进行。药浴前应让羊饮足水，以免误饮中毒。药浴时间为 1 min 左右，注意浸泡羊头。药浴后应注意观察，发现羊只精神不好，口吐白沫，应及时治疗，同时也应注意工作人员的安全。如一次药浴不彻底，过 7~8 天后可进行第 2 次。

【防控措施】

预防尤为重要，发病后再治疗，往往损失很大。定期进行动物体检查和灭螨，流行区的群养动物，无论是否发病，均要定期用药。圈舍保持干燥，光线充足，通风良好；动物群密度适宜；引进动物要进行严格检查，疑似动物应及早确诊并隔离治疗；被污染的圈舍及用具用杀螨剂处理；螨病动物毛要妥善放置和处理，以防止病原扩散；防止通过饲养人员或用具传播。

思考题

简述动物螨病的特征。

二、蠕形螨病

本病是由蠕形螨科蠕形螨属的各种蠕形螨寄生于犬等动物及人的毛囊和皮脂腺中引起的疾病，又称为"脂螨"或"毛囊虫"。主要引起患病动物脱毛、皮炎、皮脂腺炎和毛囊炎等。

【病原体】

蠕形螨虫体狭长如蠕虫样，呈半透明乳白色，一般长 0.17~0.44 mm，宽 0.045~0.065 mm。全体分为颚体、足体和末体 3 个部分。颚体（假头）呈不规则四边形，由 1 对细针状的螯肢，1 对分 3 节的须肢及一个延伸为膜状构造的口下板组成，为短喙状的刺吸式口器。足体（胸）有 4 对短粗的足，各足分 4 节，基节与躯体腹壁愈合成扁平的基节片，不能活动；其余 3 节呈套筒状，能活动、伸缩；足末端有一对锚状叉形爪。末体（腹）长，呈指状，约占体长 2/3 以上，表面具有明显的环形皮纹。雄虫的雄茎自足体的背面突出，雌虫的阴门为一狭长的纵裂，位于腹面第 4 对足基节片之间的后方。

【生活史】

蠕形螨属于不完全变态，发育过程包括卵、幼虫、若虫和成虫阶段，全部在宿主体上进行。雌虫在毛囊和皮脂腺内产卵，经 2~3 天孵出幼虫，经 1~2 天蜕皮变为第 1 期若虫，经 3~4 天蜕皮变为第 2 期若虫，再经 2~3 天蜕皮变为成螨。全部发育期为 14~15 天。

【流行病学】

感染来源为犬、羊、牛、猪、马等动物及人。以犬最多，马少见。通过动物直接接触或通过饲养人员和用具间接接触传播。皮肤卫生差，环境潮湿，通风不良，应激状态，免疫力低下等原因，均可诱发本病发生。

【致病作用与临床症状】

蠕形螨钻入毛囊、皮脂腺内，以针状的口器吸取宿主细胞内含物，由于虫体的机械刺激和排泄物的化学刺激使组织出现炎性反应，虫体在毛囊中不断繁殖，逐渐引起毛囊和皮脂腺的带状扩张和延伸，甚至增生肥大，尚可引起毛干脱落，此外由于腺口扩大，虫体进出活动，易使化脓性细菌侵入而继发毛脂腺炎、脓疱。有的学者根据受虫体侵袭的组织中淋巴细胞和单核细胞的显著增加，认为引起毛囊破坏和化脓是一种迟发型变态反应。

1. 犬蠕形螨病

多发于3~10月龄的幼犬，成年犬常见于发情期及产后的雌犬。应激状态及免疫功能低下常是引起本病发生的诱因。部分犬的发病有明显的家族病史。

轻症多发于眼眶、口唇周围、肘部、脚趾间或体躯其他部位。患部脱毛，逐渐形成与周围界限明显的圆形秃斑，皮肤轻度潮红，复有银白色黏性皮屑，有时皮肤肥厚，略显粗糙而龟裂或带有小结节。痒觉不明显或仅有轻度瘙痒。重症时，病变蔓延至全身，特别是下腹部和肢体内侧，患部出现蓝红色、绿豆大至豌豆大的结节，可挤压出微红色脓液或黏稠的皮脂，脓疱破溃后形成溃疡，常覆盖淡棕色痂皮或糠皮样鳞屑，并有难闻的臭味。皮肤皱裂，脱毛，逐渐呈紫铜色。由于全身感染，消瘦，沉郁，食欲减退，体温升高，最终因衰竭中毒或脓毒症死亡。

2. 山羊蠕形螨病

成年羊较幼年羊症状明显，主要发生在肩胛、四肢、颈、腹等处，皮下可触摸到黄豆至蚕豆大，圆形或近圆形，高出于皮肤的结节，有时结节处皮肤稍显红色，部分结节中央可见小孔，可挤压出干酪样内容物。重度感染时呈现消瘦，被毛粗乱。

3. 猪蠕形螨病

一般先发生于眼周围、鼻部和耳基部，而后逐渐向其他部位蔓延。痒觉轻微或没有痒觉。病变部呈现小米大的泡囊，个别有大米大，囊内含有很多蠕形螨、表皮碎屑及脓细胞，细菌感染严重时，成为单个的小脓肿。有的患猪皮肤增厚，不洁，凹凸不平而盖以皮屑，并发生皱裂。

4. 牛蠕形螨病

一般初发于头部、颈部、肩部、背部或臀部。形成针尖至核桃大的白色的小囊瘤，常见的为黄豆大，内含粉状物或脓状稠液，并有各发育阶段的蠕形螨。也有只呈现鳞屑而无疮疖的。

【诊断】

切破皮肤上的结节或脓疱取其内容物，置载片上，加甘油水，再加盖片，低倍显微镜检查，发现虫体，即可确诊。

【治疗】

局部治疗或药浴时，患部剪毛，清洗痂皮，然后涂擦杀螨药或药浴。犬局部病变可用鱼藤酮、苯甲酸苄酯或过氧化苯甲酰凝胶等杀螨剂处理。全身病变可用9%双甲脒，按50~1 000 mg/kg体重，每周1次，8~16次为1疗程。此药有短时的镇静作用，用药后1日内避免惊吓动物。1%伊维菌素，按0.2 mg/kg体重，1次皮下注射，10天后再注射1次。有深部化脓时，配合用抗生素。

【防控措施】

对患病动物进行隔离治疗；圈舍用二嗪农、双甲脒等喷洒处理；圈舍保持干燥和通风；犬患全身蠕形螨病时不宜繁殖后代。

思考题

1. 简述蠕形螨病的特点、症状、病理变化、诊断和防治措施。
2. 简述猪蠕形螨的形态构造。

三、鸡皮刺螨病

本病是由皮刺螨科（Dermanyssidae）皮刺螨属（*Dermanyssus*）的鸡皮刺螨（*D. gallinae*）寄生于鸡、鸽、麻雀等禽类的窝巢内，吸食禽血引起的疾病。

【病原体】

鸡皮刺螨（*Dermanyssus gallinae*）呈长椭圆形，后部略宽，体表密生短绒毛；饱血后虫体由灰白色转为淡红色或棕灰色；雌螨大小（0.72~0.75）mm×0.4 mm（吸饱血的雌虫可达 1.5 mm），雄螨大小 0.6 mm×0.32 mm，体表有细皱纹与短毛；背面有盾板 1 块，前部较宽，后部较窄，后缘平直。雌螨腹面的胸板非常扁，前缘呈弓形，后缘浅凹，有刚毛 2 对；生殖腹板前宽后窄，后端钝圆，有刚毛 1 对；肛板圆三角形，前缘宽阔，有刚毛 3 根，肛门偏于后端。雄螨胸板与生殖板愈合为胸殖板，腹板与肛板愈合成腹肛板，两板相接。腹面偏前方有 4 对较长的肢，肢端有吸盘，螯肢细长针状。

【生活史】

皮刺螨属不完全变态的节肢动物，其发育过程包括卵期、幼虫期、2 个若虫期和成虫期 4 个阶段。侵袭鸡只的雌螨在每次吸饱血后 12~24 h 内在鸡窝的缝隙、灰尘或碎屑中产卵，每次产 10 多粒。在 20~25 ℃的情况下，卵经 2~3 天孵化为 3 对足的幼虫；幼虫可以不吸血，2~3 天后，蜕化变为 4 对足的第一期若虫；第一期若虫经吸血后，隔 3~4 天蜕化变为第二期若虫；第二期若虫再经半天至 4 天后蜕化变为成虫。该种螨是鸡、鸽或麻雀巢窝及其附近缝隙中的主要螨类之一，也是鸡、鸽的重要害虫；爬行较快，也能侵袭人和其他家畜。主要在夜间侵袭吸血，但鸡在白天留居舍内或母鸡孵卵时，亦能遭受侵袭。皮刺螨还能在鸡窝附近爬行活动。

【症状】

受严重侵袭时，鸡只日渐衰弱，贫血，产蛋力下降，甚至引起死亡。侵袭人体时，皮肤上出现红疹。鸡皮刺螨还是鸡脑炎病毒圣路易脑炎的传播者和保毒宿主。

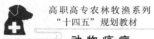

【防治】

可用杀螨药，如蝇毒磷、溴氰菊酯等，以杀灭鸡体上的螨。或使用这类药物的水乳剂对鸡舍进行消毒，对栖架、墙壁和缝隙等尤应做得彻底。房舍消毒，可用石灰水粉刷。产蛋箱要清洗干净，用沸水浇烫后，再在阳光下曝晒，以彻底杀灭虫体。

思考题

1. 简述鸡皮刺螨病的特点、症状和防治措施。
2. 简述鸡皮刺螨的形态构造。

项目七 动物寄生虫病防治实践技能训练

实训一 蠕虫病粪便检查技术（一）

【实训目的】

掌握粪便采集的方法；掌握动物蠕虫学常见的实验室粪便虫卵检查技术。

【实训器材】

生物显微镜、载玻片、盖玻片、镊子、粪盒（或塑料袋、纸杯）、烧杯、天平、粪筛、尼龙筛、玻璃棒、口杯、漏斗、带胶乳头移液管、甘油、一次性注射器、一次性手套、被检动物新鲜粪样。

【实训内容】

1. 粪便采集及保存方法。

2. 虫体及虫卵简易检查技术。

【实训方法与步骤】

1. 粪样采集及保存方法

（1）粪样采集：动物粪便的采集对狗、猪等，可经直肠注入适量缓泻剂（甘油与水等体积混合），任其自由活动，排便后收集粪便；或可用注射器和软管经直肠灌入适量液体，之后反复温和地吹吸，抽出稀释的粪便；亦可以手指或其他光滑的棒状工具直接经直肠掏出。猫、兔等动物不易人工导泻，一般须由畜主日常收集。取粪样时不应使用油类缓泻剂，以免影响镜检或其他化学检验。对发生泄泻的动物，有时可收集到沾在肛门附近皮毛上的稀便。做粪便检验时，可用注射器和软管经直肠灌入适量液体，之后反复温和地吹吸，抽出稀释的粪便。

（2）粪样保存：采取的粪便应尽快检查，否则，应放在冷暗处或冰箱冷藏箱中保存。当地不能检查需送出或保存时间较长时，可将粪样浸入加温至 50～60 ℃、5%～10% 福尔马林中，使其中的虫卵失去活力，但仍保持固有形态，还可以防止微生物的繁殖。

2. 虫体及虫卵简易检查技术

（1）虫体肉眼检查法：适用于对绦虫的检查，也可用于某些胃肠道寄生虫病的

驱虫诊断。

对于较大的绦虫节片和大型虫体，在粪便表面或搅碎后即可观察。对于较小的绦虫节片和小型虫体，将粪样置于较大的容器中，加入 5~10 倍量的水（或生理盐水），彻底搅拌后静置 10 min，然后倾去上层液，再重新加水、搅匀、静置，如此反复数次，直至上层液体透明为止，即反复水洗沉淀法。最后倾去上层液，每次取一定量的沉淀物放在黑色浅盘（或衬以黑色背景的培养皿）中观察，必要时可用放大镜或实体显微镜检查，发现虫体和节片则用分离针或毛笔取出，以便进一步鉴定。

（2）直接涂片法：适用于随粪便排出的蠕虫卵（幼虫）和球虫卵囊的检查。本法操作简便、快速，但检出率较低。

在清洁的载玻片上滴 1~2 滴水或 1 滴甘油与水的等量混合液（加甘油的好处是能使标本清晰，并防止过快蒸发变干），其上加少量粪便，用火柴棍仔细混匀。再用镊子去掉大的草棍和渣子等，之后加盖玻片，置光学显微镜下观察虫卵或幼虫。

另一方法是直接涂片法的改良法，即回旋法。取 2~3 g 粪样加清水 2~3 倍，充分混匀成悬液。后用玻璃棒搅拌 0.5~1 min，使之成回旋运动，在搅拌过程中迅速提起玻璃棒，将棒端附着的液体放于载玻片上涂开，加上盖片在镜下检查。检查时多取几滴悬液。该方法的原理是由于回旋搅动，可使玻璃棒端悬液小滴中附有较多量的寄生虫卵或幼虫。

（3）尼龙筛淘洗法：适用于体积较大虫卵（如片形吸虫卵）的检查。本法操作迅速、简便。

取 5~10 g 粪便置于烧杯或塑料杯中，先加入少量的水，使粪便易于搅开。然后加入 10 倍量的水，用金属筛（$6.2×10^4$ 孔/m^2）过滤于另一杯中。将粪液全部倒入尼龙筛网，先后浸入 2 个盛水的盆内，用光滑的圆头玻璃棒轻轻搅拌淘洗。最后用少量清水淋洗筛壁四周与玻璃棒，使粪渣集中于网底，用吸管吸取后滴于载玻片上，加盖玻片镜检。

【实训报告】

写出虫体及虫卵简易检查技术操作流程示意图。

实训二　蠕虫病粪便检查技术（二）

【实训目的】

掌握粪便虫卵检查操作技术；在光学显微镜下区分虫卵和异物。

【实训器材】

生物显微镜、天平、粪盒（或塑料袋）、粪筛、玻璃棒、镊子、口杯、100 mL 烧杯、漏斗、离心机、离心管、试管、试管架、青霉素瓶、带胶乳头移液管、载玻片、盖玻片、污物桶、纱布、饱和盐水、被检动物新鲜粪样。

【实训内容】

1. 沉淀法。

2. 漂浮法。

【实训方法与步骤】

1. 沉淀法

沉淀法的原理是利用虫卵密度比水大的特点让虫卵在重力的作用下，自然沉于水底，便于集中检查。多用于体积较大虫卵的检查，如吸虫卵和棘头虫卵。沉淀法可分为离心沉淀法和自然沉淀法两种。

（1）离心沉淀法：通常采用普通离心机进行离心，使虫卵加速集中沉淀在离心管底，然后镜检沉淀物。方法是取 5 g 被检粪便，置于烧杯中，加 5 倍量的清水，搅拌均匀。经粪筛和漏斗过滤到离心管中，置离心机上离心 2~3 min（电动离心机转速约为 500 r/min），然后倾去管内上层液体，再加清水搅匀，再离心。这样反复进行 2 或 3 次，直至上清液清亮为止，最后倾去大部分上清液，留约为沉淀物 1/2 的溶液量，用胶帽吸管吹吸均匀后，吸取适量粪汁（2 滴左右）置载玻片上，加盖玻片镜检。

（2）自然沉淀法：操作方法与离心沉淀法类似，只不过是将离心沉淀改为自然沉淀过程。沉淀容器可用大的试管。每次沉淀时间约为 30 min。自然沉淀法缺点是所需时间较长，优点是不需要离心机，因而在基层乡下操作较为方便。

2. 漂浮法

漂浮法的原理是用密度比虫卵大的溶液作为漂浮液，使虫卵、球虫卵囊浮于液体表面，进行集中检查。漂浮法对大多数较小的虫卵，如某些线虫卵、绦虫卵和球虫卵囊等有很高的检出率，但对吸虫卵和棘头虫卵检出效果较差。

（1）饱和盐水漂浮法：取 5~10 g 粪便置于 100~200 mL 烧杯或塑料杯中，先加入少量漂浮液将粪便充分搅开，再加入约 20 倍的漂浮液搅匀，静置 40 min 左右，用直径 0.5~1 cm 的金属圈平着接触液面，提起后将液膜抖落于载玻片上，如此多次蘸取不同部位的液面，加盖玻片镜检。

（2）浮聚法：取 2 g 粪便置于烧杯或塑料杯中，先加入少量漂浮液将粪便充分搅开，再加入 10~20 倍的漂浮液搅匀，用金属筛或纱布将粪液过滤于另一杯中，然后将粪液倒入青霉素瓶，用吸管加至凸出瓶口为止。静置 30 min 后，用盖玻片轻轻接触液面顶部，提起后放入载玻片上镜检。

最常用的漂浮液是饱和盐水溶液，其制法是将食盐加入沸水中，直至不再溶解生成沉淀为止，1 000 mL 水中约加食盐 400 g。用四层纱布或脱脂棉过滤后，冷却备用。为了提高检出效果，还可用硫代硫酸钠、硝酸钠、硫酸镁、硝酸铵和硝酸铅等饱和溶液作漂浮液，大大提高了检出效果，甚至可用于吸虫卵的检查，但易使虫卵和卵囊变形。因此，检查必须迅速，制片时可补加 1 滴水。

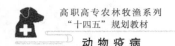

【实训报告】

写出离心沉淀法和浮聚法的操作流程示意图。

实训三　虫卵计数技术

虫卵计数法主要用于了解畜禽感染寄生虫的强度及判断驱虫的效果。虫卵计数所得数字，受很多因素影响，因此，只能对寄生虫的寄生量做一个大致的判断。影响虫卵计数精确性的因素，首先是虫卵在粪便内的分布不均匀，因此，我们测定少量粪便内的虫卵量以推算全部粪便中的虫卵总量就不会准确；此外寄生虫的年龄、宿主的免疫状态、粪便的浓稠度、雌虫的数量、驱虫药的服用等很多因素，均影响着排出虫卵的数量和体内虫体数量的比例关系。虽然如此，虫卵计数仍常被用为某种寄生虫感染强度的指标。虫卵计数的结果，常以每克粪便中虫卵数（简称 e. p. g）表示。

【实训目的】

掌握虫卵计数技术。

【实训器材】

生物显微镜、虫卵计数板、盖玻片、载玻片、玻璃棒、纱布、水杯、污物桶、被检动物新鲜粪样。

【实训内容】

1. 简易计数法。

2. 斯陶尔氏法（Stoll's Method）。

3. 麦克马斯特氏法（McMaster's Method）。

【实训方法与步骤】

1. 简易计数法

该法只适用于线虫卵和球虫卵囊的计数。取新鲜粪便 1 g 置于小烧杯中，加 10 倍量水搅拌混合，用金属筛或纱布滤入试管或离心管中，静置 30~60 min 或离心沉淀 2~3 min 后弃去上层液体，再加饱和盐水，混合均匀后用滴管滴加饱和盐水到管口，然后管口覆盖 22 mm×22 mm 的盖玻片。经 30 min 取下盖玻片，放在载玻片上镜检。分别计算各种虫卵的数量。每份粪便用同样方法检查 3 片，其总和为 1g 粪便的虫卵数。

2. 斯陶尔氏法

在一小玻璃容器上（如小三角烧瓶或大试管），在容量 56 mL 和 60 mL 处各作一个标记；先取 0.4%的氢氧化钠溶液注入容器内到 56 mL 处，再加入被检粪便使液体升到 60 mL 处，而后加入一些玻璃珠，振荡使粪便完全破碎混匀；而后在混匀的情况下以 1 mL 的吸管吸取粪液 0.15 mL，滴于 2~3 张载玻片上，覆以盖玻片，在显微镜下循序检查，统计其中虫卵总数（注意不可遗漏和重复）。因 0.15 mL粪液中实际含原粪量是 0.15×(4/60) = 0.01，因此，所得虫卵总数乘以 100 即为每克粪便中的虫卵数。本法适用于大部分虫卵的计数。

3. 麦克马斯特氏法

取粪便 2 g，放于乳钵中，先加水 10 mL，搅匀，再加饱和盐水 50 mL。混匀后，吸取粪液，注入计数室，置显微镜台上，静置 1~2 min。而后在镜下计数 1 cm² 刻度中的虫卵总数；求两个刻室中虫卵数的平均数（该小室中的容积为 1 cm×1 cm×0.15 cm＝0.15 cm³），乘以 200 即为每克粪便中的虫卵数。本法只适用于可被饱和盐水浮起的各种虫卵。

【实训报告】

写出虫卵计数法的操作流程示意图。

实训四　毛蚴孵化法

【实训目的】

掌握毛蚴孵化技术；能准确识别孵出的毛蚴。

【实训器材】

搪瓷缸、玻璃棒、烧杯、金属筛、500 mL 三角瓶、尼龙筛网、玻璃瓶、玻璃杯、试管、天平、纱布、胶帽吸管、生物显微镜、被检动物新鲜粪样。

【实训内容】

1. 毛蚴孵化技术。

2. 识别毛蚴。

【实训方法与步骤】

毛蚴孵化法是专门用来诊断血吸虫病的，其原理是将含有血吸虫卵的粪便在适宜的温度条件下进行孵化，等毛蚴从虫卵内孵出来后，借着蚴虫向上、向光、向清的特性，进行观察，做出诊断。其方法有多种，如常规沉淀孵化法、棉析毛蚴孵化法、湿育孵化法、塑料杯顶管孵化法、尼纶筛网集卵孵化法等，这里只介绍其中两种方法。

1. 常规沉孵法（又称沉淀孵化法或沉孵法）

取粪便 100 g，放入搪瓷缸内捣碎。加水约 500 mL，搅拌均匀，通过粪筛滤入另一个容器内，加水至九成满，静置沉淀，之后将上清液倒掉，再加清水搅匀，沉淀。如此反复 3 或 4 次。第一次沉淀时间约为 30 min，以后 20 min 即可。最后将上述反复淘洗后的沉淀材料加 30 ℃ 的温水置于三角烧杯中，瓶口用中央插有玻璃管的胶塞塞上（或用搪瓷杯加硬纸片盖上倒插试管的办法）。杯内的水量以至杯口 2 cm 处为宜，且使玻璃管或试管中必须有一段露出的水柱，之后放入 25~30 ℃ 的温箱中孵化。30 min 后开始观察水柱内是否有毛蚴；如没有，以后每隔 1 h 观察 1 次，共观察数次。任何一次发现毛蚴，即可停止观察。

毛蚴似针尖大小的白色虫体，在水面下方 4 cm 以内的水中作快速平行直线运动，或沿管壁绕行。可疑时，可用胶帽吸管吸出在显微镜下观察。有时混有纤毛虫，其色

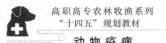

彩也为白色，须加以区别。小型纤毛虫呈不规则螺旋形运动或短距离摇摆；大型纤毛虫（体大，呈透明的片状）呈波浪式或翻转运动。

2. 棉析毛蚴孵化法（简称棉析法）

取粪便50 g，经反复淘洗或锦纶筛淘洗后（不淘洗也可），将粪渣移入300 mL的平底孵化瓶中，灌注25 ℃的清水至瓶颈下部，在液面上方塞一薄层脱脂棉，大小以塞住瓶颈下部不浮动为宜，再缓慢加入20 ℃清水至瓶口1~3 mm处。如棉层上面水中有粪便浮动，可将这部分水吸去再加清水，然后进行孵化。

这种方法的优点是粪便只需略微淘洗或不淘洗就可装瓶孵化，毛蚴出现后可集中在棉花上层有限的清水水域中，可和下层混浊的粪液隔开，因而便于毛蚴的观察。

【实训报告】

写出常规沉孵法的操作流程示意图。

实训五　肌旋毛虫检查技术

【实训目的】

掌握肌旋毛虫压片镜检法；消化法的检查技术；认识肌旋毛虫。

【实训器材】

载玻片、剪子、镊子、生物显微镜、天平、50%甘油水溶液、25%盐酸、组织捣碎机、采样盘、磁力加热搅拌器、60 mL三角烧瓶、带胶乳头移液管、盖玻片、纱布、污物桶、胰蛋白酶消化液或胃蛋白酶消化液、被检肉品。

【实训内容】

1. 肌肉压片镜检法。

2. 肌肉消化检查技术。

3. 认识肌旋毛虫。

【实训方法与步骤】

1. 肌旋毛虫压片镜检法

取左右两侧膈肌脚肉样各20 g，撕去肌膜，将肌肉拉平，顺着肌纤维方向在肉块的不同部位剪取12个麦粒大小的肉粒（2块肉样共剪取24个小肉粒）。将剪下的肉粒依次均匀地附贴于载玻片上排成2行，每行6粒。然后，再取一清洁载玻片盖放在肉片的载玻片上，并用力适度捏住两端轻轻加压，把肉粒压成很薄的薄片，以能通过肉片标本看清下面报纸上的小字为标准。另一块膈肌按上法制作，两片压片标本为一组进行镜检。先在低倍（4×10）显微镜下，从压片的一端第一块肉片处开始，顺肌纤维依次检查。镜检时应注意光线的强弱及检查速度，切勿漏检。

2. 肌肉消化检查技术

取100 g肉样，搅碎或剪碎，放入3 000 mL烧瓶内。将10 g胃蛋白酶溶于2 000 mL蒸馏水中后，倒入烧瓶内，再加入25%盐酸16 mL，放入磁力搅拌棒。将烧瓶置于磁力搅拌器上，设温于 44~46 ℃，搅拌 30 min 后，将消化液用 180 μm 的滤筛滤入 2 000 mL 的分离漏斗中，静置 30 min 后，放出 40 mL 于 50 mL 量筒内，静置 10 min，吸去上清液 30 mL，再加水 30 mL，摇匀后静置 10 min，再吸去上清液 30 mL。剩下的液体倒入带有格线的平皿内，用 20~50 倍显微镜观察。

【实训报告】

根据检查结果，写一份旋毛虫病诊断的报告。

实训六　螨病实验室检查技术

【实训目的】

掌握用于螨及其病料的采集方法；掌握螨病的诊断方法；进一步掌握疥螨和痒螨的主要区别。

【实训器材】

生物显微镜、平皿、试管、试管夹、手术刀、镊子、剪刀、载玻片、盖玻片、温度计、带胶乳头移液管、离心机、污物缸、纱布、50%甘油溶液、10%氢氧化钠溶液、60%硫代硫酸钠溶液、被检动物。

【实训内容】

1. 皮肤刮下物的采集方法。

2. 螨的检查技术。

3. 认识疥螨、痒螨、蠕形螨。

【实训方法与步骤】

1. 疥螨和痒螨检查法

在宿主皮肤患部与健康部交界处，用外科凸刃小刀，在酒精灯上消毒，使刀刃与皮肤表面垂直，反复刮取表皮，直到稍微出血为止（对疥螨尤为重要）。将刮下的皮屑集中于培养皿或广口瓶中备检。

（1）直接检查法：可将皮屑放于载玻片上，滴加 50%甘油溶液，覆以另一张载玻片，搓压玻片使病料散开，镜检。

（2）虫体浓集法：为了在较多的病料中，检出其中较少的虫体，可采用浓集法提高检出率。先取较多的病料，置于试管中，加入 10%氢氧化钠溶液，浸泡过夜（如亟待检查可在酒精灯上煮数分钟），使皮屑溶解，虫体自皮屑中分离出来。而后待其自然沉淀（或以 2 000 r/min 的速度离心沉淀 5 min），虫体即沉于管底，弃去上层液，吸取沉渣镜检。

也可采用上述方法的病料加热溶解离心后，倒去上层液，再加入 60%硫代硫酸钠溶液，充分混匀后再离心 2~3 min，螨体即漂浮于液面，用金属圈蘸取表面薄膜，抖落于载玻片上，加盖玻片镜检。

（3）温水检查法：可将病料浸入盛有 40~45 ℃水的培养皿中，置恒温箱 1~

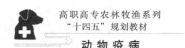

2 h后，取出后镜检。由于温热的作用，活螨由皮屑内爬出，集结成团，沉于水底部。还可将病料放于培养皿内并加盖，放于盛有40~45 ℃温水的杯上，经10~15 min后，将培养皿翻转，则虫体与少量皮屑黏附于皿底，大量皮屑落在皿盖上，取皿底检查。

（4）分离虫体法：将病料放在黑纸上，置40 ℃恒温箱中或用白炽灯照射，虫体即可从病料中爬出，收集到的虫体较为干净，尤其适合做封片标本。

2. 蠕形螨检查法

蠕形螨寄生在毛囊内。检查时先在动物四肢外侧、腹部两侧、背部、眼眶四周、颊部或鼻部皮肤，触摸寻找砂粒样或黄豆大结节，如果有，用手术刀切开挤压，看到有脓性分泌物或干酪样团块时，将其挑于载玻片上，滴加生理盐水1~2滴，均匀涂成薄片，加盖玻片镜检。

【实训报告】

1. 写出一份关于螨病的诊断和防治意见报告。
2. 总结疥螨和痒螨的主要区别。

实训七　血液原虫检查技术

【实训目的】

掌握血液原虫病的血液涂片技术及染色技术，正确判断各种常见血液原虫的形态特点。

【实训器材】

生物显微镜、载玻片、盖玻片、离心机、离心管、移液管、平皿、采血用针头、1 000 mL三角烧瓶、100 mL三角烧瓶、染色缸、污物缸、剪毛剪刀、酒精棉盒、姬姆萨染色液、甘油、甲醇、香柏油、3.8%枸橼酸钠溶液、凡士林、瑞氏染色液、磷酸盐缓冲液、2%枸橼酸钠溶液、生理盐水、被检动物。

【实训内容】

1. 血片制作及染色技术。
2. 鲜血压滴检查技术。
3. 集虫检查技术。
4. 淋巴结穿刺物检查技术。

【实训方法与步骤】

1. 血液涂片检查技术

一般在动物高温时采耳静脉血制成涂片。血片干燥后，滴数滴无水甲醇固定2~3 min，待染。

（1）姬姆萨染色法：在血片上滴加姬姆萨染色液，染色30~60 min，用缓冲液或中性蒸馏水冲洗，自然干燥后镜检。

（2）瑞氏染色法：在血片上滴加瑞氏染色液1~2滴，染色1 min后，加等量的中性蒸馏水或 pH 7.0 缓冲液与染液混合，5 min 后用中性蒸馏水或 pH 7.0 缓冲液冲洗，自然干燥后镜检。

2. 鲜血压滴检查技术

在载玻片上滴加 1 滴生理盐水，滴上 1 滴被检血液，充分混合，加盖玻片，静置片刻后镜检。先用低倍镜暗视野检查，发现有可疑运动虫体时，再换高倍镜检查。适用于伊氏锥虫的检查。

【实训报告】

如何制作染色效果好且无杂质污染的血液涂片？试做分析、阐述。

参考文献

［1］张宏伟，欧阳清芳. 动物疫病［M］. 3 版. 北京：中国农业出版社，2017.

［2］李清艳. 动物传染病学［M］. 北京：中国农业科学技术出版社，2008.

［3］路燕，郝菊秋. 动物寄生虫病防治［M］. 2 版. 北京：中国轻工业出版社，2017.

［4］秦建华，李国清. 动物寄生虫病学实验教程［M］. 北京：中国农业大学出版社，2005.

［5］李兰娟. 传染病学［M］. 北京：人民卫生出版社，2008.

［6］罗满林. 动物传染病学［M］. 北京：中国林业出版社，2013.

［7］张宏伟，董永森. 动物疫病［M］. 北京：中国农业出版社，2009.

［8］孔繁瑶. 家畜寄生虫学［M］. 2 版. 北京：中国农业大学出版社，1997.

［9］汪明. 兽医寄生虫学［M］. 3 版. 北京：中国农业出版社，2006.